INSTALACIONES ELECTRICAS
Y AUTOMATISMOS
Miguel D´Addario

CE

2015

Segunda edición

INSTALACIONES ELECTRICAS Y AUTOMATISMOS

ÍNDICE GENERAL

MÓDULO CUATRO INSTALACIONES ELÉCTRICAS
Y AUTOMATISMOS

U.D. 1 REPRESENTACIÓN GRÁFICA Y SIMBOLOGÍA EN LAS INSTALACIONES ELÉCTRICAS

M 4 / UD 1

ÍNDICE

INTRODUCCIÓN

El trabajo del técnico requiere siempre la interpretación y elaboración de planos. Desde el esquema de un simple punto de luz hasta la más complicada instalación se representan con símbolos.

La mayor parte de los símbolos que se presentan deben memorizarse. La experiencia dirá cuáles de hecho son imprescindibles, pero, como en la lectura, cuantos más se sepan, más rápidamente se podrán leer o dibujar los planos.

Junto a los símbolos hay que recordar y entender la nomenclatura de elementos. En un plano, de una o de mil páginas, todo elemento, borne o cable debe ser identificable y distinguible de los demás.

Los símbolos que se presentan son los normalizados, pero es muy frecuente encontrarse símbolos antiguos o que siguen otras normativas. El profesional debe tener suficiente información para poder interpretar cualquier plano.

OBJETIVOS

- Conocer los principales símbolos normalizados actuales.
- Conocer las normas de referenciado en los esquemas.

1. SÍMBOLOS GRÁFICOS

1.1. Importancia

La representación gráfica en esquemas es una parte importantísima de los conocimientos necesarios para el técnico. Por una parte, el diseñador plasma sus circuitos en esquemas que deben ser inteligibles para todos. Por otra, el profesional instalador y de mantenimiento sólo puede conocer la instalación a realizar o el circuito a reparar interpretando los esquema dibujados por otros. Es ésta, por tanto, una parte esencial para todo técnico.

Y no sólo es importante el dibujo, sino también el referenciado de los elementos. En un esquema o colección de esquemas no debe haber ningún elemento (borne, hilo, componente o máquina) que pueda confundirse con otro. Este aspecto es simple cuando se piensa en un esquema de una sola página, pero es esencial y crítico en instalaciones cuyos esquemas constituyen una colección de varios volúmenes y miles de páginas.

La colección de símbolos que se proponen es conforme a las normas IEC, tal como se comentará. Pero hay que tener presente que hay otras colecciones de símbolos, bien antiguos, bien de otros países, que deberían ser conocidos por todo técnico competente.

1.2. Referencia a normas IEC

IEC 1082-1 (extractos):

Entre las numerosas aportaciones de la norma IEC 1082-1 (diciembre de 1992), relativa a la documentación electrotécnica, mencionamos dos artículos que modifican los hábitos de representación en los esquemas eléctricos.

Artículo 4.1.5. Escritura y orientación de la escritura: "...Toda escritura que figure en un documento debe poderse leer con dos orientaciones separadas por un ángulo de 90° desde los bordes inferior y derecho del documento." Este cambio afecta principalmente a la orientación de las referencias de las bornes que, en colocación vertical, se leen de abajo a arriba (ver ejemplos siguientes).

Artículo 3.3. Estructura de la documentación: "La presentación de la documentación conforme a una estructura normalizada permite subcontratar e informatizar fácilmente las operaciones de mantenimiento. Se admite que los datos relativos a las instalaciones y a los sistemas pueden organizarse mediante estructuras arborescentes que sirven de base. La estructura representa el modo en que el proceso o producto se subdivide en procesos o subproductos de menor tamaño. Dependiendo de la finalidad, es posible distinguir estructuras diferentes, por ejemplo una estructura orientada a la función y otra al emplazamiento..."

Se debe adquirir el hábito de preceder las referencias de los aparatos eléctricos por un signo "–", ya que los signos "=" y "+" quedan reservados para los niveles superiores (por ejemplo, máquinas y talleres).

KA1   13   - KA1   13
        14   14

Antiguo símbolo   Nuevo símbolo

2. SÍMBOLOS PRINCIPALES

2.1. Naturaleza de las corrientes

Corriente alterna	$\sim$
Corriente continua	$=$
Corriente rectificada	$\sim$
Corriente alterna trifásica de 50 Hz	3 $\sim$ 50 Hz
Tierra	⏚
Masa	⏛
Tierra de protección	⏚
Tierra sin ruido	⏚

2.2. Tipos de conductores

Conductor, circuito auxiliar	
Conductor, circuito principal	
Haz de 3 conductores	L1 — L2 — L3 —
Representación de un hilo	
Conductor neutro (N)	
Conductor de protección (PE)	
Conductor de protección y neutro unidos	
Conductores apantallados	
Conductores par trenzado	

2.3. Contactos

Contacto "NA" (de cierre)	1 principal 2 auxiliar	
Contacto "NC2 (de apertura)	1 principal 2 auxiliar	
Interruptor		
Seccionador		
Contactor		
Ruptor		
Disyuntor		
Interruptor-seccionador		
Interruptor-seccionador de apertura automática		
Fusible-seccionador		

Contactos de dos direcciones no solapado (apertura antes de cierre)	
Contactos de dos direcciones solapado	
Contacto de dos direcciones con posición mediana de apertura	
Contactos presentados en posición accionada	NO NC
Contactos de apertura o cierre anticipado. Funcionan antes que los contactos restantes de un mismo conjunto	NO NC
Contactos de apertura o cierre retardado. Funcionan más tarde que los contactos restantes de un mismo conjunto	NO NC
Contacto de paso con cierre momentáneo al accionamiento de su mando	
Contacto de paso con cierre momentáneo al desaccionamiento de su mando	
Contactos de cierre de posición mantenida	
Interruptor de posición	NO NC
Contactos de cierre o apertura temporizados al accionamiento	NO NC
Contactos de cierre o apertura temporizados al desaccionamiento	NO NC
Interruptor de posición de apertura, de maniobra de apertura positiva	Ð S1 21 22

2.4. Mandos de control

Mando electromagnético Símbolo general	
Mando electromagnético Contactor auxiliar	- KA1
Mando electromagnético Contactor	- KM1
Mando electromagnético de 2 devanados	- KA1
Mando electromagnético de puesta en trabajo retardada	- KA1
Mando electromagnético de puesta en reposo retardada	- KA1
Mando electromagnético de un relé de remanencia	- KA1
Mando electromagnético de enclavamiento mecánico	- KA1
Mando electromagnético de un relé polarizado	- KA1
Mando electromagnético de un relé intermitente	- KA1
Mando electromagnético de un relé por impulsos	- KA1
Mando electromagnético de accionamiento y desaccionamiento retardados	- KA1
Bobina de relé RH temporizado en reposo	B2 - KA1
Bobina de relé RH de impulso en desactivación	B2 - KA1
Bobina de electroválvula	- KA1

2.5. Órganos de medida

Relé de medida o dispositivo emparentado Símbolo general	
Relé de sobreintensidad de efecto magnético	
Relé de sobreintensidad de efecto térmico	
Relé de máxima corriente	
Relé de mínima tensión	
Relé de falta de tensión	
Dispositivo accionado por frecuencia	
Dispositivo accionado por el nivel de un fluido	
Dispositivo accionado por un número de sucesos	
Dispositivo accionado por un caudal	
Dispositivo accionado por la presión	

2.6. Mandos mecánicos y motorizados

1 Enlace mecánico (forma 1) 2 Enlace mecánico (forma 2)	1 ----- 2 =
Dispositivo de retención	
Dispositivo de retención en toma	
Dispositivo de retención liberado	
Retorno automático	
Retorno no automático	
Retorno no automático en toma	
Enclavamiento mecánico	
Dispositivo de bloqueo	
Dispositivo de bloqueo activado, movimiento hacia la izquierda bloqueado	
Mando mecánico manual de pulsador (retorno automático)	- S1
Mando mecánico manual de tirador (retorno automático)	- S1
Mando mec‡nico manual rotativo (de desenganche)	- S1
Mando mecánico manual "de seta"	- S1
Mando mecánico manual de volante	- S1
Mando mecánico manual de pedal	- S1
Mando mecánico manual de acceso restringido	- S1

Mando mecánico manual de palanca	- S1
Mando mecánico manual de palanca con maneta	- S1
Mando mecánico manual de llave	- S1
Mando mecánico manual de manivela	- S1
Enganche de pulsador de desenganche automático	- S1
Mando de roldana	- S1
Mando de leva y roldana	- S1
Control mediante motor eléctrico	(M) ----
Control por acumulación de energía mecánica	- S1
Control por reloj eléctrico	- S1
Acoplamiento mecánico sin embrague	
Acoplamiento mecánico con embrague	
Traslación: 1 derecha, 2 izquierda, 3 en ambos sentidos	1, 2, 3
Rotación: 1-2 unidireccional, en el sentido de la flecha 3 en ambos sentidos	1, 2, 3
Rotación limitada en ambos sentidos	
Mecanismo de desactivación libre	

2.7. Otros mandos

Mando por efecto de proximidad	- S1 ◁▷--
Mando por roce	- S1 ◁▷--
Dispositivo sensible a la proximidad, controlado por la aproximación de un imán	[◁▷--
Dispositivo sensible a la proximidad, controlado por la aproximación del hierro	Fe ◁▷--
Mando neumático o hidráulico de efecto simple	- Y1 ☐--
Mando neumático o hidráulico de efecto doble	- Y1 ☐--

2.8.- Componentes y otros elementos

Cortocircuito fusible	
Cortocircuito fusible con percutor	
Diodo	
Rectificador en acoplamiento de doble vía (Puente rectificador) Símbolo desarrollado - Símbolo simplificado	
Tiristor	
Transistor NPN	
Condensador	
Elemento de pila o de acumulador	
Resistencia	
Shunt	
Inductancia	
Potenciómetro	
Resistencia dependiente de la tensión: varistancia	
Resistencia dependiente de la temperatura: termistancia	
Fotorresistencia	
Fotodiodo	
Fototransistor (tipo PNP)	

Transformador de tensión	
Autotransformador	
Transformador de corriente	
Chispómetro	
Pararrayos	
Arrancador de motor Símbolo general	
Arrancador estrella-trángulo	
Aparato indicador Símbolo general	
Amperímetro	
Aparato grabador Símbolo general	
Amperímetro grabador	
Contador Símbolo general	
Contador de amperios-hora	
Freno Símbolo general	
Freno apretado	
Freno aflojado	
Reloj	

Válvula	
Electroválvula	
Contador de impulsos	
Contador sensible al roce	
Contador sensible a la proximidad	
Detector de proximidad inductivo	
Detector de proximidad capacitivo	
Detector fotoeléctrico	
Convertidor (símbolo general)	

2.9. Señalización

Lámpara de señalización o de alumbrado (1)	
Dispositivo luminoso intermitente (1)	
Avisador acústico	
Timbre	
Sirena	
Zumbador	

(1) Si se desea especificar:
* El color

Rojo	RD	o C2
Naranja	OG	o C3
Amarillo	YE	o C4
Verde	GN	o C5
Azul	BU	o C6
Blanco	WH	o C9

* El tipo

Neón	Ne
Vapor de sodio	Na
Mercurio	Hg
Yodo	I
Electroluminescente	EL
Fluorescente	FL
Infrarrojo	IR
Ultravioleta	UV

2.10. Bornes y conexiones

Derivaciónn	
Derivaciónn doble	
Cruce sin conexión	
Borne	
Puente de bornes, ejemplo con referencias de bornes	
Puente de bornes, ejemplo con referencias de bornes	
Conexión por contacto deslizante	
Clavija 1 - Mando 2 - Potencia	
Toma 1 - Mando 2 - Potencia	
Clavija y toma 1 - Mando 2 - Potencia	
Conjunto de conectores Partes fija y variable acopladas	

2.11. Máquinas eléctricas

Motor asíncrono trifásico, de rotor en cortocircuito	
Motor asíncrono monofásico	
Motor asíncrono de dos devanados estatóricos separados (motor de dos velocidades)	
Motor asíncrono con seis bornas de salida (acoplamiento estrella-triángulo)	
Motor asíncrono de acoplamiento de polos (motor de dos velocidades)	
Motor asíncrono trifásico, rotor de anillos	
Motor de imán permanente	
Motor asíncrono equipado con sondas de termistancia	

Generador de corriente alterna	
Generador de corriente continua	
Conmutador (trifásico/continuo) de excitación en derivación	
Motor de corriente continua de excitación separada	
Motor de corriente continua de excitación en serie	
Motor de corriente continua de excitación compuesta	

2.12. Comparación

Esta pequeña tabla comparativa, además de indicar la diferente simbología, permite entender que no siempre un símbolo de una u otra norma son similares.

Hay que destacar, por su importancia, los símbolos de contacto y de contactor.

	Normas europeas	Normas EE.UU.
Contacto de cierre "NA" Potencia-Control		
Contacto de apertura "NC" Potencia-Control		
Contacto temporizado al accionamiento	NO / NC	NC / NO
Contacto temporizado al desaccionamiento	NO / NC	NC / NO
Cortocircuito fusible		
Relé de protección	Térmico / Magnético	
Bobinas	A1 / A2	A / B
Seccionadores		
Disyuntores		Magnético / Magneto-térmico
Motores	U V W / M1 3~	

3. REFERENCIADO EN ESQUEMAS DESARROLLADOS

Se denomina referenciado a la indicación alfanumérica que acompaña cada elemento de un plano y que debe permitir:

- identificar,
- diferenciar y
- ubicar

todos y cada uno de los elementos: tomos, páginas, componentes, bornes, conexiones, hilos, etc.

El uso de estas reglas facilita las operaciones de cableado y de puesta a punto, al tiempo que contribuye a mejorar la productividad de los equipos debido a la reducción del tiempo de mantenimiento que conlleva.

3.1. Referenciado de bornes de conexión de los aparatos

Las referencias que se indican son las que figuran en los bornes o en la placa de características del aparato. A cada mando, a cada tipo de contacto, principal, auxiliar instantáneo o temporizado, se le asignan dos referencias alfanuméricas o numéricas propias.

3.1.1. Contactos principales

La referencia de sus bornes consta de una sola cifra:

- De 1 a 6: tripulares.
- De 1 a 8: tetrapolares.

Las cifras impares se sitúan en la parte superior y la progresión se efectúa en sentido descendente y de izquierda a derecha.

En los contactores de pequeño calibre, el cuarto polo de un contactor tetrapolar es la excepción a esta regla: la referencia de sus bornes es igual a la del contacto auxiliar "NC", cuyo lugar ocupa. Por otra parte, las referencias de los polos ruptores suelen ir precedidas de la letra "R".

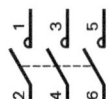

Contactos principales

3.1.2. Contactos auxiliares

Las referencias de los bornes de los contactos auxiliares constan de dos cifras.

Las cifras de las unidades, o cifras de función, indican la función del contacto auxiliar:

- 1 y 2: contacto de apertura.

- 3 y 4: contacto de cierre.

- 5 y 6: contacto de apertura de funcionamiento especial; por ejemplo, temporizado, de calado, de paso, de disparo térmico.

- 7 y 8: contacto de cierre de funcionamiento especial; por ejemplo. temporizado, de calado, de paso, de disparo en un relé de prealarma.

La cifra de las decenas indica el número de orden de cada contacto del aparato. Dicho número es independiente de la disposición de los contactos en el esquema.

El rango 9 (y el 0, si es necesario) queda reservado para los contactos auxiliares de los relés de protección contra sobrecargas, seguido de la función 5 y 6 ó 7 y 8.

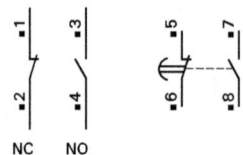

Contactos auxiliares

3.1.3. Mandos de control (bobinas)

Las referencias son alfanuméricas y la letra ocupa la primera posición:

- Bobina de control de un contactor: A1 y A2.

- Bobina de control con dos devanados de un contactor: A1 y A2, B1 y B2.

Mandos de control

3.2. Referenciado de los bornes de los borneros

3.2.1. Circuito de control

En cada grupo de bornes, la numeración es creciente de izquierda a derecha y de 1 a n.

3.2.2. Circuito de potencia

De conformidad con las últimas publicaciones internacionales, se utiliza el siguiente referenciado:

- Alimentación: L1 - L2 - L3 - N – PE.

- Hacia un motor: U - V - W ; K - L – M.

- Hacia resistencias de arranque: A - B - C, etc.

3.3. Representación del esquema de los circuitos en forma desarrollada

Este tipo de esquema es explicativo y permite comprender el funcionamiento del equipo, ejecutar su cableado y facilitar su reparación. Mediante el uso de símbolos, este esquema representa un equipo con las conexiones eléctricas y otros enlaces que intervienen en su funcionamiento.

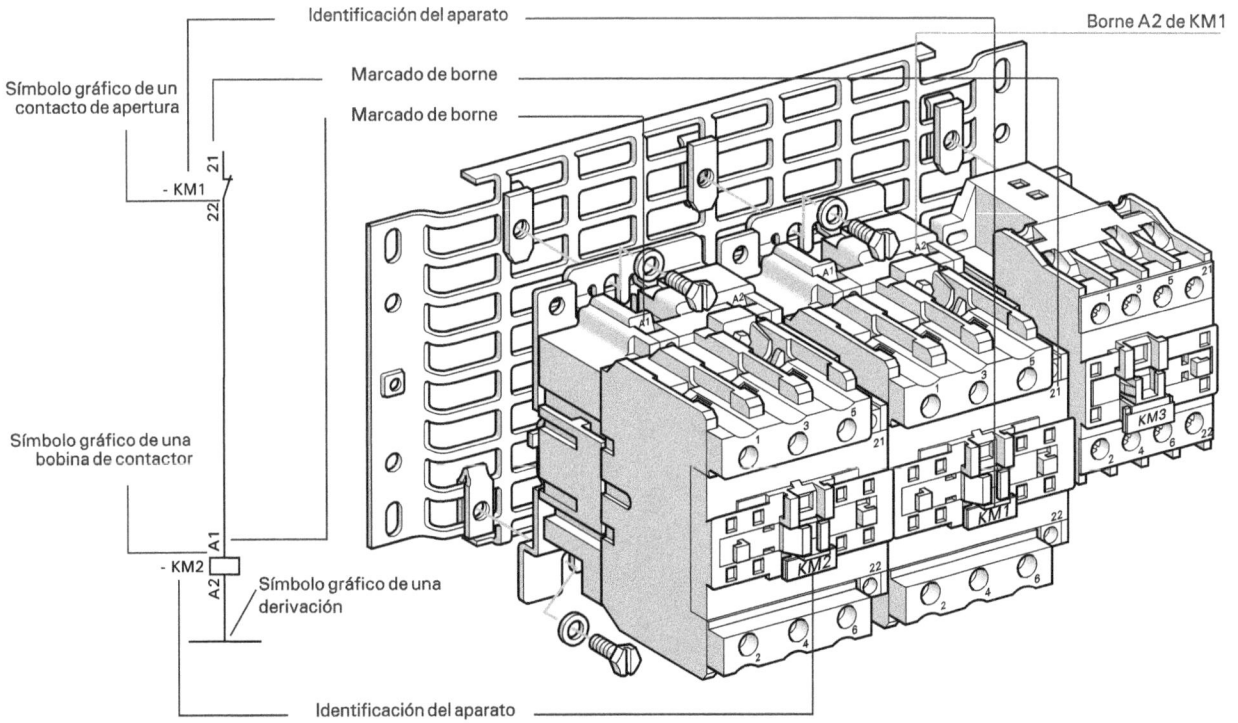

Los órganos que constituyen el aparato (bobina, polos, contactos auxiliares, etc.) no se representan los unos cerca de los otros, tal como se implantan físicamente, sino separados y situados de modo que faciliten la comprensión del funcionamiento. Salvo excepción, el esquema no debe contener ningún enlace (trazo interrumpido) entre elementos de un mismo aparato.

Se hace referencia a cada elemento por medio de la identificación del aparato, lo que permite definir su interacción. Por ejemplo, cuando se alimenta la bobina KM2, se abre el contacto 21-22 correspondiente.

Hemos podido ver anteriormente:

- Que todos los aparatos que intervienen en la composición de un equipo de automatismo se identifican por medio de una serie alfanumérica,

- Que todos los bornes de conexión de los aparatos también se identifican por medio de su marcado.

Las reglas que definen la situación de las referencias identificativas en los esquemas de circuitos son las siguientes:

- La referencia identificativa debe figurar:

    - En el caso de los mandos de control, bajo el símbolo o a su izquierda (CEI 1082-1).

    - En el caso de los contactos y aparatos, a la izquierda del símbolo (representación vertical de los símbolos).

- Las referencias de marcado de los bornes de un aparato se escriben obligatoriamente a la izquierda del símbolo gráfico del órgano representado, en sentido de lectura ascendente. Si se emplea la representación horizontal, se aplican las mismas reglas, pero la escritura gira un cuarto de vuelta.

Representación
vertical

Representación
horizontal

3.4. Tabla de letras identificativas de elementos

Referencia		Ejemplos de materiales
A	Conjuntos, subconjuntos funcionales (de serie)	Amplificador de tubos o de transistores, amplificador magnético, regulador de velocidad, autómata programable
B	Transductores de una magnitud eléctrica en una magnitud eléctrica o viceversa	Par termoeléctrico, detector termoeléctrico, detector fotoeléctrico dinamómetro eléctrico, presostato, termostato, detector de proximidad
C	Condensadores	
D	Operadores binarios, dispositivos de temporización, de puesta en memoria	Operador combinatorio, línea de retardo, báscula biestable, báscula monoestable, grabador, memoria magnética
E	Materiales varios	Alumbrado, calefacción, elementos no incluidos en esta tabla
F	Dispositivos de protección	Cortocircuito fusible, limitador de sobretensión, pararrayos, relé de protección de máxima de corriente, de umbral de tensión
G	Generadores Dispositivos de alimentación	Generador, alternador, convertidor rotativo de frecuencia, batería oscilador, oscilador de cuarzo
H	Dispositivos de señalización	Piloto luminoso, avisador acústico
K	Relés de automatismo y contactores	Utilizar KA y KM en los equipos importantes
KA	Relés de automatismo y contactores auxiliares	Contactor auxiliar temporizado, todo tipo de relés
KM	Contactores de potencia	
L	Inductancias	Bobina de inducción, bobina de bloqueo
M	Motores	
N	Subconjuntos (no de serie)	
P	Instrumentos de medida y de prueba	Aparato indicador, aparato grabador, contador, conmutador horario
Q	Aparatos mecánicos de conexión para circuitos de potencia	Disyuntor, seccionador
R	Resistencias	Resistencia regulable, potenciómetro, reostato, shunt, termistancia
S	Aparatos mecánicos de conexión para circuitos de control	Auxiliar manual de control, pulsador, interruptor de posición, conmutador
T	Transformadores	Transformador de tensión, transformador de corriente
U	Moduladores, convertidores	Discriminador, demodulador, convertidor de frecuencia, codificador, convertidor-rectificador, ondulador autónomo
V	Tubos electrónicos, semiconductores	Tubo de vacío, tubo de gas, tubo de descarga, lámpara de descarga, diodo, transistor, tiristor, rectificador
W	Vías de transmisión, guías de ondas, antenas	Tirante (conductor de reenvío), cable, juego de barras
X	Bornas, clavijas, zócalos	Clavija y toma de conexión, clips, clavija de prueba, tablilla de bornas, salida de soldadura
Y	Aparatos mecánicos accionados eléctricamente	Freno, embrague, electroválvula neumática, electroimán
Z	Cargas correctivas, transformadores diferenciales, filtros correctores, limitadores	Equilibrador, corrector, filtro

Todos los elementos que componen un equipo de automatismo se identifican mediante una letra (excepcionalmente dos) seguida de un número y seleccionada en esta tabla en base al tipo de elemento. Ejemplo: 1 sólo contactor KM1, varios contactores idénticos o no, KM1 , KM2, KM3, etc.

4. EJECUCIÓN DE ESQUEMAS

Los circuitos de potencia, de control y de señalización se representan en dos partes diferentes del esquema, con trazos de distinto grosor.

4.1. Representación del circuito de potencia

Las líneas horizontales de la parte superior del esquema del circuito de potencia representan la red.

Los distintos motores o aparatos receptores se sitúan en las derivaciones.

Es posible representar el circuito de potencia en forma unifilar o multifilar.

La representación unifilar sólo debe utilizarse en los casos más simples, por ejemplo, arrancadores directos, arrancadores de motores de dos devanados, etc.

En la representación unifilar, el número de trazos oblicuos que cruzan el trazo que representa las conexiones indica el número de conductores similares. Por ejemplo:

- Dos en el caso de una red monofásica.

- Tres en el caso de una red trifásica.

Las características eléctricas de cada receptor se indican en el esquema, si éste es simple, o en la nomenclatura. De este modo, el usuario puede determinar la sección de cada conductor.

Los bornes de conexión de los aparatos externos al equipo se representan igualmente sobre el trazado.

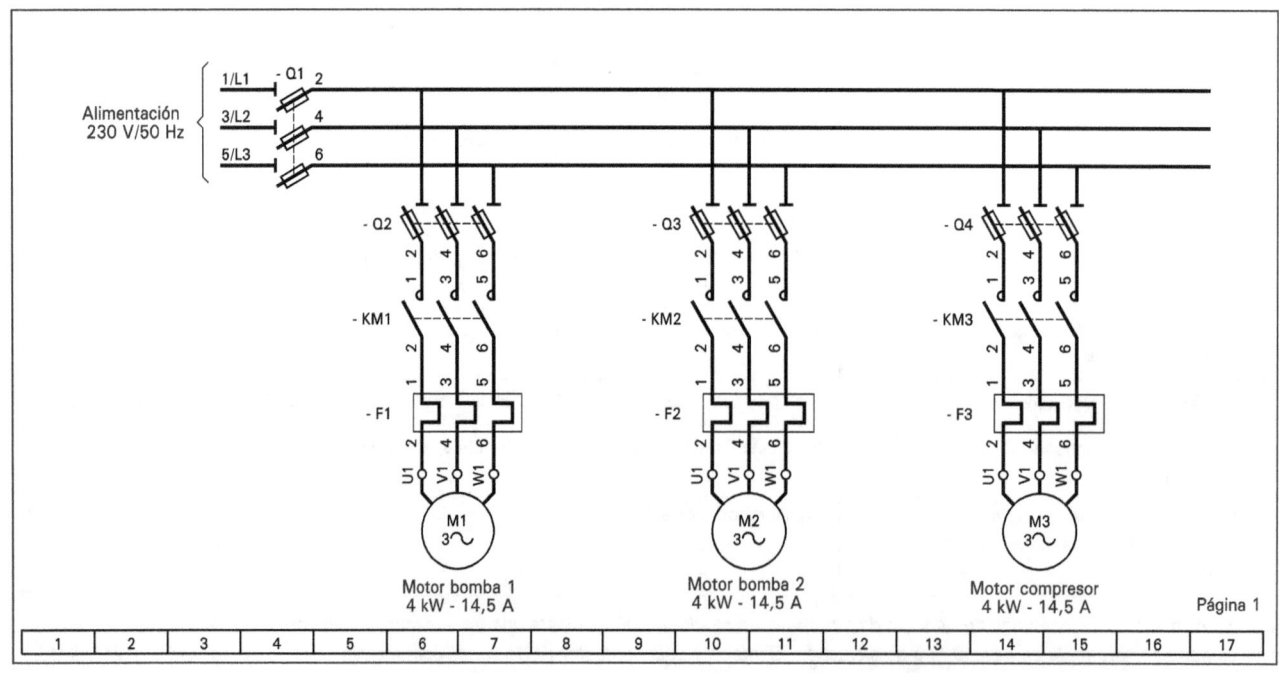

4.2. Representación de los circuitos de control y de señalización

Los circuitos de control y de señalización, y los símbolos correspondientes a los mandos de control de contactores, relés y otros aparatos controlados eléctricamente, se sitúan unos junto a otros, en el orden correspondiente a su alimentación (en la medida de lo posible) durante el funcionamiento normal.

Dos líneas horizontales o conductores comunes representan la alimentación. Las bobinas de los contactores y los distintos receptores, lámparas, avisadores, relojes, etc., se conectan directamente al conductor inferior. Los órganos restantes, contactos auxiliares, aparatos externos de control (botones, contactos de control mecánico, etc.), así como las bornes de conexión, se representan sobre el órgano controlado. Los conjuntos y los aparatos auxiliares externos pueden dibujarse en un recuadro de trazo discontinuo, lo que permite al instalador determinar fácilmente el número de conductores necesarios para su conexión (2).

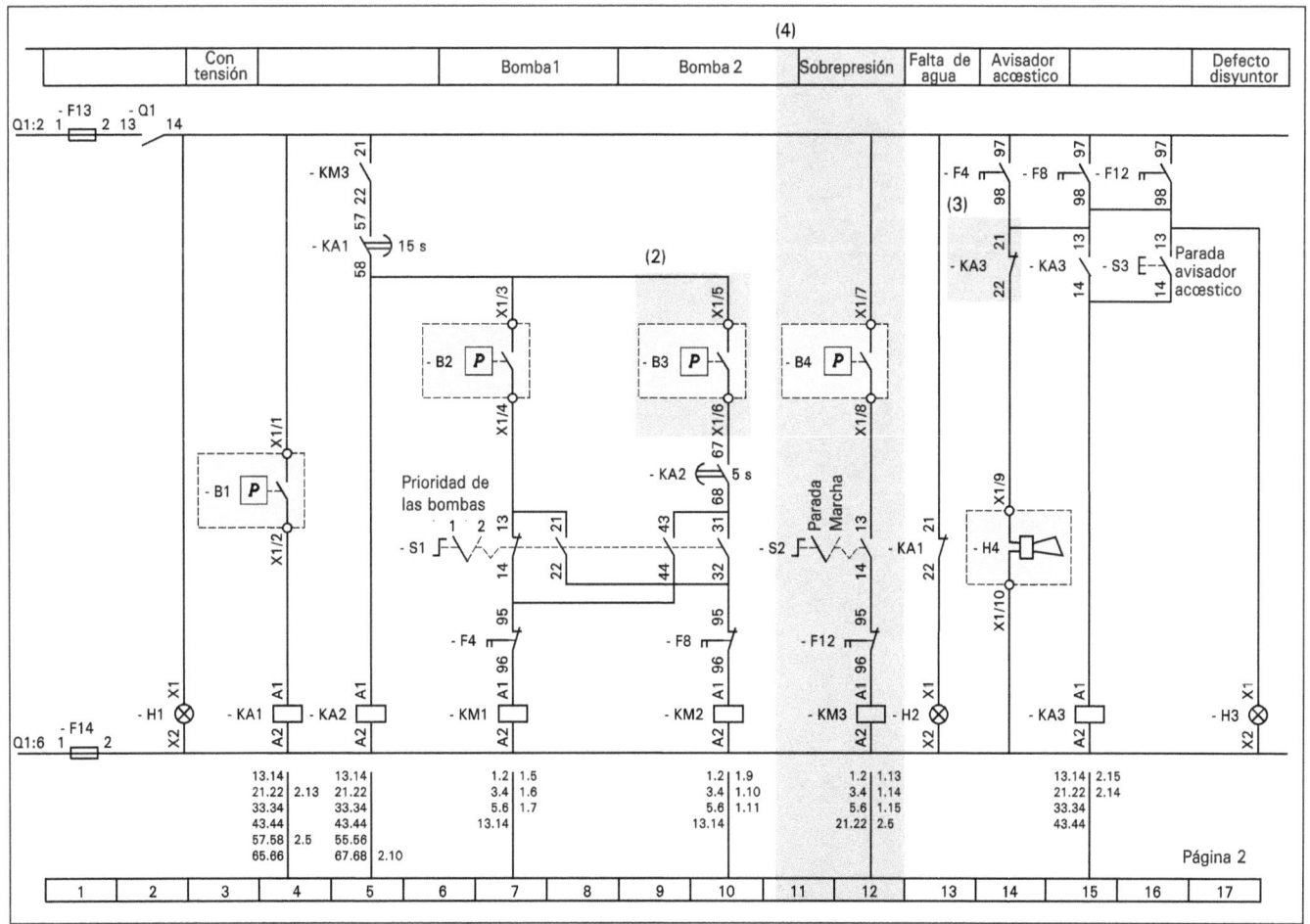

4.3. Indicaciones complementarias

Para que el esquema sea más claro, las letras y las cifras que componen las referencias identificativas que especifican la naturaleza del aparato se inscriben a la izquierda y horizontalmente. En cambio, el marcado de sus bornes se escribe a la izquierda pero de manera ascendente (3).

En una disposición horizontal, la referencia identificativa y las referencias de los bornes se sitúan en la parte superior. Dado que los aparatos están agrupados por función y según el orden lógico de desarrollo de las operaciones, su función, así como la del grupo al que pertenecen, son idénticas. En el caso de esquemas complejos, cuando resulta difícil encontrar todos los contactos de un mismo aparato, el esquema desarrollado del circuito de control va acompañado de un referenciado numérico de cada línea vertical. Las referencias numéricas de los contactos se sitúan en la parte inferior de los mandos de control que los accionan. Se incluye igualmente el número de la línea vertical en la que se encuentran (4). En caso de ser necesario, se especifica la página del esquema.

RESUMEN

Los símbolos se han agrupado por semejanza de finalidad.

Tienen especial importancia los de mecanismos de mando y control, los de contactores y los de motores.

Es de especial interés el referenciado de elementos. Su importancia se hace evidente al tener que consultar planos de varias hojas o al tener que relacionar símbolos de un esquema con los elementos del cuadro.

MÓDULO CUATRO INSTALACIONES ELÉCTRICAS
Y AUTOMATISMOS

U.D. 2 INSTALACIONES ELÉCTRICAS

M 4 / UD 2

ÍNDICE

INTRODUCCIÓN

Las instalaciones eléctricas nos permiten disponer de la energía eléctrica en cada punto de utilización. Pero para que estas instalaciones sean seguras han de cumplir lo dispuesto en el REBT y las Normas.

El nuevo Reglamento de 2002 constituye, junto con las Normas de obligado cumplimiento, un marco jurídico que obliga al instalador a ofrecer al usuario una seguridad y calidad mínimas determinadas.

El principal objetivo del presente Reglamento es la seguridad. La consecución de la seguridad obliga a cumplir todas y cada una de las prescripciones, tanto de fabricación como de instalación y uso.

OBJETIVOS

Conocer las protecciones eléctricas y los mecanismos que se utilizan.

Conocer los cables y canalizaciones eléctricas, según el REBT.

Conocer las principales técnicas y métodos de instalación.

Conocer la estructura del REBT.

El RAT clasifica las tensiones en

Media Tensión (MT)	1 kV < U ≤ 50 kV
Alta Tensión (AT)	50 kV ≤ U ≤ 300 kV
Muy Alta Tensión (MAT)	300 kV < U < 800 kV

Las tensiones AT y MAT pertenecen al mundo de la producción, transporte y distribución. Sólo las manipulan los técnicos de las empresas suministradoras.

En cambio, la MT es la tensión de los centros de transformación MT/BT que son los primeros que hay aguas arriba de los usuarios, tanto industriales como domésticos. Las acometidas BT y las redes de distribución BT están directamente conectadas a estos centros. Es más, en muchas industrias se utilizan motores que trabajan, por ejemplo, a 6 kV.

1.2. Distribución y utilización

Según lo dicho, las redes de transporte (desde producción a centros MAT/AT) y las redes de distribución (desde AT hacia BT de utilización) tendrían esta estructura simplificada

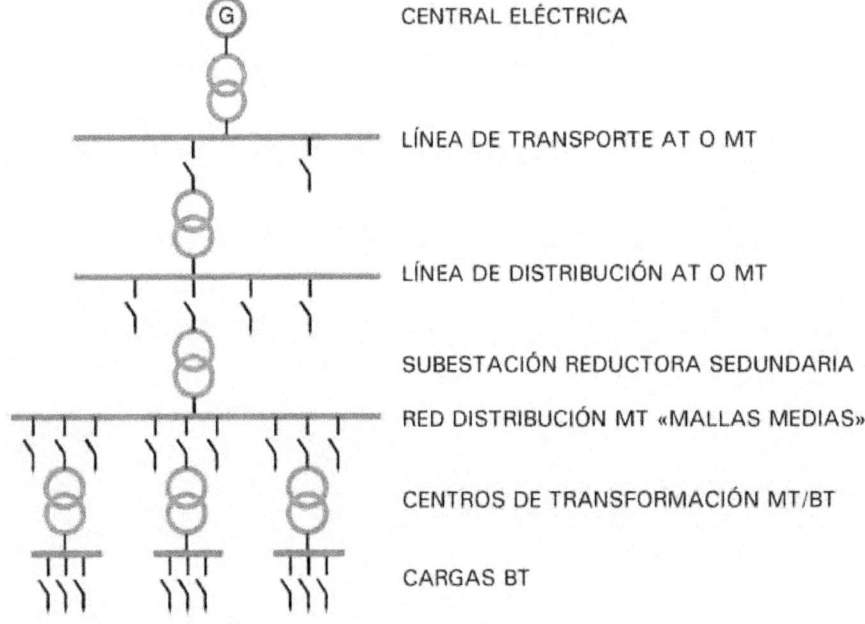

1.3. Vivienda, industria

1.3.1. Las necesidades de viviendas e industrias

Las necesidades de viviendas e industrias son distintas y, por ello, su distribución es también diferente.

El REBT (ITC BT 10) clasifica los suministros por el tipo de edificio-usuario:

- Edificios destinados principalmente a viviendas.

- Edificios comerciales o de oficinas.

- Edificios destinados a industrias:

- Una industria específica.

- Concentración de industrias.

1.3.2. Partes de la estructura de distribución

- Acometida: parte de la instalación de la red de distribución que alimenta la caja o cajas generales de protección o unidad funcional equivalente.

- Instalaciones de enlace: las que unen la caja general de protección, o cajas generales de protección, incluidas éstas, con las instalaciones interiores o receptoras del usuario (CGP: caja general; LGA: línea general de alimentación; CC: concentración de contadores; DI:

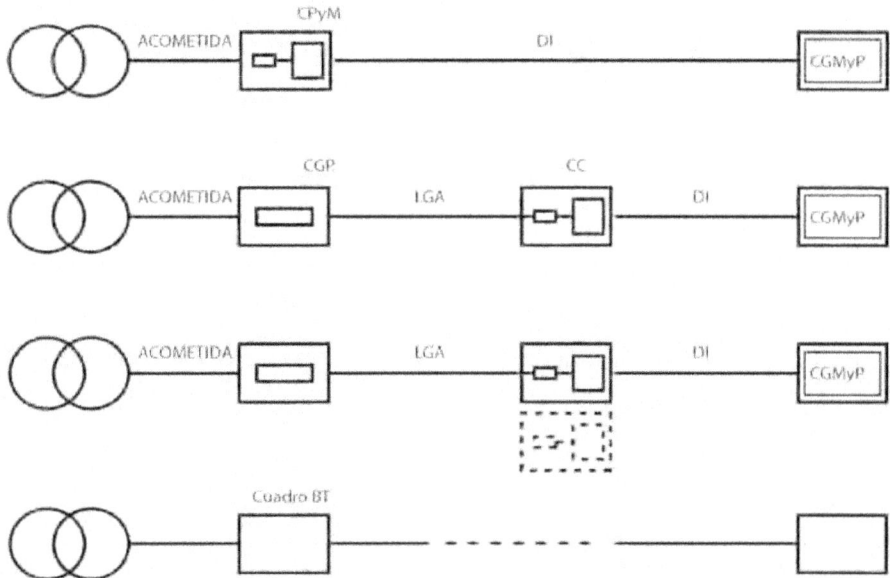

derivación individual; caja para el ICP: interruptor de control de potencia; DGMyP: dispositivos generales de mando y protección).

- Instalaciones interiores o receptoras, en general, todo tipo de instalaciones interior.

- Instalaciones interiores en viviendas: sean pisos, casas o torres.

1.3.3. La distribución interior de una vivienda

La distribución interior de una vivienda tiene esta estructura general:

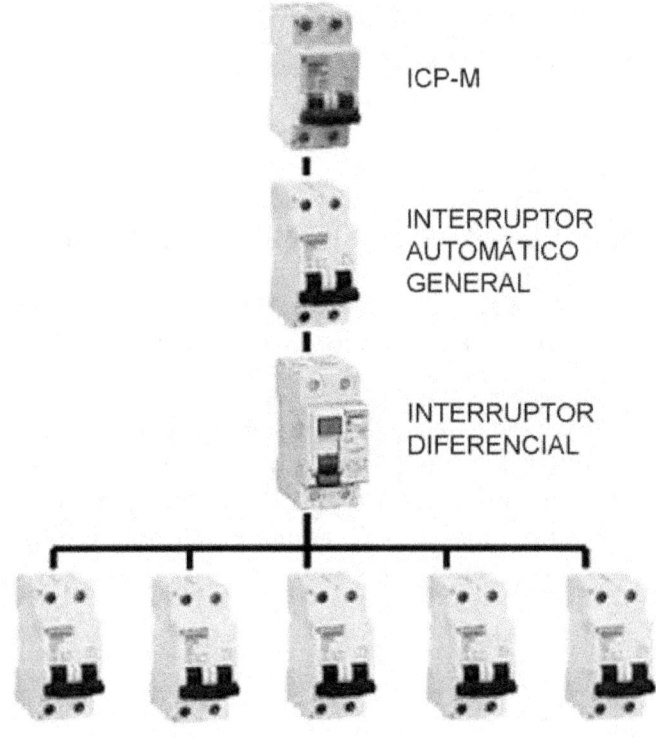

ICP-M

INTERRUPTOR AUTOMÁTICO GENERAL

INTERRUPTOR DIFERENCIAL

PIA's
(pequeños interruptores automáticos)

1.3.4. La distribución interior de una industria

La distribución interior de una industria suele tener esta estructura:

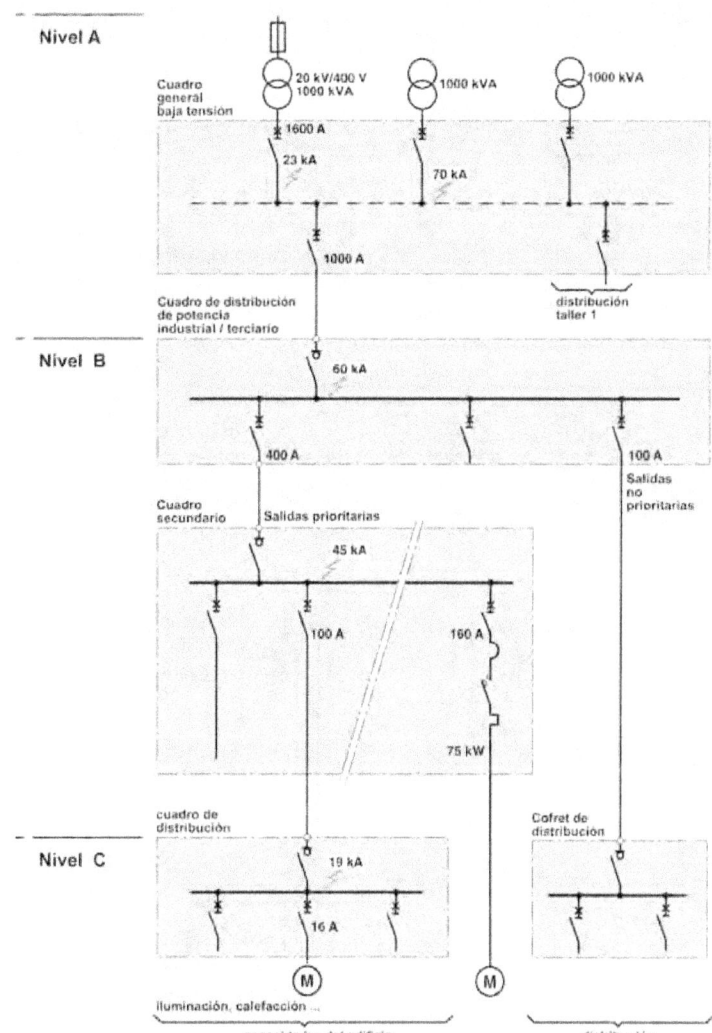

1.4. Aéreas y subterráneas

Las instalaciones pueden también clasificarse en aéreas y subterráneas. Las aéreas, a su vez, pueden ser tensadas (entre postes) y posadas (puestas en las paredes).

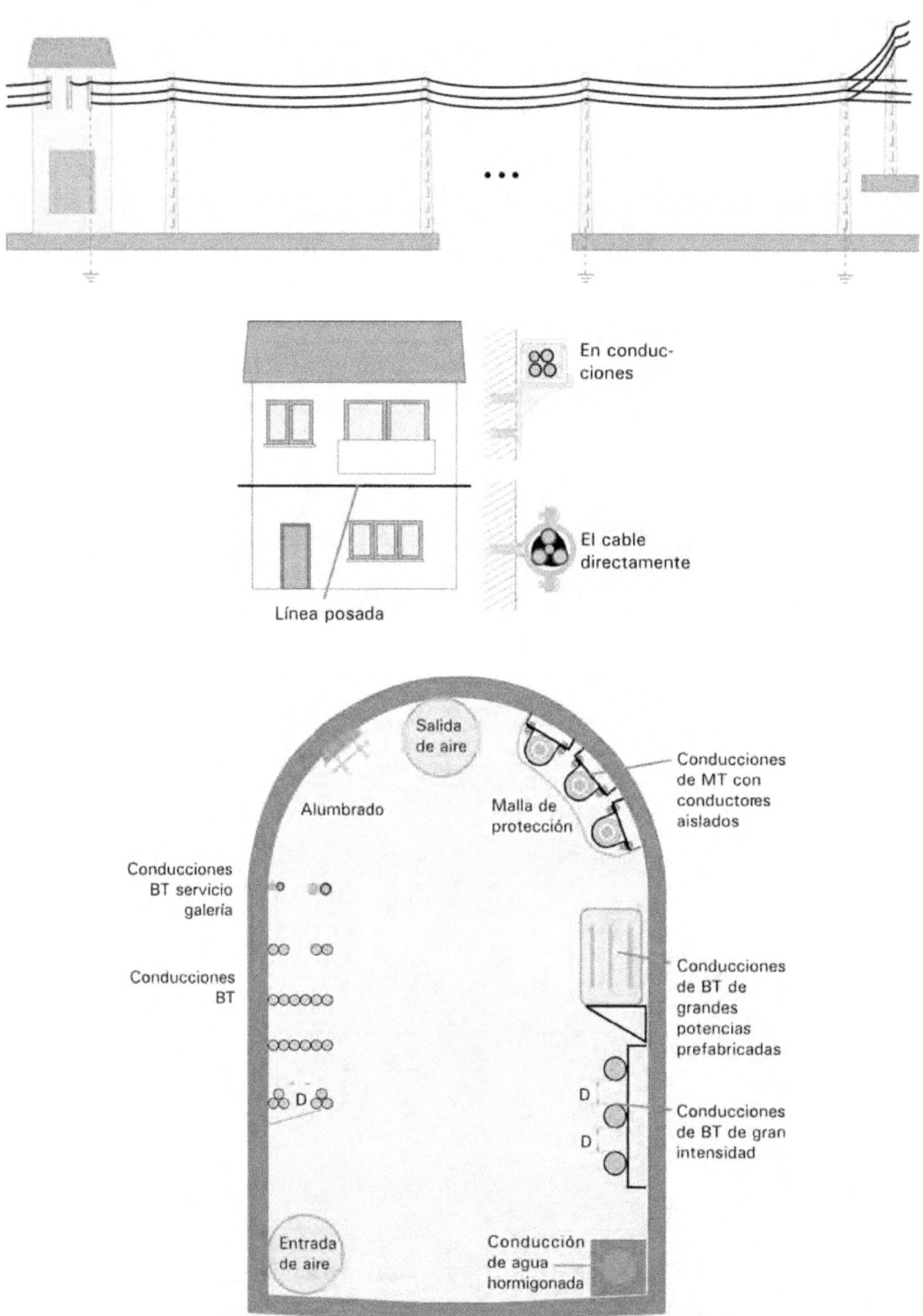

1.5. Otras consideraciones

El artículo primero del REBT indica que las instalaciones eléctricas deben ser seguras y que se debe de asegurar el funcionamiento de las mismas. Todo el sistema de distribución y toda la normativa pretende estos objetivos: seguridad y disponibilidad.

Seguridad: evitar o limitar las consecuencias de los defectos: electrocución, incendios,...

Disponibilidad: la actuación de las protecciones debe separar la parte de la instalación con defecto dejando el resto en condiciones seguras de funcionamiento.

2. PROTECCIONES. TIPOS Y CARACTERÍSTICAS. APLICACIONES

2.1. Riesgos de la electricidad

La electricidad es una forma de energía que tiene importantes riesgos, por sí misma y porque su utilización ha calado en todas las actividades humanas. Se citan únicamente 3 riesgos, los más importantes: riesgo para las personas, riesgo de no disponibilidad de la energía y riesgo de incendio.

2.1.1. Riesgo de electrocución de personas

Ante todo hay que tener muy claro que "lo que mata son los amperios; pero que pasan amperios porque hay voltios" (ley de Ohm). Si una persona toca un elemento con tensión, puede aparecer una ddt y, por tanto, circular una corriente.

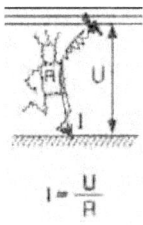

$$I = \frac{U}{R}$$

El valor de esta corriente por el cuerpo y su probable daño depende de varios factores, destacando: duración y valor de la intensidad, recorrido.

La duración e intensidad se pueden estudiar en la siguiente gráfica (de normas):

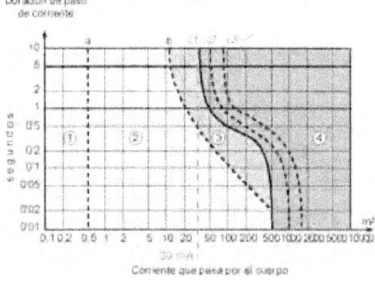

en la que se considera que:

- Zona 1: umbral de percepción.

- Zona 2: gran malestar y dolor (¡ya puede ser mortal!).

- Zona 3: contracciones musculares.

- Zona 4: parada cardiaca, parada respiratoria.

A pesar de estas zonas, nunca puede afirmarse que no haya riesgo en la manipulación de la energía eléctrica.

Respecto al recorrido, los más peligrosos son los que interesan al corazón.

2.1.2. Riesgo de no disponibilidad

La no disponibilidad de energía eléctrica tiene dos aspectos importantes:

- Seguridad: aumento de riesgo y hasta la aparición de graves peligros, por ejemplo, por fallo de alumbrado en instalaciones con público.

- Coste: el paro de toda una línea de producción por un defecto en un único punto de una fábrica puede tener muy graves consecuencias económicas.

2.1.3. Riesgo de incendio

Una parte muy importante de los incendios, sobre todo en las viviendas, tiene su origen en sobrecargas y, después, cortocircuitos. En la industria se une al riesgo eléctrico la manipulación de sustancias peligrosas y, además, en gran cantidad.

Las consecuencias de los incendios para las personas, los bienes y los puestos de trabajo son evidentes.

2.2. Protección contra corrientes

Las sobrecorrientes pueden ser motivadas por (ITC BT 22) sobrecargas, cortocircuitos o descargas eléctricas atmosféricas.

2.2.1. Sobrecargas y su protección

El concepto y, sobre todo, el valor de sobrecarga es difícil de definir. Se puede decir que sobrecarga es un aumento, porcentualmente bajo, de la intensidad en un circuito hasta valores que no pueden mantenerse largo tiempo, porque se deterioran las líneas.

Las sobrecargas pueden ser previstas y tolerables, como las producidas por el arranque de un motor. Pero muchas sobrecargas son indeseables, nefastas y generadoras de grandes riesgos, como el conectar un exceso de consumidores en una determinada instalación o enchufe sin pensar en la sección de las líneas.

La protección contra sobrecargas se calcula para que el conductor no quede dañado por el aumento de temperatura. El límite de intensidad de corriente admisible en un conductor ha de quedar en todo caso garantizada por el dispositivo de protección utilizado.

La protección contra sobrecorrientes se basa en mecanismos con respuesta a tiempo dependiente o a tiempo inverso: es decir, si hay poco aumento de la intensidad, tardan mucho en actuar; si hay mucho aumento, tardan poco.

Estos dispositivos pueden estar constituidos por un interruptor automático de corte omnipolar con curva térmica de corte, o por cortacircuitos fusibles calibrados de características de funcionamiento adecuadas.

2.2.2. Cortocircuitos y su protección

El cortocircuito es una elevación porcentualmente muy importante de la intensidad, motivada por la unión de dos puntos a diferente tensión sin prácticamente resistencia, por ejemplo, cuando se unen fase y neutro en una canalización.

El cortocircuito es una circunstancia brutal de sobreintensidad. En una instalación doméstica que trabaja normalmente entre 10 y 15 amperios, por ejemplo, se puede llegar instantáneamente a 3 ó 4000 amperios. En la industria y en la distribución, con grandes secciones y potencias disponibles, se puede llegar fácilmente a 100.000 ó más amperios... de hecho, se llegaría si no actuaran las protecciones.

La protección contra cortocircuitos se basa en dispositivo a tiempo independiente, es decir, cuando el valor de la sobreintesidad llega a un valor prefijado, actúa inmediatamente la protección.

Se admiten como dispositivos de protección contra cortocircuitos los fusibles calibrados de características de funcionamiento adecuadas y los interruptores automáticos con sistema de corte omnipolar.

2.3. Protección contra contactos directos e indirectos

2.3.1. Conceptos previos

La descripción de los sistemas de protección requiere el conocimiento de algunos conceptos previos (definiciones de la ITC-BT-01):

- Conductores activos: consideran como conductores activos en toda instalación los destinados normalmente a la transmisión de la energía eléctrica. Esta consideración se aplica a los conductores de fase y al conductor neutro en corriente alterna y a los conductores polares y al compensador en corriente continua.

- Contacto directo: Contacto de personas o animales con partes activas de los materiales y equipos.

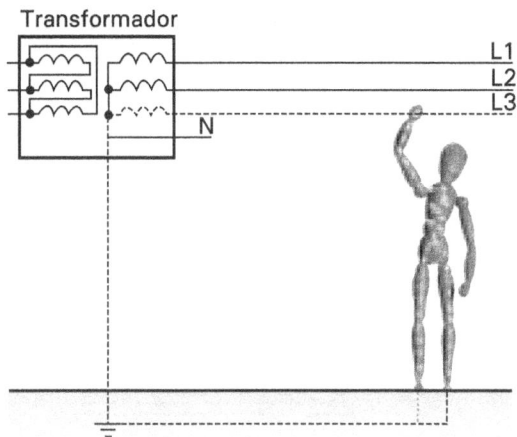

- Contacto indirecto: Contacto de personas o animales domésticos con partes que se han puesto bajo tensión como resultado de un fallo de aislamiento.

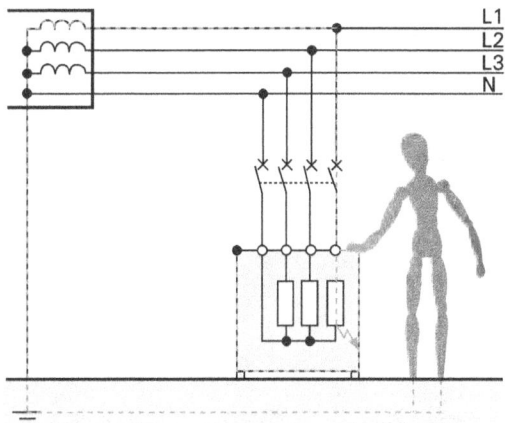

2.3.2. Protección contra contacto directo e indirecto a la vez

La protección contra contactos directos e indirectos a la vez se realiza mediante la utilización de muy baja tensión de seguridad.

Es decir, la única forma de protegerse contra todo tipo de accidente es utilizar tensiones no peligrosas

2.3.3. Protección contra contactos directos

La forma de protegerse es impedir el contacto con las partes activas, por separación (distancia) o por aislamiento.

Además, complementariamente, es decir, por si falla lo anterior, que es obligatorio, se utilizan los interruptores diferenciales.

2.3.4. Protección contra contactos indirectos

Esta protección es más compleja porque hay bastantes maneras de realizarlo.

Protección por corte automático de la alimentación

Este sistema de protección supone la detección del defecto y, después, el corte, pero depende del sistema de distribución de energía.

Con la distribución usual TT, tenemos:

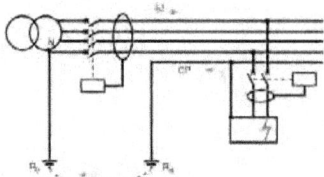

- Detección del defecto: se cierra circuito por tierra.

- El valor de la corriente de defecto puede ser bastante bajo, lo que obliga a utilizar mecanismos de alta sensibilidad (mejor o igual que 30 mA).

- El corte se produce o en toda la instalación (viviendas con un único diferencial) o en sólo la rama con defecto (viviendas o instalaciones con varios niveles de protección diferencial).

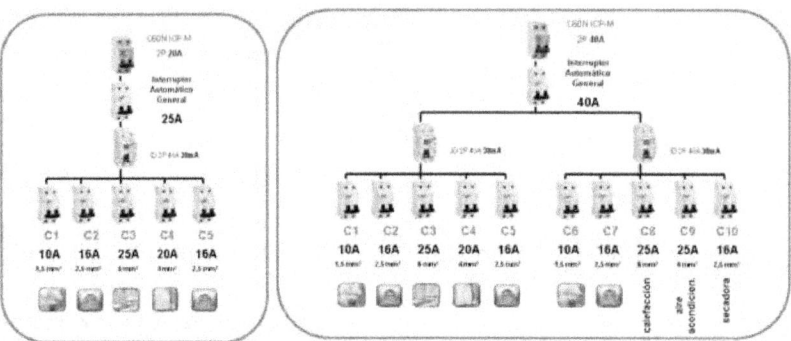

Otros sistemas

La utilización de equipos con aislamiento de la clase II, es decir, además del aislamiento funcional (aislamiento que permite funcionar) tiene otro aislamiento especial que impide la propagación de cualquier tensión.

Además, hay condiciones especiales de la protección en los locales o emplazamientos no conductores o utilizando conexiones equipotenciales locales no conectadas a tierra.

	Clase 0	Clase I	Clase II	Clase III
Características principales de los aparatos	Sin medios de protección por puesta a tierra	Previstos medios de conexión a tierra	Aislamiento suplementario pero sin medios de protección por puesta a tierra	Previstos para ser alimentados con baja tensión de seguridad (MBTS)
Precauciones de seguridad	Entorno aislado de tierra	Conexión a la toma de tierra de protección	No es necesaria ninguna protección	Conexión a muy baja tensión de seguridad

Otro sistema de protección es por separación eléctrica, es decir, utilizando transformadores-separadores.

2.4. Importancia

El RD de aprobación del **REBT** y, expresamente, el artículo 1º del Reglamento destacan la seguridad como el primer objetivo del reglamento.

Las instalaciones eléctricas deben de ser seguras, pero, como la falta o el accidente se pueden producir, el técnico debe siempre prever las protecciones reglamentarias.

Las protecciones, además, deben de estar coordinadas con toda la instalación. Como se verá, la coordinación cable-protección es esencial para asegurar que la protección actúa antes de que se produzca una avería grave.

3. MONTAJE Y CONEXIONADO DE ELEMENTOS DE PROTECCIÓN, MANDO Y SEÑALIZACIÓN

3.1. Aparamenta eléctrica y protección

El **REBT** define la aparamenta como el equipo, aparato o material previsto para ser conectado a un circuito eléctrico con el fin de asegurar una o varias de las siguientes funciones: protección, control, seccionamiento, conexión. (ITC-BT-01)

Se suele decir que las funciones de la aparamenta son:

- Seccionamiento.
- Mando.
- Protección.

Éstos son los símbolos principales de la aparamenta.

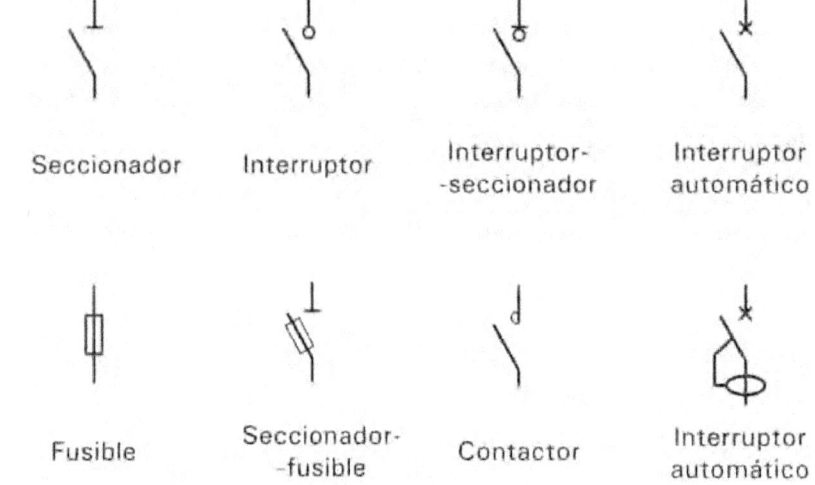

| Seccionador | Interruptor | Interruptor- -seccionador | Interruptor automático |
| Fusible | Seccionador- -fusible | Contactor | Interruptor automático |

3.2. Seccionamiento y seccionadores

Seccionamiento es sinónimo de separación, de aislamiento.

Su objeto garantizar el aislamiento eléctrico de la parte de la instalación aguas abajo para garantizar la seguridad del personal que realiza instalaciones o mantenimiento.

Su símbolo es:

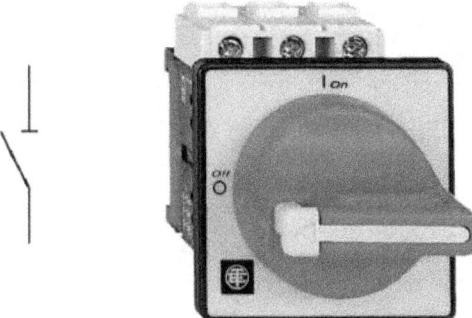

El candado impide la actuación. La llave (= permiso) debe de estar en poder del responsable y/o del encargado.

3.3. Mando e interruptores

Los interruptores tienen la misión de establecer o interrumpir el circuito en el que están insertados.

Son de actuación voluntaria e inmediata. Pueden ser actuados manualmente o por telemando.

Sus principales características son su tensión y su corriente de empleo.

Su símbolo es:

3.4. Dispositivos de protección contra sobrecargas y cortocircuitos

Un dispositivo de protección tiene la misión de cortar la alimentación cuando se produce un defecto.

Como se ha dicho, los principales defectos son las sobrecorrientes y los defectos por contacto directo e indirecto.

3.4.1. Defecto – protección

Cada defecto tiene una protección específica, especialmente sensible a ese tipo de defecto.

Defecto	Protección
Sobreintensidad: - sobrecarga - cortocircuito	Interruptores automáticos con - relés térmicos - relés magnéticos Fusible calibrados
Contactos indirectos (vulgarmente, derivaciones)	Diferenciales - interruptores diferenciales - relés diferenciales
Sobretensiones	Limitadores de sobretensión, Descargadores

3.4.2. El térmico

El relé térmico es el dispositivo que provoca el disparo del interruptor automático cuando se produce una sobrecarga.

Consta, esencialmente, de una bilámina que con el calor se dilata, se deforma, y dispara un trinquete.

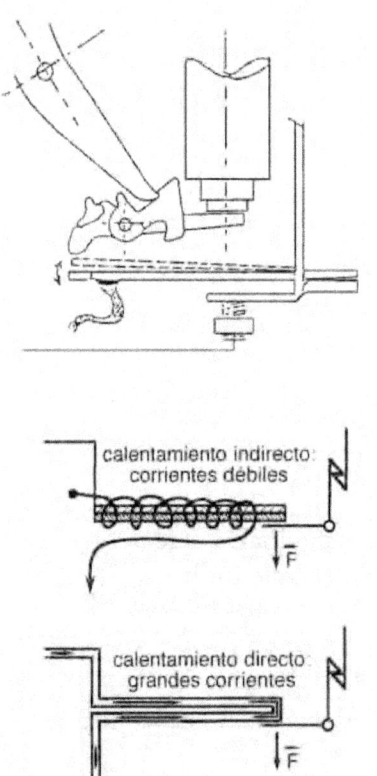

La curva de respuesta de un relé térmico es del tipo "tiempo dependiente e inverso", es decir, su respuesta depende del tiempo que dure la sobrecarga; pero, inversamente, o sea, a más sobreintensidad, menor tiempo de respuesta.

Esto queda representado en una gráfica típica, en forma de media luna:

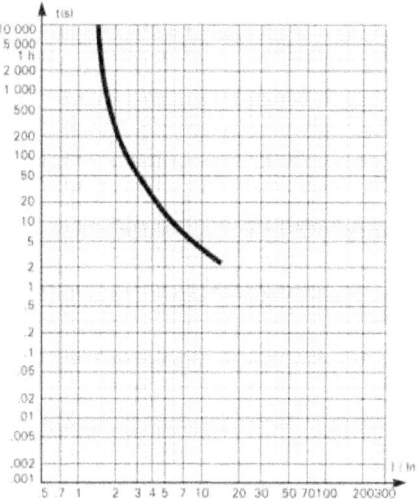

3.4.3. El magnético

El relé magnético es el dispositivo que provoca el disparo del interruptor automático cuando se produce un cortocircuito.

Consta esencialmente de un electroimán que, al ser recorrido por determinada corriente, provoca la apertura de los contactos del interruptor automático.

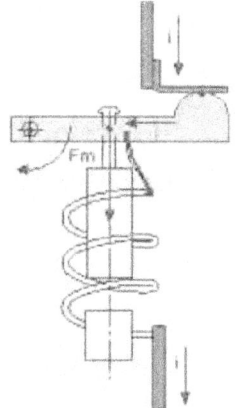

La curva de respuesta es del tipo "tiempo independiente", es decir, su respuesta no depende del tiempo: cuando el valor de la corriente llega al valor preajustado, provoca en disparo del interruptor automático.

Esto queda representado en una gráfica recta y vertical:

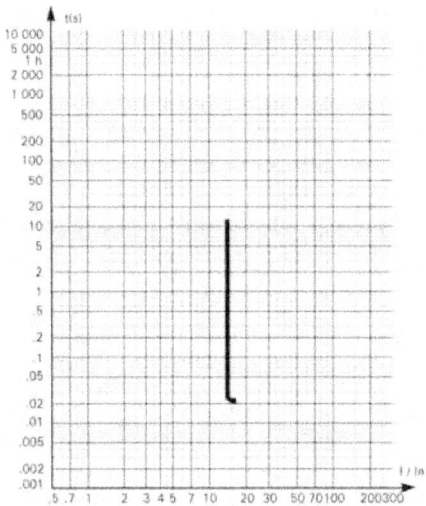

3.4.4. El interruptor automático

Interruptor automático es un dispositivo capaz de establecer, mantener e interrumpir las intensidades de corriente de servicio, o de establecer e interrumpir automáticamente, en condiciones predeterminadas, intensidades de corriente anormalmente elevadas, tales como las corrientes de cortocircuito.

El interruptor de control de potencia y magnetotérmico (ICP-M) es, según el REBT, un aparato de conexión que integra todos los dispositivos necesarios para asegurar de forma coordinada:– Mando – Protección contra sobrecargas – Protección contra cortocircuitos.

El ICP-M es un tipo concreto de interruptor automático magnetotérmico.

El interruptor automático magnetotérmico consta de un térmico y un magnético, es decir, protege a la vez contra sobrecargas y cortocircuitos.

En este pequeño interruptor automático se pueden distinguir: (1) la zona de accionamiento; (2) el relé térmico; (3) el relé magnético; y el sistema de corte con la (4) zona de extinción de arco.

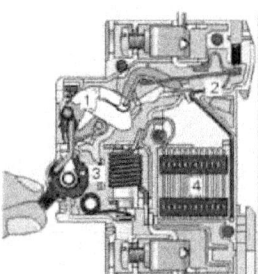

Su curva de respuesta es una sobreposición de la térmica y la magnética.

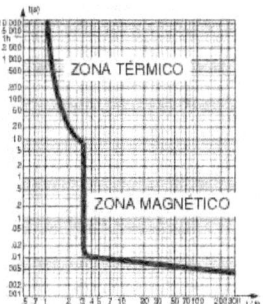

El disparo térmico se ha de producir, en 1 hora, para un valor de corriente de sobrecarga comprendido aproximadamente entre un 5% y un 40% de In, según las Norma. Y a partir de ahí, cada vez en menos tiempo para más corriente.

El disparo magnético se ha de producir instantáneamente, para valores de corriente que varían según la curva del aparato. Si el aparato es de curva B, entre 3 y 5 veces In; si es de C, entre 7 y 10 In; y si es de curva D, entre 10 y 14 In.

Todas estas tolerancias están perfectamente indicadas en las Normas UNE de aparamenta, tanto doméstica como industrial.

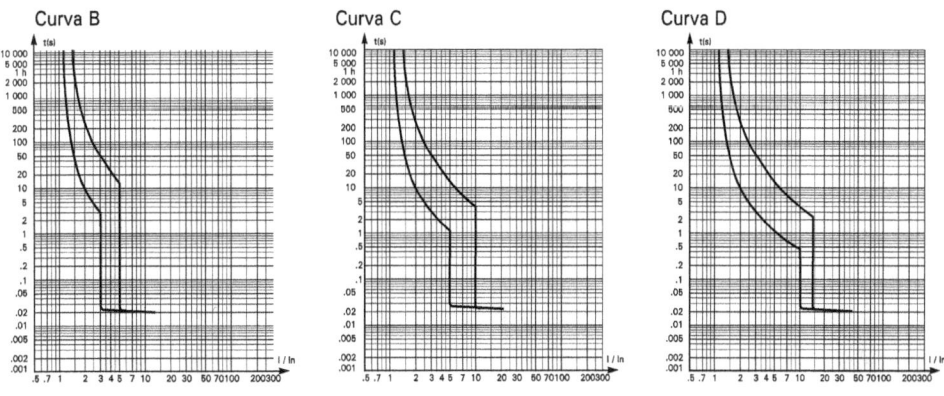

Como se ha dicho, el ICP-M tiene una curva magnetotérmica especial:

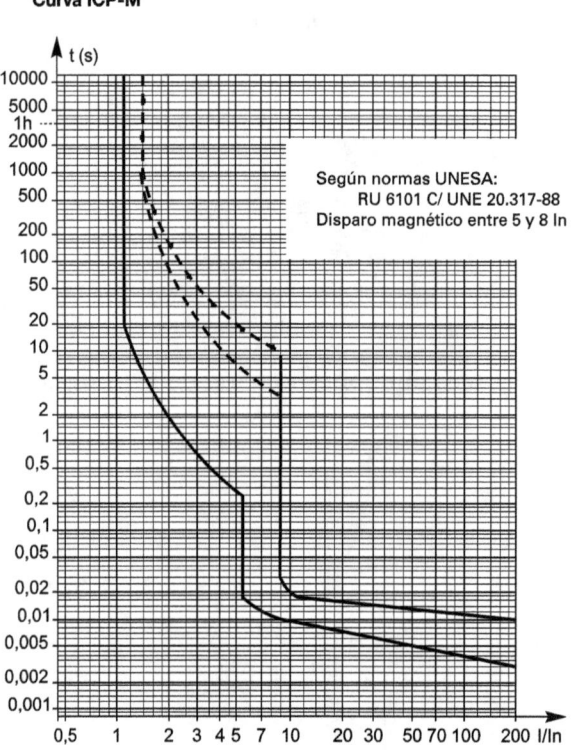

Los interruptores automáticos son de corte omnipolar, es decir, abren o cierran todos a la vez. Pero, no necesariamente todos los polos están protegidos.

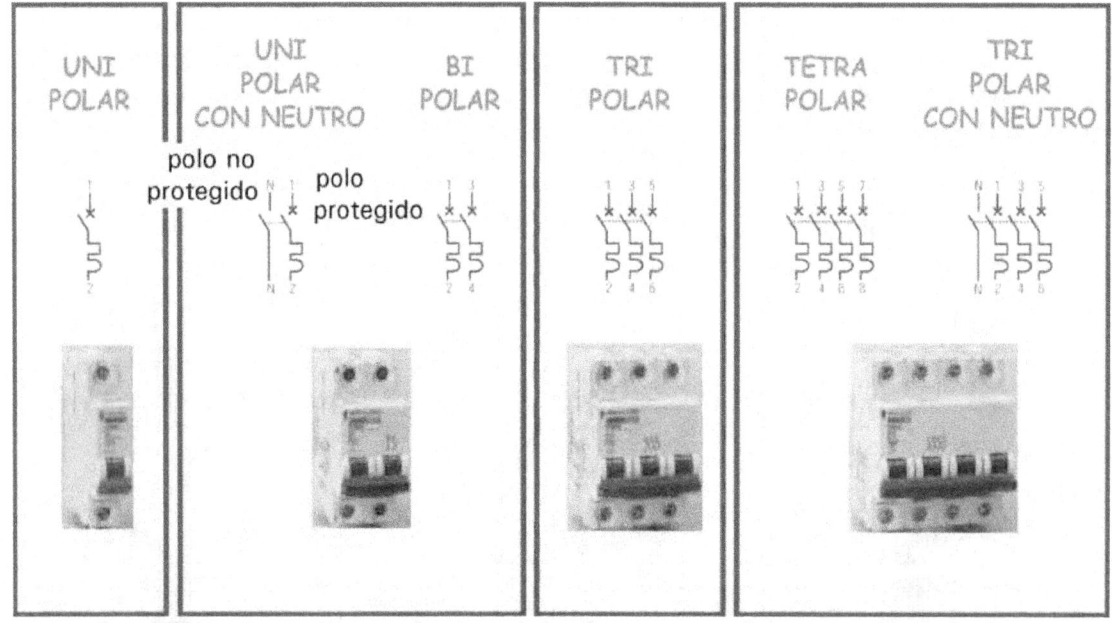

3.4.5. El fusible

Aparato cuyo cometido es el de interrumpir el circuito en el que está intercalado, por fusión de uno de sus elementos (el fusible) cuando la intensidad que recorre el elemento sobrepasa, durante un tiempo determinado, un cierto valor (UNE).

En un fusible se pueden distinguir diversos elementos

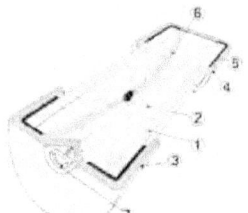

1 cuerpo cerámico
2 arena
3 contacto con indicador
4 contacto inferior
5 anillo de contacto
6 elemento de fusión
7 indicador de fusión

Tipos principales de fusible de uso en instalaciones eléctricas.

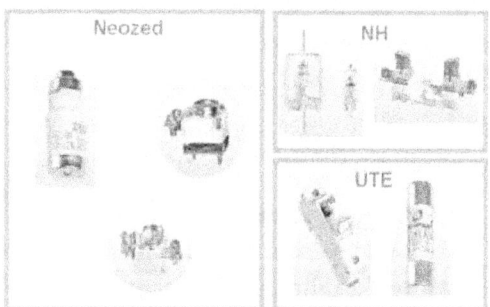

El fusible actúa térmicamente, es decir, funde por calor. Por tanto, su curva de respuesta es similar a la de los térmicos, ya estudiados.

Los fusibles para servicio eléctrico pueden ser rápidos y lentos o en fusible de uso general y fusibles de acompañamiento motor. Éstas son unas gráficas ejemplo (fusibles lentos y rápidos). Es importante que se consulten siempre los datos de fabricante para elegir el fusible adecuado.

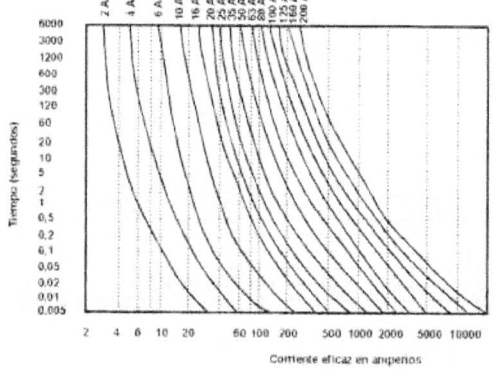

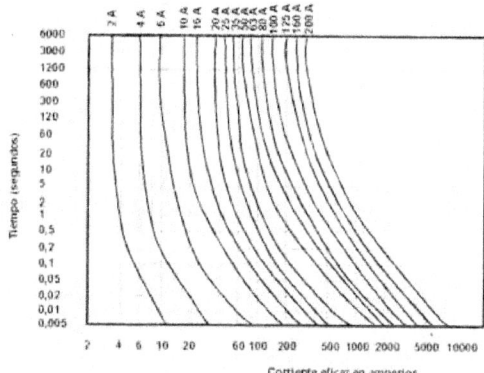

También se utilizan mucho los fusibles aM, de acompañamiento motor. Ésta es una gráfica comparativa:

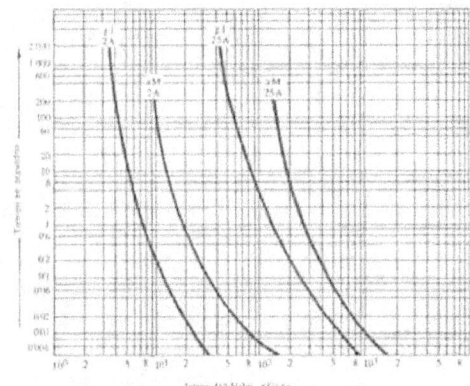

3.5. Dispositivos de protección contra corrientes de defecto

En la práctica elemental, la protección contra las corrientes de defecto se centra en el estudio de los interruptores diferenciales.

El **REBT** define el diferencial como el aparato electromecánico o asociación de aparatos destinados a provocar la apertura de los contactos cuando la corriente diferencial alcanza un valor dado.

Dicho de otra manera, el interruptor diferencial es un sistema de protección cuya función es detectar cualquier diferencia entre la corriente de entrada y la corriente de salida de una instalación.

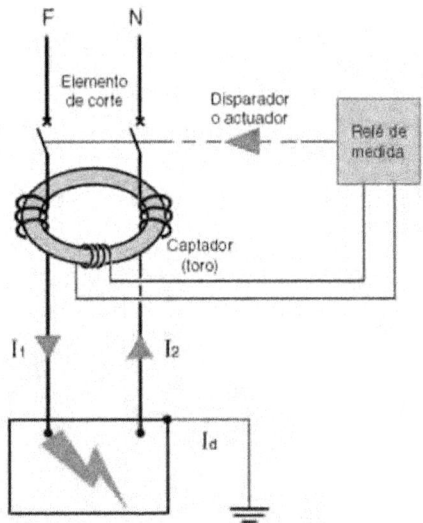

El diferencial puede ser un interruptor independiente o formar parte de un mecanismo más complejo.

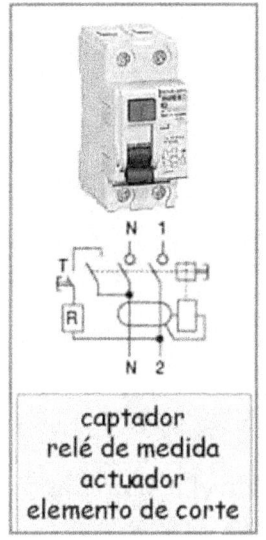

captador
relé de medida
actuador
elemento de corte

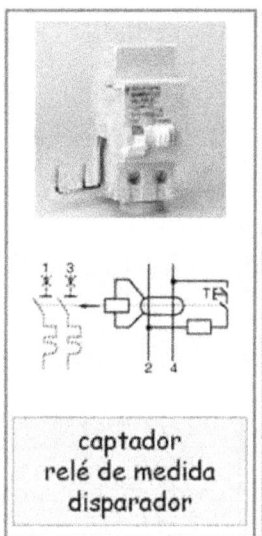

captador
relé de medida
disparador

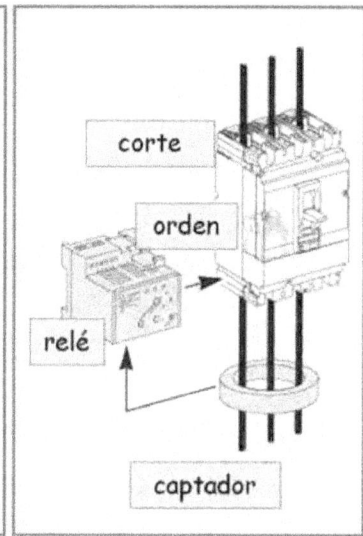

captador

Se denomina sensibilidad del diferencial al valor de corriente mínimo que asegura su actuación. El REBT define los de alta sensibilidad como los interruptores diferenciales cuya sensibilidad es igual o inferior a 30 mA.

Se denomina diferencial selectivo al temporizado, es decir, el que retarda un poco (unos milisegundos) el disparo.

Tipo	In (A)	IΔn (A)	Valor normalizado (en segundos) a:				
			IΔn	2 IΔn	5 IΔn	500 A	
General o instantáneo (G)	Todos los valores	Todos los valores	0.3	0.15	0.04	0.04	Tiempo máximo de funcionamiento
Selectivo (S)	> 25	> 0.030	0.5	0.2	0.15	0.15	Tiempo máximo de funcionamiento
			0.13	0.06	0.05	0.04	Tiempo mínimo de no respuesta

3.6. Otros dispositivos de protección

La aparamenta de protección se asocia muy frecuentemente con otros elementos de mando y señalización.

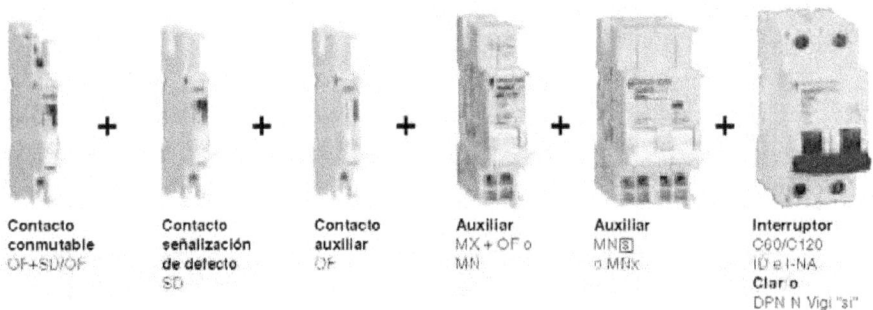

| Contacto conmutable OF+SD/OF | Contacto señalización de defecto SD | Contacto auxiliar OF | Auxiliar MX + OF o MN | Auxiliar MN⑤ o MNx | Interruptor C60/C120 ID e I-NA Claro DPN N Vigi "sí" |

3.6.1. Bobina de emisión MX

Provoca el disparo del interruptor al cual está asociado al recibir tensión

Realiza un autocorte permitiendo dejar un circuito sin tensión.

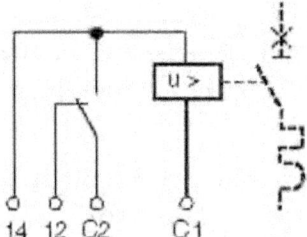

14   12   C2   C1

3.6.2. Bobina de tensión mínima MN y MN(s)

Provoca el disparo del interruptor al cual está asociado cuando la tensión desciende entre 70 y 35 % de Un.

Versión MNx que actúa sólo por acción voluntaria sobre pulsador normalmente cerrado y no dispara por bajada o pérdida de la alimentación auxiliar.

La versión MNs temporiza 0,2 segundos, para evitar los disparos por micro-cortes o por bajada de tensión momentánea.

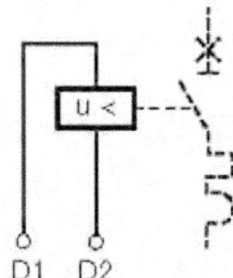

D1   D2

3.6.3. Señalización a distancia: OF y SD

Contacto inversor (OF) que señala la posición "abierto" o "cerrado" del interruptor.

Contacto inversor (SD) que señala la posición "disparo" del interruptor.

Existen diversas combinaciones.

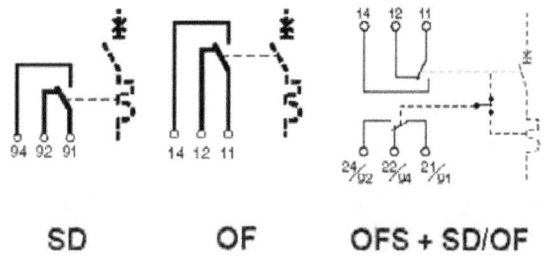

SD   OF   OFS + SD/OF

4. CONDUCTORES ELÉCTRICOS. CLASIFICACIÓN Y APLICACIONES

4.1. Cables y conductores

El REBT define el conductor como conjunto que incluye el conductor, su aislamiento y sus eventuales pantallas.

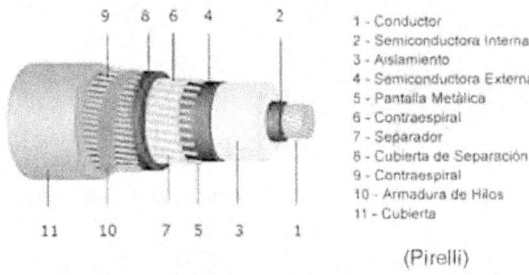

	1 - Conductor
	2 - Semiconductora Interna
	3 - Aislamiento
	4 - Semiconductora Externa
	5 - Pantalla Metálica
	6 - Contraespiral
	7 - Separador
	8 - Cubierta de Separación
	9 - Contraespiral
	10 - Armadura de Hilos
	11 - Cubierta

(Pirelli)

La diferencia entre cable y conductor no siempre es clara en la literatura técnica. Frecuentemente hay que recurrir al contexto para discernir.

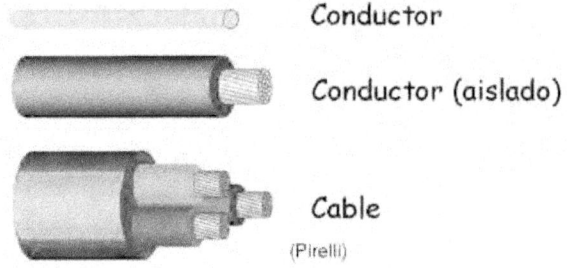

Conductor

Conductor (aislado)

Cable

(Pirelli)

4.2 Conductores, aislantes y protecciones. Cualidades y limitaciones

4.2.1. Cualidades del conductor

El conductor es el soporte de la conducción de la energía, pero, como tiene resistencia, tenemos un conjunto de pérdidas que repercuten de diversa forma:

- El calor: aumento de temperatura y, por tanto, peligro para los aislantes.

- Las cdt: lo que puede afectar al funcionamiento de los receptores. De hecho el REBT obliga a limitar las cdt. Generalizando, éstas son, medidas desde el CT, del 4,5% para el alumbrado y del 6,5% para el resto de usos.

- La energía perdida (kW) que tienen un coste que debe cuantificarse, puesto que queda para siempre.

Para los cálculos, es conveniente recordar estos valores:

Material	$\rho_{20}(\Omega mm^2/m)$	$\gamma_{20}=1/\rho$	$\rho_{70}(\Omega mm^2/m)$	$\gamma_{70}=1/\rho$	$\rho_{90}(\Omega mm^2/m)$	$\gamma_{90}=1/\rho$	$\alpha(°C^{-1})$
Cobre	0,018	56	0,021	48	0,023	44	0,0039
Aluminio	0,029	35	0,033	30	0,036	28	0,004

Los conductores pueden estar formados por una o varias filásticas (cada una de las fibras o hebras finas que componen la base de un cabo o cable). Según esto, pueden ser:

- De clase 1: rígidos

- De clase 2: semiflexible, formados por pocas filásticas gruesas

- De clase 5: flexible, formado por muchas filásticas finas

- De clase 6: muy flexible, formado también por muchas filásticas, pero más finas.

4.2.2. Aislantes

Los conductores trabajan sistemáticamente a una temperatura mayor que la temperatura ambiente.

Por su comportamiento frente al aumento de temperatura, los aislantes los clasificamos en:

- Termoplásticos (TP): son los que, después de sufrir una deformación por incremento temperatura, no vuelven a su anterior forma y cualidades.

- Termoestables (TE): son los que, después de sufrir una deformación por incremento de temperatura, vuelven a su anterior forma y cualidades.

Cada uno de estos tipos de aislantes soporta, según normas, unas temperaturas máximas.

	Temp. máx. scio.	Temp. máx de cto.cto. (tiempo limitado)
Termoplástico	70°	160°
Termoestable	90°	250°

Por tanto, deben trabajar sin sobrepasar estos valores. Si la sobretemperatura, sea por carga eléctrica o por condiciones ambientales, es transitoria, el cable se vuelve a enfriar. Si la sobretemperatura es permanente, por sobrecarga o por cortocircuito, el aislante se destruirá y se producirá un grave defecto.

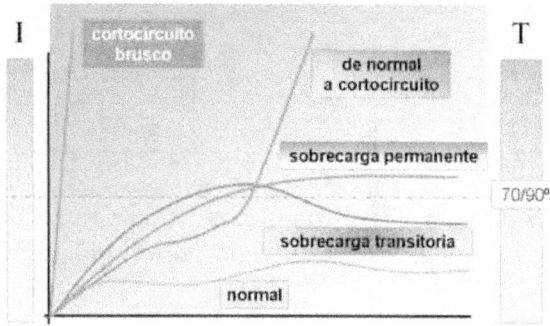

Otra característica del cable es su tensión de trabajo. Según esto, los cables se clasifican para su utilización y por las Normas que los definen en:

* Cables que pueden trabajar hasta 750 V.

* Cables que pueden trabajar hasta 1000 V.

4.2.3. Coordinación cable-protección

Aquí hay que recordar la exigencia reglamentaria: "el límite de intensidad de corriente admisible en un conductor ha de quedar en todo caso garantizada por el dispositivo de protección utilizado" (ITC BT 22).

Por eso, el estudio de las protecciones tiene que respetar la coordinación cable-protección.

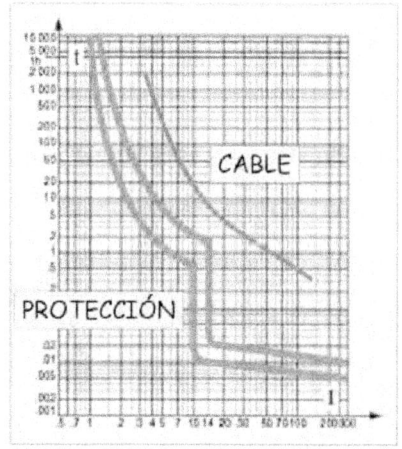

4.3. El cable en funcionamiento. Calor y temperatura

El cable se calienta hasta que llega a la temperatura de equilibrio.

Temperatura de equilibrio es aquella temperatura en la que la velocidad de producción de calor en el cable es igual a la velocidad con que se transmite al medio.

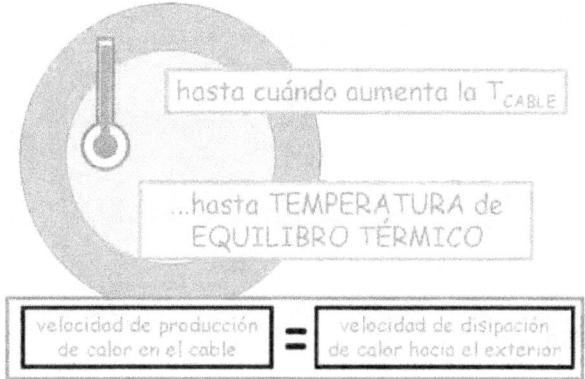

Y, en consecuencia, si la temperatura de equilibrio es superior a 70° C en un TP o a 90° C en un TE, el cable empieza a deteriorarse.

4.4. Designación

La designación de cables tiene, en realidad, dos grupos: los cables hasta 750 V y los cables hasta 1 kV.

La tabla adjunta es del CENELEC (Ver página siguiente).

Ejemplos:

H07 RN-F 3G6

H   Cable según norma armonizada

07   Tensión asignada 450/750 V

R   Aislamiento de goma natural o de goma estireno-butadieno

N   Cubierta de policloropreno

-F   Flexible (conductores clase 5)

3G6   3 conductores, uno de ellos de color amarillo-verde, de 6 mm²

H03 VH-H 2x0,5

H   Cable según norma armonizada

03   Tensión asignada 300/300V

V   Aislamiento de PVC

Código de designación	FRN	07	R	N	H2	A	F	3	G	1,5
Cable armonizado	H									
Cable derivado de un tipo armonizado	A									
Cable de un tipo nacional	FRN									
Tensión de servicio entre conductores										
300 V máximo		03								
500 V máximo		05								
750 V máximo		07								
1.000 V máximo		1								
Símbolo del material aislante										
Caucho etileno propileno (EPR)			B							
Caucho natural o equivalente (Rubber)			R							
Policloruro de vinilo (PVC)			V							
Polietileno reticulado (PR)			X							
Policloropreno (Neopreno) (PCP)			N							
Símbolo del material de la cubierta										
Caucho etileno propileno (EPR)				B						
Caucho natural o equivalente (Rubber)				R						
Policloruro de vinilo (PVC)				V						
Polietileno reticulado (PR)				X						
Policloropreno (Neopreno) (PCP)				N						
Construcción epecial (eventual)										
Cable plano "divisible"					H					
Cable plano "no divisible"					H2					
Naturaleza del alma del conductor										
Cobre (no tiene código, por defecto Cu)										
Aluminio						A				
Carácter mecánico del alma conductora										
Única, masiva, rígida							U			
Trenzada de varillas, rígidas							R			
Trenza clase 5 (flexible)							F			
Trenza flexible clásica (instalación fija)							K			
Trenza extra flexible clase 6							H			
Composición del cable										
Número de conductores								x		
Ausencia del conductor verde-amarillo									X	
Con conductor verde-amarillo									G	
Sección del conductor (en números que indican mm^2)										x

(1) Comité Europeo de Normalización Eléctrica.

H	Cable plano, (conductores pueden separarse)
-H	Extraflexible (conductores clase 6)
2X0,5	2 conductores de 0,5 mm^2

4.5. Colores

El REBT (ITC BT 19) indica expresamente que los conductores deben ser fácilmente identificables, especialmente por lo que respecta al conductor neutro y al conductor de protección.

Generalizando:

- El conductor de protección es siempre amarillo-verde.

- El neutro debe de ser azul claro.

- Las fases se identificarán por los colores marrón o negro. Cuando se considere necesario identificar tres fases diferentes, se utilizará también el color gris.

5. CUADROS ELÉCTRICOS. TIPOLOGÍA Y CARACTERÍSTICAS. CAMPOS DE APLICACIÓN

5.1 Objeto

Los cuadros eléctricos tienen el objeto material principal de contener las aparamenta de seccionamiento, mando y protección en los sistemas de distribución.

Pero su misión funcional principal es asegurar la seguridad de personas y bienes y la continuidad del suministro.

Cumplen una doble misión: evitan que las personas accedan a partes con tensión y protegen a esa aparamenta de las influencias externas.

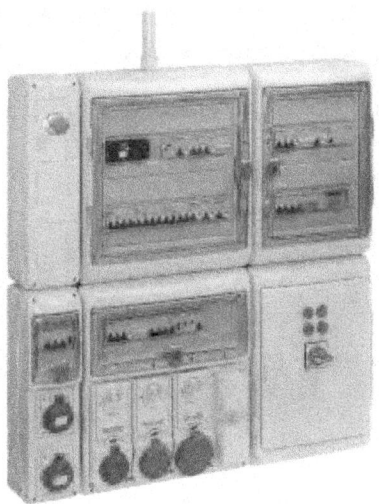

5.2. Cuadros por niveles

5.2.1. En las viviendas

En las viviendas, el cuadro eléctrico lo constituyen los denominados dispositivos generales e individuales de mando y protección, más o menos extensos en función del grado de electrificación de la vivienda.

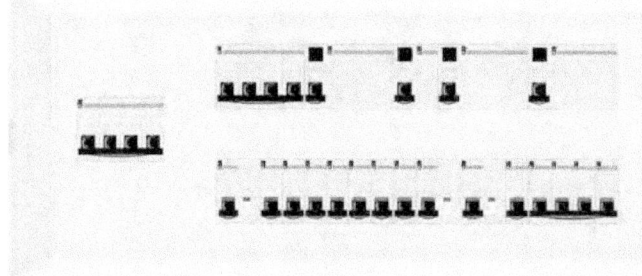

5.2.2. En la industria

En la industria se instala toda una red de distribución con líneas y cuadros, desde los centros de transformación hasta cada uno de los puntos de utilización.

Cada uno de estos cuadros utiliza una gama de aparamenta adecuada a las corrientes nominales y de cortocircuito de cada nivel y a las secciones de los cables.

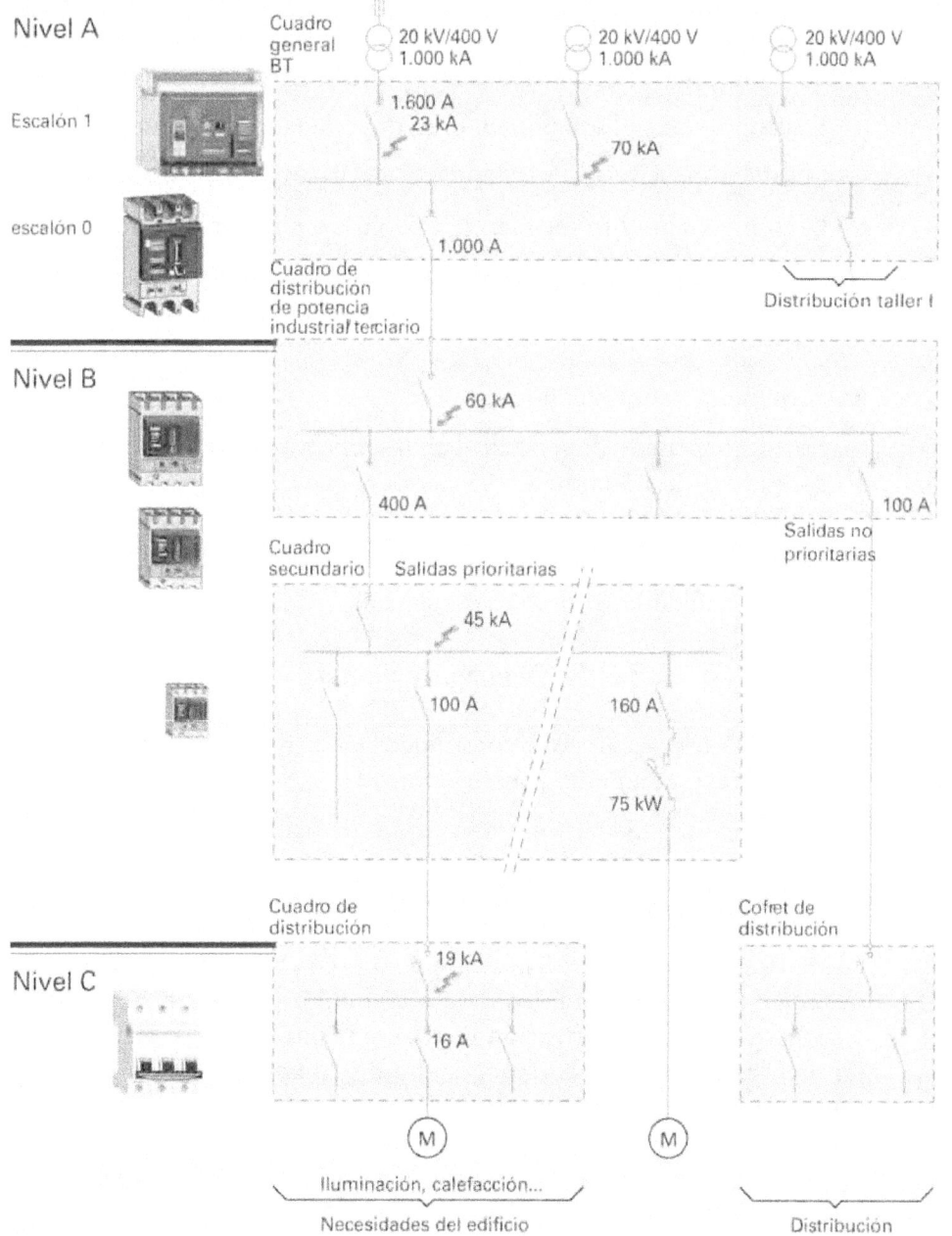

5.3. Sistemas de instalación y montaje

5.3.1. Cuadro tradicional

La aparamenta se fija a un bastidor en el interior de la envolvente.

- La aparamenta se fija generalmente sobre un chasis en el fondo de una envolvente.

- El acceso a los mandos y a la señalización se realiza por medio de taladros en la parte frontal.

- La implantación del material en el interior del cuadro necesita un estudio minucioso de la distribución del material, para que no dificulte:

  - La instalación y el funcionamiento de toda la aparamenta.

  - El cableado y el mantenimiento de las distancias de aislamiento

  - El comportamiento térmico del conjunto y de cada elemento.

- Una predeterminación de la superficie de cuadro necesaria se puede realizar multiplicando por 2,5 la superficie total de la aparamenta a instalar.

- Es conveniente tener en cuenta:

  - Las prescripciones de seguridad de la Directiva de BT, que pueden asegurarse atendiendo a los ensayos especificados en la norma UNE-EN 60439-1,

  - La Directiva de Responsabilidad Civil (85/774), cubriendo las responsabilidades con pólizas adecuadas.

5.3.2. Cuadro funcional

Dedicado a aplicaciones precisas, constituido por la agrupación de partes funcionales de la aparamenta y sus accesorios:

- La aparamenta se fija en soportes propios para cada producto.

- El acceso a los mandos y a la señalización se realiza por medio de ventanas estándares, propias para cada elemento.

- La implantación del material en el interior del cuadro, de los elementos de soporte, de los elementos de conexionado y de los bornes, se resuelve por su estandarización mediante tablas de selección o con un preciso programa informático, que distribuye el material de la forma más óptima para atender:

  - La accesibilidad del material, los mandos y la señalización.

  - Las distancias de aislamiento.

- El comportamiento térmico del conjunto.

- La configuración mecánica adecuada para el soporte de los esfuerzos electrodinámicos.

- El dimensionado del embarrado y las conexiones se realiza en función de la intensidad de cortocircuito, sujeta a las posibles reducciones en función del efecto limitador de la protección de cabecera.

5.4. Problemática de los cuadros eléctricos: calor, humedad, ampliaciones, reparaciones

5.4.1. Grados de protección IP-K

Los grados de protección IP e IK indican la protección de una envolvente contra la penetración de cuerpos extraños (IPX_), penetración de agua (IP_X) y la protección contra impactos (IK).

Grado de protección de las envolventes de BT

IP			
Protección contra los cuerpos sólidos		Protección contra los líquidos	
0	Sin protección	0	Sin protección
1 Ø 50 mm	Protección contra los cuerpos sólidos superiores a 50 mm Ø	1	Protección contra la caída de gotas verticales condensación)
2 Ø 12 mm	Protección contra los cuerpos sólidos superiores a 12 mm Ø	2	Protección contra la caída de gotas de agua, hasta un ángulo de 15° de la vertical
3 Ø 2,5 mm	Protección contra los cuerpos sólidos superiores a 2,5 mm Ø	3	Protección contra la caída de agua de lluvia hasta un ángulo de 60° de la vertical
4 Ø 1 mm	Protección contra los cuerpos sólidos superiores a 1 mm Ø	4	Protección contra la proyección de agua en todas direcciones
5	Protección contra el polvo en cantidad no perjudicial.	5	Protección contra los chorros de agua en todas direcciones
6	Protección total contra el polvo	6	Protección contra los chorros de agua en todas direcciones, semejantes a un golpe de mar
		7	Protección contra los efectos de inmersión

Hay que tener presente que, cuando una envolvente sale de la fábrica su grado de protección Ip-IK es el que se indica, pero, en cuanto ha sido manipulado (taladros, por ejemplo) su nuevo grado de protección ya no es el que era.

Por eso es preferible, siempre que se pueda utilizar sistemas de armarios de tipo funcional, porque su grado de protección está calculado para cada uno de los montajes.

IK		
Impacto		Energía
00		Sin protección
01		Energía de choque 0,15 julios
02		Energía de choque 0,20 julios
03		Energía de choque 0,35 julios
04		Energía de choque 0,50 julios
05		Energía de choque 0,70 julios
06		Energía de choque 1 julios
07		Energía de choque 2 julios
08		Energía de choque 5 julios
09		Energía de choque 10 julios
10		Energía de choque 20 julios

5.4.2. El calor

Todo armario tiene en su interior conductores por los que circula la corriente y que desprenden calor. Además, los contactores, variadores de velocidad, relés de todo tipo, también producen calor.

Por tanto, es esencial prever una ventilación, puesto que la simple convección puede ser insuficiente.

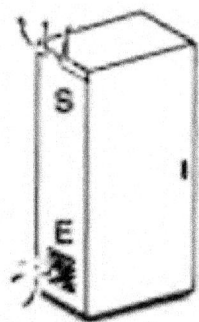

5.4.3. Humedad

Por su ubicación o por las variaciones de temperatura, los armarios pueden humedecerse por condensación. La humedad tiene dos efectos perversos: la oxidación de los metales y la pérdida de aislamiento.

Para paliar este fenómeno pueden ver en los armarios resistencias de caldeo que, al calentar el vapor de agua, evitan que se deposite en los conductores.

5.4.4. Conductor de protección

Un detalle de seguridad muy importante es el CP. Toda masa metálica de una instalación debe de estar conectada a un CP. Suele conectarse bien el armario, pero debe prestarse especial atención a la conexión de la puerta o tapa.

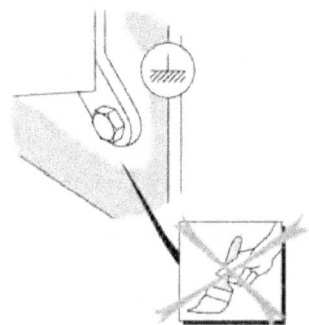

Pintura = AISLANTE

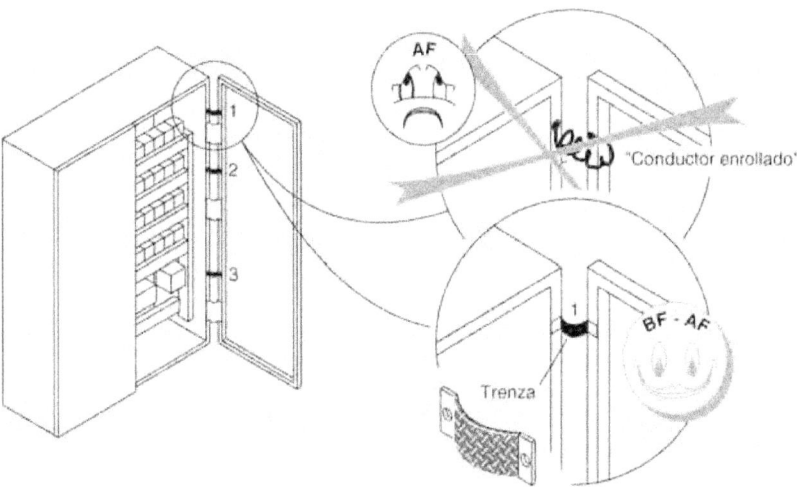

5.4.5. Ampliaciones, reparaciones

Un cuadro nuevo ha sido pensado. Generalmente es bueno su diseño y construcción.

Una ampliación no siempre es posible o no siempre cabe, pero ¡hay que hacerla! Es entonces cuando se pasan por alto las reglas del arte y se fuerzan al límite los espacios. Ahí surge el peligro para personas y bienes.

En cuanto a la seguridad personal al trabajar en cuadros, debe de respetarse al máximo las precauciones, tanto más cuanto más elementos haya, más apretados, con menos luz y menos protecciones aislantes.

Al efectuar reparaciones, debería cortarse siempre la alimentación. Tenga siempre presentes estas ideas:

Nunca se fíe de que no hay tensión (¡compruébelo SIEMPRE!).

Nunca se fíe de que hay tensión (no dé por supuesto que tiene tensión en tal punto... tal vez la avería está más arriba de donde usted está trabajando).

6. CANALIZACIONES. TIPOLOGÍA Y CARACTERÍSTICAS. CAMPOS DE APLICACIÓN

6.1 Tipos de canalizaciones

Hay dos tipos básicos:

- Distribución con conductores aislados.
- Distribución con canalizaciones eléctricas prefabricadas (CEP).

Criterios de elección:

- Inversión. Las CEP requieren una inversión inicial mayor, pero su adaptabilidad, facilidad de ampliación y modificación son mucho mejores.
- Flexibilidad: La adaptabilidad de las CEP es sensiblemente mejor y, en caso de modificación, se mantiene mejor la seguridad.

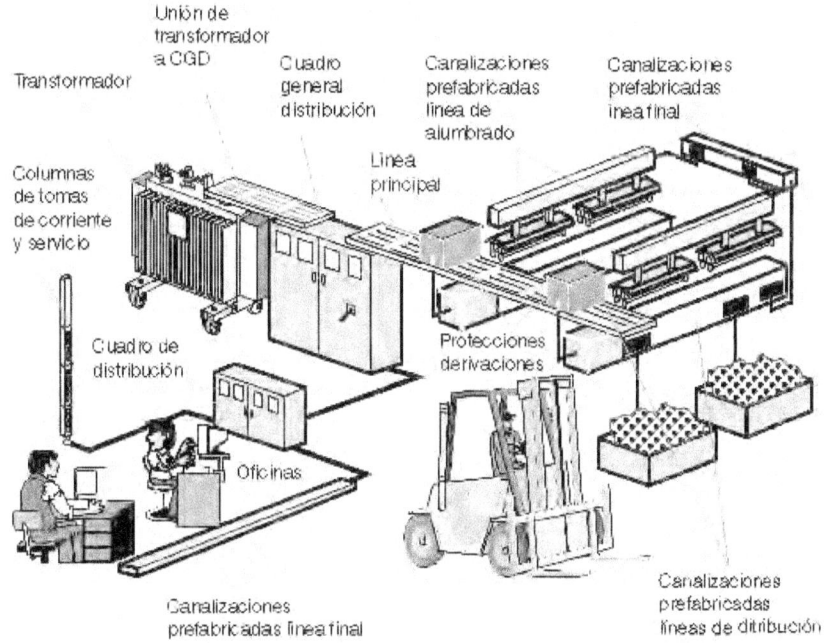

Distribución industrial con CEP

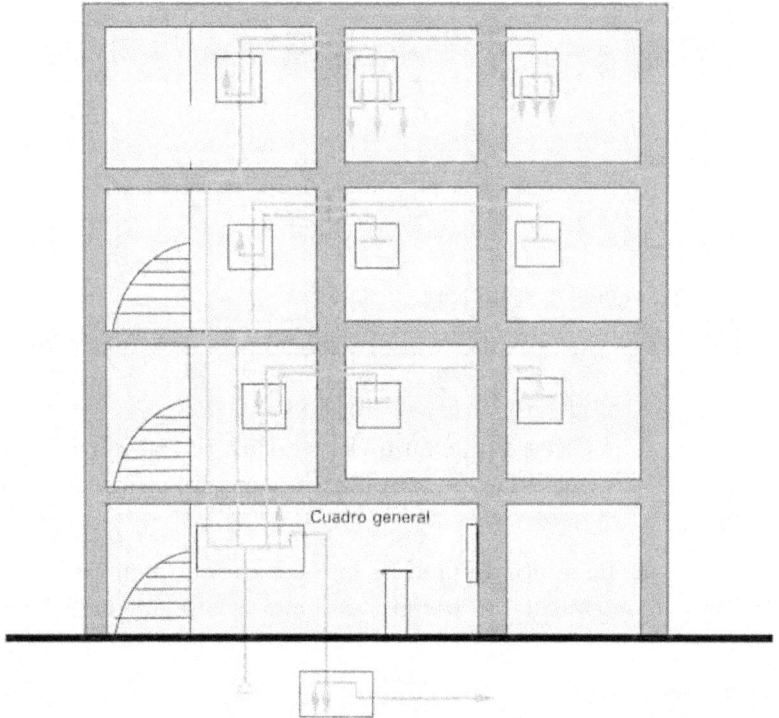

Distribución radial cableada de un hotel

6.2. Sistemas de instalación según el REBT

El REBT (ITC BT 20) trata de los sistemas de instalación, siguiendo la UNE 20460-5-52. En la ITC BT 19, tabla 1, cita, aunque sin decirlo, los métodos de referencia de la Norma.

Estos métodos son importantes porque determinan la sección de los cables.

6.2.1. Métodos de referencia A y A2:

Bajo tubo en paredes térmicamente aislantes:

- Método A: cables unipolares.

- Método A2: cables multiconductores.

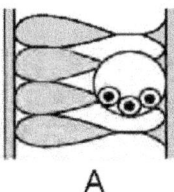

A

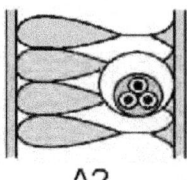

A2

- El tubo puede ser metálico o de materia plástica.

6.2.2. Métodos de referencia B y B2

Montaje superficial o empotrados en obra.

- Método B: cables unipolares.

- Método B2: cables multiconductores.

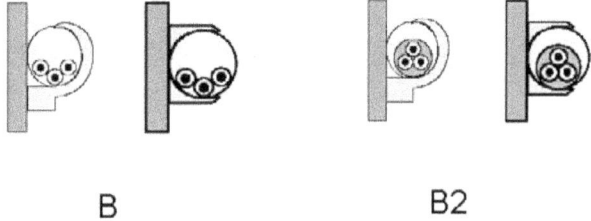

B   B2

- Incluyendo canales para instalaciones –canaletas- y conductos de sección no circular.

- El tubo puede ser metálico o de material plástico.

6.2.3. Método de referencia C

Cables uniconductores o multiconductores directamente sobre pared o en bandeja no perforada.

6.2.4. Métodos de referencia E, F y G

Al aire, separados de la pared o en bandejas perforadas.

- Método E: cables multiconductores.

- Método F: cables uniconductores juntos.

- Método G: cables uniconductores separados entre sí.

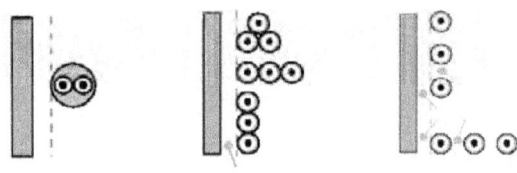

6.3. Influencia de las canalizaciones en el diseño de las instalaciones

Existe una relación inseparable entre el diseño de la instalación y la canalización.

Por una parte, el cálculo de las secciones de líneas y cables requiere determinar primero el tipo de canalización que se utilizará.

Por otra, el tipo de canalización depende del tipo de local, por las influencias externas y por problemas de conveniencia o decorativas.

Es decir, en el proceso de diseño de una instalación, una vez determinadas las cargas (potencias, corrientes de arranque, factor de potencia, etc.) hay que determinar las longitudes, el recorrido y la canalización de todas las alimentaciones.

7. MONTAJE DE INSTALACIONES. TÉCNICAS Y PROCEDIMIENTOS

7.1. Montaje según normas

El REBT en la ITC BT 20 determina los sistemas de instalación con referencia directa a la norma UNE 20460-5-52.

7.2. Exigencias

Separación de circuitos por tensiones o todos aislados para la tensión superior.

Separación entre instalaciones eléctricas y no eléctricas:

- Separación por fuentes externas de calor.

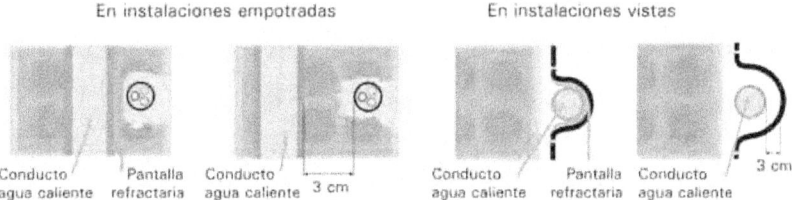

- Separación de canalizaciones de agua. Preferentemente, deben pasar las de agua por debajo. Prever los efectos de la condensación. Utilizar pantallas adecuadas.

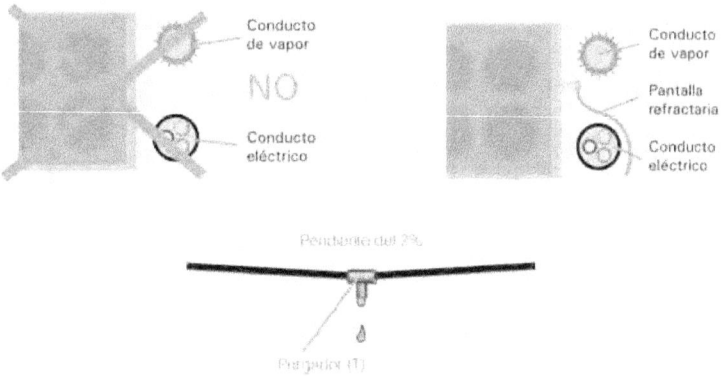

- Protección contra cuerpos sólidos y polvo.

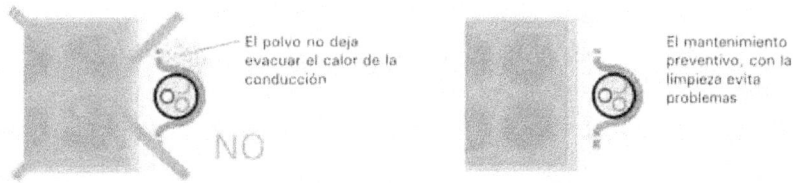

- Protección contra efectos mecánicos.

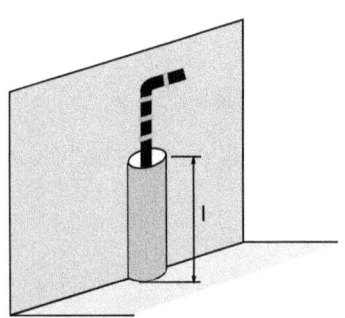 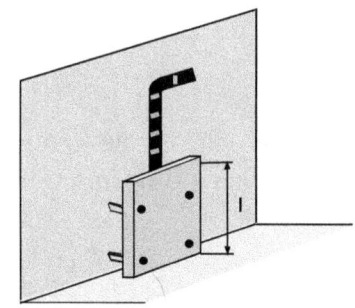

- Exigencia de identificación de circuitos, no sólo los cables, sino cada una de las conducciones.

- Prever accesibilidad para reparaciones.

7.3. Condiciones de los diversos sistemas de instalación

Sistemas de instalación:

	Cables	ITC-BT	UNE
bajo tubos protectores	450/750 V	21	
fijados directamente sobre las paredes	0,6/1 kV		20460 552
enterrados	0,6/1 kV	21	
directamente empotrados en estructuras	XLPE - EPR (-5 a 90°C)		
en el interior de huecos de la construcción	450/750 V		20460 552
bajo molduras	450/750 V		
bajo canales protectoras	s/canalización	21	
en bandeja o soporte de bandejas	XLPE - EPR; uni o multi		20460 552
Conductores aéreos		6	
Canalizaciones eléctricas prefabricadas			60570; 60439

7.3.1. Condiciones especiales de los fijados directamente sobre las paredes

- Atención: hay que usar cables de 0,6/1 kV, con aislamiento y cubierta.

- Elementos de sujeción que no dañen mecánicamente y a una distancia menos o igual de 0,40 m, para evitar vanos y con radios de curvatura mayores de 0,10 m.

- Cruce con conductores no eléctricos, por delante o detrás pero a 0,30 m.

- Empalmes y conexiones sólo en cajas.

7.3.2. Condiciones especiales para conductores en huecos de la construcción

- Los huecos en muros, paredes, vigas, forjados o techos, adoptando la forma de conductos, continuos o bien entre dos superficies paralelas, como en el caso de falsos techos o muros con cámaras de aire.

- No podrán instalarse en conductos de ventilación.

- Tendrán una sección mínima para permitir el paso de cable.

- Se tendrá especial cuidado con las asperezas cortantes de todos estos huecos, especialmente al insertar en ellos los cables.

- Si cuelgan libremente en vertical, no sobrepasar los 3 m.

- Prever y evitar que puedan producirse infiltraciones, fugas o condensaciones de agua.

7.3.3. Comentarios a la instalación en canales protectoras y bandejas

Se entiende por "canal protectora" un material de instalación constituido por un perfil de paredes perforadas o no perforadas, destinado a alojar conductores o cables y cerrado por una tapa desmontable (ITC-BT-01).

Las canales pueden ser de dos tipos, muy diferentes por sus prestaciones:

- Si su IP es igual o mejor que IP4X y tienen acceso sólo con herramientas, se puede usar en ellas conductor 450/750 V, pueden instalarse mecanismos y pueden realizarse empalmes y conexiones.

- Si su IP es menor que IP4X y tiene acceso sin herramientas, sólo podrá utilizarse conductor aislado bajo cubierta estanca de 300/500 V; no pueden realizar en ellas empalmes.

La instalación de canales se hará preferentemente en trazados horizontales y verticales.

Las bandejas metálicas deben conectarse a la red de tierra quedando su continuidad eléctrica convenientemente asegurada.

8. MEDIDAS ELÉCTRICAS EN LAS INSTALACIONES

8.1. Medida de tensiones

Objeto: conocer la ddt entre dos puntos.

Aparato: voltímetro o téster como voltímetro.

Conexiones y medida:

- Conexión en paralelo.

- Si se conecta en serie, hay error de medida, pero no se quema el aparato.

- Seleccionar ca o cc. En caso de equivocación, hay error en la medida, pero, además, se puede quemar el aparato de medida.

- El voltímetro es un aparato de alta impedancia.

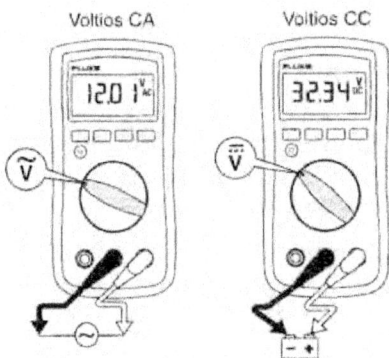

8.2. Medida de intensidad de corriente (téster)

Objeto: conocer la intensidad de corriente en un punto de un circuito.

Aparato: amperímetro o téster como amperímetro.

Conexiones y medida:

- Conexión en serie.

- Precaución con el cambio de bornes (en casi todos los tésters).

- Si se conecta en paralelo, se suele averiar irreparablemente el amperímetro y hay grave error de medida.

- Seleccionar ca o cc. En caso de equivocación, hay error en la medida, pero, además, se puede quemar el aparato de medida.

- El amperímetro, un aparato de baja impedancia.

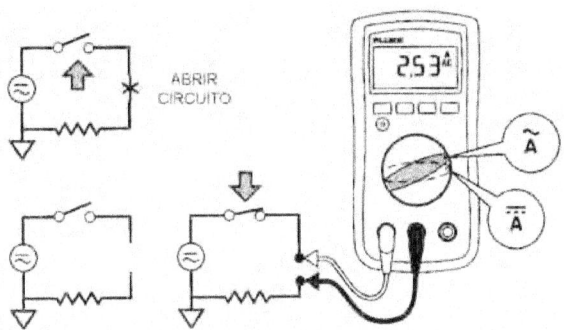

8.3. Medida de intensidad de corriente (pinza)

Objeto: conocer la intensidad de corriente en un punto de un circuito.

Aparato: pinza amperimétrica.

Conexiones y medida:

* Seleccionar magnitud.

* Insertar pinza en cable.

* Algunas pinzas pueden medir cc por efecto Hall.

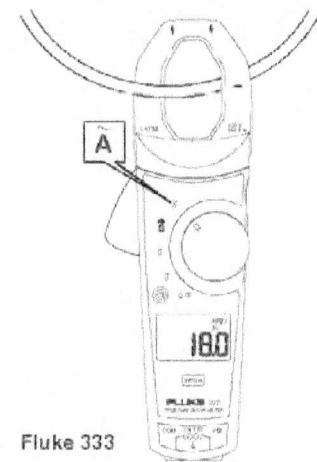

Fluke 333

8.4. Medida de resistencias de valor bajo: óhmetro

Objeto: conocer la resistencia de un componente o de un circuito.

Aparato: óhmetro.

Conexiones y medida:

* Conexión entre puntos a medir.

- El óhmetro aplica una pequeña tensión sobre el elemento bajo prueba.

- Precaución: el elementos bajo prueba no debe tener tensión ni de red ni otra oculta, por ejemplo, condensadores cargas, retornos.

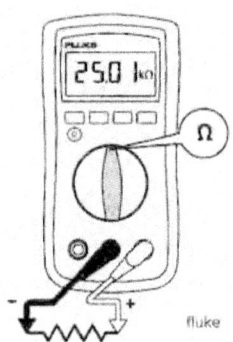

8.5. Medida de resistencias de alto valor: medida de aislamiento

Objeto: Medir el aislamiento entre partes de un circuito o máquina.

Aparato específico: Medidor de aislamiento o meger.

Conexiones y medida:

- Conexión entre puntos a medir.

- Seleccionar función.

- Seleccionar tensión de prueba.

- El medidor de aislamiento aplica una alta tensión sobre el elemento bajo prueba.

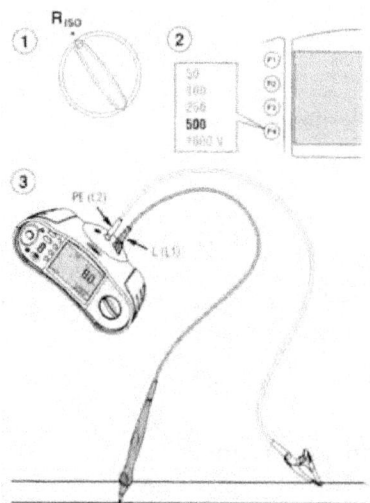

- Peligro: alta tensión. No tocar las puntas mientras se mide. Usar cables adecuados.

- Precaución: si al medir aislamiento entre conductores de una línea hay algún receptor conectado, puede resultar dañado.

8.6. Medida de continuidad

Objeto: asegurar la continuidad de un conductor, por ejemplo, del CP.

Comentario: Esta medida suele hacerse con el téster, es decir, con una tensión y corriente muy bajas. Las Guías del REBT, indican que la medida se haga con un aparato que suministre hasta 24 Vcc y 200 mA.

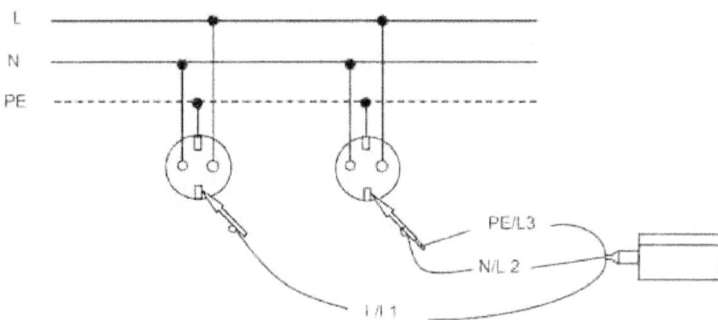

8.7. Medida de la potencia en ca

Objeto: medir la potencia activa.

Aparato específico: vatímetro.

Conexiones:

- Un vatímetro tienen dos circuitos uno voltimétrico y otro amperimétrico.

- Conectar el circuito voltimétrico en paralelo y el amperimétrico en serie, o mediante la pinza amperimétrica.

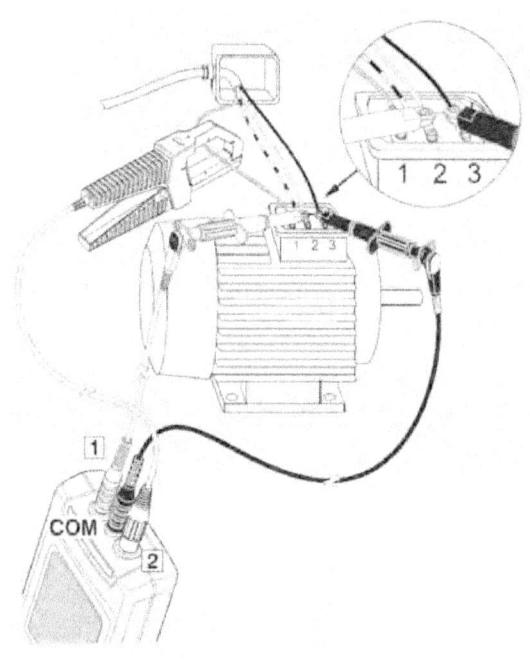

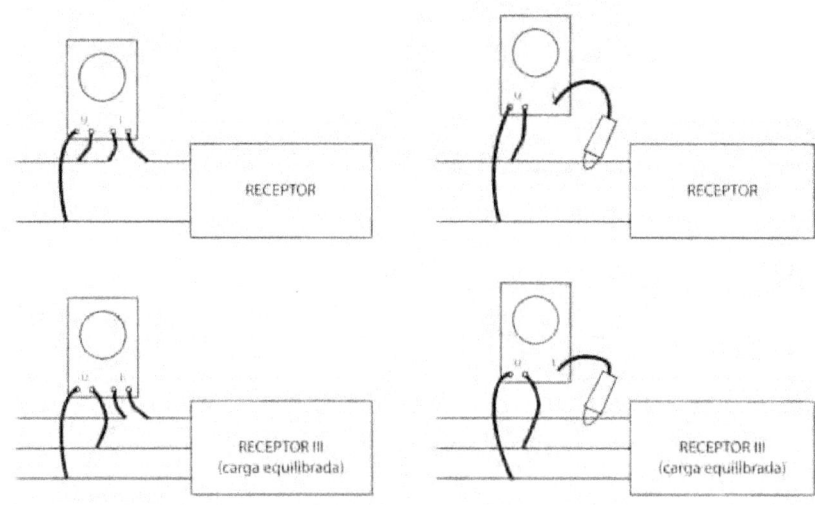

9. NORMATIVA Y REGLAMENTACIÓN ELECTROTÉCNICA

9.1. El REBT

El actual Reglamento Electrotécnico para baja tensión se publicó en el BOE 224 de 18 de septiembre de 2002, donde se publicaba el RD 842/2002 de 2 de agosto.

Consta, como es normal en la publicación de los reglamentos técnicos, de:

- Un RD de publicación.
- Un Reglamento propiamente dicho.
- Unas instrucciones técnicas complementarias que desarrollan el propio Reglamento.

9.2. El Real Decreto. El Reglamento

9.2.1. El Real Decreto

Primero recuerda el RD 2413/1973 de 20 de septiembre por el que se aprobó el antiguo Reglamento.

Después establece la relación con la Ley de Industria, con las normativas europeas y con la normalización (AENOR, CEI, CENELEC).

Dice después que "la mayor novedad del Reglamento consiste en la remisión a normas". Este importante punto se desarrollará después.

Destaca los objetivos de seguridad, insistiendo en diversos puntos en este aspecto. En realidad, el REBT se inserta en el conjunto de normas de seguridad industrial.

Finalmente pondera o compara algunos aspectos del nuevo reglamento respecto al antiguo.

9.2.2. El Reglamento

El Reglamento tiene 29 artículos. Se destaca muy brevemente lo esencial o el sentido de cada artículo:

1. Objeto: Seguridad, fiabilidad.

2. Campo de aplicación: hasta 1000 Vca y 1500 Vcc (ambos inclusive).

3. Instalación eléctrica: noción.

4. Clasificación de las tensiones. Frecuencia de las redes: valores.

5. Perturbaciones en las redes: el creador de la perturbación deberá dotarse de los dispositivos protectores.

6. Equipos y materiales: instalación y utilización para la que fueron fabricados. Obligación de marcas con indicaciones mínimas.

7. Coincidencia con otras tensiones: manda el reglamento de la mayor.

8. Redes de distribución: se definirán valores de tensión e intensidades de corriente.

9. Instalaciones de alumbrado exterior: no sólo público.

10. Tipos de suministro: normales y complementarios.

11. Locales de características especiales: amplía la relación y exige reglamentación específica.

12. Ordenación de cargas: para previsión. Obligación de informas a empresas suministradoras.

13. Reserva de local: según reglamentación específica de actividades de transporte, distribución, comercialización, suministro y procedimientos de autorización de instalaciones de energía eléctrica.

14. Especificaciones particulares de las empresas suministradoras. Su ámbito de regulación normativa.

15. Acometidas e instalaciones de enlace: determina con precisión los límites de cada una de sus partes.

16. Instalaciones interiores o receptoras: atiende al equilibrio de cargas, subdivisión, protección y medidas de seguridad; exige condiciones específicas para los locales de pública concurrencia.

17. Receptores y puesta a tierra: deberá respetarse lo indicado en las ITCs correspondientes.

18. Ejecución y puesta en servicio de las instalaciones: en línea con la Ley de Industria, determina exigencias referidas a documentación, verificación, inspección, instaladores, suministros.

19. Información a usuarios: deberá entregarse al titular.

20. Mantenimiento de las instalaciones: obligatoriedad de mantener las instalaciones en buen estado.

21. Inspecciones: fija lo que deberá decir la ITC que desarrolle este aspecto.

22. Instaladores autorizados: las instalaciones eléctricas las ejecutarán los instaladores autorizados.

23. Cumplimiento de las prescripciones: para mínimos obligatorios de seguridad.

24. Excepciones: posibilidad de solicitud de excepción.

25. Equivalencia de normativa del Espacio Económico Europeo: obligación de aceptación de validez de certificados.

26. Normas de referencia: obligación de evolución con las normas citadas en el reglamento.

27. Accidentes: datos estadísticos.

28. Infracciones y sanciones: según Ley de Industria.

29. Guía técnica: publicación de una guía no vinculante.

9.3. Relación de itc's agrupadas por su área de aplicación

Las 51 ITC's pueden agruparse de la siguiente forma:

- 1 y 2.- Generales: terminología y normas de referencia.

- 3, 4 y 5: Normativa instalaciones e instaladores.

- 6 y 7: Redes de distribución, aéreas y subterráneas.

- 8: Esquemas de conexión a tierra.

- 9: Alumbrado exterior.

- 10 a 17: Suministro BT e instalaciones de enlace.

- 18: Instalaciones de puesta a tierra.

- 19 a 21: Instalaciones interiores o receptoras: prescripciones y sistemas de instalación.

- 22 a 24: Instalaciones interiores: protecciones.

- 25 a 27: Instalaciones interiores de viviendas.

- 28 a 30: Instalaciones en locales especiales, locales con riesgo de incendio y explosión e instalaciones en locales con características especiales.

- 31 a 42: Instalaciones con fines especiales y otros tipos.
- 43 a 48: Instalación de receptores.
- 49 a 51: Otras instalaciones de especial interés.

9.4. Las normas UNE en el REBT

Los reglamentos técnicos publicados en el BOE son obligatorios. El cumplimiento de las Normas UNE, no es de suyo obligatorio. Pero, un reglamento (RD) puede remitir a normas, que pasará a ser obligatorias.

En el actual reglamento las referencias a norma se hacen sin año de edición, con lo que pasen a ser vigentes las nuevas versiones.

Las normas las publica AENOR.

En algunas ITC's la consulta de las normas es prácticamente imprescindible.

Hay que destacar, por su especial importancia para el técnico eléctrico, la norma UNE 20460: "Instalaciones eléctricas en edificios".

9.5. Las guías del Ministerio

El artículo 29 dice: "El Centro Directivo competente en materia de Seguridad Industrial del Ministerio de Ciencia y Tecnología elaborará y mantendrá actualizada una Guía técnica, de carácter vinculante, para la aplicación práctica de las previsiones del presente Reglamento y sus Instrucciones Técnicas Complementarias, la cual podrá establecer aclaraciones a conceptos de carácter general incluidos en este Reglamento.

Actualmente (2005) las Guías publicadas son:

Introducción e índice.

- Introducción.
- Índice.

1.- Aspectos generales.

Guía BT RD 842/02: Real Decreto 842/2002.

Guía BT 03: Instaladores autorizados en baja tensión.

Guía BT 04: Documentación y puesta en servicio de las instalaciones.

Guía BT 05: Verificaciones e inspecciones.

2.- Instalaciones de enlace.

Guía BT 10: Previsión de cargas para suministros de baja tensión.

Guía BT 12: Esquemas.

Guía BT 13: Cajas generales de protección.

Guía BT 14: Línea general de alimentación.

Guía BT 15: Derivaciones individuales.

Guía BT 16: Contadores: ubicación y sistemas de instalación.

Guía BT 17: Dispositivos generales e individuales de mando y protección. Interruptor de control de potencia.

3.- Instalaciones interiores.

Guía BT 19: Instalaciones interiores o receptoras. Prescripciones generales.

Guía BT 20: Instalaciones interiores o receptoras. Sistemas de instalación.

Guía BT 21: Tubos y canales protectoras.

Guía BT 25: Instalaciones interiores en viviendas. Número de circuitos y características.

Guía BT 26: Instalaciones interiores en viviendas. Prescripciones generales de instalación.

Guía BT 27: Instalaciones interiores. Locales que contienen una bañera o ducha.

Guía BT 49: Instalaciones eléctricas en muebles.

4.- Instalaciones en locales de pública concurrencia.

Guía BT 28: Instalaciones en locales de pública concurrencia.

5.- Instalaciones de alumbrado exterior.

Guía BT 09: Instalaciones de alumbrado exterior.

Anexos:

Guía anexo 1: Significado y explicación de los códigos IP, IK.

Guía anexo 2: Cálculo de las caídas de tensión.

Guía anexo 3: Cálculo de corrientes de cortocircuito.

Guía anexo 4: Verificación de las instalaciones eléctricas.

9.7. Otros reglamentos relacionados con las instalaciones de frío y calor

Reglamento de plantas e instalaciones frigoríficas (RD 3099/1977, de 8 de septiembre) ITC's (Orden de 24 de enero de 1978), con todas las modificaciones que se han ido publicando en diversas Órdenes.

RESUMEN

Las instalaciones eléctricas se rigen por el REBT y sus Instrucciones Técnicas Complementarias.

La clasificación de las instalaciones determina las prescripciones y la forma de instalar.

El REBT tiene como primer objetivo la seguridad. Las protecciones eléctricas son esenciales para garantizar la seguridad.

La protección contra sobreintensidades (sobrecargas y cortocircuitos) se realiza con magnetotérmicos y fusible calibrados. Su actuación sigue "curvas" normalizadas. La protección contra contactos indirectos se realiza con interruptores diferenciales. Los diferenciales deben disparar según su sensibilidad en un tiempo determinado.

De los conductores eléctricos interesa especialmente su tensión asignada y su aislamiento. Éste determina su temperatura de trabajo (en régimen y en cortocircuito). La sección de un conductor depende de la cdt que tolere el receptor (según en REBT) y de la temperatura que soporte el cable.

La designación de conductores se rige por un código normalizado. Los colores de los conductores son también normativos.

Los cuadros eléctricos son esenciales en distribución por seguridad de funcionamiento y por seguridad de personas.

La forma de instalar las canalizaciones y los materiales son determinantes para la seguridad. El reglamento determina, con gran detalle, tanto los materiales como la forma de instalar.

La medida en las instalaciones eléctricas es fundamental para conocer el funcionamiento de las mismas. En la medida son determinantes tanto la calidad del aparato como la técnica y el saber hacer del técnico. Cada medida tiene su esquema de montaje. Siempre deben leerse las instrucciones de los fabricantes de los aparatos de medida. Entre los diversos aparatos de medida hay que destacar por su utilidad el polímetro o téster.

El REBT es el actual marco normativo de las instalaciones eléctricas BT. Junto con las normas de obligado cumplimiento constituye la fuente básica de información para cualquier instalación BT.

MÓDULO CUATRO INSTALACIONES ELÉCTRICAS Y AUTOMATISMOS

U.D. 3 MÁQUINAS ELÉCTRICAS

M 4 / UD 3

ÍNDICE

INTRODUCCIÓN

Definición de máquina

Se considera máquina, a todo aquel elemento, o conjunto de elementos, capaz de convertir un efecto de una determinada naturaleza física o química, en otro de efecto distinto, o de facilitar el esfuerzo para realizarlo.

Ejemplos

El motor de explosión: Convierte la energía procedente de la combustión, normalmente de un hidrocarburo, reacción química, en energía mecánica.

La polea: Nos facilita el trabajo de, por ejemplo, elevar una carga, por un doble efecto: El primero, el actuar en el mismo sentido que la gravedad y el segundo por un efecto de división de fuerzas.

Clasificación

En función de la naturaleza de sus características las máquinas podríamos clasificarlas de muy diversas formas: Mecánicas, eléctricas, electro-mecánicas. físico-químicas, neumáticas, electro-neumáticas, etc., pero dada la naturaleza de este curso vamos a referirnos exclusivamente a las **máquinas eléctricas**.

Ejemplos

Como algún ejemplo de lo expuesto anteriormente, y teniendo en cuenta que en muchos casos coinciden en la misma máquina diversos efectos: Mecánicos, eléctricos, físico-químicos, etc., lo que hace que pueda incluirse la misma máquina en diferentes clasificaciones, podríamos citar:

Mecánicas: **La palanca, la polea, el polipasto o ternal, el engranaje, etc.**

Eléctricas: **El motor eléctrico, la dinamo, el alternador, etc.**

Físico-químicas: **La termo-dinamo, la caldera de vapor, el baño galvánico, etc.**

Neumáticas: **El émbolo, etc.**

Electro-hidráulicas: **La bomba hidráulica, etc.**

Etc.

Clasificación de las máquinas eléctricas

Una primera clasificación, la podríamos establecer en función de que la máquina en cuestión sea generadora o consumidora de energía eléctrica:

Generadores eléctricos.

Motores eléctricos.

A partir de lo expuesto anteriormente, la clasificación siguiente vendría determinada por la naturaleza de la corriente generada o consumida:

Generadores y/o motores de corriente continua (cc).

Generadores y/o motores de corriente alterna (ca).

Aun podríamos entrar en otra clasificación, derivada de las características de la generación o alimentación eléctrica:

Generadores y/o motores monofásicos.

Generadores y/o motores trifásicos.

Generadores polifásicos.

Siguiendo con el concepto de adaptar el temario del presente curso a la naturaleza del mismo y considerando las necesidades de conocimiento, y aplicación que los profesionales que lo utilicen precisarán, nos centraremos en los **motores eléctricos**.

Otra importante razón estriba en que, dentro del apartado de máquinas eléctricas, los motores forman el conjunto más importante, motivado por el gran número de unidades que se fabrican y consumen como respuesta a la gran variedad de aplicaciones posibles que la industria, e incluso el gran consumo, demanda.

OBJETIVOS

El presente curso pretende que el alumno se familiarice con las máquinas eléctricas, esencialmente con los motores, tanto los de corriente continua como los de corriente alterna.

De los motores, analizamos y estudiamos su principio de funcionamiento, sus distintas formas de arranque y frenado, los métodos de inversión de sentido de giro así como sus distintas formas de protección y aplicaciones.

Se hace especial hincapié en el motor asíncrono de rotor en cortocircuito, por su mucha mayor incidencia en la industria actual.

1. MOTORES DE C.C.

Al motor de c.c. lo podemos definir como: Máquina eléctrica rotativa, capaz de convertir la energía eléctrica de c.c. en energía mecánica.

Los motores de corriente continua se componen de los siguientes elementos:

El inductor o estator

Es un elemento de circuito magnético inmóvil sobre el que se bobina un devanado para producir un campo magnético. El electroimán resultante consta de una cavidad cilíndrica entre sus polos.

El inducido o rotor

Es un cilindro de chapas magnéticas aisladas entre sí y perpendiculares al eje del cilindro, con unas ranuras paralelas al eje del motor, en las que se alojan las bobinas correspondientes. El inducido es móvil en torno a su eje y queda separado del inductor por un entrehierro.

El colector y las escobillas

El colector es solidario del inducido, las escobillas son fijas. Los conductores del inducido se alimentan por medio de este dispositivo.

Motor de cc con eje especial y electrónica incorporada

1.1. Fundamentos

Cuando se alimenta el inductor, se crea un campo magnético en el entrehierro en la dirección de los radios del inducido. El campo magnético "entra" en el inducido por el lado del polo norte del inductor y "sale" por el lado del polo sur.

Cuando se alimenta el inducido, dos corrientes del mismo sentido recorren sus conductores, situados bajo un mismo polo inductor (de un mismo lado de las escobillas). Por tanto, según la **ley de Laplace** (1), los conductores quedan sometidos a una fuerza de igual intensidad y de sentido opuesto. Ambas fuerzas crean un par que hace girar el inducido del motor.

Campo

Fuerza

Corriente

Ley de Laplace

(1)   LEY DE LAPLACE: (Ley de la mano derecha) La fuerza total que actúa sobre un conductor de forma cualquiera, colocado en un campo magnético y recorrido por una corriente **I,** será el resultado de la suma de fuerzas **F** que el campo ejerce sobre el conductor **l** dado por la expresión:

$$F = I \quad l \; B \; \text{sen} \; \alpha$$

En donde: **F** es la fuerza que actúa sobre el conductor.
I la intensidad que circula por él.
l la longitud del conductor.
B la inducción magnética.

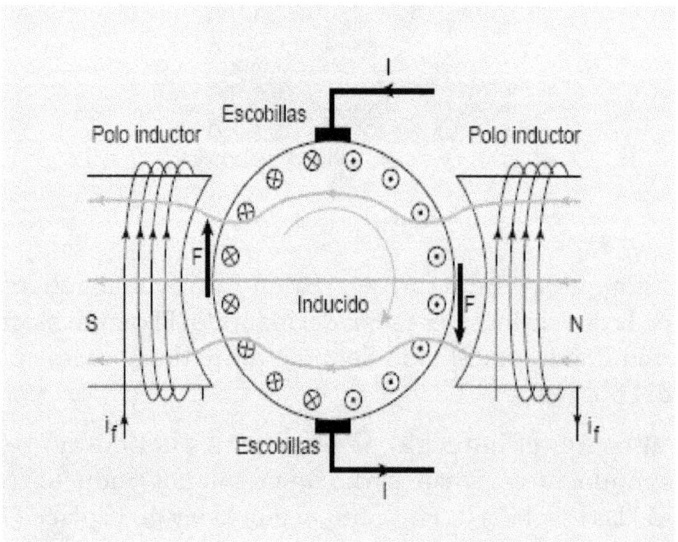

1.2. Tipos

De excitación paralela

Los bobinados inducido e inductor se conectan a circuitos independientes.

La inversión del sentido de rotación se obtiene generalmente por inversión de la tensión del inducido.

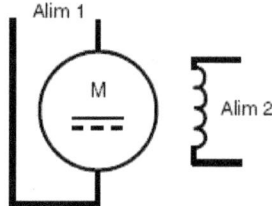

De excitación serie

La construcción de este motor es similar a la del motor de excitación separada. El bobinado inductor se conecta en serie al inducido, lo que da origen a su nombre.

La inversión del sentido de rotación se obtiene indistintamente por inversión de las polaridades del inducido o del inductor.

Estos motores se han utilizado tradicionalmente en tracción, especialmente en aquellos casos que la alimentación provenía de una batería de acumuladores, aunque actualmente están siendo sustituidos, fundamentalmente en la tracción ferroviaria, por los motores asíncronos.

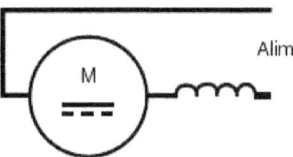

De excitación serie-paralelo (compound)

Concebido para reunir las cualidades de los motores de excitación serie y de excitación paralela.

Este motor consta de dos devanados por cada polo inductor.

Uno de ellos se conecta en paralelo con el inducido. Lo recorre una corriente débil con respecto a la corriente de trabajo. El otro se conecta en serie.

El motor es de flujo aditivo si se suman los efectos de los amperios-vuelta de ambos devanados. En caso contrario, es de flujo sustractivo, aunque esta variante no suele utilizarse debido a su funcionamiento inestable con cargas fuertes.

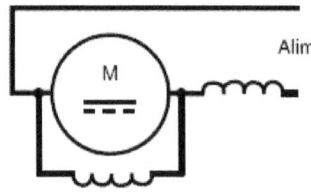

De excitación shunt

Los bobinados del inducido y del inductor, están alimentados por un circuito común.

La inversión del sentido de rotación, normalmente, se obtiene por la inversión de la polaridad.

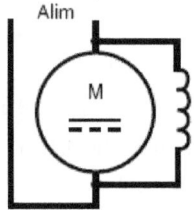

De imán permanente

Motor constituido por un rotor, al igual que los casos anteriores, bobinado, a través del que se aplica la excitación y un estator constituido por imanes permanentes.

Son motores muy utilizados en aplicaciones de pequeñas potencias.

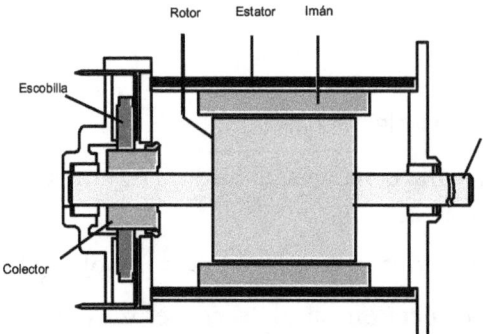

Imán permanente

1.3. Principio de funcionamiento

Cuando se alimenta el motor a una tensión continua o rectificada **U**, en voltios (**V**,) se produce una fuerza contraelectromotriz (**fcem**) **E**, así mismo en **V**, cuyo valor es: **E = U – RI**, en donde **R** es el valor resistivo en ohmios (Ω) e **I** la intensidad en amperios (**A**).

RI corresponde a la caída de tensión óhmica del inducido.

La fcem **E** está vinculada a la velocidad (ω) en revoluciones por minuto (**rpm**) y a la excitación (ϕ) mediante la relación E = k ω ϕ, en la que k es una constante propia del motor. Esta relación demuestra que, a excitación constante, la fcem E, proporcional a ω, es una imagen de la velocidad.

La velocidad de un motor de corriente continua se expresa mediante la fórmula **n = k E / f**.

Para aumentar la velocidad, es necesario aumentar **E**, la tensión de inducido (por tanto, la tensión de alimentación), y/o disminuir el flujo de excitación (por tanto, la corriente de excitación). En las máquinas de corriente continua, el par está vinculado al flujo inductor y a la corriente del inducido. El valor del par útil es: **C = k ϕ I**

Para aumentar la velocidad y mantener el par, es necesario aumentar **I** y, por consiguiente, la tensión de alimentación. Al reducir el flujo, el par disminuye. El funcionamiento de un motor de corriente continua es reversible:

- Si se alimenta el inducido, proporciona un par: funcionamiento de tipo motor,

- Si el inducido gira sin ser alimentado (por ejemplo, bajo el efecto de una carga arrastrante), proporciona energía eléctrica: funcionamiento de tipo generador.

1.4. Aplicaciones

Los motores de corriente continua de excitación separada siguen siendo ampliamente utilizados para accionar máquinas a velocidad variable. Muy fáciles de miniaturizar, se imponen en las potencias muy bajas.

Se adaptan igualmente bien a la variación de velocidad con tecnologías electrónicas simples y económicas, y a las aplicaciones en las que se requiere un alto rendimiento desde fracciones de kilovatio a algunos megavatios.

Sus características también permiten regular con precisión el par, tanto en modo motor como en modo generador. Su velocidad de rotación nominal puede adaptarse fácilmente, desde fabricación, a todo tipo de aplicaciones.

Ejemplo de motor de cc

Entre una muestra de los ejemplos más significativos de aplicaciones podemos contemplar los siguientes:

Recreativos / vending / sistemas de pago en máquinas.

Ofimática: Impresoras, fotocopiadoras.

Actuadores de válvulas.

Expositores publicitarios.

Instrumentación laboratorio.

Filtros / robots piscinas.

Etc.

1.5. Consideraciones finales

Los motores de cc, aun siendo menos robustos que los motores asíncronos y requiriendo un mantenimiento regular del colector y de las escobillas, así como del inductor y el inducido, en el caso de potencias elevadas por tratarse de motores abiertos, siguen siendo ampliamente utilizados, aunque la tendencia es a que vayan siendo gradualmente sustituidos.

Cada vez más, sus aplicaciones se están viendo limitadas a pequeñas potencias, y a sistemas de potencias medianas de electrónicas muy simples.

2. MOTORES DE C.A.

Podríamos definir el motor de c.a. como la máquina eléctrica rotativa, capaz de transformar la energía eléctrica de c.a. en energía mecánica.

Los motores de corriente alterna se componen de los siguientes elementos:

El inductor o estator:

Es un elemento de circuito magnético inmóvil sobre el que se bobina un devanado para producir un campo magnético. El electroimán resultante consta de una cavidad cilíndrica entre sus polos.

El inducido o rotor:

Caso rotor bobinado: Es un cilindro de chapas magnéticas aisladas entre sí y perpendiculares al eje del cilindro, con unas ranuras paralelas al eje del motor, en las que se alojan las bobinas correspondientes. El inducido es móvil en torno a su eje y queda separado del inductor por un entrehierro.

En el caso citado anteriormente, deberemos considerar además:

El colector y las escobillas:

El colector es solidario del inducido, las escobillas son fijas. Los conductores del inducido se alimentan por medio de este dispositivo.

Caso rotor en corto circuito o "jaula de ardilla": Está constituido por una serie de planchas magnéticas aisladas entre si, prensadas y alojadas en sentido perpendicular al eje del motor que alojan las varillas características que dan nombre al motor "jaula" y que pueden ser de los siguientes tipos: jaula simple, jaula doble o jaula resistente.

Caso rotor de imán permanente: Está constituido por imanes permanentes, normalmente de: Samario / Cobalto o Neodimio / Hierro / Boro.

Diferencias entre rotor en jaula de ardilla (A) y de imán permanente (B)

2.1. Fundamentos

El campo magnético giratorio generado en el estator del motor, induce un campo magnético en el rotor que origina el par motor que le hace girar **Ley de Lenz** (1).

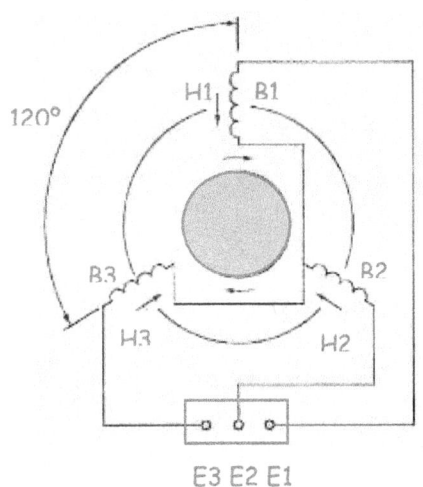
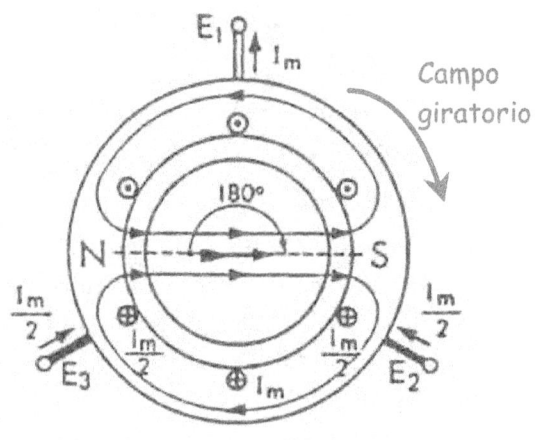

Creación del campo magnético en el estator de un motor de c.a.

(1) **LEY DE LENZ**: La fuerza electromotriz inducida **F** tiende a oponerse a la causa que la engendra.

$$F = \frac{d\Phi}{dt}$$

En donde: **dΦ** es la variación experimentada en el tiempo **dt** por el flujo magnético que atraviesa la espira.

2.2. Tipos

Una primera clasificación de los motores de c.a., obedecería a su forma constructiva lo que origina su particular funcionamiento:

Motores asíncronos:

Su característica principal y la que le da a su vez el nombre común con el que se le conoce, es que gira ligeramente por debajo de la **velocidad de sincronismo** (2).

(2) **VELOCIDAD DE SINCRONISMO**:

$$n = \frac{f \times 60}{p} \times (1 - s) \text{ rpm}$$

En donde: **n** es la velocidad de sincronismo en revoluciones por minuto (**rpm**). **F** es la frecuencia de la red (**50 Hz**), o la suministrada por un variador de frecuencia,

P es el Nº de pares de polos del motor.

Y **s** es el **deslizamiento** (3).

(3) **DESLIZAMIENTO**:

$$s = \frac{Ns - N}{Ns} \times 100 \text{ (\%)}$$

En donde:

$$Ns = \frac{60 \times f}{p}$$

Y **N** es la velocidad de rotación del motor en **rpm**.

Motores síncronos:

Son aquellos motores cuya velocidad es fija y proporcional a la frecuencia de la c.a. aplicada.

Otra posible clasificación podría derivarse de su conexión eléctrica:

Motores monofásicos:

Alimentados por tensiones monofásicas.

Motores trifásicos:

Alimentados por tensiones trifásicas.

Otra de las clasificaciones usuales, viene determinada por la forma constructiva del rotor, según hemos podido ver en el apartado 9.3.2:

De rotor bobinado.

De rotor en corto circuito o en jaula de ardilla.

De rotor de imanes permanentes.

Por último citaremos un motor de unas características particulares:

El motor universal:

Es un motor serie, que puede funcionar indistintamente en c.c. y en c.a.

Son motores normalmente de pequeñas potencias (menores de 1 CV). Que suelen trabajar a velocidades elevadas (hasta 10.000 rpm en vacío y hasta 3.500 rpm a plena carga).

En el caso de conexión a c.a. será conveniente que el núcleo sea laminado para evitar excesivas corrientes parásitas y las bobinas inductoras tengan un menor nº de espiras que el de c.c.

Motor de c.a.

2.3. Principios de funcionamiento

Aunque el principio de funcionamiento difiere poco entre todos los tipos citados, a excepción del motor universal, del que ya se ha mencionado su característica diferencial, **en lo sucesivo, nos estaremos refiriendo siempre, si no se hace otra mención expresa, al motor asíncrono,** dado que en la actualidad es el más utilizado, en virtud de sus características.

El uso de estos motores se impone en la mayoría de las aplicaciones debido a las ventajas que conllevan: robustez, sencillez de mantenimiento, facilidad de instalación, bajo coste.

Es indispensable recordar los principios de funcionamiento y de fabricación de estos motores, así como describir y comparar los principales dispositivos de arranque, regulación de velocidad y frenado que se utilizan con ellos.

El principio de funcionamiento de un motor asíncrono se basa en la creación de corriente inducida en un conductor cuando éste corta las líneas de fuerza de un campo magnético, de donde proviene el nombre "motor de inducción".

Imagine una espira **ABCD** en cortocircuito situada en un campo magnético **B** y móvil alrededor de un eje **xy**.

Si se hace girar el campo magnético en el sentido de las agujas del reloj, la espira queda sometida a un flujo variable y se convierte en el soporte de una fuerza electromotriz inducida que origina una corriente inducida **i**, **ley de Faraday** (4).

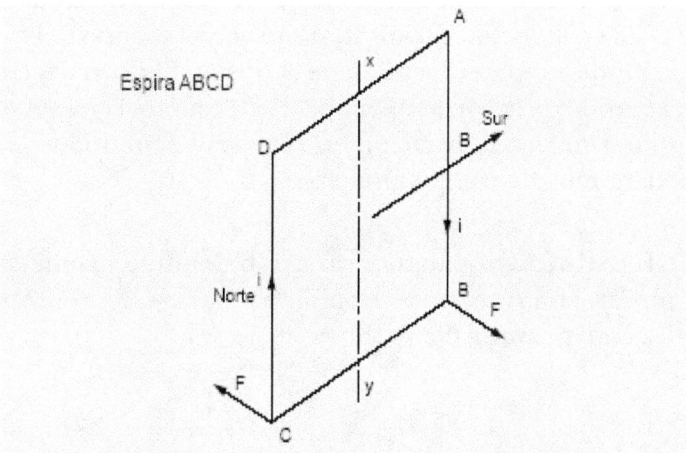

Creación de una corriente inducida en una espira en cortocircuito

Es posible definir el sentido de la corriente de los conductores activos **AB** y **CD** mediante la aplicación de la regla de los tres dedos de la mano izquierda. La corriente inducida circula de **A** a **B** en el conductor **AB** y de **C** a **D** en el conductor **CD**.

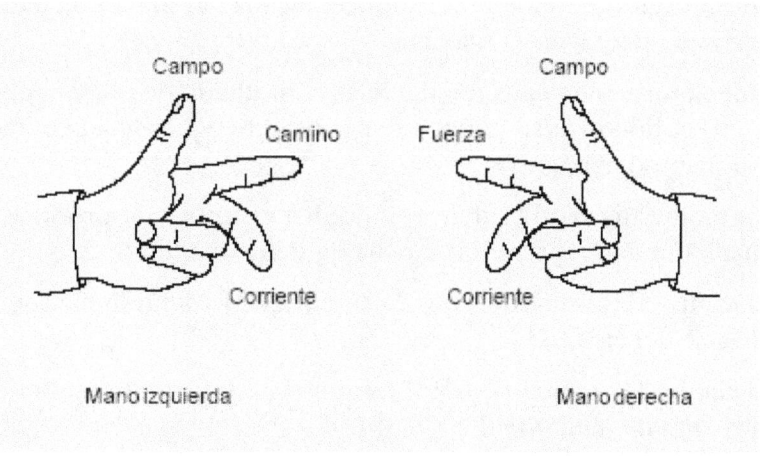

Reglas de los tres dedos

Según la ley de Lenz, el sentido de la corriente es tal que se opone por su acción electromagnética a su causa de origen.

Cada uno de los dos conductores se somete por tanto a una fuerza F, en sentido opuesto a su desplazamiento relativo con respecto al campo inductor.

La regla de los tres dedos de la mano derecha (acción del campo sobre una corriente) permite definir fácilmente el sentido de la fuerza F que se aplica a cada conductor. El pulgar se sitúa en el sentido del campo del inductor. El índice indica el sentido de la fuerza. El dedo del corazón se sitúa en el sentido de la corriente inducida. Por tanto, la espira se somete a un par que provoca su rotación en el mismo sentido que el campo inductor, denominado campo giratorio.

(4) **LEY DE FARADAY**: Cualquier variación del flujo magnético de un circuito, produce una fuerza electromotriz inducida (fem) proporcional a la rapidez con que varia dicho flujo:

$$fem = \frac{d\Phi}{dt}$$

- **Creación del campo giratorio:**

Tres devanados, con un decalado geométrico de 120°, se alimentan de sendas fases de una red trifásica alterna.

Los devanados reciben corrientes alternas de idéntico decalado eléctrico que producen un campo magnético alterno sinusoidal. Dicho campo, siempre dirigido en base al mismo eje, alcanza el máximo cuando la corriente del devanado es máxima.

El campo que genera cada devanado es el resultado de dos campos que giran en sentido inverso y cuyo valor constante equivale a la mitad del valor de campo máximo.

En un momento dado **t1** del período, los campos que produce cada devanado pueden representarse de la siguiente manera:

- El campo **H1** disminuye. Los 2 campos que lo componen tienden a alejarse del eje **OH1**.

- El campo **H2** aumenta. Los 2 campos que lo componen tienden a aproximarse al eje **OH2**.

- El campo **H3** aumenta. Los dos campos que lo componen tienden a aproximarse al eje **OH3**.

El flujo correspondiente a la fase 3 es negativo. Por tanto, el sentido del campo es opuesto al de la bobina.

La superposición de los tres diagramas permite constatar lo siguiente:

– los tres campos que giran en el sentido inverso al de las agujas del reloj están decalados de 120° y se anulan.

– los tres campos que giran en el sentido de las agujas del reloj se superponen.

Estos campos se suman y forman el campo giratorio de amplitud constante **3Hmax/2** de 2 polos.

Este campo completa una vuelta por cada período de corriente de alimentación.

Su velocidad es una función de la frecuencia de la red **f** y del número de pares de polos **p**. Se denomina "velocidad de sincronización" y se obtiene mediante la fórmula ya conocida:

$$Ns = \frac{60 \times f}{p} \; rpm$$

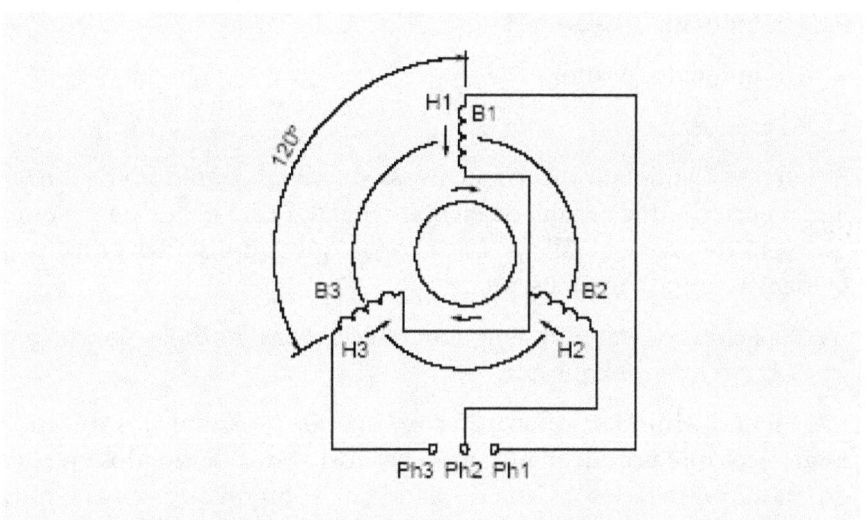

Principio de un motor asíncrono trifásico

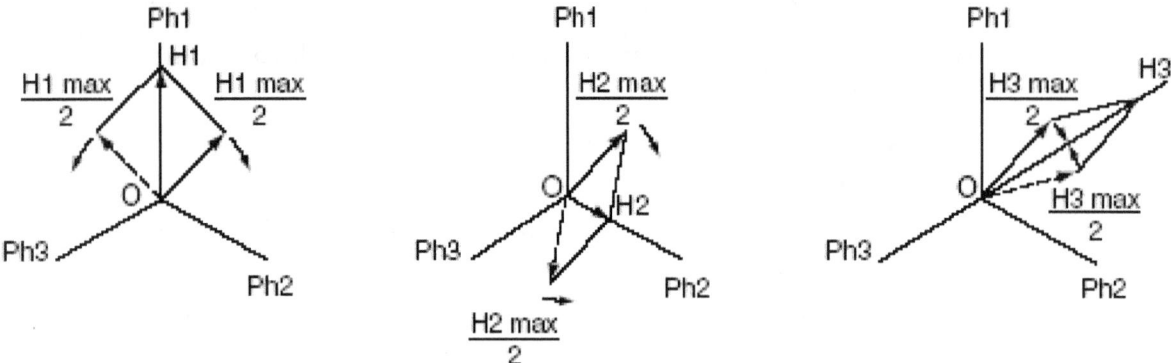

Campos generados por las tres fases

- **Algunas consideraciones particulares referente a la constitución de los motores asíncronos:**

Un motor asíncrono trifásico consta de dos partes principales:

– Un inductor, o estator.

– Un inducido, o rotor.

- **El estator:**

Es la parte fija del motor. Una carcasa de metal fundido o de aleación ligera encierra una corona de chapas delgadas (del orden de 0,5 mm de espesor) de acero al silicio. Las chapas quedan aisladas entre sí por oxidación o por barniz aislante.

La "foliación" del circuito magnético reduce las pérdidas por histéresis y por corrientes de Foucault.

Las chapas disponen de ranuras en las que se sitúan los devanados estatóricos que producen el campo giratorio (tres devanados en el caso de un motor trifásico). Cada devanado se compone de varias bobinas. El modo de acoplamiento de las bobinas entre sí determina el número de pares de polos del motor y, por tanto, la velocidad de rotación.

- **El rotor:**

Es la parte móvil del motor. Al igual que el circuito magnético del estator, se compone de un apilamiento de chapas delgadas aisladas entre sí que forman un cilindro enchavetado sobre el eje del motor.

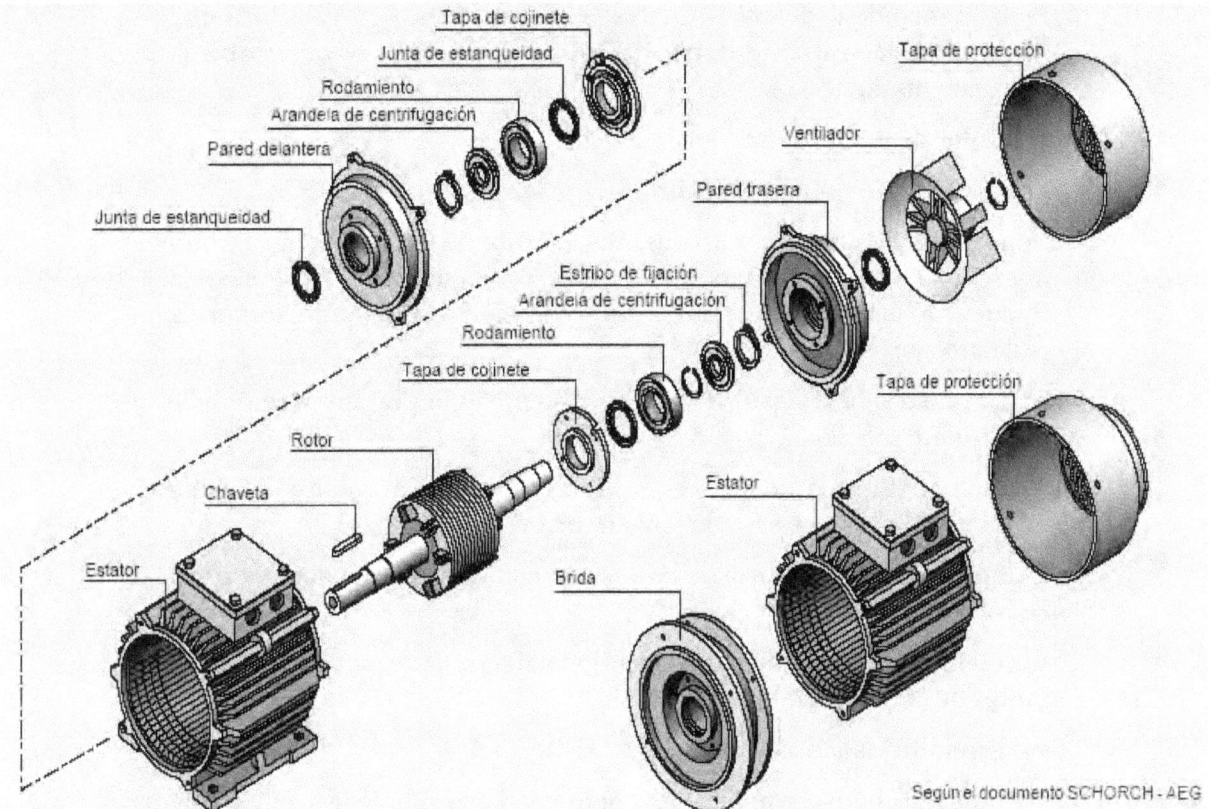

Componentes de un motor asíncrono trifásico de jaula

Rotor de jaula

- **Rotor de jaula simple:**

Existen unos taladros o ranuras ubicados hacia el exterior del cilindro en los que se sitúan los conductores conectados a cada extremidad por medio de una corona metálica y sobre los que se aplica el par motor que genera el campo giratorio.

Los conductores se inclinan ligeramente con respecto al eje del motor para que el par sea regular. El conjunto tiene el aspecto de una jaula, lo que explica el nombre de este tipo de rotor.

En motores pequeños, la jaula está totalmente moldeada.

Normalmente, se utiliza aluminio inyectado a presión. Las aletas de refrigeración, coladas durante la misma operación, hacen masa con el rotor.

El par de arranque de estos motores es relativamente débil y la corriente que se absorbe durante la puesta bajo tensión es muy superior a la corriente nominal.

- **Rotor de doble jaula:**

Este es el tipo de rotor más utilizado.

Consta de dos jaulas concéntricas, una exterior de gran resistencia y otra interior más débil. Al iniciarse el arranque, dado que el flujo es de elevada frecuencia, las corrientes inducidas se oponen a su penetración en la jaula interior.

El par que produce la jaula exterior resistente es importante y se reduce la corriente solicitada.

Al finalizar el arranque, la frecuencia disminuye en el rotor y se facilita el paso del flujo a través de la jaula interior.

El motor pasa a comportarse como si constara de una sola jaula poco resistente.

En régimen estable, la velocidad sólo es ligeramente inferior a la del motor de jaula simple.

- **Rotor de jaula resistente:**

El rotor resistente existe principalmente en jaula simple. En general, la jaula queda cerrada por dos anillos de acero inoxidable resistente. Ciertos motores son de tipo motoventilado.

El rendimiento de los motores de jaula resistente es inferior, pero la variación de la velocidad puede obtenerse alterando únicamente la tensión. Por lo demás, su par de arranque es bueno.

- **El rotor de bobina (rotor de anillos):**

Unos devanados idénticos a los del estator se sitúan en las ranuras de la periferia del rotor, que generalmente es trifásico.

Una de las extremidades de cada uno de los devanados está unida a un punto común (acoplamiento en estrella). Las extremidades libres pueden conectarse a un acoplador centrífugo o a tres anillos de cobre aislados y solidarios del rotor.

Varias escobillas de grafito conectadas al dispositivo de arranque frotan los anillos. Dependiendo del valor de las resistencias insertadas en el circuito rotórico, este tipo de motor puede desarrollar un par de arranque que alcanza 2,5 veces el valor del par nominal. La punta de corriente durante el arranque es prácticamente igual a la del par.

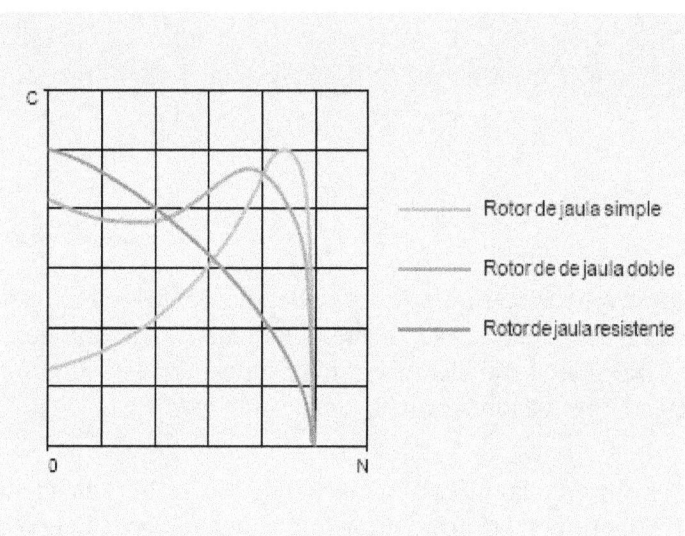

Curvas de par/velocidad de los distintos rotores de jaula

2.4. Aplicaciones

Dado el importante número de aplicaciones a las que el motor de c.a. se presta, su relación resultaría prácticamente interminable.

Como pauta podemos aceptar, que cualquier aplicación que se nos presente, en la que sea necesaria la utilización de un motor, independientemente de: Su tensión de utilización, potencia, configuración mecánica, etc., siempre, o casi siempre, encontraremos un motor adecuado al caso.

A modo de simple ejemplo podríamos citar las siguientes aplicaciones:

- Pequeños electrodomésticos: Batidoras, molinillos de café lavadoras, robots de cocina, etc.

- Motores de pequeña y mediana potencia para aplicaciones industriales: Turbinas, ventiladores, bombas cintas transportadoras, etc.

- Motores de pequeña y mediana potencia para máquinas herramienta: Tornos, fresadoras, sierras circulares y de cinta, etc.

- Motores de potencias medias/altas, para grandes máquinas: Prensas, compactadoras, máquinas para grandes embalajes, etc.

- Motores para tracción eléctrica.

- Etc.

3. SISTEMAS DE ARRANQUE, INVERSIÓN Y REGULACIÓN DE MÁQUINAS ELÉCTRICAS EN SERVICIO. PRECAUCIONES

Definición de arranque:

Entendemos como arranque, todas aquellas maniobras que nos conducen a la puesta en marcha, y sólo a la puesta en marcha, de un determinado proceso. Cualquier otra acción estará comprendida en una maniobra de: Inversión, regulación, control, etc.

Antes de entrar en cualquier otra consideración, deberemos tener MUY EN CUENTA, que en el proceso de arranque de un motor, deben incluirse NECESARIAMENTE, tanto por una razón obvia de protección de las personas, como la de las máquinas e instalaciones, así como por necesidades legales, los siguientes elementos:

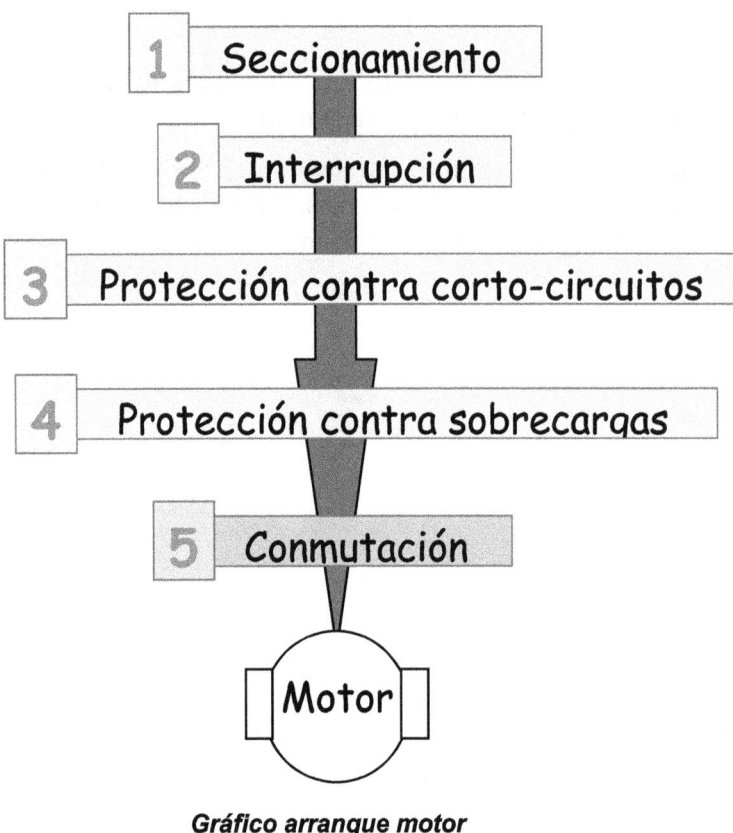

Gráfico arranque motor

De los 5 elementos mostrados en el gráfico anterior, solamente el 5º: Conmutación, podrá suprimirse, siempre y cuando, la automatización no sea necesaria.

Veamos a continuación, aunque someramente, las características y funciones que cumplen cada uno de los 5 elementos citados.

Seccionamiento

Permite de forma segura mantener el circuito sin tensión. (Norma IEC 947-3).

NUNCA deberá abrirse ni cerrarse el seccionador **con carga**, puesto que dicho accionamiento, no lleva sistemas de absorción de chispa y dependiendo de las intensidades que se manejen, el arco a la conexión o a la desconexión podría producir ACCIDENTES GRAVES en el operario que lo manipulara.

El seccionador deberá además cumplir con los siguientes requisitos:

- Ser de contactos aparentes.

- Ser de conexión / desconexión omnipolar.

De los 5 elementos mostrados en el gráfico anterior, solamente el 5º: Conmutación, podrá suprimirse, siempre y cuando, la automatización no sea necesaria.

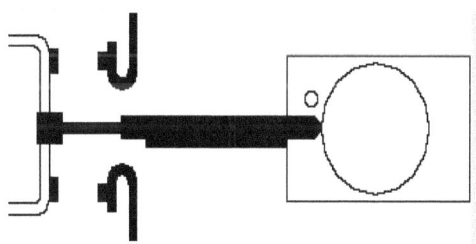

Contactos aparentes

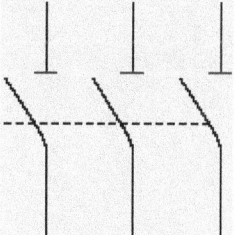

Omnipolar

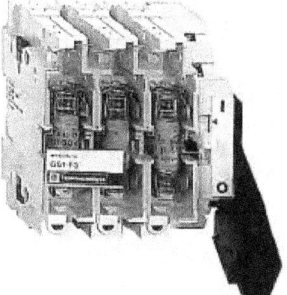

Enclavable   **Seccionador - fusible**

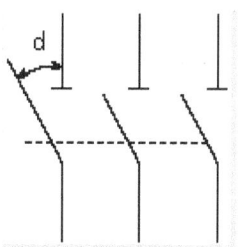

Distancia aislamiento

Seccionador y sus características

- Ser enclavable. **No podrá enclavarse nunca el seccionador cuando esté en posición cerrada o cuando sus contactos se hayan cerrado accidentalmente.**

- Disponer de las distancias de aislamiento necesarias para impedir el cebado del arco.

Interrupción

Permite establecer, tolerar e interrumpir las corrientes de un circuito con carga.

Protección contra corto-circuitos

Protege contra las altas intensidades (del orden de los KA) producidas en un corto espacio de tiempo por un corto-circuito (contacto directo entre dos fases activas, o entre una fase y un neutro).

Por esta razón debe ser de respuesta lo más rápida posible y actúa directamente sobre el circuito de potencia al cual protege.

Suelen emplearse para estas protecciones, los fusibles o los disyuntores magnéticos.

Disyuntor magnético

Protección contra sobrecargas

Protege contra las intensidades producidas por las sobrecargas, bien sean controladas, como por ejemplo el arranque de un motor, que puede llegar a consumir hasta 7 veces su intensidad nominal durante algunos segundos (entre 3 y 7 aproximadamente, según el sistema de arranque), como incontroladas, como por ejemplo el roce excesivo de un motor por falta de engrase, por rotura de cojinete, etc.

Las protecciones contra sobrecargas suelen efectuarse mediante los dispositivos térmicos, que a diferencia del caso anterior, no actúan normalmente, excepto en el caso de muy bajas intensidades, directamente sobre el circuito de potencia, sino que mandan una señal a éste para que se desconecte.

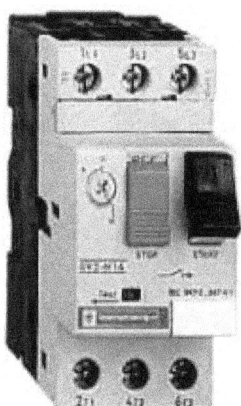

Disyuntor magneto - _térmico_

Conmutación

Permite el control del arranque y parada del motor; puede ser de arranque/parada brusca (on/ off) o variable (arranque progresivo y variación de velocidad).

El elemento más habitual empleado en la conmutación es el contactor.

Contactor

Clasificación de los arranques

Existen diferentes sistemas de arranque a aplicar en motores. Una primera clasificación podría ser:

- Arranque directo.

- Arranque parcialmente controlado.

- Arranque totalmente controlado.

Cada una de las clasificaciones anteriores, que en ocasiones llevan implícita alguna otra maniobra, como la regulación y/o el control, nos permiten, a su vez, las siguientes opciones:

En el arranque directo:

- Arranque por interruptor.

- Arranque por contactor.

- Nuevas tecnologías.

En el arranque parcialmente controlado:

- Arranque estrella / triángulo.

- Arranque de motores de devanados partidos "part-winding".

- Arranque por resistencias rotóricas / estatóricas. - Arranque por autotransformador.

En el arranque totalmente controlado:

- Arranque por arrancador estático o electrónico.

- Arranque por variador de velocidad.

- Nuevas tecnologías.

Veamos a continuación el esquema característico y una imagen de la realidad, de algunos ejemplos de los sistemas de arranque reseñados:

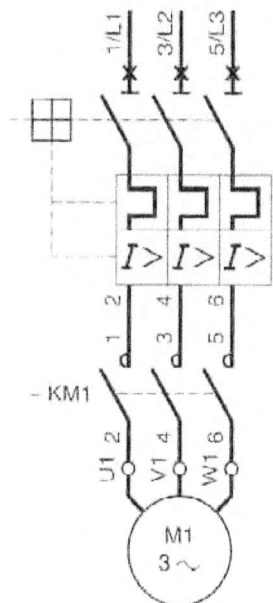

Arranque directo por contactor (con protección magnetotérmica)

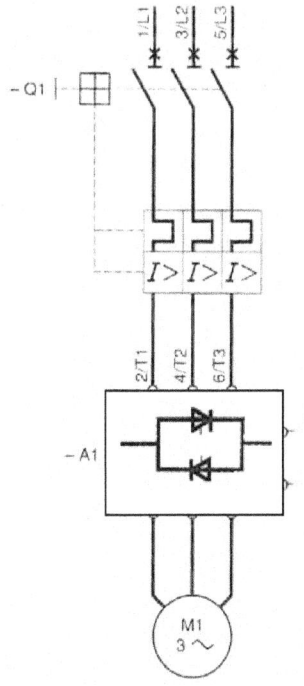

Arranque por arrancador electrónico (con protección magnetotérmica)

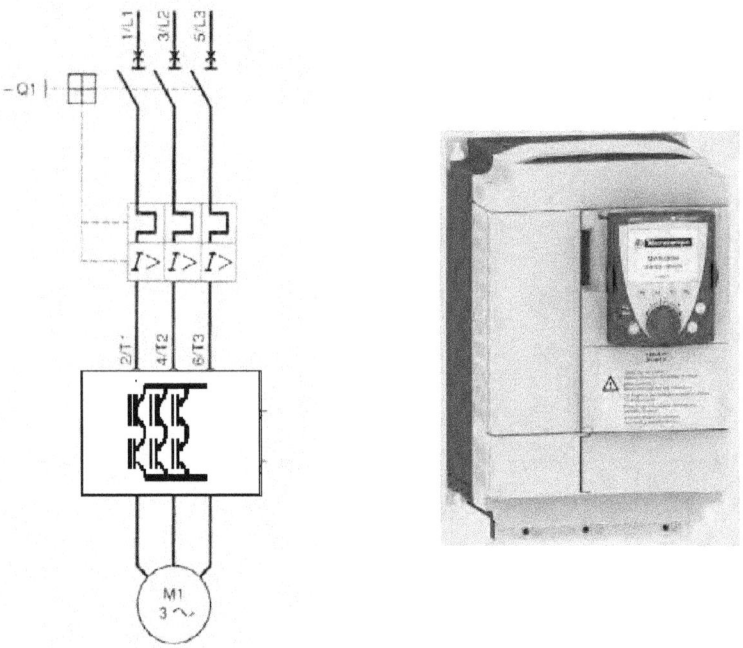

Arranque con variador de velocidad (con protección magnetotérmica)

3.1. El arranque directo en el motor de c.a.

Entendemos como arranque directo de un motor, aquel proceso que inicia el funcionamiento del mismo por el simple hecho de suministrarle tensión, sin ninguna intervención sobre ésta.

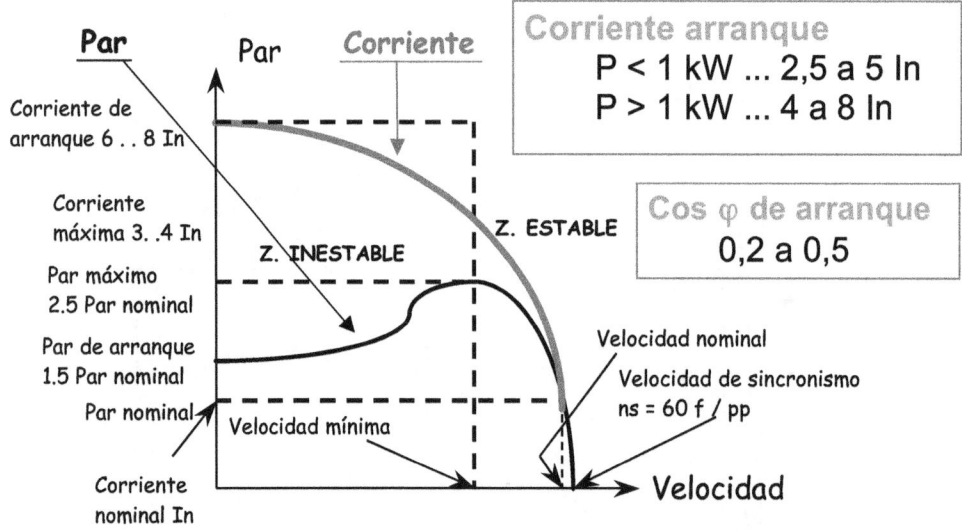

Gráfico característico de un arranque directo en un motor de c.a.

Características fundamentales:

- Par inicial de arranque: 0,6 a 1,5 Mn

- Corriente inicial de arranque: 4 a 8 In

- Duración media del arranque: 2 a 3 seg.

Mn = Par nominal

In = Intensidad nominal

Aplicaciones básicas:

- Motores de hasta 4KW.

- Máquinas pequeñas que puedan arrancar a plena carga, sin problemas mecánicos (rodamientos, correas, cadenas, etc.).

- Bombas, Ventiladores.

- Etc.

Ventajas:

- Arrancador de esquema simple.

- Coste económico.

- Par de arranque importante, en comparación con otros arranques.

Inconvenientes:

- Punta de intensidad muy importante (la red debe admitir esta punta).

- Arranque brusco, golpe mecánico: Riesgo de roturas, mayor desgaste en rodamientos y en las transmisiones a correas o cadena.

- Parada no controlada o en rueda libre.

- Golpe de ariete. Fundamentalmente en las conducciones de fluidos por efecto de una bomba.

A continuación veremos los distintos sistemas de arranque directo empleados, tanto en motores de c.c. como de c.a.

3.2. Arranque por interruptor

Como su mismo nombre indica, es aquel en que el elemento encargado de suministrar la energía necesaria para el funcionamiento del motor, es un interruptor, que podrá ser: de palanca, rotativo, de cuchillas, etc.

Éste proporciona la tensión necesaria para que el motor funcione a sus **características nominales** de: intensidad, velocidad, par, etc.

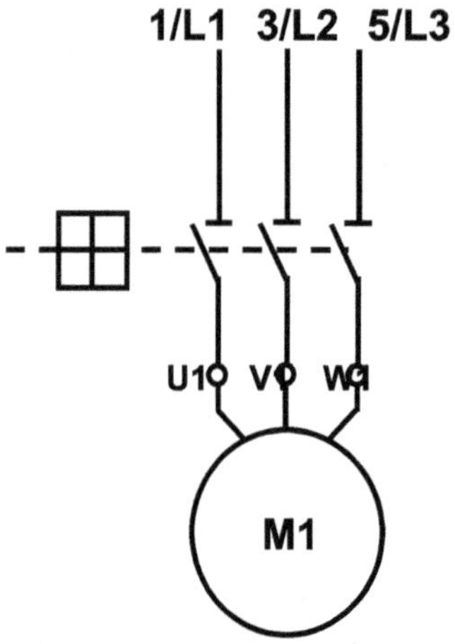

1/L1 3/L2 5/L3

M1

Esquema de un arranque con interruptor

3.3. Arranque por contactor

El arranque por contactor, a diferencia del anterior, nos permitirá automatizar el arranque.

En este caso, la energía al motor se la proporciona un dispositivo magneto-mecánico (contactor), en el que están perfectamente diferenciadas las etapas de potencia (energía al motor) y control (automatización).

Este último, merced al suministro de una tensión, igual o diferente de la del motor, que procedente de cualquier dispositivo: Pulsador, autómata, etc. alimenta la bobina del contactor haciendo que, cuando se produce este efecto, se cierre alimentando al motor, abriéndose y, por lo tanto, parando el motor cuando la bobina deja de estar alimentada.

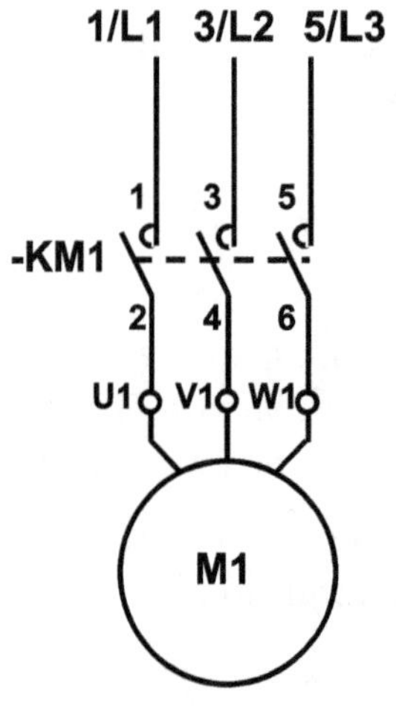

1/L1 3/L2 5/L3

-KM1   1   3   5
         2   4   6

U1   V1   W1

M1

Esquema de un arranque con contactor (-KM1)

En los dos casos anteriores, se ha omitido, expresamente, cualquier tipo de protección: Magnética, térmica o cualquier otra. Éstas se verán en próximos capítulos.

En los dos casos anteriores, se ha omitido, expresamente, cualquier tipo de protección: Magnética, térmica o cualquier otra. Éstas se verán en próximos capítulos.

3.4. Arrancadores compactos

Los sistemas tradicionales para arrancar un motor eléctrico, han evolucionado en los últimos tiempos, con la pretensión de conseguir diferentes efectos: Mayor fiabilidad, mejores protecciones, mejor facilidad de diseño, mayor comodidad en la instalación, menor mantenimiento, miniaturización de los sistemas, etc.

Por lo dicho anteriormente, los equipos actuales de arranque de motores, llevan normalmente integradas una buena parte de las protecciones necesarias; necesarias, tanto por la seguridad de las personas y las instalaciones, como por las exigencias de las distintas legislaciones: Municipales, autonómicas, nacionales y de la C.E.

Referente a las protecciones mencionadas, como mínimo, los nuevos sistemas integran la protección magnética: Frente a cortocircuitos, y la térmica: Frente a las sobrecargas; pudiendo además, según la tecnología del equipo, incorporar otras protecciones como: Desajuste de fases, fallo de fase, deriva a tierra, sobrecarga, subcarga, etc.

Por último diremos que estos nuevos equipos, pueden o suelen llevar integrada una pequeña pantalla en la que aparecen los datos que puede controlar, bien para programarlos, verificarlos, o tener constancia del fallo producido, caso de existir. Las más sofisticadas nos permiten, a mayor comodidad, comunicarnos con distintos elementos de la instalación: Otros equipos de arranque, autómatas, detectores, PC`s, etc., mediante distintos lenguajes de comunicación: MODBUS, ASI, etc.

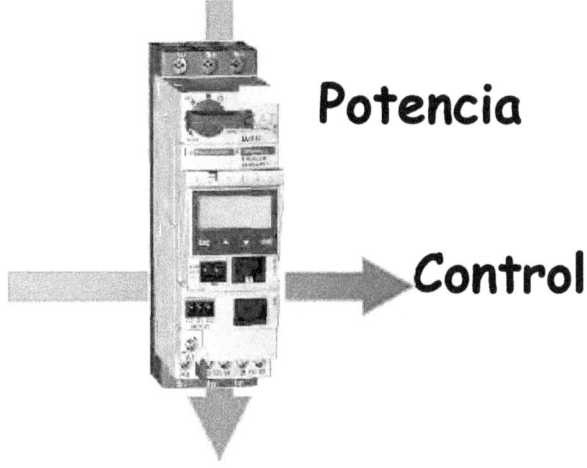

Arrancador de última generación

4. GENERALIDADES SOBRE LOS ARRANQUES PARCIAL O TOTALMENTE CONTROLADOS

Veamos a continuación los distintos sistemas de arranque total o parcialmente controlados.

Entendemos por arranque parcialmente controlado, aquel que nos permite modificar alguna de las condiciones normales que se producirían en un arranque directo.

Como caso más habitual se modifica la intensidad de arranque, consiguiéndose este efecto por una fragmentación en dos, o máximo tres, niveles de la tensión suministrada al motor durante el arranque.

El arranque controlado, es aquel en que las modificaciones de los parámetros característicos del arranque del motor, se ven modificados de forma progresiva y TOTALMENTE CONTROLADA.

4.1. Arranque estrella / triángulo

Sólo es posible utilizar este modo de arranque en motores en los que las dos extremidades de cada uno de los tres devanados estatóricos vuelvan a la placa de bornas.

Por otra parte, el bobinado debe realizarse de manera que el acoplamiento en triángulo corresponda con la tensión de la red: Por ejemplo, en el caso de una red trifásica de 380 V, es preciso utilizar un motor bobinado a 380 V en triángulo y 660 V en estrella.

El principio consiste en arrancar el motor acoplando los devanados en estrella a la tensión de la red, lo que equivale a dividir la tensión nominal del motor en estrella por $\sqrt{3}$ (en el ejemplo anterior, la tensión de la red 380 V = 660 V / $\sqrt{3}$).

La punta de corriente durante el arranque es: Id = 1,5 a 2,6 In

El par de arranque se reduce, ya que es proporcional al cuadrado de la tensión de alimentación: Cd = 0,2 a 0,5 Cn

Cd = Par de arranque

Cn= Par nominal

La velocidad del motor se estabiliza cuando se equilibran el par del motor y el par resistente, normalmente entre el 75 y 85% de la velocidad nominal. En ese momento, los devanados se acoplan en triángulo y el motor rinde según sus características naturales. Un temporizador se encarga de controlar la transición del acoplamiento en estrella al acoplamiento en triángulo. El cierre del contactor de triángulo se produce con un retardo de 30 a 50 milisegundos tras la apertura del contactor de estrella, lo que evita un cortocircuito entre fases al no poder encontrarse ambos cerrados al mismo tiempo.

La variación de la tensión de alimentación tiene las siguientes consecuencias:

- La corriente de arranque varía proporcionalmente a la tensión de alimentación.

- El par de arranque varía proporcionalmente al cuadrado de la tensión de alimentación.

Ejemplo: Si la tensión se reduce, la corriente y el par, se reducen en la misma proporción.

La corriente que recorre los devanados se interrumpe con la apertura del contactor de estrella y se restablece con el cierre del contactor de triángulo.

El paso al acoplamiento en triángulo va acompañado de una punta de corriente transitoria, tan breve como importante, debida a la fcem del motor.

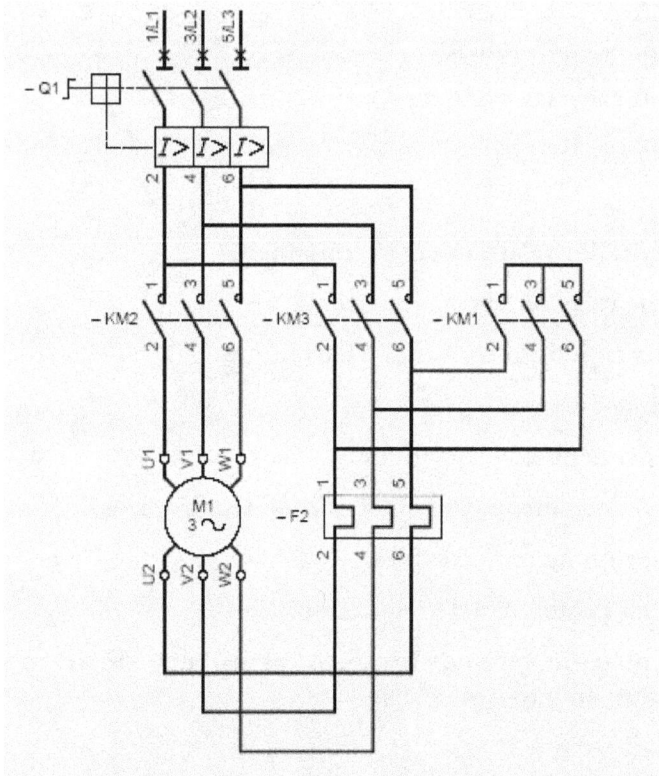

Esquema del arranque estrella / triángulo

El arranque estrella-triángulo es apropiado para las máquinas cuyo par resistente es débil o que arrancan en vacío.

Dependiendo del régimen transitorio en el momento del acoplamiento en triángulo, puede ser necesario utilizar una variante que limite los fenómenos transitorios cuando se supera cierta potencia:

- Temporización de 1 a 2 segundos al paso estrella-triángulo.

Esta medida permite disminuir la fcem y, por tanto, la punta de corriente transitoria.

Esta variante sólo puede utilizarse en máquinas cuya inercia sea suficiente para evitar una deceleración excesiva durante la temporización.

Características fundamentales:

- Par inicial de arranque: 0,2 a 0,5 Mn
- Corriente inicial de arranque: 1,3 a 2,6 In
- Duración media del arranque: 3 a 7 seg.

Mn = Par nominal

In = Intensidad nominal

Aplicaciones básicas:

- Máquinas de arrancado en vacío.
- Ventiladores y bombas centrífugas.
- Máquinas-herramienta.
- Máquinas para madera.
- Etc.

Ventajas:

- Arrancador relativamente económico.
- Buena relación par / intensidad.
- Reducción de la corriente de arranque.

Inconvenientes:

- Par pequeño en el arranque.
- Corte de alimentación en el cambio (transitorios).
- Conexión motor a 6 cables.
- No hay posibilidad de regulación.

A continuación veremos los distintos sistemas de arranque directo empleados, en motores de c.a.

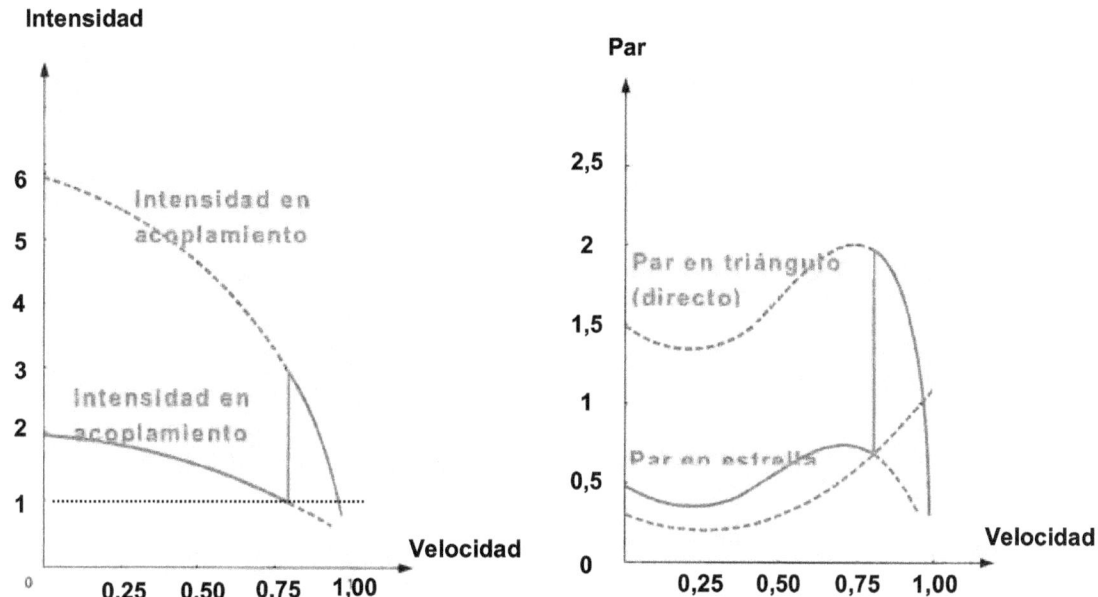

Curvas características del arranque estrella - triángulo

- **Arranque en 3 tiempos: estrella-triángulo + resistencia-triángulo.**

El corte se mantiene, pero la resistencia se pone en serie aproximadamente durante tres segundos con los devanados acoplados en triángulo. Esta medida reduce la punta de corriente transitoria.

- **Arranque en estrella-triángulo + resistencia-triángulo sin corte.**

La resistencia se pone en serie con los devanados inmediatamente antes de la apertura del contactor de estrella. Esta medida evita cualquier corte de corriente y, por tanto, la aparición de fenómenos transitorios.

El uso de estas variantes conlleva la instalación de componentes adicionales y el consiguiente aumento del coste total. En muchos casos, el uso de un arrancador estático es una solución preferible.

4.2. Arranque de motores de devanados partidos "part - winding"

Este tipo de motor está dotado de un devanado estatórico desdoblado en dos devanados paralelos con seis o doce bornas de salida. Equivale a dos "medios motores" de igual potencia.

Durante el arranque, un solo "medio motor" se acopla en directo a plena tensión a la red, lo que divide aproximadamente por dos tanto la corriente de arranque como el par. No obstante, el par es superior al que proporcionaría el arranque estrella-triángulo de un motor de jaula de igual potencia.

Al finalizar el arranque, el segundo devanado se acopla a la red. En ese momento, la punta de corriente es débil y de corta duración, ya que el motor no se ha separado de la red de alimentación y su deslizamiento ha pasado a ser débil. Este sistema, poco utilizado en Europa, es muy frecuente en el mercado norteamericano (tensión de 230/460 V, relación igual a 2).

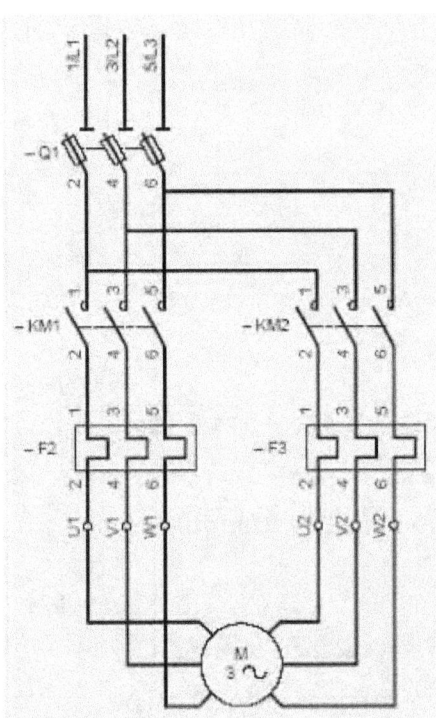

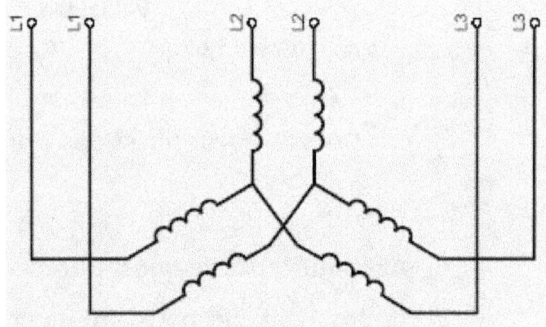

Arranque de un motor de devanados partidos ("part-winding")

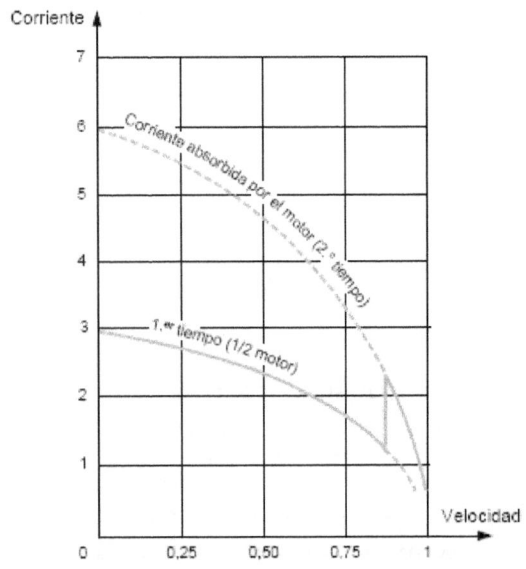

Curva de corriente / velocidad del Arranque de un motor "part-winding"

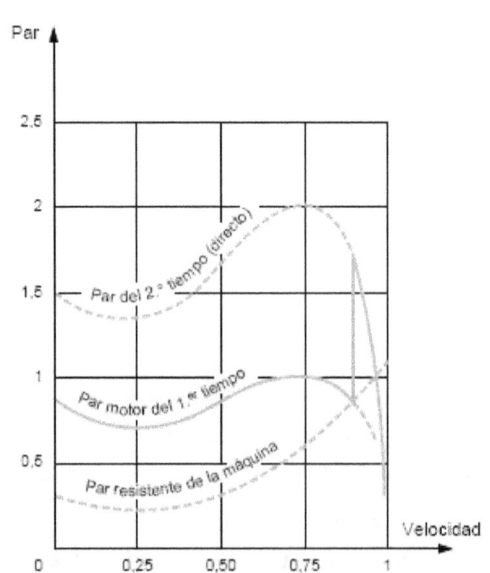

Curva de par / velocidad del arranque de un motor "part-winding"

4.3. Arranque por resistencias rotóricas / estatóricas

Arranque por resistencias estatóricas:

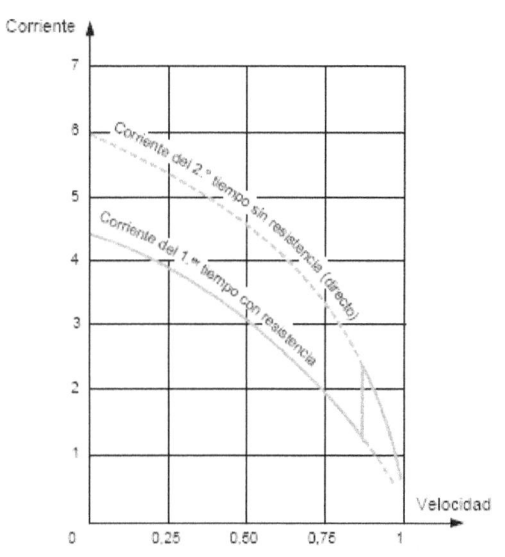

**Curva de corriente / velocidad
en arranque estatórico**

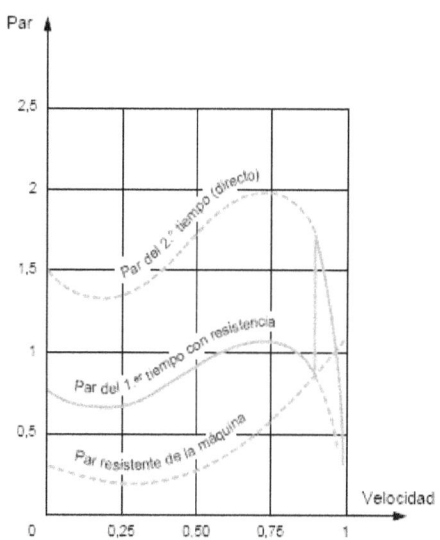

**Curva de par / velocidad
en arranque estatórico**

El principio consiste en arrancar el motor bajo tensión reducida mediante la inserción de resistencias en serie con los devanados.

Una vez estabilizada la velocidad, las resistencias se eliminan y el motor se acopla directamente a la red. Normalmente, se utiliza un temporizador para controlar la operación.

El principio consiste en arrancar el motor bajo tensión reducida mediante la inserción de resistencias en serie con los devanados.

Una vez estabilizada la velocidad, las resistencias se eliminan y el motor se acopla directamente a la red. Normalmente, se utiliza un temporizador para controlar la operación.

Durante este tipo de arranque, el acoplamiento de los devanados del motor no se modifica. Por tanto, no es necesario que las dos extremidades de cada devanado sobresalgan de la placa de bornas.

El valor de la resistencia se calcula en base a la punta de corriente que no se debe superar durante el arranque, o al valor mínimo del par de arranque necesario teniendo en cuenta el par resistente de la máquina accionada.

Generalmente, los valores de corriente y de par de arranque son:

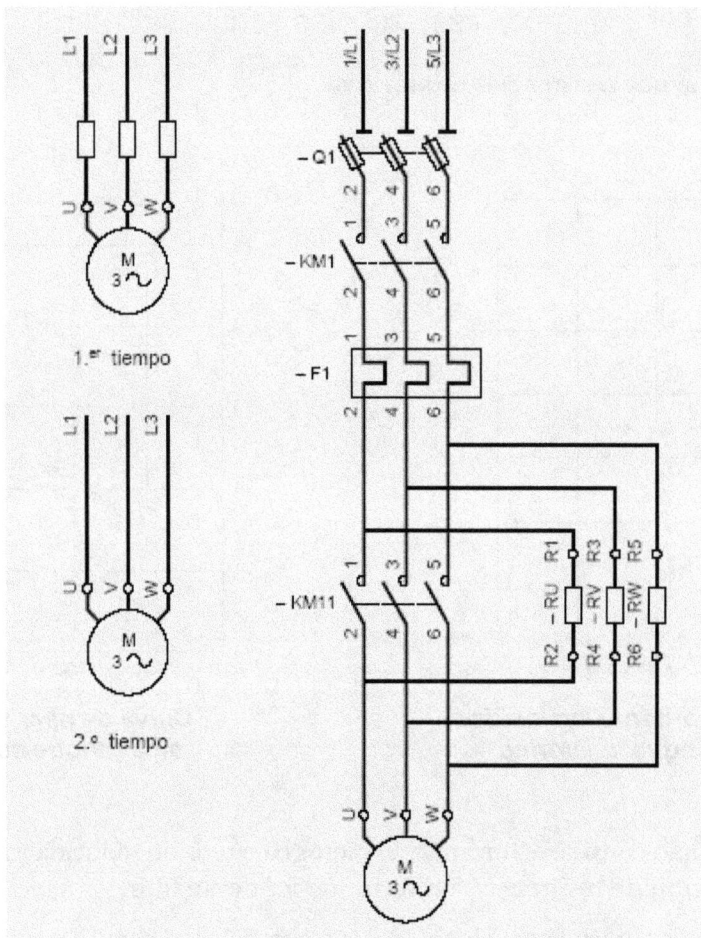

Arranque por resistencias estatóricas

Id = 4,5 In

Cd = 0,75 Cn

Durante la fase de aceleración con las resistencias, la tensión que se aplica a las bornas del motor no es constante. Equivale a la tensión de la red menos la caída de tensión que tiene lugar en la resistencia de arranque.

La caída de tensión es proporcional a la corriente absorbida por el motor. Dado que la corriente disminuye a medida que se acelera el motor, sucede lo mismo con la caída de tensión de la resistencia. Por tanto, la tensión que se aplica a las bornas del motor es mínima en el momento del arranque y aumenta progresivamente.

Dado que el par es proporcional al cuadrado de la tensión de las bornas del motor, aumenta más rápidamente que en el caso del arranque estrella-triángulo, en el que la tensión permanece invariable mientras dura el acoplamiento en estrella.

Este tipo de arranque es, por tanto, apropiado para las máquinas cuyo par resistente crece con la velocidad, por ejemplo los ventiladores.

Su inconveniente consiste en que la punta de corriente es relativamente importante durante el arranque. Sería posible reducirla mediante el aumento del valor de la resistencia, pero esta medida conllevaría una caída de tensión adicional en las bornas del motor y, por tanto, una considerable reducción del par de arranque.

Por el contrario, la eliminación de la resistencia al finalizar el arranque se lleva a cabo sin interrumpir la alimentación del motor y, por tanto, sin fenómenos transitorios.

Características fundamentales:

*   Corriente inicial de arranque: 4,5 In

*   Par inicial de arranque: 0,6 a 0,85 Mn

*   Duración media del arranque: 7 a 12 seg.

Mn = Par nominal

In = Intensidad nominal

Aplicaciones básicas:

*   Máquinas de fuerte inercia sin problemas particulares de par ni de intensidad en el arranque:

*   Turbinas.

*   Centrifugadores.

*   Máquinas de elevación.

*   Etc.

Ventajas:

*   Posibilidad de ajuste de los valores de arranque.

*   No hay corte de la alimentación durante el arranque.

*   Importante reducción de las puntas de corriente transitorias.

Inconvenientes:

*   Pequeña reducción de la punta de arranque.

*   Necesita resistencias.

Arranque por resistencias rotóricas:

Un motor de anillos no puede arrancar en directo (devanados rotóricos cortocircuitados) sin provocar puntas de corriente inadmisibles. Es necesario insertar en el circuito rotórico resistencias que se cortocircuiten progresivamente, al tiempo que se alimenta el estator a toda la tensión de red.

El cálculo de la resistencia insertada en cada fase permite determinar con rigor la curva de par-velocidad resultante: Para un par dado, la velocidad es menor cuanto mayor sea la resistencia. Como resultado, la resistencia debe insertarse por completo en el momento del arranque y la plena velocidad se alcanza cuando la resistencia está completamente cortocircuitada.

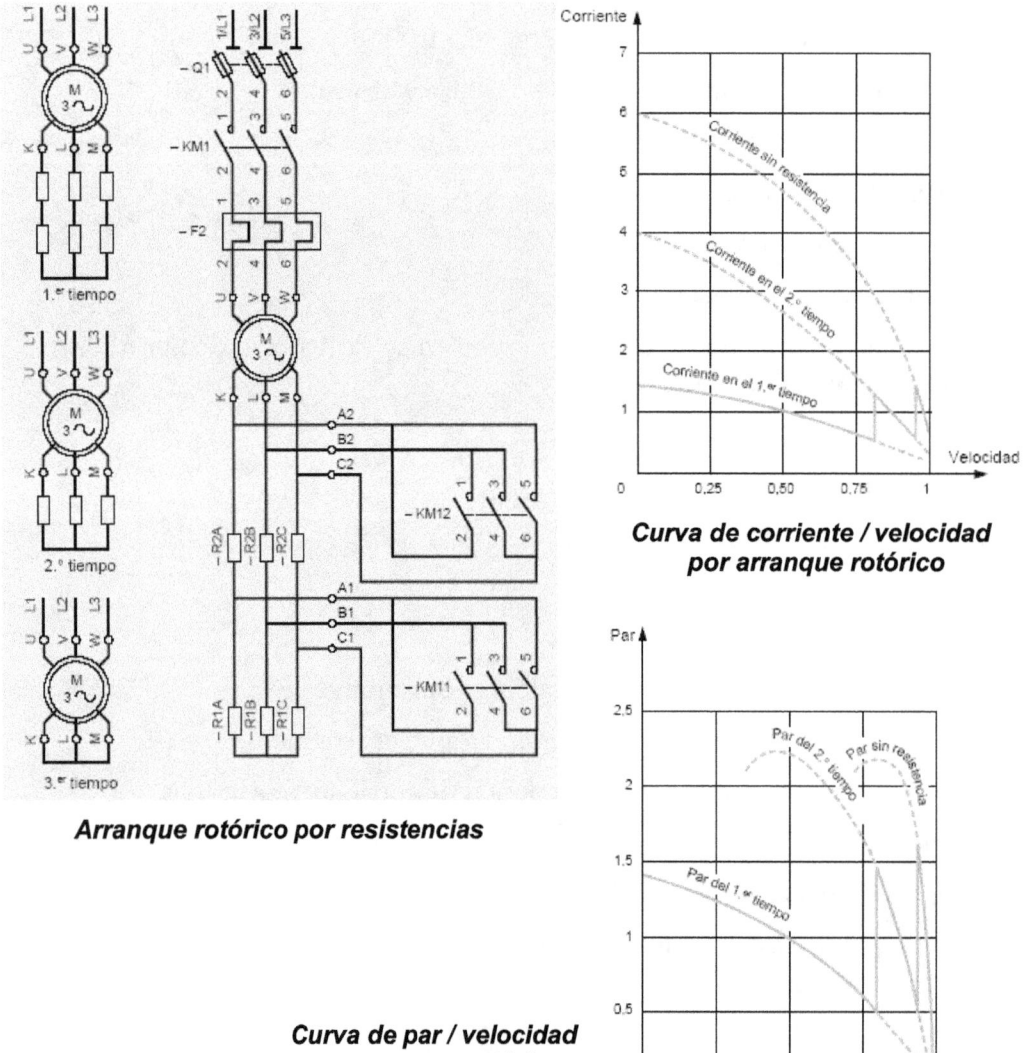

Arranque rotórico por resistencias

**Curva de corriente / velocidad
por arranque rotórico**

**Curva de par / velocidad
por arranque rotórico**

La corriente absorbida es prácticamente proporcional al par que se suministra. Como máximo, es ligeramente superior a este valor teórico.

Por ejemplo, la punta de corriente correspondiente a un par de arranque de 2 Cn es aproximadamente de 2 In. Por tanto, la punta es considerablemente más débil, y el par máximo de arranque más elevado, que en el caso de un motor de jaula, en el que el valor normal se sitúa en torno a 6 In para 1,5 Cn.

El motor de anillos con arranque rotórico se impone, por tanto, en todos los casos en los que las puntas de corriente deben ser débiles y cuando las máquinas deben arrancar a plena carga.

Por lo demás, este tipo de arranque es sumamente flexible, ya que resulta fácil adaptar el número y el aspecto de las curvas que representan los tiempos sucesivos a los requisitos mecánicos o eléctricos (par resistente, valor de aceleración, punta máxima de corriente, etc.).

4.4. Arranque por autotransformador

El motor se alimenta a tensión reducida mediante un autotransformador que, una vez finalizado el arranque, queda fuera del circuito.

El arranque se lleva a cabo en tres tiempos:

- En el primer tiempo, el autotransformador comienza por acoplarse en estrella y, a continuación, el motor se acopla a la red a través de una parte de los devanados del autotransformador.

  El arranque se lleva a cabo a una tensión reducida que se calcula en función de la relación de transformación.

  Generalmente, el transformador está dotado de tomas que permiten seleccionar la relación de transformación y, por tanto, el valor más adecuado de la tensión reducida.

- Antes de pasar al acoplamiento a plena tensión, la estrella se abre. En ese momento, la fracción de bobinado conectada a la red crea una inductancia en serie con el motor. Esta operación se realiza cuando se alcanza la velocidad de equilibro, al final del primer tiempo.

- El acoplamiento a plena tensión interviene a partir del segundo tiempo, normalmente muy corto (una fracción de segundo). Las inductancias en serie con el motor se cortocircuitan y, a continuación, el autotransformador queda fuera del circuito.

La corriente y el par de arranque varían en la misma proporción. Se dividen por (U red / U reducida)2 y se obtienen los valores siguientes:

Id = 1,7 a 4 In

Cd = 0,5 a 0,85 Cn

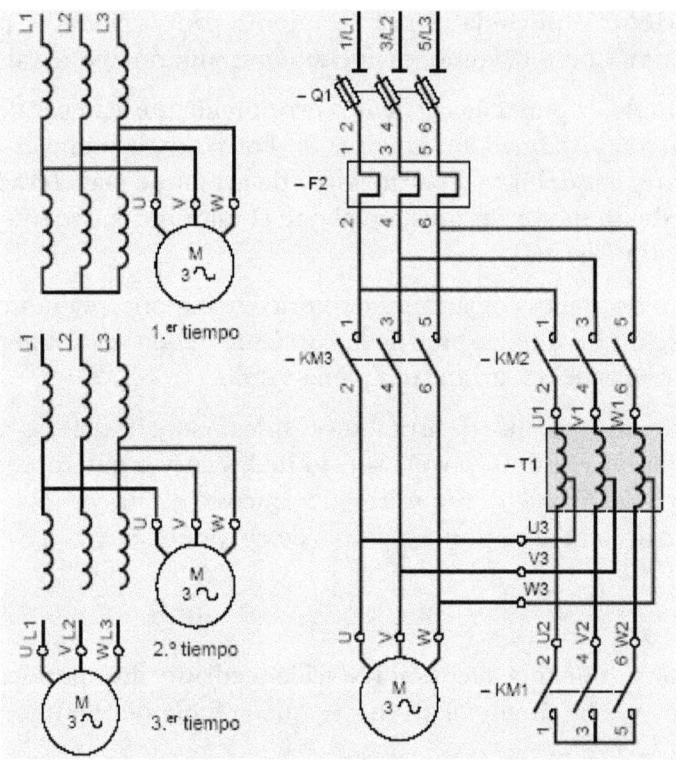

Arranque por autotransformador.

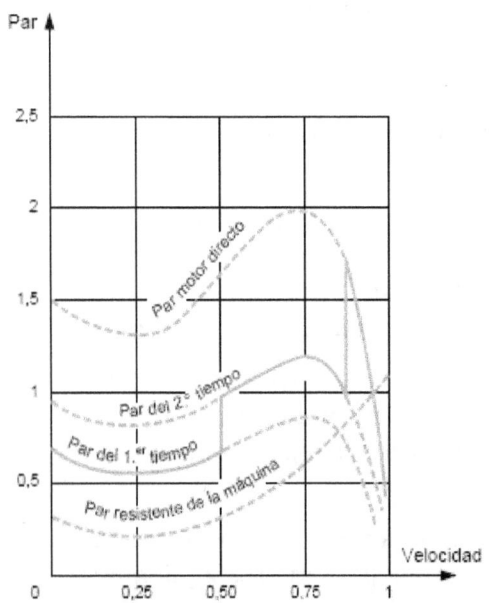

Curva de corriente / velocidad en en arranque por autotransformador

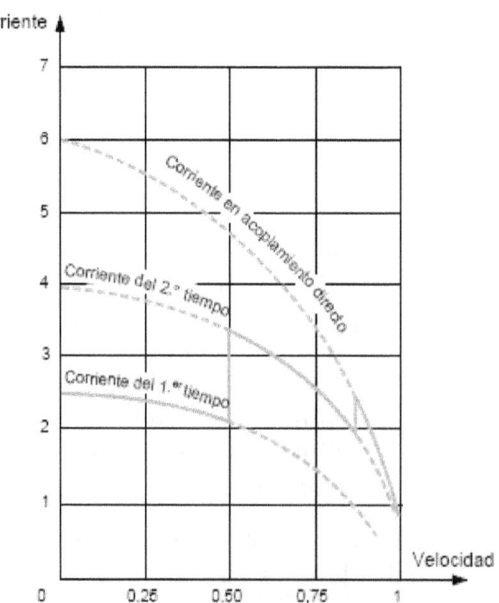

Curva de par / velocidad en arranque por autotransformador

El arranque se lleva a cabo sin interrupción de corriente en el motor, lo que evita que se produzcan fenómenos transitorios.

No obstante, si no se toman ciertas precauciones pueden aparecer fenómenos transitorios de igual naturaleza durante el acoplamiento a plena tensión. De hecho, el valor de la inductancia en serie con el motor tras la apertura de la estrella es importante si se compara con la del motor. Como consecuencia, se produce una caída de tensión considerable que acarrea una punta de corriente transitoria elevada en el momento del acoplamiento a plena tensión. El circuito magnético del autotransformador incluye un entrehierro que disminuye el valor de la inductancia para paliar este problema. Dicho valor se calcula de modo que, al abrirse la estrella en el segundo tiempo, no haya variación de tensión en las bornas del motor.

El entrehierro aumenta la corriente magnetizante del autotransformador. Dicha corriente aumenta la corriente solicitada en la red durante el primer tiempo del arranque.

Este modo de arranque suele utilizarse en los motores con potencia superior a 100 kW. Sin embargo, el precio de los equipos es relativamente alto debido al elevado coste del autotransformador.

Características fundamentales:

- Corriente inicial de arranque: 1,7 a 4 In

- Par inicial de arranque: 0,4 a 0,85 Mn

- Duración media del arranque: 7 a 12 s

Mn = Par nominal

In = Intensidad nominal

Aplicaciones básicas:

- Máquinas de gran potencia o de fuerte inercia en los casos donde la reducción de la punta de intensidad es un criterio importante.

Ventajas:

- Buena relación par / intensidad.

- Posibilidad de ajuste de los valores de arranque.

- No hay corte de la alimentación durante el arranque

Inconvenientes:

- Necesita un autotransformador.

- Dimensiones importantes.

4.5. Arranque por arrancador estático o electrónico

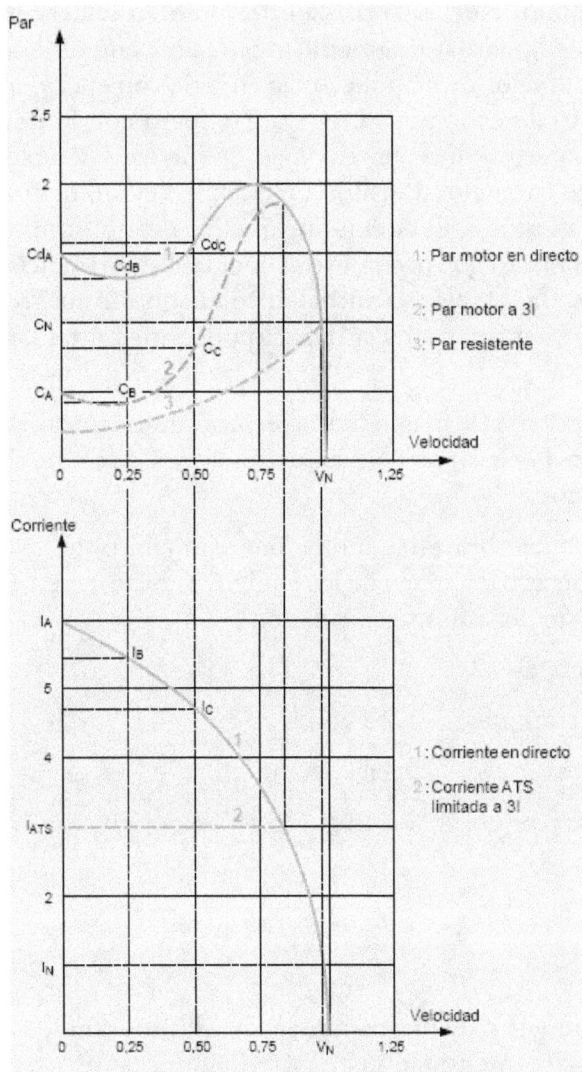

En cada uno de los puntos, el par, de frecuencia fija, es proporcional al cuadrado de la tensión de alimentación: $C = k\,U^2$, o a la relación del cuadrado de las corrientes. Por tanto es posible escribir:

$$C_A = C_{dA}\left(\frac{I_{ATS}}{I_A}\right)^2$$

$$C_B = C_{dB}\left(\frac{I_{ATS}}{I_B}\right)^2$$

$$C_C = C_{dC}\left(\frac{I_{ATS}}{I_C}\right)^2 \ldots$$

1: Par motor en directo

2: Par motor a 3I

3: Par resistente

1: Corriente en directo

2: Corriente ATS limitada a 3I

Curvas de corriente / velocidad y par / velocidad en el arrancador electrónico

La alimentación del motor durante la puesta en tensión se realiza mediante una subida progresiva de la tensión, lo que posibilita un arranque sin sacudidas y reduce la punta de corriente. Para obtener este resultado, se utiliza un graduador de tiristores montados en oposición de 2 por 2 en cada fase de la red. La subida progresiva de la tensión de salida puede controlarse por medio de la rampa de aceleración, que depende del valor de la corriente de limitación, o vincularse a ambos parámetros.

Un arrancador ralentizador progresivo es un graduador de 6 tiristores que se utiliza para arrancar y parar de manera controlada los motores trifásicos de jaula.

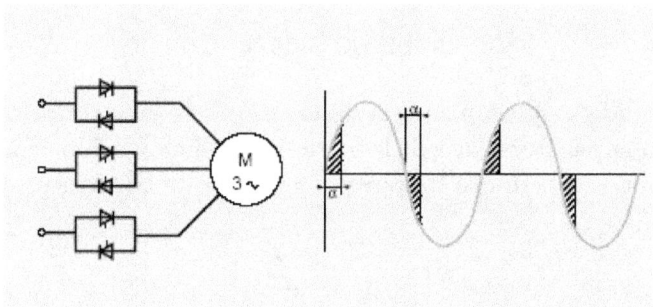

Diagrama de arrancador electrónico

Garantiza:

- El control de las características de funcionamiento, principalmente durante los períodos de arranque y parada.

- La protección térmica del motor y del arrancador.

- La protección mecánica de la máquina accionada, mediante la supresión de las sacudidas de par y la reducción de la corriente solicitada.

La corriente (I_{ATS} en el gráfico anterior de curvas de corriente / velocidad y par / velocidad) puede regularse de 2 a 5 In, lo que proporciona un par de arranque regulable entre 0,1 y 0,7 del par de arranque en directo. Permite arrancar todo tipo de motores asíncronos. Puede cortocircuitarse para arrancar por medio de un contactor y mantener al mismo tiempo el dominio del circuito de control.

A todo ello hay que añadir la posibilidad de:

- Deceleración progresiva.

- Parada ralentizada.

4.6. Arranque por variador de velocidad

Durante mucho tiempo, las posibilidades de regulación de la velocidad de los motores asíncronos han sido muy escasas. En la mayoría de los casos, los motores de jaula se utilizaban a su velocidad nominal. Los únicos motores que disponían de varias velocidades fijas eran los de acoplamiento de polos y los de devanados separados, que todavía se emplean de manera habitual.

Actualmente, los convertidores de frecuencia permiten controlar a velocidad variable los motores de jaula. De este modo, pueden utilizarse en aplicaciones que, hasta hace poco, quedaban reservadas para los motores de corriente continua.

Velocidad de sincronización

La velocidad de sincronización de los motores asíncronos trifásicos es proporcional a la frecuencia de la corriente de alimentación e inversamente proporcional al número de pares de polos que constituyen el estator.

$$N = \frac{60\,f}{p}$$

N: Velocidad de sincronización en r.p.m.

f: Frecuencia en Hz

p: Número de pares de polos.

La siguiente tabla contiene la velocidad de rotación del campo giratorio, o velocidad de sincronización, correspondiente a las frecuencias industriales de 50 Hz y 60 Hz y a la frecuencia de 100 Hz, en base al número de polos.

Número de polos	Velocidad de rotación en rpm		
	50 Hz	60 Hz	100 Hz
2	3000	3600	6000
4	1500	1800	3000
6	1000	1200	2000
8	750	900	1500
10	600	720	1200
12	500	600	1000
16	375	450	750

Estos datos no significan que sea posible aumentar la velocidad de un motor asíncrono alimentándolo a una frecuencia superior a la prevista aunque la tensión esté adaptada. Es conveniente comprobar si su diseño mecánico y eléctrico lo permiten.

Teniendo en cuenta el deslizamiento, las velocidades de rotación en carga de los motores asíncronos son ligeramente inferiores a las velocidades de sincronización que figuran en la tabla.

Durante mucho tiempo, las posibilidades de regulación de la velocidad de los motores asíncronos han sido muy escasas. En la mayoría de los casos, los motores de jaula se utilizaban a su velocidad nominal. Los únicos motores que disponían de varias velocidades fijas eran los de acoplamiento de polos y los de devanados separados, que todavía se emplean de manera habitual. Actualmente, los convertidores de frecuencia permiten controlar a velocidad variable los motores de jaula. De este modo, pueden utilizarse en aplicaciones que, hasta hace poco, quedaban reservadas para los motores de corriente continua.

MOTORES DE JAULA

La velocidad de un motor de jaula, según se ha descrito anteriormente, depende de la frecuencia de la red de alimentación y del número de pares de polos. Por consiguiente, es posible obtener un motor de dos o varias velocidades mediante la creación de combinaciones de bobinados en el estator que correspondan a distintos números de polos.

Motores de acoplamiento de polos:

Este tipo de motores sólo permite relaciones de velocidad de 1 a 2 (4 y 8 polos, 6 y 12 polos, etc.). Consta de seis bornas.

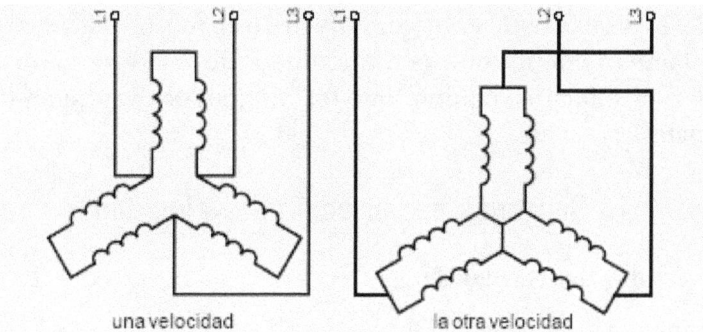

una velocidad   la otra velocidad

Motor de acoplamiento de polos

Dependiendo de sus características, los motores pueden ser de potencia constante, par constante o par y potencia variables.

Para una de las velocidades, la red se conecta a las tres bornas correspondientes. Para la segunda, dichas bornas están conectadas entre sí y la red se conecta a las otras tres.

Normalmente el arranque se realiza de manera directa, tanto a alta como a baja velocidad.

En ciertos casos, si las condiciones de uso lo requieren y el motor lo permite, el dispositivo de arranque pasa automáticamente a baja velocidad antes de activar la alta velocidad o antes de la parada.

Dependiendo de las corrientes absorbidas durante los acoplamientos a Baja Velocidad o Alta Velocidad, uno o dos relés térmicos pueden encargarse de la protección.

Generalmente, el rendimiento de este tipo de motores es poco elevado y su factor de potencia, bastante débil. Cuando es necesario que varios motores de este tipo funcionen de manera conjunta, se desaconseja su conexión en paralelo.

De hecho, aunque los motores sean de idéntica potencia y fabricación, se producen circulaciones de corriente que los relés de protección no pueden asimilar correctamente.

Motores de devanados estatóricos separados

Estos motores, que constan de dos devanados estatóricos eléctricamente independientes, permiten obtener cualquier relación de dos velocidades. Dado que los devanados para baja velocidad (BV) deben soportar las restricciones mecánicas y eléctricas derivadas del funcionamiento del motor a alta velocidad (AV), sus características eléctricas dependen de ello. En ocasiones, un determinado motor funcionando a BV puede absorber una corriente superior que cuando lo hace a AV.

También es posible obtener motores de tres o cuatro velocidades mediante el acoplamiento de los polos en uno de los devanados estatóricos o en ambos. Esta solución requiere que los bobinados dispongan de tomas adicionales.

Sistemas de variación de velocidad

El convertidor de frecuencia:

Principio:

El objetivo del convertidor de frecuencia consiste en alimentar los motores asíncronos trifásicos de jaula.

Se basa en un principio similar a la técnica **PWM** (1). Garantiza la rotación regular y libre de sacudidas de las máquinas, incluso a baja velocidad, gracias a una forma de corriente de salida muy próxima a la sinusoide.

Descripción del funcionamiento:

El puente rectificador y los condensadores de filtrado convierten la tensión alterna monofásica o trifásica de la red en tensión continua. A continuación, un puente ondulador de transistores conmuta la tensión continua para generar una serie de impulsos de anchura variable.

El ajuste de la anchura de los impulsos y de su repetición permite regular la tensión y la frecuencia de alimentación del motor para mantener una relación U/f constante y, por tanto, el flujo deseado en el motor. La inductancia del motor realiza el alisado de la corriente (consulte el esquema siguiente).

El control de la modulación se lleva a cabo por medio de un microprocesador y un **ASIC** (2). La modulación depende de las tensiones y las frecuencias, por tanto, de las velocidades solicitadas en la salida.

(1) **PWM**: Modulación de anchura de los impulsos según una ley sinus. PWM "sinus", en inglés: Pulses Width Modulation "sinus".

(2) **ASIC**: Application Specific Integrated Circuit, circuito integrado de aplicación específica.

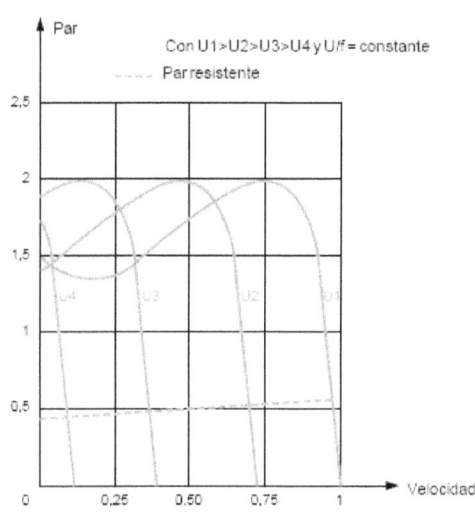

Curva de par / velocidad del arranque con convertidor de frecuencia

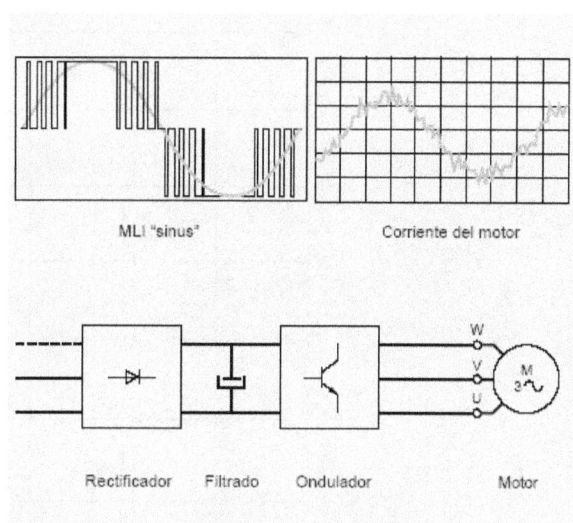

Esquema de base de un convertidor de frecuencia

Los convertidores de frecuencia son muy fáciles de utilizar para alimentar un motor de jaula estándar. El par que se obtiene permite accionar todo tipo de máquinas, incluyendo las de fuerte par resistente.

En caso de par de arrastre, existe una opción que permite el funcionamiento en los cuatro cuadrantes.

El convertidor de frecuencia hace posible que el motor funcione en ambos sentidos de la marcha y permite la opción de frenado. La frecuencia de salida puede ser superior a la de alimentación.

El variador también se utiliza como arrancador o ralentizador para la puesta en marcha y la parada progresiva adaptada a una rampa. Integra la protección térmica del motor.

El diálogo con el operador se simplifica gracias a los diodos electroluminiscentes, los visualizadores de 7 segmentos, las consolas de puesta en servicio y la posibilidad de interconexión con un microordenador de tipo PC. El diálogo con los automatismos puede realizarse por medio de un enlace serie o de un bus multipunto.

El variador de tensión:

Esta solución tiende a desaparecer como resultado de los avances conseguidos por los convertidores de frecuencia.

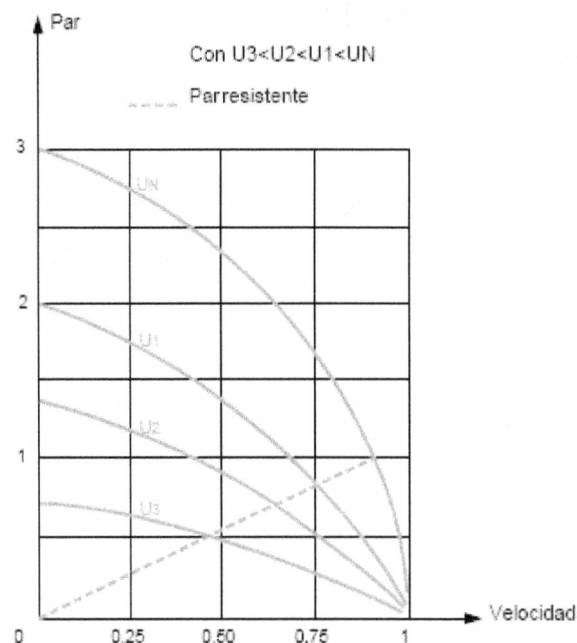

Curva par/velocidad del arranque con variador de tensión

El par que suministra un motor asíncrono es proporcional al cuadrado de la tensión de alimentación. El principio de funcionamiento consiste en reducir el par resistente a la velocidad deseada. La modulación de tensión se obtiene mediante la variación del ángulo de encendido de dos tiristores montados en oposición en cada fase del motor.

Este sistema de variadores de tensión se utiliza principalmente para variar la velocidad de los pequeños ventiladores. Durante el deslizamiento del motor, las pérdidas en el rotor son proporcionales al par resistente e inversamente proporcionales a la velocidad. Por tanto, el motor debe tener capacidad para disipar estas pérdidas y no debe presentar puntos de inflexión que desestabilizarían la velocidad.

Normalmente, los pequeños motores de hasta 3 kW cumplen estas condiciones. Además, hace falta un motor de jaula resistente, motoven-tilado en caso de que trabaje a baja velocidad.

Es posible utilizar este variador como arrancador para las máquinas con pares resistentes débiles.

Otros sistemas electromecánicos:

Los sistemas electromecánicos de regulación de velocidad se utilizan con menor frecuencia desde la generalización de los variadores de velocidad electrónicos. Se citan a continuación a título informativo.

Motores de corriente alterna con colector (Schrage):

Se trata de motores especiales. La variación de velocidad se obtiene modificando la posición de las escobillas del colector con respecto a la línea neutra.

Grupo Ward Léonard:

Consta de un motor de arranque y de un generador de corriente continua de excitación variable. Alimenta motores de colector o de corriente continua. La excitación se regula mediante un dispositivo electromecánico o un sistema estático electrónico.

4.7. Otros tipos de motores

Los motores asíncronos monofásicos

El motor asíncrono monofásico, aunque menos utilizado en la industria que su homólogo trifásico, representa una parte de aplicaciones nada despreciables en pequeñas potencias que utilizan una red monofásica de 220 V.

A igualdad de potencias, tienen la ventaja de ser menos voluminosos que los motores trifásicos.

Los motores monofásicos de algunas decenas de KW, son de utilización muy corriente en EE. UU.

Constitución:

Los motores monofásicos, están constituidos, al igual que los trifásicos, por un estator y un rotor.

- Estator:

  Está constituido por un número par de polos, y sus bobinas están conectadas a la tensión de alimentación.

- Rotor:

  Es de idénticas características que el del motor trifásico.

Principio de funcionamiento:

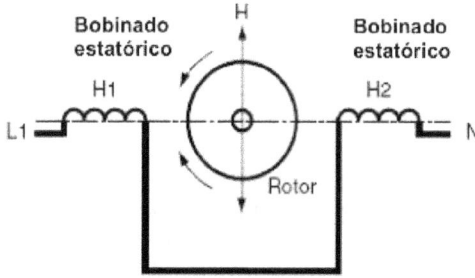

Principio de funcionamiento de un motor asíncrono monofásico

Consideremos un estator con las dos bobinas conectadas a la tensión de alimentación $L_1 - N$.

La corriente alterna monofásica engendra en el rotor un campo magnético alterno H, que es el resultado de la superposición de dos campos magnéticos giratorios H_1 y H_2, del mismo valor y sentidos contrarios.

En el arranque, el estator alimenta los dos campos con el mismo deslizamiento y en sentido opuesto; por lo que el motor no puede girar.

Con el fin de resolver este problema, un segundo bobinado, decalado 90° es insertado en el estator. Esta fase auxiliar es alimentada con un elemento de defasaje: Condensador o inductancia. Una vez el motor ha arrancado, la fase auxiliar puede ser eliminada.

Los motores trifásicos pueden, así mismo, funcionar con corrientes monofásicas, insertando un condensador, en serie o en paralelo, en la fase no utilizada.

Los motores trifásicos pueden, así mismo, funcionar con corrientes monofásicas, insertando un condensador, en serie o en paralelo, en la fase no utilizada.

Los motores síncronos

Constitución:

Al igual que los asíncronos, se componen de un estator y un rotor separados por el entrehierro.

Se diferencian por el hecho de que el flujo magnético no es debido a una corriente estatórica, si no que es creado, o bien por los imanes permanentes del rotor, o por la corriente inducida producida por una c.c. exterior que alimenta una bobina rotórica.

- Estator:

  Consta de una carcasa y un circuito magnético, generalmente constituido de planchas de acero / silicio y de un bobinado trifásico, análogo al del motor asíncrono, alimentado por una corriente alterna trifásica para producir el campo giratorio.

- Rotor:

  Este, consta de los imanes o las bobinas de excitación de c.c. que crean los polos N y S intercalados.

  En los motores síncronos, a diferencia de los asíncronos, el rotor gira sin deslizamiento, a la velocidad propia del campo giratorio.

Por lo expuesto podemos entender que existen dos tipos de motores síncronos: Los de imanes permanentes, y los de rotor bobinado.

Los motores síncronos de imanes permanentes, son capaces de producir un campo elevado con un pequeño volumen del motor, al tiempo que soportar importantes corrientes de sobrecarga lo que les permite aceleraciones muy rápidas.

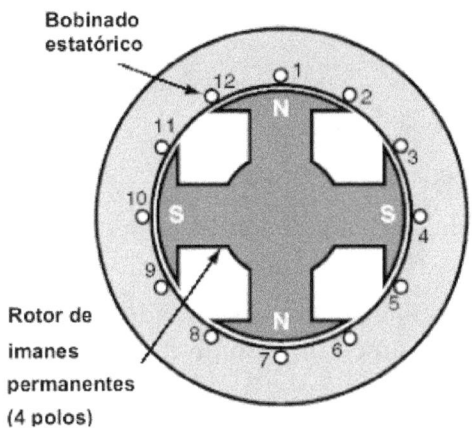

Motor de imanes permanentes

Normalmente estos motores se asocian a variadores de velocidad para aplicaciones específicas como los robots o las máquinas - herramienta.

Los motores síncronos de rotor bobinado, son reversibles y pueden funcionar como alternadores o como motores.

Características de funcionamiento:

Ante una red a tensión y frecuencia constante, tienen las siguientes ventajosas particularidades:

- Velocidad constante, independientemente de la carga.

- Puede minimizar la potencia reactiva y, como consecuencia, mejorar el factor de potencia de una instalación.

- Soporta picos de tensión relativamente importantes: Del orden del 50% en razón de sus posibilidades de sobrexcitación.

No obstante, ante una red a tensión y frecuencia constante, tienen dos inconvenientes:

- La dificultad de arranque.

- El hecho que pueda "colgarse" si el acoplamiento resistivo supera el electromagnético máximo. En este caso se debe reiniciar el proceso de arranque.

Otros tipos de motores síncronos

- **Motores lineales**

De estructura idéntica a la de los motores rotativos, están compuestos de un estator (plataforma) y un rotor (vástago) que se desplaza en línea.

- **Motores asíncronos sincronizados**

Son motores de inducción, que en el momento del arranque funcionan en modo asíncrono y cuando llegan a una velocidad próxima a la de sincronismo, pasan a modo síncrono. Si la carga mecánica es importante, estos motores no pueden pasar a modo síncrono y actúan como asíncronos.

- **Los motores paso a paso**

Son unos motores que giran en función de los impulsos eléctricos que alimentan sus bobinas.

Según la alimentación eléctrica pueden ser del tipo:

- Unipolar: Si los bobinados están siempre alimentados en el mismo sentido por una tensión única.

- Bipolar: Aquellos en que sus bobinados están alimentados tanto en un sentido como en el otro, creando en un caso un polo N y en el otro un polo S.

Los motores paso a paso, pueden ser de reluctancia variable, de imanes permanentes o una combinación de ambos.

Tipo	Bipolar de imán permanente	Unipolar de reluctancia variable	Bipolar híbrido
Características	2 fases, 4 hilos	4 fases, 8 hilos	2 fases, 4 hilos
Nº pasos/vuelta	8	24	12
Etapas de funcionamiento			
Paso 1			
Estado intermedio			
Paso 1	45'	15'	30'

Los tres tipos de motor paso a paso

El ángulo de rotación mínimo entre dos impulsos eléctricos, se denomina paso. Una de las características del motor es el número de pasos por vuelta. Los valores más corrientes son: 48, 100 o 200 pasos por vuelta.

La rotación del motor se produce de manera discontinua. Para mejorar la resolución, este número de pasos se puede aumentar de forma totalmente electrónica (funcionamiento en micropasos).

Al hacer variar por escalones la corriente en las bobinas, se crea un campo resultante que se desplaza de un paso al otro, que tiene como consecuencia la reducción efectiva del paso.

Los circuitos por micropasos multiplican por 500 el número de pasos del motor, que pasa así, por ejemplo de 200 a 100.000 pasos.

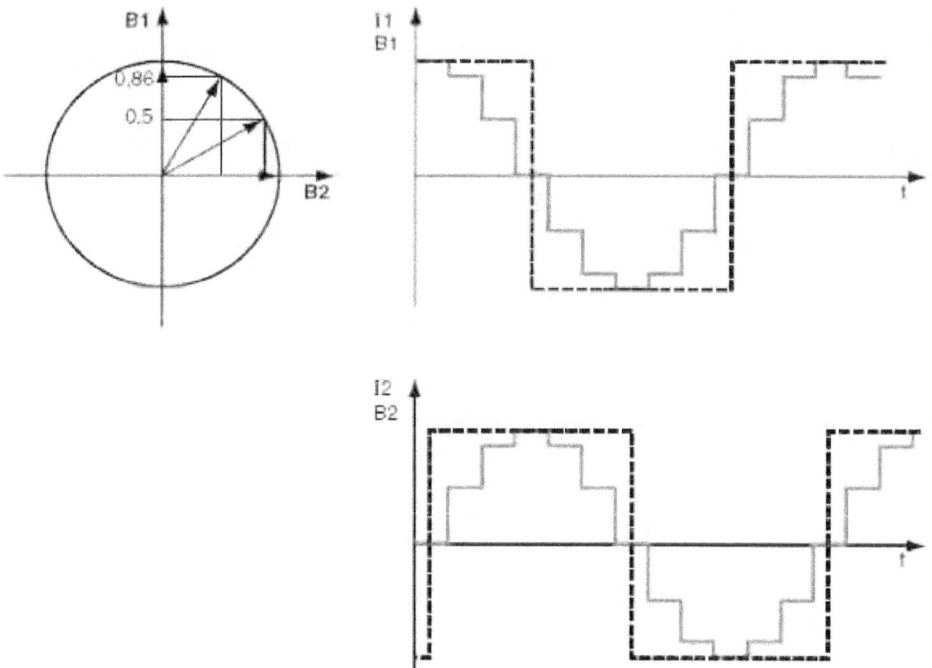

Escalones de corriente aplicados a las bobinas de un motor paso a paso para reducir el paso

Industrialmente, estos motores, alimentados normalmente en bajas tensiones, con potencias por debajo del KW, se utilizan en aplicaciones de posicionamiento. La simplicidad de esta solución la convierten en una opción particularmente económica.

4.8. Consideraciones finales

Al hablar de los diferentes tipos de motores y de sus sistemas de arranque, nos hemos referido fundamentalmente a los motores de c.a., asíncronos, trifásicos, por ser los mas utilizados en la industria actual, aunque en el apartado anterior hemos reseñado brevemente los diferentes tipos, más significativos, existentes.

5. LOS SISTEMAS DE INVERSIÓN EN LOS MOTORES DE C.C. Y C.A.

En el presente capítulo, vamos a considerar los diferentes sistemas, actualmente utilizados, para conseguir el cambio en el sentido de giro de los motores de c.c. y/o c.a.

Nos referiremos, única y exclusivamente, al concepto de inversión de sentido de giro, ya que el resto de conceptos: Arranque, regulación, protección, control, etc., los hemos visto o veremos en otros capítulos.

5.1. La inversión clásica en c.c.

En los motores de c.c., dado que disponemos de una alimentación con polaridad definida y constante: Polo positivo (+) y polo negativo (-), y conocemos del hecho que la creación del campo magnético generado por la circulación de corriente, origina un determinado sentido de rotación (Ley de Laplace), la inversión del sentido de giro la conseguiremos con la simple inversión de la polaridad conectada al motor.

En los motores de c.c. más utilizados, lo dicho anteriormente, según ya se expuso en el capítulo de motores de c.c., lo concretaríamos de la siguiente forma:

De excitación paralelo:

- Los bobinados inducido e inductor se conectan en paralelo.

- La inversión del sentido de rotación se obtiene generalmente por inversión de la tensión del inducido.

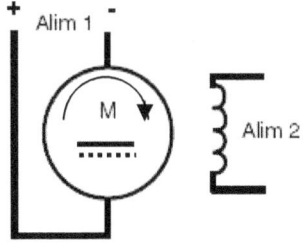

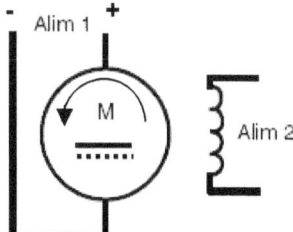

Excitación en paralelo (+/-)   *Excitación en paralelo (-/+)*

De excitación serie:

- La construcción de este motor es similar a la del motor de excitación separada.

  El bobinado inductor se conecta en serie al inducido, lo que da origen a su nombre.

- La inversión del sentido de rotación se obtiene indistintamente por inversión de las polaridades del inducido o del inductor.

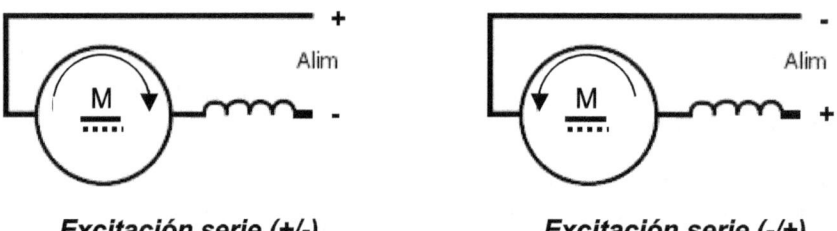

Excitación serie (+/-)   **Excitación serie (-/+)**

De excitación shunt:

- Los bobinados del inducido y del inductor, están alimentados por circuitos independientes, por cuestiones de adaptación o características de la máquina (por ejemplo: tensión del inducido = 400 V y tensión del inductor = 180 V).

- La inversión del sentido de rotación, normalmente, se obtiene por la inversión de la polaridad del inducido, por disponer, en este caso, de constantes de tiempo más reducidas.

La mayoría de motores de cc con variador bidireccional, trabajan en este sistema.

De excitación shunt (+/-)   **De excitación shunt (-/+)**

5.2. La inversión clásica en c.a.

La inversión de sentido de giro en los motores de c.a., se realiza por el cambio en el orden de suministro de las fases de corriente.

En el caso más genérico de un motor trifásico, alimentando con las fases L1, L2, L3, conectadas ordenadamente a sus bornes, debe girar a derechas, mirando desde el lado del acoplamiento.

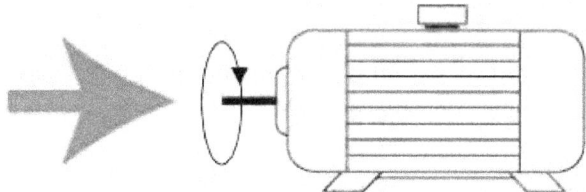

Sentido de giro de un motor de c.a.

Por lo expuesto, para invertir el sentido de giro, bastará con alimentar con las fases en cualquier otro orden, por ejemplo: L3, L2, L1.

Normalmente esto lo podremos realizar, bien con la ayuda de un conmutador, o de un contactor.

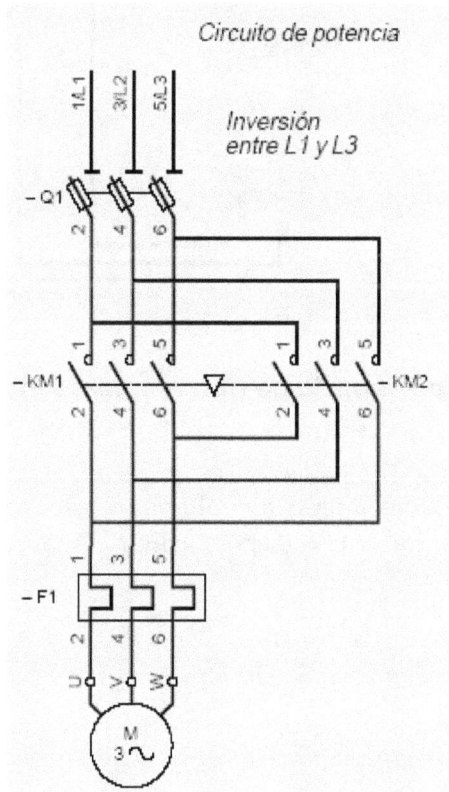

Inversión de sentido de giro mediante contactores

5.3. Arrancadores compactos

Actualmente, los nuevos sistemas nos permiten, no utilizar 2 contactores para la acción de inversión de giro, sino un dispositivo que lo que hace es conmutar los contactos de un contactor único.

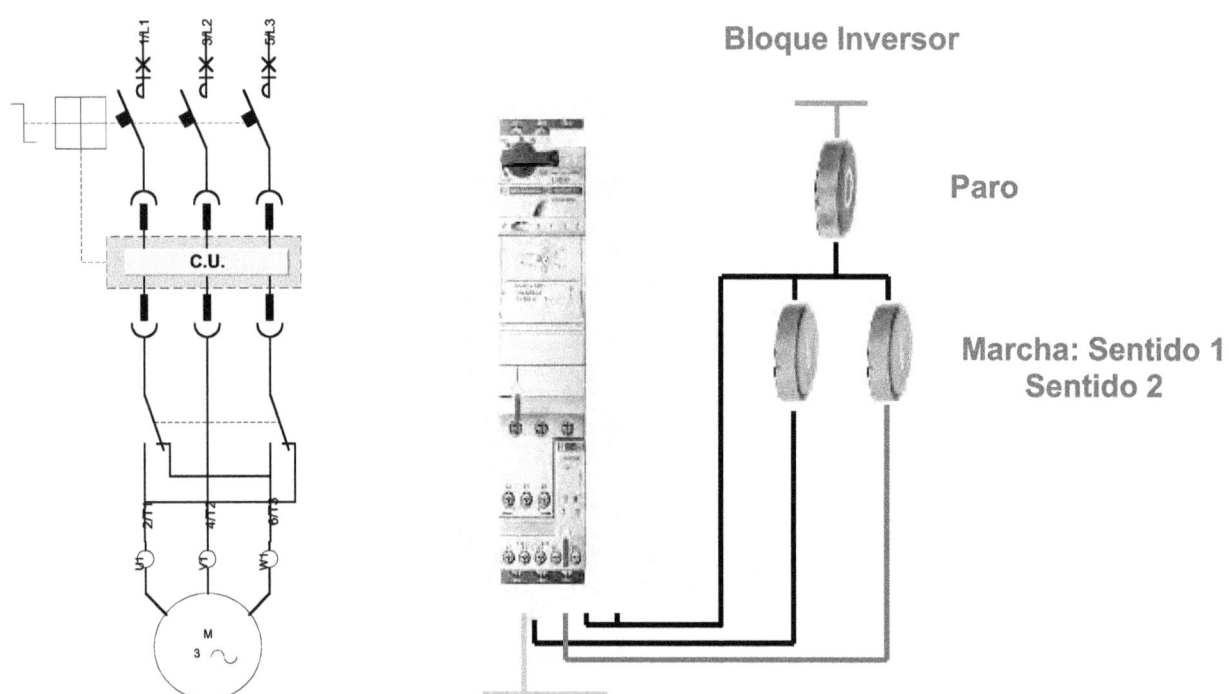

Inversión de sentido de giro mediante inversor "Tesis U"

La utilización de estas nuevas tecnologías, nos permite: Simplificar el conexionado, minimizar el espacio, facilitar el mantenimiento, ahorrar costos, etc.

6. GENERALIDADES SOBRE LA REGULACIÓN EN LAS MÁQUINAS ELÉCTRICAS (MOTORES)

Como ya hemos comentado en capítulos anteriores, los motores asíncronos trifásicos de jaula de ardilla se encuentran entre los más utilizados para el accionamiento de máquinas; su uso se impone en la mayoría de las aplicaciones debido a las ventajas que conllevan: robustez, sencillez de mantenimiento, facilidad de instalación, bajo coste, etc.; por este motivo, una vez más, en este capítulo vamos a referirnos fundamentalmente a ellos.

En cuanto nos enfrentemos a la necesidad de regular: el arranque, la velocidad o el frenado de un motor, podremos recurrir, básicamente, a los siguientes sistemas:

- El arrancador electrónico.

- El variador de velocidad.

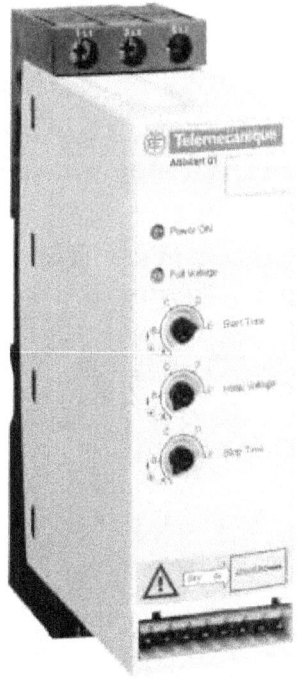

Arrancador electrónico

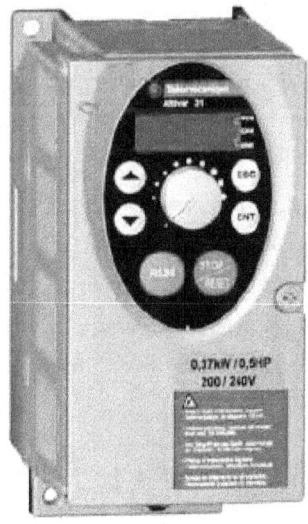

Variador de velocidad

6.1. El arrancador electrónico

El arrancador electrónico, está basado el principio del regulador de tensión para motores asíncronos.

Un regulador de tensión puede alimentar, bajo tensión variable y frecuencia fija, distintos tipos de receptores: alumbrado, calefacción, motores, etc.

En lo referente al control de motores, el regulador de tensión se utiliza como arrancador-ralentizador progresivo en motores asíncronos de jaula de ardilla.

Arrancador-ralentizador progresivo: Arrancador electrónico

El regulador de tensión es un excelente arrancador para aquellos casos en los que no es necesario un par de arranque elevado (el par es proporcional al cuadrado de la tensión: C = kU2). En caso de ser necesario, es posible aumentar este par mediante el uso de motores dotados de una jaula adicional para el arranque (motores de doble jaula).

El arrancador electrónico lleva a cabo la aceleración y deceleración progresivas de los motores asíncronos de jaula sin sacudidas, picos de corriente ni caídas de tensión excesivas, incluso en el caso de fuertes inercias.

Su circuito de potencia incluye, normalmente, 2 tiristores montados en oposición por cada una de las fases. La variación de tensión se obtiene por medio de la variación del tiempo de conducción de los tiristores durante cada semiperíodo.

Cuanto mayor es el retraso del momento y de cebado, menor es el valor de la tensión resultante. Y todo esto siguiendo un algoritmo de control de par.

El cebado de los tiristores se gestiona por medio de un microprocesador que, además, suele llevar a cabo las siguientes funciones:

– Control del par.

– Control de las rampas de aceleración y deceleración regulables.

– Limitación de la corriente regulable.

– Sobrepar de despegue.

– Control de frenado por impulsos de corriente continua.

– Protección del variador contra sobrecargas.

– Protección del motor contra los calentamientos causados por las sobrecargas o arranques demasiado frecuentes.

– Detección de desequilibrio o ausencia de las fases y de defectos de los tiristores.

Actualmente, también es frecuente que un panel de control permita visualizar los distintos parámetros de funcionamiento y facilite la puesta en servicio, la explotación y el mantenimiento.

Los actuales arrancadores electrónicos permiten controlar el arranque y el ralentizamiento de:

– Un solo motor.

– Varios motores, simultáneamente, dentro del límite de su calibre.

– Varios motores sucesivamente, por conmutación. En régimen estable, cada motor se alimenta directamente desde la red a través de un contactor.

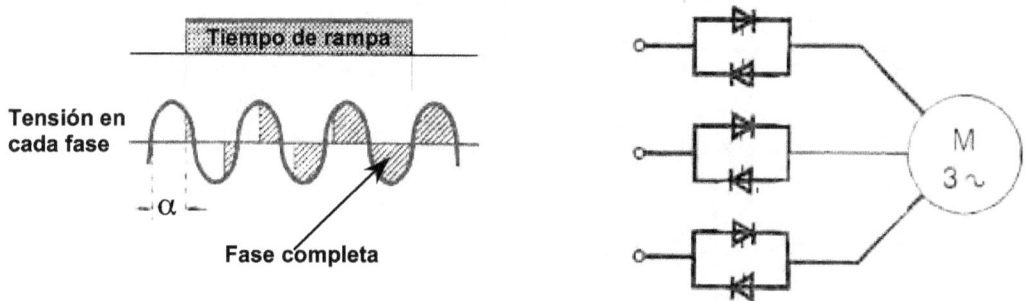

Comportamiento del arrancador estático o electrónico

Propiedades:

• La orden de marcha produce el cebado de los tiristores con un ángulo de retardo .

• Durante el tiempo de rampa el retardo se va reduciendo.

• Al final del tiempo de rampa el retardo es cero, llegando toda la tensión a bornas del motor.

Características:

- Par inicial de arranque: Regulable.

- Corriente inicial de arranque: Regulable.

- Duración media del arranque: Regulable.

Ventajas:

- Arranque suave y parada ralentizada.

- Ajuste en la puesta en servicio.

- Solución compacta.

- Tecnología estática.

Inconvenientes:

- Precio.

- No frena.

- Tiempo parada ralentizada mayor que rueda libre.

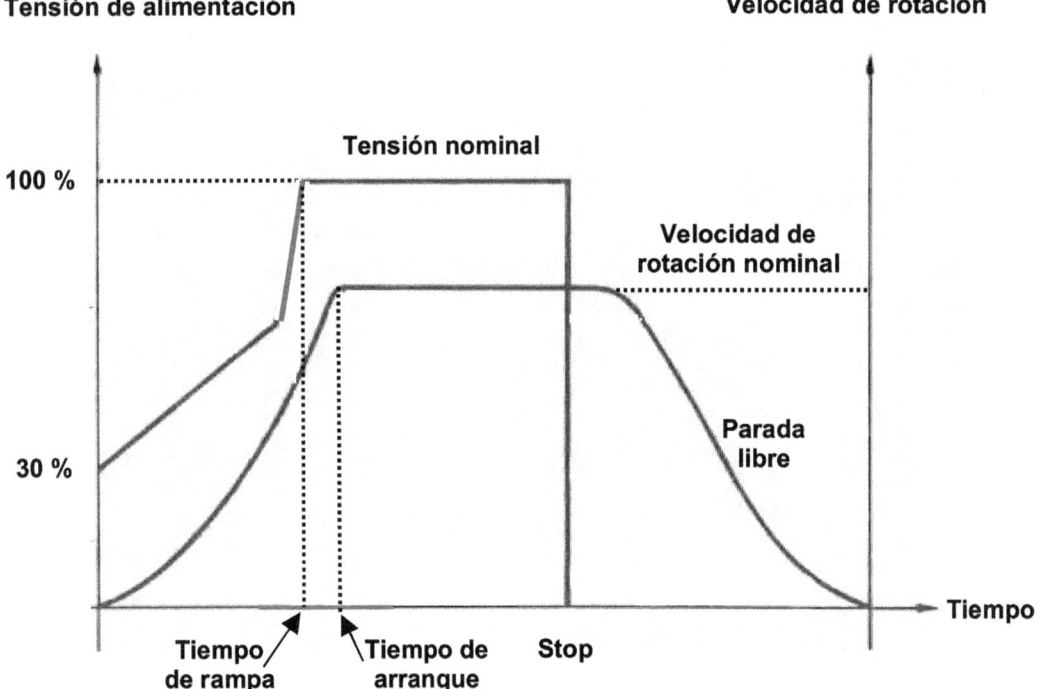

Curva de funcionamiento del arranque electrónico

Aplicaciones:

- Bombas, ventiladores, compresores.

- Cintas transportadoras.

- Manejo de productos frágiles.

- Transmisiones a correas, a cadena, etc.

6.2. El variador de velocidad

Principales funciones de los variadores de velocidad electrónicos

Aceleración controlada

La aceleración del motor se controla por medio de una rampa de aceleración lineal o en forma de S. Generalmente, la rampa puede regularse y, por tanto, permite variar el tiempo de aceleración.

Variación de velocidad

Un variador de velocidad puede no ser al mismo tiempo un regulador. En este caso, se trata de un sistema dotado de un control con amplificación de potencia pero sin bucle de retorno. Se denomina "sistema en lazo abierto".

La velocidad del motor queda determinada por una magnitud de entrada (tensión o corriente) denominada consigna o referencia. Para un valor dado de la consigna, la velocidad puede variar en función de las perturbaciones (variaciones de la tensión de alimentación, de la carga o de la temperatura). El rango de velocidad se expresa en función de la velocidad nominal.

Regulación de la velocidad

Un regulador de velocidad es un variador con seguimiento de velocidad. Dispone de un sistema de control con amplificación de potencia y bucle de retorno. Se denomina "sistema en lazo cerrado".

La velocidad del motor queda determinada por una consigna, cuyo valor se compara permanentemente a una señal de retorno que representa la velocidad del motor. Generalmente, la señal procede de un generador tacométrico o de un generador de impulsos montado en el extremo del eje del motor.

Si se detecta una desviación como consecuencia de la variación de la velocidad, el valor de la consigna se corrige automáticamente para ajustar la velocidad a su valor inicial.

La regulación permite que la velocidad sea prácticamente insensible a las perturbaciones.

Generalmente, la precisión de un regulador se expresa en % del valor nominal de la magnitud regulada.

Deceleración controlada

Cuando se corta la alimentación de un motor, su deceleración se debe únicamente al par resistente de la máquina (deceleración natural). Los arrancadores y variadores electrónicos permiten controlar la deceleración por medio de una rampa lineal o en forma de S, que suele ser independiente de la rampa de aceleración. Es posible regular la rampa para que el tiempo de transición entre la velocidad en régimen estable y una velocidad intermedia o nula sea:

- Inferior al tiempo de deceleración natural:

    El motor debe desarrollar un par resistente que se añade al par resistente de la máquina.

- Superior al tiempo de deceleración natural:

    El motor debe desarrollar un par motor inferior al par resistente de la máquina.

Inversión del sentido de marcha

Puede controlarse a velocidad nula después de la deceleración sin frenado eléctrico, o con frenado eléctrico, para que la deceleración y la inversión sean rápidas.

Protección integrada

Generalmente, los variadores modernos garantizan tanto la protección térmica de los motores como la suya propia. Un microprocesador utiliza la medida de la corriente para calcular el aumento de la temperatura del motor. En caso de recalentamiento excesivo, genera una señal de alarma o de fallo.

Por otra parte, los variadores, especialmente los convertidores de frecuencia, suelen incluir protección contra:

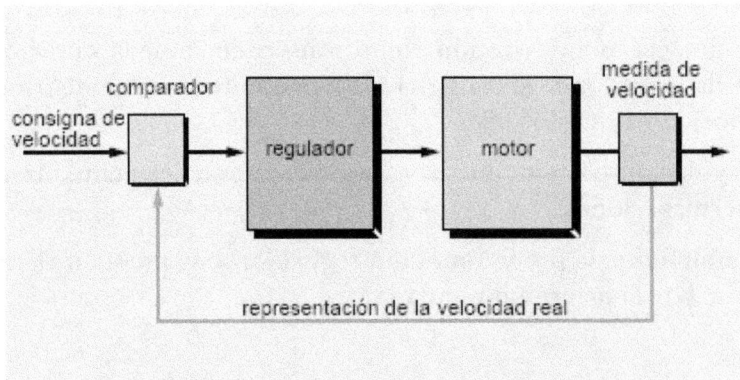

Principio de la regulación de velocidad

- Cortocircuitos entre fases y entre fase y tierra.

- Sobretensiones y caídas de tensión.

- Desequilibrios de fases.

- Funcionamiento monofásico.

Composición de los variadores de velocidad electrónicos

Los variadores de velocidad electrónicos constan de dos módulos, normalmente integrados en una misma envolvente:

- Un módulo de control, que gestiona el funcionamiento del aparato.

- Un módulo de potencia, que suministra energía eléctrica al motor.

El módulo de control

Todas las funciones de los variadores y arrancadores modernos se controlan por medio de un microprocesador que utiliza los ajustes, las órdenes transmitidas por un operador o por una unidad de tratamiento y los resultados de las medidas de velocidad, corriente, etc. En base a estos datos, el microprocesador gestiona el funcionamiento de los componentes de potencia, las rampas de aceleración y deceleración, el seguimiento de la velocidad, la limitación de corriente, la protección y la seguridad.

Según el tipo de producto, los ajustes (consignas de velocidad, rampas, limitación de corriente, etc.) se realizan por medio de potenciómetros, teclados, o desde autómatas o PC a través de un enlace serie.

Las órdenes (marcha, parado, frenado, etc.) pueden darse a través de interfaces de diálogo hombre/máquina, autómatas programables, PC, etc.

Los parámetros de funcionamiento y los datos de alarmas y de fallos pueden visualizarse a través de pilotos, diodos luminosos, visualizadores de 7 segmentos o de cristal líquido, pantallas de vídeo, etc.

En muchos casos, es posible configurar los relés para obtener información de:

• Fallos (de la red, térmicos, del producto, de secuencia, sobrecarga, etc.).

• Control (umbral de velocidad, prealarma o final de arranque).

Una alimentación independiente suministra las tensiones necesarias para el conjunto de los circuitos de medida y de control.

El módulo de potencia

Los elementos principales del módulo de potencia son:

- Los componentes de potencia.

- Los interfaces de tensión y/o de corriente.

- En aparatos de gran calibre, un conjunto de ventilación.

Los componentes de potencia son semiconductores (1) que funcionan en modo "Todo o Nada" y, por tanto, son similares a los interruptores estáticos de dos estados: pasante y bloqueado.

(1) Los semiconductores como el silicio son materiales cuya resistividad se sitúa entre la de los conductores y la de los aislantes. Sus átomos poseen 4 electrones periféricos. Cada átomo se asocia con 4 átomos próximos para formar una estructura estable de 8 electrones.

Un semiconductor de tipo P se obtiene mediante la incorporación al silicio puro de una pequeña proporción de un cuerpo cuyos átomos poseen 3 electrones periféricos. Por tanto, falta un electrón para formar una estructura de 8, lo que se traduce en un excedente de cargas positivas.

Un semiconductor de tipo N se obtiene mediante la incorporación de un cuerpo de 5 electrones periféricos. En este caso, existe un excedente de electrones y, por tanto, de cargas negativas.

Estos componentes, integrados en un módulo de potencia, forman un convertidor que alimenta un motor eléctrico con tensión y/o frecuencia variables a partir de la red de tensión y frecuencia fijas.

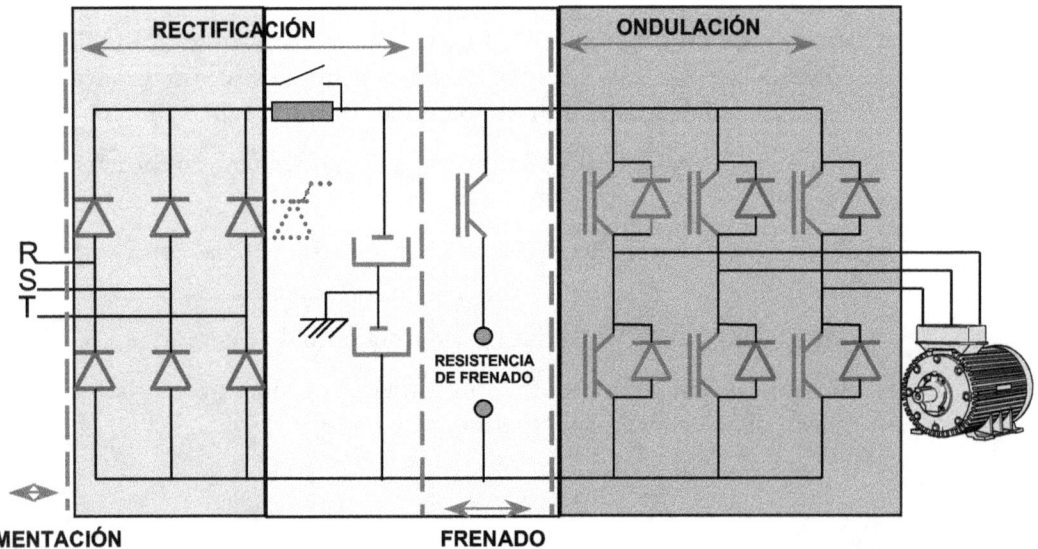

Bloques de potencia en un variador de velocidad

Componentes de potencia

El diodo

El diodo es un semiconductor no controlado que consta de dos zonas, P (ánodo) y N (cátodo), y que sólo permite que la corriente fluya en un sentido, del ánodo al cátodo. El diodo es conductor cuando la tensión del ánodo es más positiva que la del cátodo, actuando como un interruptor cerrado. Cuando la tensión del ánodo es menos positiva que la del cátodo, el diodo bloquea la corriente y funciona como un interruptor abierto.

El transistor

Es un semiconductor controlado que consta de tres zonas alternas PNP o NPN. Sólo permite que la corriente fluya en un sentido: Del emisor hacia el colector con tecnología PNP y del colector hacia el emisor con tecnología NPN. Normalmente, actúa como un amplificador. En este caso, el valor de la corriente controlada depende de la corriente de control que circula en la base. No obstante, también puede funcionar en modo "Todo o Nada", como interruptor estático:

Abierto en ausencia de corriente de base.

Cerrado en caso de saturación. Los circuitos de potencia de los variadores utilizan este segundo modo de funcionamiento.

El tiristor

Es un semiconductor controlado que consta de cuatro capas alternas PNPN. Funciona como un interruptor estático cuyo cierre se controla mediante el envío de un impulso eléctrico a un electrodo de control denominado puerta. El cierre (o disparo) sólo es posible si la tensión del ánodo es más positiva que la del cátodo.

El tiristor se bloquea cuando se anula la corriente que lo recorre, es decir, en cada paso por cero del período alterno.

La energía de disparo suministrada a la puerta no guarda relación con la corriente que se conmuta, es una propiedad intrínseca del tiristor utilizado.

El IGBT (Insulated Gate Bipolar Transistor)

Es un tipo de transistor particular que se controla bajo tensión con muy poca energía, lo que explica la ausencia de relación entre la energía necesaria para el control y la corriente conmutada. Dada la alta velocidad de conmutación, el semiconductor debe soportar las presiones propias de una dV/dt considerable. Para minimizar dichas presiones, se utilizan inductancias y circuitos de ayuda a la conmutación compuestos por resistencias, condensadores y diodos.

El GTO (Gate Turn off Thyristor)

Es un tipo de tiristor particular cuya extinción se controla por medio de un impulso negativo. La energía necesaria para ello depende de la corriente conmutada.

El IPM (Intelligent Power Module)

Es un puente ondulador con transistores de potencia IGBT que integra su propio control de vías. El IPM reúne en la misma caja:

- 7 componentes IGBT, 6 de ellos para el puente ondulador y 1 para el frenado.

- Los circuitos de control de los IGBT.

- 7 diodos de potencia de rueda libre.

- Protecciones contra cortocircuitos, sobreintensidades y excesos de temperatura.

Principales modos de funcionamiento

Unidireccional

En electrónica de potencia, un dispositivo de conversión es unidireccional si sólo permite que la energía fluya en el sentido red-receptor.

Es posible aplicar un frenado de parada en corriente alterna mediante la conexión a la resistencia de un dispositivo de frenado distinto que disipe la energía almacenada en las piezas en movimiento.

Reversible

En electrónica de potencia, un dispositivo de conversión es reversible, o bidireccional, si permite que la energía fluya en ambos sentidos: red-receptor y receptor-red.

En este caso, es posible realizar el frenado volviendo a enviar a la red de alimentación la totalidad o parte de la energía almacenada en las piezas en movimiento.

Par constante

El funcionamiento es de par constante cuando el motor suministra el par nominal con independencia de la velocidad.

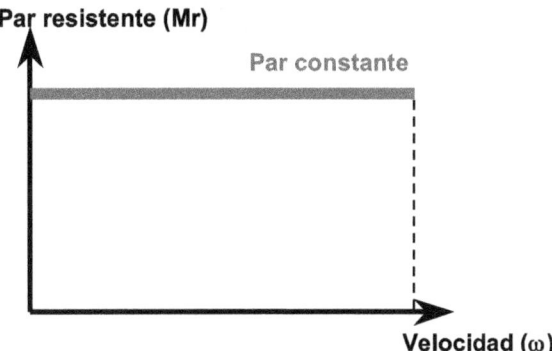

Grafica par / velocidad para par constante

Par variable

El funcionamiento es de par variable cuando el motor suministra el par en función de la velocidad.

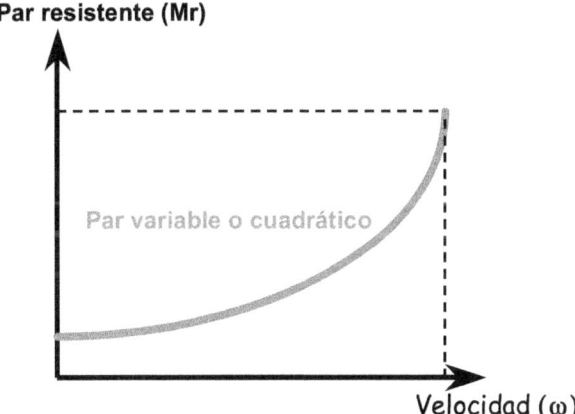

Gráfica par / velocidad para par variable

Carga arrastrante

Una carga es arrastrante cuando produce una fuerza aceleradora que actúa en el sentido del movimiento. Por ejemplo, en los dispositivos de elevación, el motor debe desarrollar un par de frenado durante la bajada para compensar la fuerza aceleradora que produce la carga.

Convertidor de frecuencia para motor asíncrono

Para obtener un par constante a cualquier velocidad, es necesario mantener el flujo constante. Para ello, la tensión y la frecuencia deben evolucionar simultáneamente y en idéntica proporción.

El convertidor de frecuencia, que se alimenta en la red a tensión y frecuencia fijas, garantiza la alimentación del motor a corriente alterna con tensión y frecuencia variables, en base a las exigencias de velocidad.

El circuito de potencia consta de un rectificador y de un ondulador que, partiendo de la tensión rectificada, produce una tensión de amplitud y frecuencia variables.

El ondulador utiliza seis transistores de potencia. El principio de la regulación es el mismo del variador-regulador de corriente continua. El ondulador puede generar una frecuencia más elevada que la de la red y, por tanto, garantizar al motor un incremento de velocidad proporcional al incremento de frecuencia. No obstante, dado que la tensión de salida del convertidor no puede superar a la de la red, el par disponible decrece en proporción inversa al aumento de la velocidad.

Por encima de su velocidad nominal, el motor deja de funcionar a par constante para hacerlo a potencia constante ($P = Cv$).

Este tipo de variador, es adecuado para la alimentación de motores asíncronos de jaula, permitindo crear una minirred eléctrica de U y f variables, capaz de alimentar varios motores en paralelo.

Consta de:

- Un rectificador con condensador de filtrado.

- Un ondulador con 6 transistores de potencia.

- Una unidad de control organizada en torno a un microprocesador que garantiza el control del ondulador.

La ondulación se obtiene mediante el corte de la tensión continua por medio de impulsos cuya duración, y por tanto longitud, se modula para que la corriente alterna resultante sea lo más senoidal posible. Esta característica condiciona la rotación regular a baja velocidad y limita los calentamientos.

La inversión de la señal de control implica la inversión del orden de funcionamiento de los componentes del ondulador y, por tanto, del sentido de rotación del motor.

Dos rampas se encargan de regular la aceleración y la deceleración.

El variador se protege a sí mismo y protege al motor contra calentamientos excesivos, bloqueándose hasta recuperar una temperatura aceptable.

Regulación

En bucle abierto, la referencia de velocidad impone una frecuencia al ondulador, lo que determina la velocidad teórica del motor. No obstante, la velocidad real varía con la carga.

En bucle cerrado, la velocidad real se controla por medio de una dinamo tacométrica. La regulación garantiza una velocidad constante.

Frenado de parada

Se obtiene mediante la inyección de corriente continua en el motor.

Frenado ralentizado

Un módulo de frenado realiza una frenada controlada. La energía de frenado se disipa en una resistencia conectada a las bornas del condensador de filtrado.

Control vectorial del flujo

Los variadores de velocidad para motores asíncronos trifásicos aumentan día a día las prestaciones de los motores asíncronos utilizados a velocidad variable.

Tradicionalmente, las aplicaciones que requerían prestaciones de accionamiento de alto nivel recurrían a soluciones basadas en motores de corriente continua.

En la actualidad, las técnicas de Control Vectorial de Flujo (CVF) permiten utilizar igualmente motores asíncronos.

Sin embargo, los motores de corriente continua se siguen utilizando en el caso de potencias muy elevadas, debido al alto coste de los variadores.

El CVF amplía el rango de funcionamiento de los motores asíncronos hacia velocidades muy bajas. Si el motor dispone de un captador de posición y, eventualmente, de una ventilación forzada, el par nominal puede suministrarse incluso en el momento de la parada, con un par transitorio máximo igual a 2 ó 3 veces el par nominal, dependiendo del tipo de motor.

Asimismo, la velocidad máxima suele alcanzar el doble de la velocidad nominal, o más si la mecánica del motor lo permite.

6.3. Las nuevas tecnologías

Control de movimiento

Las nuevas tecnologías se encaminan, cada vez más, a la oferta del control de ejes y están destinadas a las máquinas que precisan simultáneamente un control de movimiento de elevadas prestaciones asociado a un control secuencial por autómata programable.

Presentación

Las nuevas plataformas de automatismo como las: Premium y Quantum de Shneider Electric, ofrecen en sus rangos de interfaces distintos acopladores de control de ejes que realizan la función de posicionamiento.

Estos módulos son los siguientes:

- Módulos con salida analógica:
    - Control multieje (2 a 4 ejes).
    - Control monoeje.
- Módulos con enlace digital:
    - Controla hasta 8 variadores.
    - Controla hasta 22 variadores.

Para ello disponen de los variadores específicos y de los motores brushless.

El variador de velocidad para motor brushless

Presentación

Los variadores de velocidad para motores brushless están destinados a la regulación de par, de velocidad y/o de posición de dichos motores.

Estos conjuntos de motovariadores están destinados a las aplicaciones de alto rendimiento que exigen algoritmos de seguimiento de posición de gran precisión y dinamismo.

Estos variadores se presentan normalmente según dos tipos:

- Variadores de consigna analógica + 10 V.
- Variadores con enlace numérico SERCOS.

Dichos variadores están principalmente diseñados para controlarse por acopladores de posicionamiento soportados por las plataformas de automatismos específicas.

Además, suelen disponer de un posicionador integrado utilizable en casos de aplicaciones simples que no requieran acopladores de posicionamiento.

En este caso, las numerosas posibilidades de conexión (enlace serie RS 232, bus Fipio, red Modbus Plus, bus CANopen, bus Profibus DP) permiten responder a las diferentes arquitecturas de automatismos.

Funciones

Alimentaciones

Los variadores para servomotores suelen contar con:

- Una alimentación directa a partir de la red trifásica cuyo valor nominal puede ser cualquier tensión incluida en el rango a 208...480 V, 50...60 Hz.

  Si se observa una desclasificación en corriente y en velocidad máx. del motor, los mismos variadores pueden, normalmente, alimentarse con una red monofásica a 230 V.

- Resistencia a las perturbaciones electromagnéticas y no propagación de perturbaciones electromagnéticas gracias al filtro CEM integrado en los variadores de conformidad con las directivas 89/336, 92/31 y 93/68/CEE.

- Suelen ser compatibles con los regímenes de neutro TT (neutro a tierra) o TN (puesta a neutro). En caso de régimen IT (neutro asilado), es necesario prever un transformador de aislamiento con el fin de reconstituir en el secundario (lado del variador) un régimen de neutro a tierra.

- Una alimentación auxiliar en c.c. de 24 V es necesaria para la alimentación de los circuitos electrónicos internos y los interfaces de entradas/salidas (aislamiento necesario con la alimentación de potencia del motor).

Resistencia de frenado interna

Los variadores a los que nos estamos refiriendo, para motores brushlees disponen así mismo de una resistencia de frenado (o resistencia ballast) interna de 80 o 200 W, según el modelo.

En función de las características de frenado deseadas, el frenado interno podrá inhibirse en beneficio de una resistencia de frenado externa de 250, 500 ó 1.500 W asociada a cada variador.

La puesta en paralelo del bus de potencia de los variadores permite la puesta en común de los condensadores internos y las resistencias de frenado, de modo que se pueden aprovechar las capacidades de absorción y disipación acumuladas de los variadores.

Regulación/tratamiento de las señales

Suelen disponer también de:

- Tres reguladores numéricos integrados programables:

- Un regulador de corriente (imagen del par) que presenta un período de bucle de regulación de 62,5 µs.

- Un regulador de velocidad de ganancia proporcional e integral con un período de bucle de regulación de 250 µs,

- Un regulador de posición con un período de bucle de regulación de 250 µs.

- Tratamiento de las señales de retorno posición motor a partir del sensor motor (resolver o codificador absoluto de alta resolución). A partir de esta información, el variador puede generar un retorno de codificador simulado que puede ser de tipo incremental o absoluto. Este retorno de codificador simulado se utiliza exclusivamente con un codificador externo.

- Dos informaciones "Todo o Nada" para controlar el automatismo:

- Una entrada de c.c. a 24 V de validación del variador.

- Una salida relé libre de potencial, fallo del variador.

- Dos entradas / dos salidas analógicas + 10 V y cuatro entradas / dos salidas "Todo o Nada" a 24 V de c.c. que permiten integrar los variadores en sistemas de control secuencial controlados por autómatas programables. Las funciones de estas entradas/salidas son configurables.

Funciones específicas de los variadores de consigna analógica

- Posicionador integrado:

  Estos variadores suelen disponer, además, de la función de posicionador integrado. Esta función de posicionamiento permite realizar automatismos simples que no requieren acopladores de control de movimiento.

- Conectividad:

  Los variadores disponen de un enlace serie RS 232 o enlace bus CANopen. Mediante la integración de una tarjeta opcional, se conectan a la red Modbus Plus, al bus Fipio o al bus Profibus DP.

El servomotor o motor brushless

Qué se entiende por un servo motor o motor brushless.

Es un accionamiento electromecánico que convierte pulsos eléctricos en movimientos mecánicos discretos.

El sistema de regulación funciona en lazo cerrado, por lo que necesita siempre de un mecanismo de retroalimentación de la posición.

La cantidad de movimiento y la velocidad dependen de la variable de referencia del lazo de control.

Hay tres tecnologías de motores y drives que ofrecen soluciones servo:

- Motores de corriente continua.

- Motores asíncronos o de inducción.

- Motores brushless síncronos.

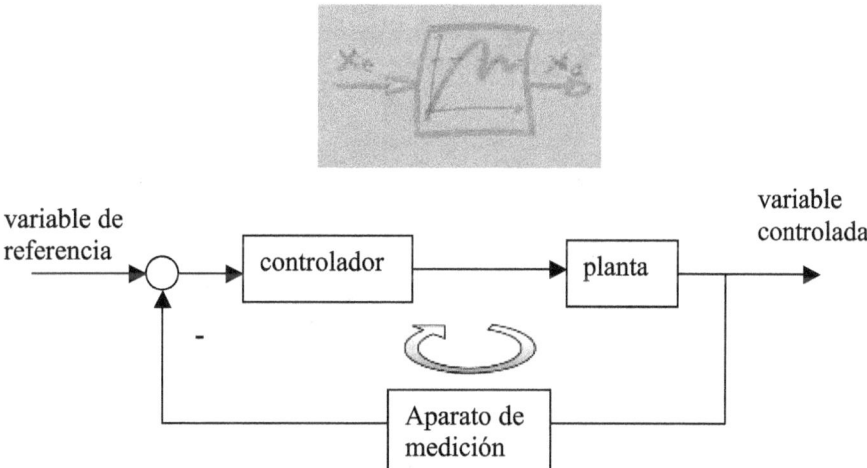

Diagrama del funcionamiento en lazo cerrado del servomotor

Existen principalmente dos tipos de drives para motores síncronos de imanes permanentes, diferenciados por la forma de señal de corriente que comunican el motor y por el tipo de sistema de retroalimentación:

- Drive con conmutación tipo bloque / Brushless DC.

- Drive con conmutación Sinusoidal / Brushless AC.

Brushless DC vs. Brushless AC

- La tecnología Brushless DC fué la primera que se aplicó para el control de motores Brushless síncronos; el desarrollo de la tecnología del tratamiento digital de la señal ha permitido el desarrollo de la tecnología Brushless AC.

- Los drives Brushless DC requieren de un encoder de baja resolución para realizar la conmutación, por motivos de coste se opta por sensores de efecto Hall; normalmente hay seis puntos de conmutación por rev. eléctrica.

- Mientras que los Brushless AC necesitan un encoder absoluto de alta resolución (4096 -16384 puntos de conmutación por vuelta).

Como veremos más adelante, los Brushless DC producen un rizado de par mayor que los brushless AC, pero la electrónica de control es más sencilla y son por ello más baratos.

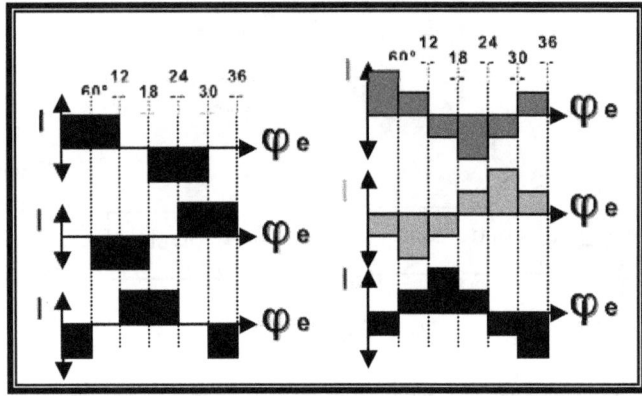

Conmutación Brushless DC

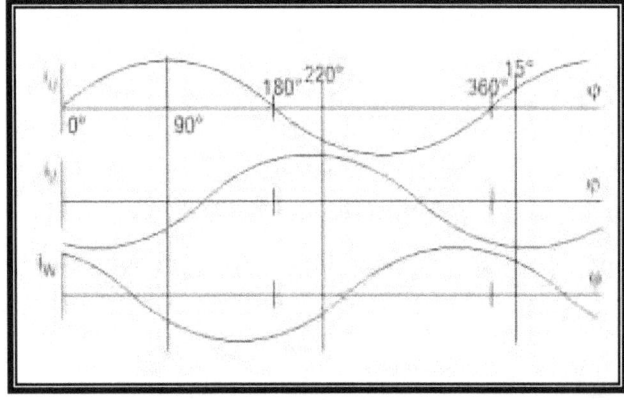

Conmutación Brushless AC

Como todos los motores síncronos, el par suministrado por el motor depende de la fuerza magnética de los imanes permanentes (Fr), de la fuerza magnética de los bobinados del estator y del seno del ángulo que existe entre estas dos fuerzas:

$T \cong Fr \times Fs \times Sen(\varphi)$

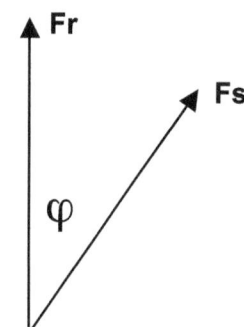

Diagrama de fuerzas magnéticas

φ : Depende de la carga, par y corriente del estator.

Fs: Depende de la corriente del estator.

Fr: Constante.

El máximo par y la máxima eficacia se da cuando el ángulo es de 90° grados eléctricos a corriente constante.

Como los drives Brushless DC sólo tienen 6 posibles posiciones de conmutación por una revolución eléctrica NO ES POSIBLE que el ángulo sea de 90° en todo momento.

En cambio el brushless AC al tener más posiciones de conmutación puede controlar la conmutación siempre alrededor de 90°.

Consecuencia: Rizado de par en los motores Brushless DC, crítico a bajas revoluciones.

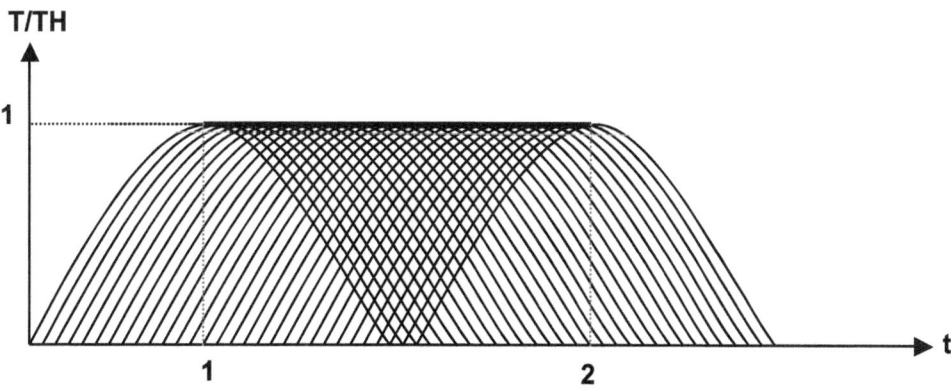

Rizado de par Brushless AC

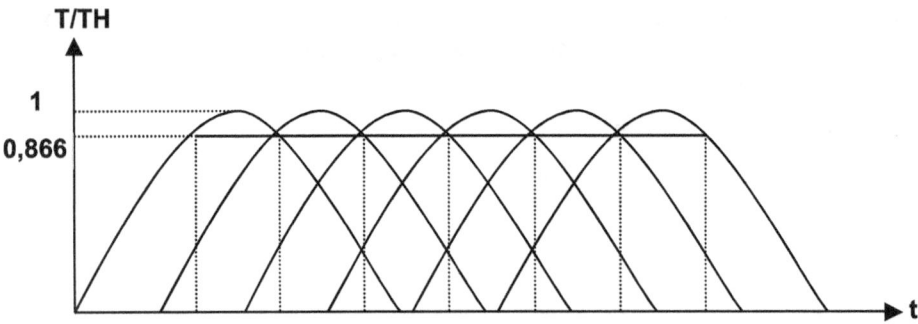

Rizado de par Brushless DC

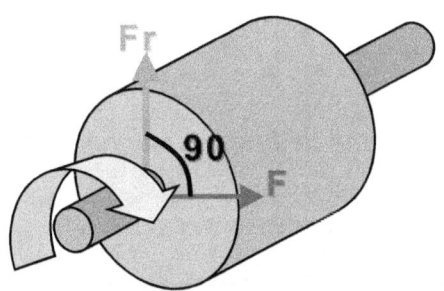

Las fuerzas magnéticas en el giro del motor Brushless

Los motores Brushless son motores trifásicos de tipo síncrono. Disponen de un sensor integrado, que puede ser un resolver o un codificador absoluto. Y pueden encontrarse en el mercado con o sin freno de aparcamiento.

Existen distintas gamas de motores, las más habituales son:

Motores SER

Disponen de imanes Neodimio Hierro Boro (Neodynium Fer Bore) (NdFeB) y ofrecen, con unas dimensiones reducidas, una densidad de potencia elevada y una dinámica de velocidad que responde a todas las necesidades de las máquinas.

Disponen de:

- Grado de estanqueidad IP 56 (extremo de eje IP 41).

- Con o sin reductor de velocidad. Estos reductores se ofrecen con tres relaciones de reducción 3:1, 5:1 y 8:1.

- Extremo de eje liso (para modelos sin reductor) o con chaveta (para modelos con reductor).

Motores BPH

Su diseño, con imán permanente de Samario Cobalto, asegura una perfecta calidad de rotación, incluso a baja velocidad. Según el modelo, disponen de:

- Grado de estanqueidad IP 65 o IP 67 (IP 54 ocasional).

- Extremo de árbol con una chaveta o liso.

Configuración e instalación

El diseño y la instalación de las aplicaciones de control de movimiento de las plataformas de automatismos se efectúan con los softwares específicos.

Motor Brushless

Un servo motor debe ofrecer:

- Gran precisión de posicionado.

- Estabilidad de velocidad.

- Alta estabilidad de par.

- Repetitividad del movimiento.

- Elevada respuesta dinámica.

- Configuración sencilla del sistema.

- Bajo costo.

Características de los servos que influyen en una buena respuesta dinámica:

- Capacidad de sobre-par en momentos puntuales, hasta 3 veces el par nominal, para conseguir aceleraciones / deceleraciones rápidas.

- Alta capacidad de aceleración. Esta característica depende del par y de la inercia del motor.

- Estabilidad de par en un rango amplio de velocidades, incluso a motor parado.

Parametros constructivos que afectan a la respuesta dinámica:

- **Peso:**

Los servomotores Brushless síncronos ofrece una mayor densidad de par. Esto es de gran importancia en los casos en los que los motores están montados sobre la parte móvil.

Comparativa entre rotor de motor asíncrono y de servomotor

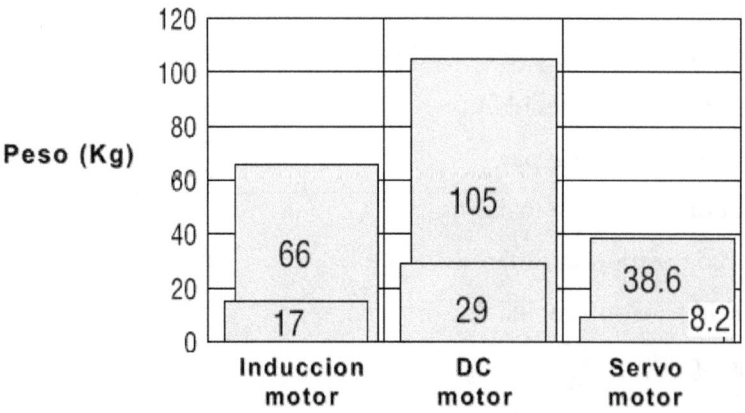

Tabla comparativa de los distintos pesos de motores según tipo

Motores asíncronos:	8,8	kg/kW
Motores CC:	12,7	kg/kW
Motores Brushless síncronos:	5,2	kg/kW

Momento de inercia

Los servomotores Brushless síncronos son con diferencia los de menor inercia.

Un servomotor de CC tiene una inercia 467% mayor y un motor asíncrono una inercia 220% mayor.

Un momento de inercia bajo es particularmente importante en términos de respuesta dinámica, sin embargo, puede ser desfavorable cuando a inercia de la masa a mover es alta.

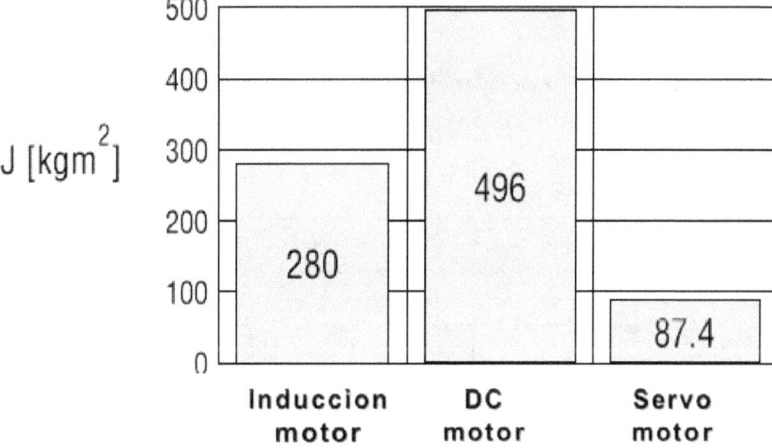

Tabla comparativa de los distintos momentos de inercia de motores según tipo

Tiempo de aceleración

Por el alto par máximo y la baja inercia de los motores Brushless síncronos, éstos se caracterizan por un tiempo de aceleración muy bajo.

Un servomotor CC tiene un tiempo de aceleración 1000% mayor y un motor asíncrono tiene un tiempo de aceleración 400% mayor.

Por ello los servomotores Brushless síncronos son óptimos en aplicaciones de dinámica elevada.

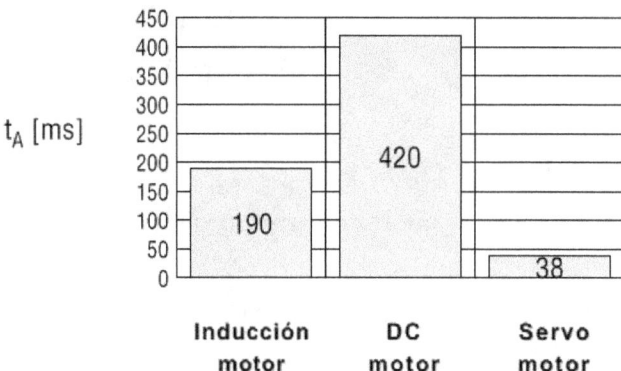

Tabla comparativa de las distintas aceleraciones de motores según tipos

Respuesta dinámica

Los servomotores Brushless síncronos son con diferencia los de mejor respuesta dinámica.

Los servomotores de CC tienen un 10% de su respuesta dinámica y los servomotores asíncronos un 20%.

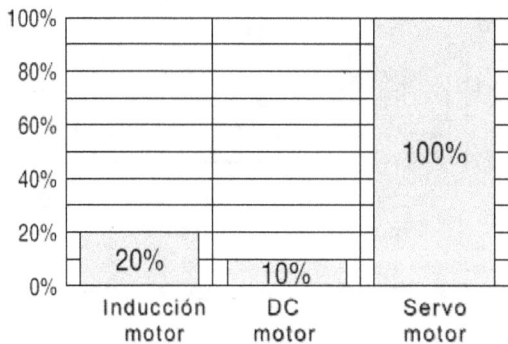

Tabla comparativa de los distintos comportamientos dinámicos de motores según tipos

Conclusiones

Los motores Brushless síncronos presentan unas características dinámicas, que los hacen ideales para aplicaciones de alta dinámica.

En aplicaciones de baja y media dinámica, las soluciones basadas en servomotores asíncronos son una solución barata. Esto ha hecho que hasta ahora hayan sido la solución adoptada por muchos fabricantes.

Pero el hecho de que el estator induzca un campo magnético en el rotor, hace que la eficiencia no sea tan alta.

El mayor precio de las soluciones con motores Brushless síncronos se debe a los siguientes factores:

- Los motores incluyen **siempre** un encoder de alta resolución utilizado para la conmutación, el control de velocidad y el control de posición.

- El rotor incluye imanes permanentes de tierras raras.

- Las mayores exigencias de conmutación y de precisión hacen que la electrónica de los controladores sea más cara.

- La reducción de costos y el aumento de exigencias en las prestaciones de las máquinas van a posibilitar a los motores Brushless síncronos entrar en máquinas que han utilizado tradicionalmente servomotores asíncronos.

- Los fabricantes de variadores para motores de inducción intentan, a su vez, mejorar las prestaciones y con los variadores de control de flujo vectorial intentan mejorar las prestaciones, para acceder al mercado de dinámica media-alta, aunque se incrementa así el precio de la solución.

- Por motivos intrínsecos a la tecnología, se puede asegurar que las prestaciones de los servomotores de inducción no podrán alcanzar a las de los servomotores Brushless síncronos.

¿Por qué motores brushless?

- Los motores convencionales tiene pérdidas en el cobre y en el hierro.

- En motores con escobillas tenemos hierro y bobinas en el rotor, causando altas temperaturas y limitando sus prestaciones.

- Los que no tienen escobillas tienen hierro y bobinas en el estator donde la disipación del calor es más fácil.

- El diseño del rotor sin escobillas reduce su inercia y permite una respuesta dinámica más rápida.

- La vida de un rotor bobinado es más corta debido a las escobillas y el colector.

Veamos, por último y dentro de las tecnologías más recientes el actuador integrado.

El actuador integrado

¿Qué es un actuador integrado?

Es un conjunto de elementos que, como su mismo nombre indica, normalmente integra:

- Un motor que puede ser:
  - Brushless AC.
  - Brushless DC.
  - Paso a paso.

- Un actuador que integra la electrónica de control en el motor (el tipo de retroalimentación depende del motor que monte).

- Un reductor.

- 2 conectores para alimentación y comunicaciones.

- Un Controlador de posicionamiento.

- Normalmente operan conectados a un bus de campo.

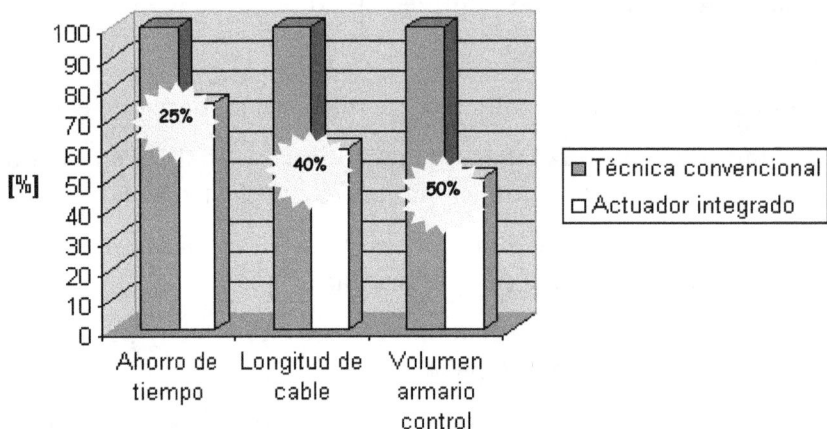

Ejemplo: Aplicación con 5 ejes

Beneficios que aporta el actuador integrado

Principales recelos sobre los actuadores integrados y sus respuestas:

- El mercado, por lo general se resiste a esta tecnología:

En muchos casos el usuario y el personal de mantenimiento no se terminarán de creer las ventajas de los actuadores integrados.

En estos casos, si la aplicación es apropiada para estos actuadores, cuando se compruebe el ahorro que implica esta solución la decisión será clara.

- Dudas sobre la fiabilidad del aparato:

Estos actuadores son tan o más fiables que la solución motor + electrónica por separado.

La principal razón es que el motor y la electrónica de control han sido diseñados, fabricados y probado conjuntamente.

Si el actuador está bien dimensionado para la aplicación y la temperatura de trabajo, funcionará correctamente.

- Si falla una parte, hay que cambiar el conjunto completo:

La reposición de la electrónica y el motor garantiza una mayor fiabilidad de la máquina y minimiza posteriores paros de la misma.

- En general son más caros que motor y drive por separado:

En los rangos de potencia y en las aplicaciones para las cuales están pensados estos actuadores, se produce una mejora sustancial en el precio del equipo.

- Mayor coste del material de repuesto y de piezas de recambio:

Aunque es cierto que al fallar una de las partes, es necesaria la sustitución del todo el equipo, el cliente ha conseguido una reducción importante de costos en el total de la máquina.

- La electrónica no es adecuada para entornos agresivos:

Estos actuadores no son particularmente apropiados para entornos sucios y polvorientos o altas temperaturas.

El mayor problema es habitualmente la temperatura, que implica en esos casos sobredimensionar el actuador.

Aplicaciones tipo para los drives integrados:

- Ajuste de formato en máquinas de impresión.
- Ajuste de formato en máquinas de impresión flexográficas. Incluido el posicionamiento de los rodillos.
- Ajuste de formato en máquina herramienta.
- Válvula drive para hidráulica.
- Ajuste de formato en máquinas de empaquetado.
- Cambio de herramienta, modo automático, en máquinas – herramienta.
- Ajuste de formato en máquinas perforadoras.

- Ajuste de formato en máquinas paneladoras.
- Ajuste de formato para rectificadoras de una cara.
- Ajuste de formato en máquinas de corte de papel.
- Ajuste de formato en máquinas de encuadernación de libros.
- Ajustes en sistemas de fabricación de ventanas.
- Posicionamiento de la herramienta (máquinas para madera).
- Ajuste en máquinas de empaquetado para sobres.
- Ajuste de la profundidad de placa de circuito impreso.
- Aposicionamiento de cámaras.
- Ajuste de cabezal para soldadura por láser.
- Ajuste formato para alimentadores.
- Tecnología médica.
- Ajuste de registro en máquinas de impresión.
- Unidad de inyección de tinta en máquinas de impresión.
- Corte de papel / cambio de formato.

RESUMEN

En el presente apartado del curso, se ha pretendido iniciar al alumno en los conocimientos básicos de las máquinas eléctricas.

Se han expuesto los conceptos básicos de los motores de corriente continua y de corriente alterna, tanto en lo que se refiere a sus: Fundamentos, principios de funcionamiento, tipos y aplicaciones.

Y se han explicado los distintos sistemas de arranque, frenado, inversión de sentido de giro y control de los citados motores.

Se ha puesto especial interés en adecuar el nivel de información, tanto a las características del alumno al que va dirigido, como a la importancia que el tema tratado tiene en la industria actual.

En beneficio del alumno, como se ha citado anteriormente, se ha pretendido huir de grandes exposiciones teórico matemáticas, en bien de la mejor comprensión y se ha hecho mayor hincapié en las aplicaciones prácticas, desarrollas con sencillez y con la aportación de: Imágenes, gráficos y esquemas clarificadores.

La industria actual se basa en la aplicación mayoritaria de las máquinas aquí estudiadas, por lo que hemos puesto especial énfasis en tratar el tema del motor asíncrono de corriente alterna con rotor en jaula de ardilla o en cortocircuito, dado que su utilización, supera con creces a la de cualquier otro tipo, aunque las actuales tendencias, están concediendo un espacio, cada vez mayor, al servomotor o motor Brushless, bien entendido, que ambos compartirán, durante mucho tiempo, el espacio industrial.

MÓDULO CUATRO INSTALACIONES ELÉCTRICAS
Y AUTOMATISMOS

U.D. 4 AUTOMATIZACIÓN, FUNDAMENTOS
Y ÁREAS DE APLICACIÓN. ÁLGEBRA DE BOOLE,
CIRCUITOS LÓGICOS COMBINACIONALES
Y SECUENCIALES

M 4 / UD 4

MÓDULO CUATRO INSTALACIONES ELÉCTRICAS Y AUTOMATISMOS

U.D. 4 AUTOMATIZACIÓN, FUNDAMENTOS Y ÁREAS DE APLICACIÓN. ÁLGEBRA DE BOOLE, CIRCUITOS LÓGICOS COMBINACIONALES Y SECUENCIALES

ÍNDICE

MÓDULO CUATRO INSTALACIONES ELÉCTRICAS Y AUTOMATISMOS

U.D. 4 AUTOMATIZACIÓN, FUNDAMENTOS Y ÁREAS DE APLICACIÓN. ÁLGEBRA DE BOOLE, CIRCUITOS LÓGICOS COMBINACIONALES Y SECUENCIALES

INTRODUCCIÓN

La revolución industrial ocurrió al substituirse la producción de un sólo artículo a la vez por la producción en masa, o en serie. Esto fue posible gracias al invento de la maquinaria de vapor. Eventualmente, el motor eléctrico y los sistemas hidráulicos reemplazaron a las máquinas de vapor y se desarrollaron los sistemas automáticos de control industrial.

Antes de la invención del autómata programable, los equipos automatizados basaban su funcionamiento sobre los circuitos lógicos combinacionales y secuenciales implementados fundamentalmente con relés. Posteriormente, el Autómata Programable sustituyó al relé.

Hoy en día, el autómata programable es el pilar indispensable para sostener y mejorar los sistemas automatizados para el control industrial. La programación de un autómata está íntimamente ligada al álgebra de Boole. De hecho, existen lenguajes de programación (Texto Estructurado y Lista de Instrucciones) en los que se acude directamente a expresiones boolenas combinacionales y secuenciales. En otros lenguajes, como el lenguaje de contactos, se utiliza la lógica booleana de una manera indirecta.

OBJETIVOS

En este módulo, se estudiarán los elementos que componen a un sistema automatizado de producción y las bases del álgebra de Boole, que como ya se ha comentado, resultan necesarias en la programación de autómatas.

MÓDULO CUATRO INSTALACIONES ELÉCTRICAS Y AUTOMATISMOS

U.D. 4 AUTOMATIZACIÓN, FUNDAMENTOS Y ÁREAS DE APLICACIÓN. ÁLGEBRA DE BOOLE, CIRCUITOS LÓGICOS COMBINACIONALES Y SECUENCIALES

1. LOS SISTEMAS AUTOMATIZADOS

Se entiende por Sistema Automatizado toda máquina o conjunto de máquinas que evoluciona de manera automática (con la mínima intervención humana), respetando unas condiciones de funcionamiento prefijadas.

La automatización trae consigo una serie de ventajas, tales como:

- Aumentar la fiabilidad, el control, la eficacia o productividad y la flexibilidad de un proceso.

- Minimizar tiempos de espera y mejorar la repetitibilidad de fabricación, es decir, que todos los productos fabricados tengan características idénticas.

- Reducir los tiempos de parada.

- Incrementar la seguridad, relevando al operario de tareas peligrosas.

- Conseguir una mejor adaptación a contextos especiales: adaptación a entornos y tareas hostiles (tales como entornos corrosivos, húmedos, ... y aplicaciones de tipo marino, espacial, nuclear, ...)

1.1. Evolución histórica de la automatización

La manera más rudimentaria que ha tenido el ser humano para controlar algún elemento de su entorno ha sido la de ejercer el control manual. El operario debe observar continuamente la variable a ser controlada, tomando él las decisiones y ejerciendo las acciones pertinentes para que dicha variable se mantenga dentro del rango deseado.

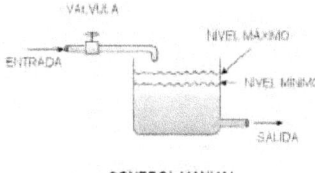

CONTROL MANUAL

Si se desea que el nivel de un líquido almacenado en un tanque permanezca dentro de un rango de niveles, el operario debe vigilar continuamente el nivel existente en el depósito. Dado que el consumo de líquido en la salida del depósito puede ser variable, el operario debe abrir y cerrar la válvula según sea necesario.

Como se comentó en la introducción, con el paso del tiempo y gracias a la continua innovación e invenciones del ser humano, se ha evolucionado desde el control manual hasta las técnicas más sofisticadas de control mediante el autómata programable y todos sus equipos auxiliares.

MÓDULO CUATRO INSTALACIONES ELÉCTRICAS Y AUTOMATISMOS

U.D. 4 AUTOMATIZACIÓN, FUNDAMENTOS Y ÁREAS DE APLICACIÓN. ÁLGEBRA DE BOOLE, CIRCUITOS LÓGICOS COMBINACIONALES Y SECUENCIALES

Al principio, como sustitución de las técnicas de control manual en el manejo de aplicaciones, se empleó en la automatización mediante equipos cableados, a partir de cuadros realizados con elementos eléctricos y electromecánicos (tales como relés, contactores,...) con la misión de automatizar un proceso o parte del mismo.

Más tarde llegaría la sustitución de los equipos cableados por un Autómata programable. El primero de ellos se llamaba **MO**dular **DI**gital **CON**troller (**MODICON**). Dadas las ventajas obtenidas en la automatización de procesos productivos mediante este aparato, se han utilizado autómatas con éxito en otros sectores.

Por ejemplo, mediante un autómata se puede tener una solución flexible y totalmente automatizada para ejercer el control de nivel de líquido antes comentado:

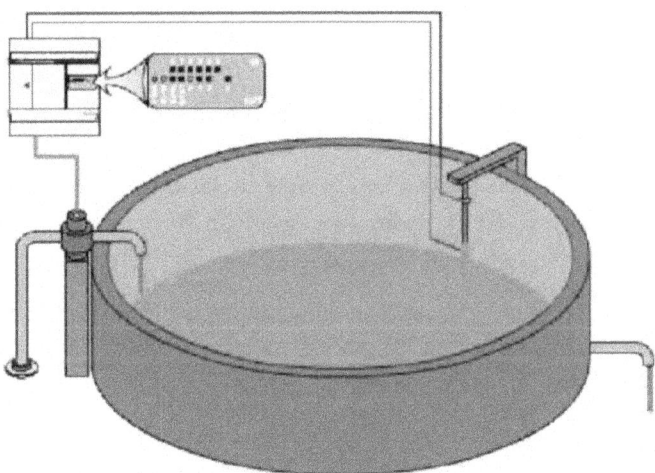

En este caso, el autómata recibe mediante dos entradas la información relativa al nivel del líquido. En la memoria del autómata reside un programa que se ha escrito con el propósito de activar la electroválvula, permitiendo la entrada de líquido cuando el nivel cae por debajo del mínimo, o desactivar la electroválvula, impidiendo la entrada del líquido cuando su nivel supera al máximo.

En principio, no parece que se justifique la presencia de un autómata para ejecutar una función tan simple como la descrita. Pensemos por un momento que ese depósito de líquido puede formar parte de un proceso industrial mucho más complejo. El mismo autómata que se ha mostrado encargándose de controlar el nivel del líquido, puede estar controlando simultáneamente otros cientos o miles de maniobras adicionales en dicho proceso.

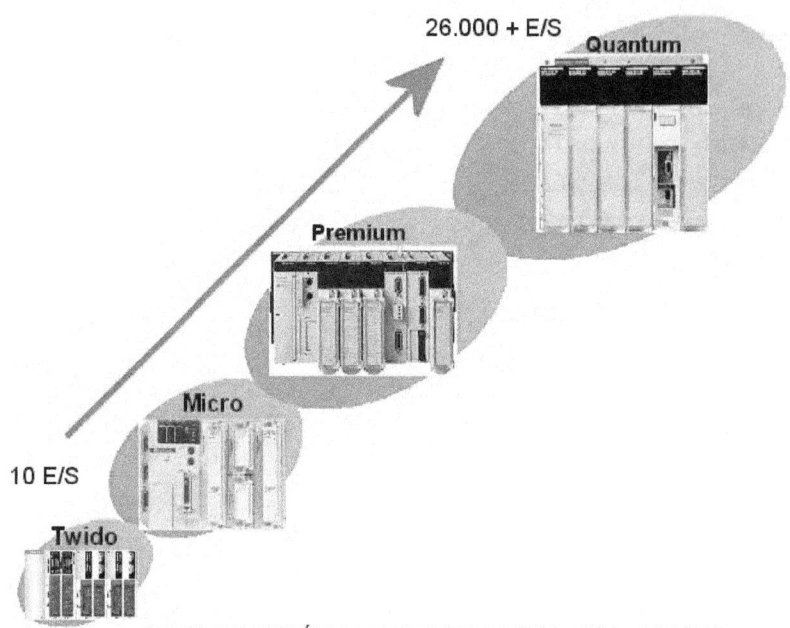

GAMA DE AUTÓMATAS TELEMECANIQUE-MODICON

Como se muestra en la última imagen, seleccionando debidamente al autómata, éste se puede ocupar de la gestión de una aplicación en la que estén involucradas unas cuantas variables (10 Entradas/Salidas) o varias decenas de miles.

1.2. Áreas de aplicación de la automatización

En líneas generales, cuando se habla de automatización, inmediatamente viene a la mente la idea de una fábrica automatizada. Como ejemplo más emblemático de esta aplicación se puede citar a una línea de fabricación de coches, en la que a lo largo de 24 horas de producción continua se pueden fabricar más de 1000 coches.

MÓDULO CUATRO INSTALACIONES ELÉCTRICAS Y AUTOMATISMOS

U.D. 4 AUTOMATIZACIÓN, FUNDAMENTOS Y ÁREAS DE APLICACIÓN. ÁLGEBRA DE BOOLE, CIRCUITOS LÓGICOS COMBINACIONALES Y SECUENCIALES

En una fábrica de este tipo existen innumerables robots (en color naranja en la imagen) y autómatas que se encargan de la inmensa mayoría de las operaciones necesarias. También existen operarios haciendo labores manuales, pero su cantidad es muy reducida.

Aparte de los procesos productivos, la automatización está presente en otras áreas, tales como el control de edificios y la distribución de energía, entre otros. En la siguiente imagen se aporta más información al respecto:

1.3. Estructura general de un sistema automatizado

Cualquier sistema o proceso automatizado de puede asimilar, en líneas generales, al expuesto en el siguiente esquema:

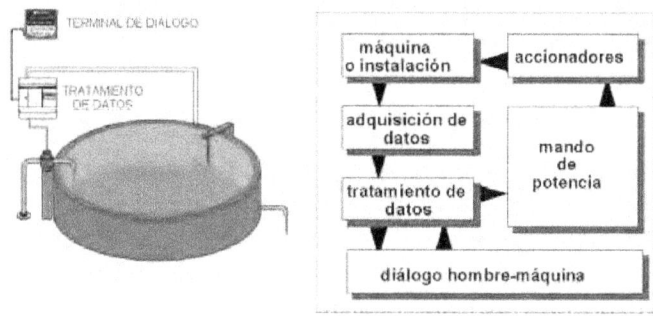

ESTRUCTURA GENERAL DE UN SISTEMA AUTOMATIZADO

En cualquier caso, se deben distinguir las diferentes partes que lo componen:

Máquina, instalación, sistema o proceso a automatizar.

Sistema de adquisición de datos.

Sistema de tratamiento de datos.

MÓDULO CUATRO INSTALACIONES ELÉCTRICAS Y AUTOMATISMOS

U.D. 4 AUTOMATIZACIÓN, FUNDAMENTOS Y ÁREAS DE APLICACIÓN. ÁLGEBRA DE BOOLE, CIRCUITOS LÓGICOS COMBINACIONALES Y SECUENCIALES

Sistema de diálogo hombre-máquina.

Sistema de mando de potencia (Accionadores y Preaccionadores).

En el ejemplo presentado, la instalación a automatizar es el depósito cuyo nivel se desea controlar.

La adquisición de datos del proceso la realizamos a través de elementos captadores o sensores. Un captador es cualquier elemento o sistema capaz de recoger información de su entorno, convertirla en una señal eléctrica y transmitirla hacia otro elemento que sea capaz de leerla, entenderla y tratarla.

Una vez que se capta un dato, la señal correspondiente al valor del mismo es recogida por un sistema capaz de guardarlo en su memoria para que posteriormente se pueda realizar el tratamiento correspondiente.

En función de la aplicación que se ha de controlar, los diferentes componentes a utilizar que tienen como propósito el tratamiento de la información, pueden ser:

- Dispositivos discretos configurables (relés, relés temporizados, variadores de frecuencia, etc, ...).

- Controladores programables.

- Autómatas programables.

- PC's industriales.

El terminal de diálogo permite el establecimiento del diálogo hombre-máquina, que es la relación que existe entre el operador del sistema y el automatismo que lo controla. Permite supervisar el estado de funcionamiento de un sistema y actuar sobre el mismo en caso de que sea necesario. El diálogo hombre-máquina surge de la necesidad que tiene o puede tener un sistema automatizado de control y supervisión por parte de un operador externo al proceso.

Una vez que el automatismo, según las señales que ha tratado, decide unas determinadas acciones de control sobre la aplicación, actúa sobre los elementos que se encargan de ejecutar estas acciones, ya sea directamente (actuando sobre los elementos accionadores) o indirectamente (actuando sobre los elementos preaccionadores).

MÓDULO CUATRO INSTALACIONES ELÉCTRICAS Y AUTOMATISMOS

U.D. 4 AUTOMATIZACIÓN, FUNDAMENTOS Y ÁREAS DE APLICACIÓN. ÁLGEBRA DE BOOLE, CIRCUITOS LÓGICOS COMBINACIONALES Y SECUENCIALES

1.4. Tipos de procesos productivos

En líneas generales, existen dos tipos de proceso productivos: Los secuenciales y los continuos:

a. Procesos secuenciales.

Se refieren a operaciones diversas que se ejecutan con un cierto orden y por intervalos de tiempo definidos, con el propósito de producir un artículo. Por comentar un ejemplo muy simple, una máquina no puede enroscar un tornillo en una pieza metálica, a menos que previamente se haya hecho la rosca en la pieza. En los procesos secuenciales hay que mantener una secuencia (valga la redundancia) predeterminada. Tal sería el caso de una fábrica de pan en donde una parte de los diversos procesos consiste en mezclar los ingredientes uno a uno en diferentes momentos.

b. Procesos continuos.

Son aquellos en donde varias operaciones están siendo ejecutadas y controladas al mismo tiempo. Existe una entrada de materiales que se reciben continuamente, y una salida de los productos manufacturados, también continua. Como ejemplo se pueden citar una refinería de petróleo o la producción de papel.

MÓDULO CUATRO INSTALACIONES ELÉCTRICAS Y AUTOMATISMOS

U.D. 4 AUTOMATIZACIÓN, FUNDAMENTOS Y ÁREAS DE APLICACIÓN. ÁLGEBRA DE BOOLE, CIRCUITOS LÓGICOS COMBINACIONALES Y SECUENCIALES

2. ÁLGEBRA DE BOOLE. FUNCIONES LÓGICAS Y VARIABLES

2.1. Introducción

Muchos componentes utilizados en la automatización, tales como interruptores y relés, presentan dos estados claramente diferenciados (abierto o cerrado, conduce o no conduce). A este tipo de componentes se les denomina componentes del tipo todo o nada o también componentes lógicos.

Para estudiar el comportamiento de estos elementos, se representan los dos estados del componente mediante los símbolos 1 y 0 (0 abierto, 1 cerrado). De esta forma podemos utilizar una serie de leyes y propiedades comunes a la lógica digital con independencia del componente específico.

Atendiendo a este criterio, todos los elementos del tipo todo o nada son representables por una variable lógica, entendiendo como tal aquella que sólo puede tomar los valores 0 y 1. El conjunto de leyes y reglas de operación de variables lógicas se denomina álgebra de Boole, ya que fue George Boole el que desarrolló las bases de la lógica matemática

2.2. Operaciones lógicas básicas

Las operaciones lógicas básicas son las operaciones sobre las que se fundamenta la lógica Booleana. Cualquier operación lógica compleja puede ser expresada utilizando combinaciones de las operaciones básicas.

2.2.1. Función AND (Función Y)

Analicemos un circuito eléctrico elemental, en el que hay dos interruptores, una lámpara y una fuente de alimentación:

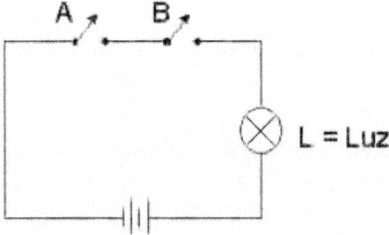

Para que la lámpara se encienda (L=1), se requiere que los interruptores A y B estén cerrados (A=B=1). Si cualquiera de los dos interruptores está en 0 (abierto), la lámpara estará apagada (L=0).

MÓDULO CUATRO INSTALACIONES ELÉCTRICAS Y AUTOMATISMOS

U.D. 4 AUTOMATIZACIÓN, FUNDAMENTOS Y ÁREAS DE APLICACIÓN. ÁLGEBRA DE BOOLE, CIRCUITOS LÓGICOS COMBINACIONALES Y SECUENCIALES

Por otra parte, se puede observar que las variables A y B son independientes, mientras que la variable L no lo es. L es una función lógica de A y B.

Todo circuito lógico combinacional tiene lo que se llama la "Tabla de Verdad", en la que se representan las diferentes combinaciones de las entradas (A y B) y el resultado obtenido en la salida (F) para cada una de las combinaciones. A continuación, se muestra la tabla de verdad de este circuito:

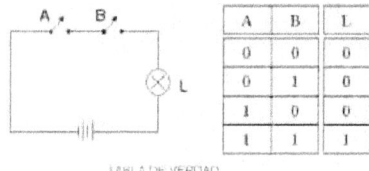

A	B	L
0	0	0
0	1	0
1	0	0
1	1	1

TABLA DE VERDAD

En otras palabras, L=1 si A Y B son 1. Se ha remarcado la letra Y con toda la intención, ya que el circuito mostrado ejecuta la función lógica Y. Normalmente, se emplea para esta función el término en inglés AND.

Entonces, se puede decir que la función L es: L = A AND B.

A esta función también se le llama "producto lógico", pudiéndose escribir como L = A • B, o de manera más simple, L = AB.

La función lógica AND posee un símbolo estándar que es el que se emplea normalmente y otro símbolo bajo la norma IEC, que es el que se utiliza a nivel de programación de autómatas. A continuación, se muestra un resumen de la función lógica AND:

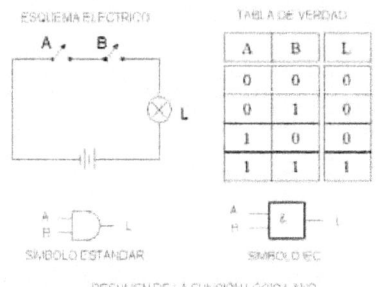

A	B	L
0	0	0
0	1	0
1	0	0
1	1	1

RESUMEN DE LA FUNCIÓN LÓGICA AND

MÓDULO CUATRO INSTALACIONES ELÉCTRICAS Y AUTOMATISMOS

U.D. 4 AUTOMATIZACIÓN, FUNDAMENTOS Y ÁREAS DE APLICACIÓN. ÁLGEBRA DE BOOLE, CIRCUITOS LÓGICOS COMBINACIONALES Y SECUENCIALES

2.2.2. Función lógica OR (Función O)

Analicemos el siguiente circuito:

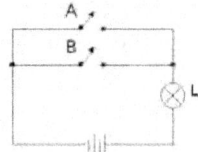

Resulta obvio que la lámpara se enciende si A o B están cerrados, Este circuito se corresponde con la función lógica OR. La función L se puede escribir así: L = A OR B. La función OR también se conoce como "suma lógica" y se puede escribir L=A+B

Finalmente, se muestra la tabla de verdad de la función OR, junto con sus símbolos:

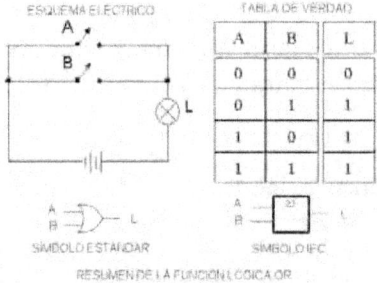

2.2.3. Función lógica NOT (Función Negación)

La última de las tres operaciones lógicas fundamentales, también conocida como negación, complemento o inversión, es más simple que las anteriores. En la figura se puede observar el circuito, que en este caso tiene la particularidad de que si no se pulsa el interruptor (A=0), la luz enciende. En caso de pulsar el interruptor (A=1), la luz se apaga. El estado de L siempre es el contrario que el estado de A.

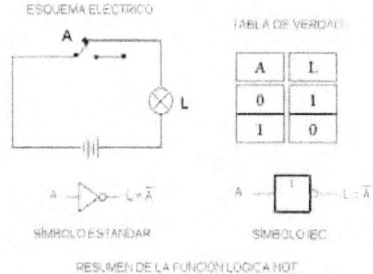

MÓDULO CUATRO INSTALACIONES ELÉCTRICAS Y AUTOMATISMOS

U.D. 4 AUTOMATIZACIÓN, FUNDAMENTOS Y ÁREAS DE APLICACIÓN. ÁLGEBRA DE BOOLE, CIRCUITOS LÓGICOS COMBINACIONALES Y SECUENCIALES

En este caso la notación es: L= NOT A. Para indicar la negación, También se utiliza la colocación de una barra sobre la variable negada, es decir $L = \overline{A}$.

En lógica Booleana se utiliza muy a menudo el termino "Puerta Lógica". Una puerta lógica es simplemente un dispositivo que permite realizar una cierta función lógica. De esta manera, existen puertas lógicas AND, OR y puertas NOT.

Utilizando puertas lógicas que soporten las tres operaciones básicas (AND, OR y NOT), se pueden realizar todas las funciones combinatorias; no obstante, existen otras puertas que también pueden ser utilizadas, tales como las que ejecutan las funciones NAND y NOR. Una puerta NAND está formada simplemente por una puerta AND y un inversor (NOT) en su salida. A continuación se presenta la tabla de verdad y el símbolo de una puerta NAND:

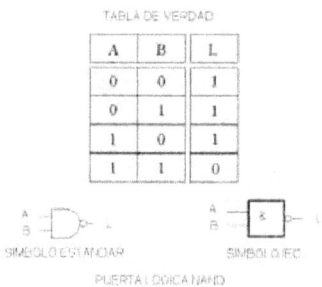

También existen puertas NOR, compuestas por una puerta OR y un inversor en su salida:

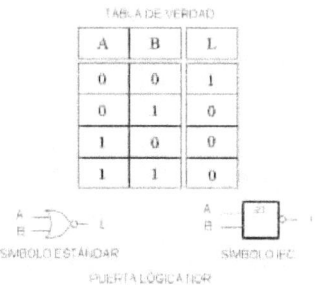

Comercialmente, se dispone de circuitos integrados que contienen puertas lógicas. Posiblemente las que han tenido mayor éxito a nivel comercial son las puertas TTL (Transistor Transistor Logic). Las puertas TTL requieren para su operación una polarización de 5V (VCC=5V). Los niveles de tensión que representan al 0 y al 1 son respectivamente de 0V y de 5V (existe una cierta tolerancia con respecto a estos valores).

MÓDULO CUATRO INSTALACIONES ELÉCTRICAS Y AUTOMATISMOS

U.D. 4 AUTOMATIZACIÓN, FUNDAMENTOS Y ÁREAS DE APLICACIÓN. ÁLGEBRA DE BOOLE, CIRCUITOS LÓGICOS COMBINACIONALES Y SECUENCIALES

En la imagen presentada a continuación, se muestran varias puertas TTL, su empaque y la función lógica que desempeñan:

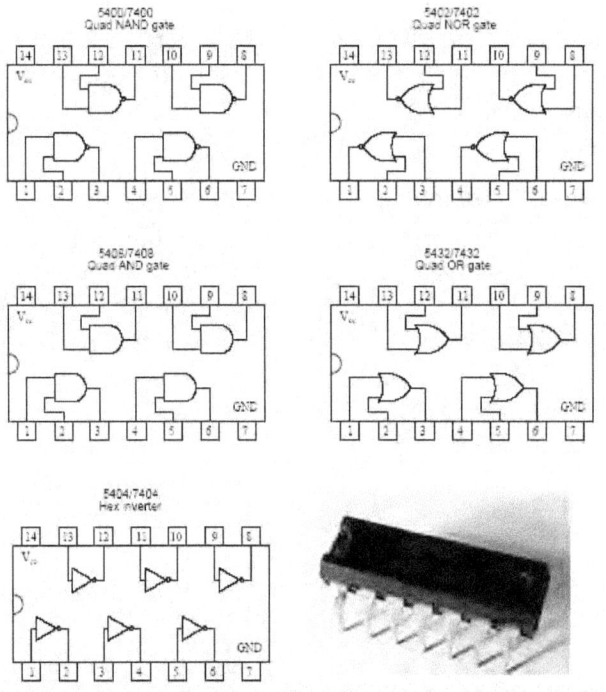

EMPAQUE Y EQUIVALENTE INTERNO DE VARIAS PUERTAS TTL

2.3. Análisis de circuitos lógicos combinacionales sencillos

El análisis de un circuito lógico consiste en la determinación de la tabla de verdad de dicho circuito, junto con la indicación de la expresión lógica de su salida. Citaremos un ejemplo:

Se desea determinar la tabla de la verdad y la expresión lógica del circuito mostrado en la figura:

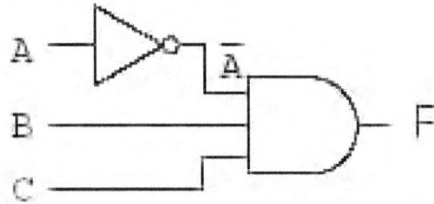

Como se observa, la salida F proviene de una puerta AND con tres entradas. Para que una compuerta AND tenga su salida en 1, ser requiere que todas sus entradas estén simultáneamente en 1. De esta manera, es necesario que las variables B y C estén en 1, mientras que la variable A debe estar en 0.

MÓDULO CUATRO INSTALACIONES ELÉCTRICAS Y AUTOMATISMOS

U.D. 4 AUTOMATIZACIÓN, FUNDAMENTOS Y ÁREAS DE APLICACIÓN. ÁLGEBRA DE BOOLE, CIRCUITOS LÓGICOS COMBINACIONALES Y SECUENCIALES

En definitiva, la tabla de verdad sería la siguiente:

A	B	C	F
0	0	0	0
0	0	1	0
0	1	0	0
0	1	1	1
1	0	0	0
1	0	1	0
1	1	0	0
1	1	1	0

La expresión de la función lógica de F es: $F = \overline{A} \cdot B \cdot C$. Recordemos que también es válida la expresión $L = \overline{A} BC$

Analicemos otro ejemplo:

En este ejemplo ya está indicada la expresión lógica de la salida de la puerta OR, que se obtiene haciendo la suma lógica (función OR) de las dos salidas de las puertas AND ($L = A\overline{B}$ y $\overline{B}A$).

En este caso, la tabla de verdad es la siguiente:

A	B	F
0	0	0
0	1	1
1	0	1
1	1	0

La función combinatoria que se acaba de desarrollar se denomina OR EXCLUSIVO. Esta operación lógica se designa de la siguiente forma:

$$F = A \oplus B$$

La operación OR EXCLUSIVO es lo suficientemente importante como para que los fabricantes de circuitos integrados la tengan en su catálogo. La puerta OR EXLUSIVO tiene incluso un símbolo, que se muestra a continuación:

SÍMBOLO DE LA PUERTA OR EXCLUSIVO

MÓDULO CUATRO INSTALACIONES ELÉCTRICAS Y AUTOMATISMOS

U.D. 4 AUTOMATIZACIÓN, FUNDAMENTOS Y ÁREAS DE APLICACIÓN. ÁLGEBRA DE BOOLE, CIRCUITOS LÓGICOS COMBINACIONALES Y SECUENCIALES

2.4. Síntesis de circuitos lógicos combinacionales

A menudo se presenta la necesidad de sintetizar una función lógica compleja que no se corresponde con las tablas de verdad que se han presentado hasta ahora. A continuación, se describirá un método general para sintetizar funciones lógicas combinacionales. El método es bastante sencillo y resulta válido para hacer la síntesis de cualquier función lógica por más complicada que ésta sea.

Supongamos que se requiere implementar un circuito lógico combinacional con tres entradas (A, B y C), cuya salida cumpla con la siguiente tabla de verdad:

A	B	C	SALIDA	
0	0	0	0	
0	0	1	0	
0	1	0	0	
0	1	1	1	←
1	0	0	0	
1	0	1	1	←
1	1	0	1	←
1	1	1	1	←

La manera más simple de atacar este tipo de problema, es la de analizar por separado cada una de las combinaciones de entradas en las que se requiera que la salida esté en 1. Como se observa, hay 4 combinaciones de entradas que cumplen con las condiciones mencionadas. Analicemos el primero de los casos:

La combinación A=0, B=1 y C=1 requiere que la salida F esté en 1. Si ésta fuese la única condición para tener un 1 en la salida, la función lógica necesaria sería F = $\overline{A}BC$ y el circuito lógico correspondiente correspondería con el que analizamos unos páginas atrás:

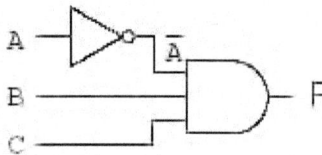

Como son varias las combinaciones de entrada para las cuales la salida es 1, el circuito mostrado no es la respuesta al problema. Se necesita analizar el resto de combinaciones que dan salida 1, indicando la función lógica para cada una de ellas:

A	B	C	SALIDA	
0	0	0	0	
0	0	1	0	
0	1	0	0	
0	1	1	1	$\overline{A}BC = 1$
1	0	0	0	
1	0	1	1	$A\overline{B}C = 1$
1	1	0	1	$AB\overline{C} = 1$
1	1	1	1	$ABC = 1$

MÓDULO CUATRO INSTALACIONES ELÉCTRICAS Y AUTOMATISMOS

U.D. 4 AUTOMATIZACIÓN, FUNDAMENTOS Y ÁREAS DE APLICACIÓN. ÁLGEBRA DE BOOLE, CIRCUITOS LÓGICOS COMBINACIONALES Y SECUENCIALES

Para finalizar la síntesis de la función, sólo se requiere hacer la suma lógica (puerta OR) de las cuatro condiciones necesarias para que la salida esté en 1, asegurando así que bajo esas 4 condiciones de entradas, la salida será 1:

$$\text{SALIDA} = \overline{A}BC + A\overline{B}C + AB\overline{C} + ABC$$

Resulta conveniente indicar que la solución de síntesis realizada con el método descrito, no es la solución óptima. Existen métodos más sofisticados que traen como resultado final un número menor de puertas.

A continuación se muestra el esquema lógico de la síntesis realizada:

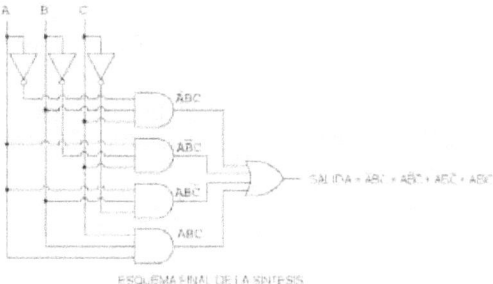

ESQUEMA FINAL DE LA SÍNTESIS

2.5. Circuitos lógicos secuenciales

En los circuitos combinacionales, la señal de salida siempre es función de las entradas aplicadas al mismo. En otras palabras, para cada combinación de entrada, existe un único valor de salida.

En un circuito lógico secuencial, la señal de salida es función de las entradas aplicadas al mismo y de las entradas que se aplicaron con anterioridad. Es un circuito que tiene implícita la función de memorización, ya que el circuito "recuerda" las entradas aplicadas anteriormente.

Este circuito responde a un nuevo conjunto de entradas en función de éstas y de los valores lógicos almacenados en su memoria. Un ejemplo muy sencillo es el de un circuito contador. Un contador es un circuito que cuenta pulsos en su entrada. Cada vez que se presenta un nuevo pulso, el valor del conteo se incrementa en una unidad.

Pregunta sencilla: Si se aplica un pulso en la entrada de un contador, ¿qué valor tendrá el conteo del mismo? La pregunta no tiene respuesta, a menos que se conozca el valor del conteo antes de la aplicación del pulso. Este valor anterior está almacenado en el contador.

En definitiva, los circuitos secuenciales se distinguen por tener implícitamente la capacidad de memorizar y de responder de maneras diferentes según haya sido la secuencia de aplicación de sus entradas.

MÓDULO CUATRO INSTALACIONES ELÉCTRICAS Y AUTOMATISMOS

U.D. 4 AUTOMATIZACIÓN, FUNDAMENTOS Y ÁREAS DE APLICACIÓN. ÁLGEBRA DE BOOLE, CIRCUITOS LÓGICOS COMBINACIONALES Y SECUENCIALES

2.5.1 El biestable RS

El biestable RS o flip-flop RS es un dispositivo lógico secuencial, que posee la facultad de almacenar temporalmente dos estados lógicos diferentes. Sus entradas, R y S, a las que debe su nombre, permiten al ser activadas ejecutar dos funciones diferentes:

Al activar R, ocurre el borrado (Reset en inglés) del biestable, es decir, ocurre la puesta a 0 ó nivel bajo de la salida.

Al activar S, ocurre el grabado (Set en inglés), o puesta a 1 ó nivel alto de la salida.

Si no se activa ninguna de estas dos entradas, el biestable permanecerá, por tiempo indefinido, en el estado que poseía tras la última operación de borrado o grabado. En ningún caso deben activarse ambas entradas a la vez (R=1 y S=1), dado que no se podría determinar el estado en el que quedarían las salidas tras la desaparición de ambas señales.

El biestable posee dos salidas, llamada Q y $\bar{Q}$, ya que una siempre es complementaria de la otra.

Un biestable RS se puede implementar de diversas maneras, una de ellas es mediante el empleo de dos puertas NOR con la siguiente configuración:

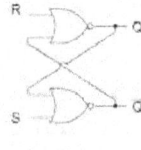

BIESTABLE RS

Para comprobar su funcionamiento, le haremos la puesta a 1 (S=1 y R=0).

ESTADO MEMORIZADO

Como se observa, y (comprobarlo utilizando la tabla de verdad de la puerta NOR). Si ahora ponemos en 0 ambas entradas, la situación es la siguiente:

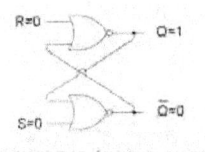

MEMORIZACIÓN TRAS UN SET

MÓDULO CUATRO INSTALACIONES ELÉCTRICAS Y AUTOMATISMOS

U.D. 4 AUTOMATIZACIÓN, FUNDAMENTOS Y ÁREAS DE APLICACIÓN. ÁLGEBRA DE BOOLE, CIRCUITOS LÓGICOS COMBINACIONALES Y SECUENCIALES

El circuito memoriza el estado anterior, recordando que se le aplicó un SET. El circuito permanecerá con y hasta que se aplique una entrada de RESET. De nuevo, se puede comprobar mediante la tabla de verdad del NOR.

Probemos ahora a hacer una puesta a cero:

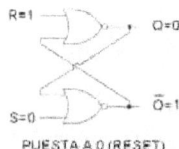

PUESTA A 0 (RESET)

Se observa que ahora Q = 0 y $\bar{Q}$ = 1. De nuevo se recomienda que el lector lo compruebe. Tras la puesta a cero O reset, colocaremos ahora S=0 y R=0:

MEMORIZACIÓN TRAS UN RESET

El biestable memoriza que anteriormente se hizo una puesta a 0. Permanecerá en este estado hasta que se aplique un nuevo SET.

Como se comentó anteriormente, en ningún caso deberían activarse ambas entradas a la vez (R=1 y S=1), dado que no se podría determinar el estado en el que quedaría la salida tras la desaparición de ambas señales.

Existen muchos tipos adicionales de biestables, tales como el tipo T, el D, el JK, el JKT, etc. Por su complejidad, no los analizaremos.

MÓDULO CUATRO INSTALACIONES ELÉCTRICAS Y AUTOMATISMOS

U.D. 4 AUTOMATIZACIÓN, FUNDAMENTOS Y ÁREAS DE APLICACIÓN. ÁLGEBRA DE BOOLE, CIRCUITOS LÓGICOS COMBINACIONALES Y SECUENCIALES

RESUMEN

Se entiende por Sistema Automatizado toda máquina o conjunto de máquinas que evoluciona de manera automática (con la mínima intervención humana), respetando unas condiciones de funcionamiento prefijadas.

La automatización trae consigo una serie de ventajas, tales como:

- Aumentar la fiabilidad, el control, la eficacia o productividad y la flexibilidad de un proceso.

- Minimizar tiempos de espera y mejorar la repetitibilidad de fabricación, es decir, que todos los productos fabricados tengan características idénticas.

- Reducir los tiempos de parada.

- Incrementar la seguridad, relevando al operario de tareas peligrosas.

Conseguir una mejor adaptación a contextos especiales: adaptación a entornos y tareas hostiles (tales como entornos corrosivos, húmedos,... y aplicaciones de tipo marino, espacial, nuclear,…).

Como sustitución de las técnicas de control manual en el manejo de aplicaciones, se empleó en la automatización mediante equipos cableados, a partir de cuadros realizados con elementos eléctricos y electromecánicos (tales como relés, contactores,...) con la misión de automatizar un proceso o parte del mismo. Más tarde llegaría la sustitución de los equipos cableados por un Autómata programable. El primero de ellos se llamaba **MO**dular **DI**gital **CON**troller (MODICON). Dadas las ventajas obtenidas en la automatización de procesos productivos mediante este aparato, se han utilizado autómatas con éxito en otros sectores.

Aparte de los procesos productivos, la automatización está presente en otras áreas, tales como el control de edificios y la distribución de energía entre otros.

Cualquier sistema o proceso automatizado está compuesto por los siguientes elementos:

Máquina, instalación, sistema o proceso a automatizar.

Sistema de adquisición de datos.

Sistema de tratamiento de datos.

Sistema de diálogo hombre-máquina.

Sistema de mando de potencia (Accionadores y Preaccionadores)

En líneas generales, existen dos tipos de proceso productivos: Los secuenciales y los continuos.

MÓDULO CUATRO INSTALACIONES ELÉCTRICAS Y AUTOMATISMOS

U.D. 4 AUTOMATIZACIÓN, FUNDAMENTOS Y ÁREAS DE APLICACIÓN. ÁLGEBRA DE BOOLE, CIRCUITOS LÓGICOS COMBINACIONALES Y SECUENCIALES

Todos los elementos del tipo todo o nada son representables por una variable lógica, entendiendo como tal aquella que sólo puede tomar los valores 0 y 1. El conjunto de leyes y reglas de operación de variables lógicas se denomina álgebra de Boole.

Existen tres operaciones básicas en el álgebra booleana: AND, OR y NOT. Con estas tres operaciones y sus respectivas puertas, puede ser representada cualquier función lógica por más compleja que sea.

Todo circuito lógico combinacional tiene lo que se llama la "Tabla de Verdad", en la que se representan las diferentes combinaciones de las entradas y el resultado obtenido en la salida para cada una de las combinaciones.

La función lógica AND da como resultado un 1 cuando todas las entradas a la puerta son iguales a 1.

La función lógica OR da como resultado un 1 cuando una o varias de las entradas a la puerta son iguales a 1.

Comercialmente, se dispone de circuitos integrados que contienen puertas lógicas. Posiblemente las que han tenido mayor éxito a nivel comercial son las puertas TTL (Transistor Transistor Logic).

A menudo se presenta la necesidad de sintetizar una función lógica combinacional compleja que no se corresponde con las tablas de verdad de las puertas básicas. Existe un método general para sintetizar funciones lógicas combinacionales. El método es bastante sencillo y resulta válido para hacer la síntesis de cualquier función lógica, por más complicada que ésta sea.

En un circuito lógico secuencial, la señal de salida es función de las entradas aplicadas al mismo y de las entradas que se aplicaron con anterioridad. Es un circuito que tiene implícita la función de memorización, ya que el circuito "recuerda" las entradas aplicadas anteriormente.

El biestable RS o flip-flop RS es un dispositivo lógico secuencial, que posee la facultad de almacenar temporalmente dos estados lógicos diferentes. Sus entradas, R y S se utilizan respectivamente para hacer la puesta a 0 y la puesta a 1 del biestable.

MÓDULO CUATRO INSTALACIONES ELÉCTRICAS
Y AUTOMATISMOS

U.D. 5 MANDO Y REGULACIÓN ELÉCTRICOS.
MANIOBRAS

M 4 / UD 5

ÍNDICE

INTRODUCCIÓN

El control de potencia es una de las cuatro funciones que conforman la estructura de un automatismo: **Mando**.

Su función básica consiste en establecer o interrumpir la alimentación de los receptores siguiendo las órdenes de la unidad de proceso de datos.

Dichas órdenes se elaboran a partir de la información procedente de los captadores (función de adquisición de datos) y de los órganos de mando (función de diálogo hombre-máquina), tras las cuales se puede proceder a la regulación.

Definición de mando

Podemos definir el mando, como aquella serie de operaciones destinadas al control más absoluto de nuestras instalaciones o máquinas.

Ejemplos:

Arranques.

Paros: De accionamiento habitual o de emergencia,

Modificación de estados: Hacia delante, hacia atrás, arriba, abajo, etc.

Modificación de condiciones de trabajo: Manual, automático.

Etc.

Clasificación

Fundamentalmente, los mandos podrán ser:

Mecánicos.

Eléctricos.

Electrónicos.

Neumáticos.

Hidráulicos.

Y los resultantes de todas las combinaciones posibles entre los citados: Electromecánicos, electroneumáticos, etc.

Definición de regulación

Entenderemos por regulación, aquella serie de operaciones que nos permitirán, a partir de haberse generado las órdenes de mando, adaptar el funcionamiento de la máquina o instalación a nuestras necesidades.

Ejemplos:

Incidir en la variación de la velocidad de un motor.

Modificar la intensidad lumínica de una sala.

Regular el caudal de una instalación hidráulica.

Etc.

Clasificación

La clasificación de los distintos sistemas de regulación, será prácticamente la misma que la que hemos citado en el apartado del mando.

Definición de maniobra

Entenderemos, por último, como maniobra, todas aquellas operaciones que de alguna forma incidan en: La puesta en marcha o paro, modificación de condiciones de trabajo, regulación y control de nuestra máquina o instalación.

Ejemplos:

Maniobra de arranque o paro.

Maniobra de control de funcionamiento manual o automático.

Maniobra de regulación de la presión de una instalación.

Maniobra de supervisión de un proceso productivo.

Etc.

Clasificación

La clasificación de las distintas maniobras, será prácticamente la misma que la que hemos citado en el apartado del mando y regulación.

OBJETIVOS

Los objetivos fundamentales de esta parte del curso obedecen a la necesidad de conocer, en la extensión necesaria al nivel que deseamos obtener, los distintos elementos que intervienen en el mando y regulación de las diferentes máquinas e instalaciones.

Para ello, entraremos en el estudio de los diferentes elementos que intervienen en cada una de las etapas, estudiando desde el seccionamiento, hasta la variación de velocidad, sin descuidar los diferentes componentes que intervienen en la protección de los hombres, máquinas e instalaciones.

Veremos finalmente diferentes esquemas clásicos, que nos ayudaran a familiarizarnos con distintas maniobras utilizadas en la industria actual.

1. CONSTITUCIÓN DE LOS SISTEMAS DE MANDO Y REGULACIÓN. PRINCIPIOS BÁSICOS

Durante los últimos años el control industrial ha experimentado profundos cambios, entre los que destaca la aparición de la electrónica, que en la actualidad favorece la fabricación de automatismos complejos y que ha permitido a las empresas descompartimentar las funciones técnicas.

En este curso se pretende que todos los futuros profesionales que se encuentren en una situación análoga y que tengan que tomar decisiones en la elección de los productos (especialistas en automatismos, electricistas, mecánicos, informáticos, responsables del instrumental, jefes de compra, etc.) puedan entender mejor su tecnología y afrontar los verdaderos retos del control industrial.

Los que decidan especializarse en tecnologías electromecánicas podrán mejorar sus nociones de electrónica, y a la inversa, los que quieran convertirse en expertos en electrónica podrán profundizar en sus conocimientos sobre aparatos electromecánicos.

La estructura de esta parte de curso se basa en las principales funciones de los automatismos: Dispositivos de conexión, mando y conmutación, control y regulación, frenado, protección y equipos de medida para máquinas e instalaciones, y su contenido abarca, como ya se ha visto en parte desde los variadores de velocidad, motores sin escobillas (brushless), detectores y células, hasta los contactores, contactores con disyuntores, motores asíncronos, interruptores de posición y pulsadores, pasando por las normas, la coordinación, etc.

Esta es, en definitiva, una herramienta pedagógica en cuya concepción, han primado el espíritu práctico y la sencillez, con el fin de que todos aquellos que se inicien al fascinante mundo de los automatismos adquieran unos conocimientos elementales, aprendan a interpretar los esquemas básicos y conozcan los procedimientos para montar equipos respetando las normas internacionales.

2. DISPOSITIVOS DE CONEXIÓN, MANDO Y CONMUTACIÓN, CONTROL Y REGULACIÓN, FRENADO, PROTECCIÓN Y EQUIPOS DE MEDIDA PARA MÁQUINAS E INSTALACIONES

Veamos a continuación, convenientemente desarrollados, los distintos elementos que integran ese apartado de: Conexión, mando y conmutación, control y regulación, frenado, protección y equipos de medida.

2.1. Elementos de conexión

La función de conexión / desconexión de un circuito o máquina consiste en unir o separar éste o ésta de la red.

Dicha función podrá ser: Manual o automática, en cuyo caso recibe el nombre genérico de Conmutación.

Y podrá realizarse en vacío, es decir con todos los elementos consumidores de energía desconectados, o en carga, en el caso de que interrumpamos el suministro energético cuando la máquina o instalación está funcionando, es decir consumiendo energía.

Para cada uno de los casos citados, emplearemos accionamientos específicos, que integraremos en el apartado, bien de conexión, bien de mando y conmutación.

2.1.1. El seccionador

Es el elemento encargado de garantizar la ausencia de tensión en un determinado circuito, con el fin de asegurar la carencia de riesgos ante posibles manipulaciones, por ejemplo de mantenimiento, del mismo.

Es un accionamiento manual que **SIEMPRE DEBERÁ MANIPULARSE SIN CARGA**, ya que no dispone de los elementos capaces de absorber el arco que se produce en la conexión / desconexión con carga, con el riesgo que esto supone para el operario que lo esté manipulando.

El seccionador debe reunir determinadas condiciones:

- Corte omnipolar: Es decir, deberá cortar la totalidad de las fases.

- Corte plenamente aparente: Debe poder observarse, a simple vista, la correcta desconexión / conexión de sus elementos de contacto.

- Distancias de aislamiento: Debe ser la suficiente para evitar el cebado del arco.

- Enclavamiento asegurable: Debemos poder bloquear el accionamiento, con un candado, por ejemplo, o por cualquier otro medio seguro, que nos garantice que nadie que no esté debidamente autorizado, pueda manipular el seccionador en momentos que pudieran representar un riesgo.

- Contactos auxiliares de Pre - corte: Podrá llevarlos incorporados, lo que puede minimizar el riesgo ante una eventual mala manipulación, ya que estos, los contactos Pre – corte, desconectan el circuito de potencia, que accidentalmente pueda estar en carga, antes de que se produzca el corte real del seccionador.

Representación gráfica del seccionador

Se selecciona según la Intensidad Nominal del circuito aguas abajo y el modelo se elegirá según la aplicación y la necesidad de accesorios.

Las posibles distintas opciones de selección podrán ser:

- Seccionador.
- Interruptor - Seccionador.
- Interruptor - Seccionador - Fusible.
- Disyuntor - Interruptor - Seccionador.
- Arrancador motor.

A excepción del primer caso, Seccionador, el resto SÍ podrán usarse en carga, dado que los elementos que complementan el seccionador sí están preparados para esta función.

Si en algún caso muy excepcional fuera necesario utilizar el seccionador en carga, deberíamos incluir en el circuito un contactor, y como mal menor incorporar un contacto de precorte cableado en serie con la bobina del contactor. Así la desconexión la hará el contactor.

Si el circuito **no incluye** un contactor **NUNCA**, podrá manipularse el seccionador en carga, pues existe **grave riesgo** para el operador.

Ver las distintas representaciones gráficas en el ANEXO I.

2.2. Elementos de mando y conmutación

Son aquellos elementos que nos permiten incidir sobre el circuito estando éste activo, es decir en carga, y mediante los cuales logramos el control del mismo.

Los circuitos eléctricos no son siempre de la misma naturaleza, por lo que su comportamiento tampoco será siempre igual. Dependiendo de las características de la carga así será su comportamiento.

Las cargas citadas podrán ser:

- Resistivas.

- Motores.

- Alumbrado Incandescente o Descarga.

- Transformadores.

- Condensadores.

- Combinaciones de diferentes tipos.

- Etc.

Veamos algunos ejemplos característicos de su comportamiento, mediante una visión de la curva de intensidad, en el osciloscopio:

Resistencia de potencia

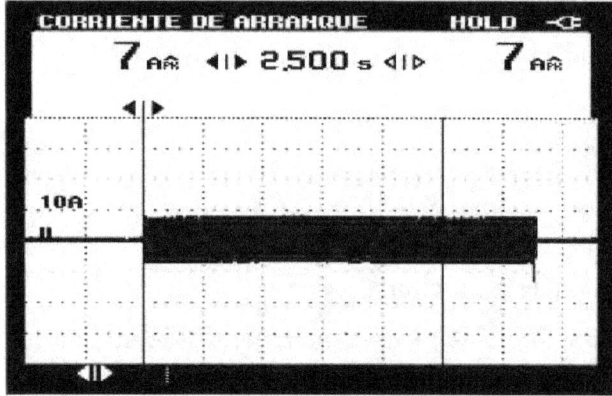

Grafico de I en arranque/parada de una resistencia

El consumo pasa de una intensidad 0 a Intensidad nominal con la generación de pequeños picos en la conexión y/o desconexión pero que no superarán, como máximo, las dos veces de la In.

Motor de 0,37 KW

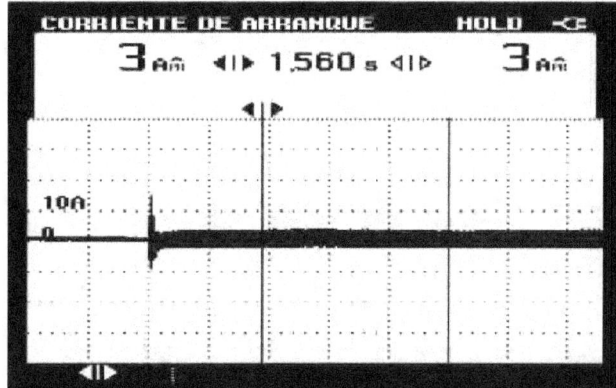

Grafico de I en arranque/parada de un motor

Motor en arranque directo. En el momento de la conexión presenta un pico de 4,5 veces la In, aunque puede llegar fácilmente a las 7 veces de la In. Genera un arco al desconectar, que puede representar una intensidad algo menor que la de conexión.

Transformador

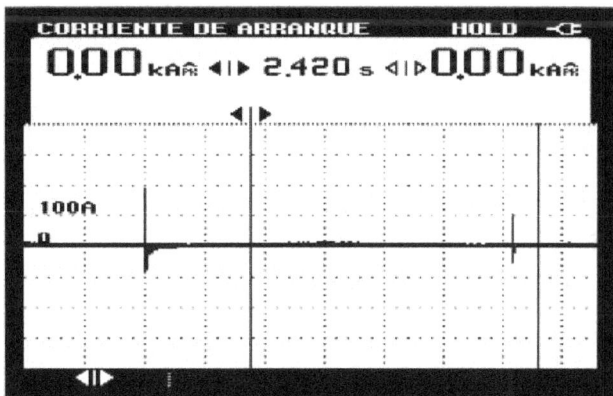

Grafico de I en arranque/parada de un transformador

Conexión / desconexión de un transformador de maniobra. En la conexión pueden verse un pico de aproximadamente 20 x In y en la desconexión un pico algo inferior.

Circuito de iluminación por lámparas de incandescencia

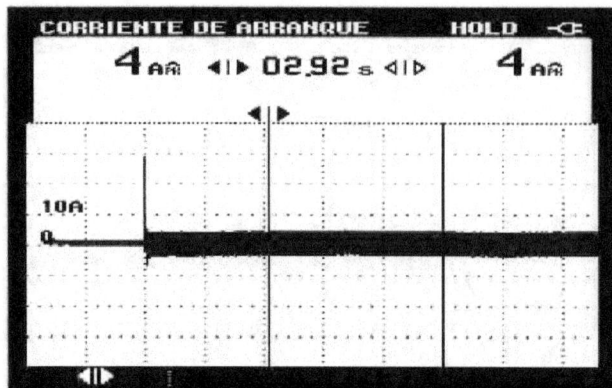

Grafico de I en arranque/parada de un circuito de iluminación por incandescencia

En los circuitos de iluminación con lámparas incandescentes, pueden verse en la conexión en frío, picos de hasta 20 x In. Esto es debido a que el filamento tiene una muy baja resistencia en frío, y el efecto es casi el de un corto circuito.

En el ejemplo vemos un pico de aproximadamente 12 x In. En la desconexión o en la conexión en caliente pueden verse picos de aproximadamente 3 x In.

2.2.1. El interruptor

La función de interrupción, permite aislar o separar eléctricamente de la alimentación el conjunto de circuitos de potencia y de control de una determinada instalación.

El interruptor permite la desconexión manual en carga, pudiendo desconectar su intensidad nominal.

Debe reunir las siguientes características mínimas:

- Corte omnipolar.

- Garantizar las distancias de aislamiento para proceder de forma segura a la extinción de los arcos de conexión / desconexión.

- Corte plenamente aparente. Normalmente por la posición de la maneta.

- Posibilidad de enclavamiento. Normalmente con candado.

- Código de colores:

  - Rojo / Amarillo para Interruptor general y de Emergencia.

  - Negro para Interruptor - seccionador

¿Como seleccionamos el interruptor adecuado?

- Se selecciona según el número de polos y contactos auxiliares.

- El calibre se determina según el tipo de carga: Categoría de empleo (1):

  – Resistiva o Mixta (Resistiva – Inductiva).

  – Motores en servicio AC3.

  – Etc.

- El polo de Neutro es de conexión adelantada y desconexión retardada.

- Se define el modelo según forma de:

  – Montaje (puerta o fondo panel).

  – Fijación (tornillos ó 22 mm).

  – Conexionado (delantero o trasero).

  – Color y forma de maneta.

(1) Categorías de empleo

Las categorías de empleo normalizadas fijan los valores de la corriente que el elemento de conexión / desconexión debe establecer o cortar (normalmente el contactor).

Dependen de:

- El tipo de receptor controlado: motor de jaula o de anillos, resistencias, etc.

- Las condiciones en las que se realizan los cierres y aperturas: Motor lanzado, calado o en proceso de arranque, inversión del sentido de marcha, frenado a contracorriente, etc.

La norma IEC 947-4, establece 10 categorías para c.a. y 5 para c.c.

Categorías para c.a.:

AC-1 Cargas no inductivas.

AC-2 Motores de anillo.

AC-3 Motores de jaula de ardilla en condiciones normales de trabajo.

AC-4 Motores de jaula de ardilla en condiciones extremas de trabajo.

AC-5a/b Maniobra de lámparas de descarga o incandescentes.

AC-6a/b Maniobra de transformadores o condensadores.

AC-7 Aplicaciones domésticas.

AC-8 a/b Compresores de refrigeración.

Categorías para c.c.:

DC1   Cargas no inductivas o débilmente inductivas.

DC2   Motores Shunt, con corte a motor lanzado.

DC3   Motores Shunt, con inversión de marcha, o marcha por impulsos.

DC4   Motores Serie, con corte a motor lanzado.

DC5   Motores Serie, con inversión de marcha.

  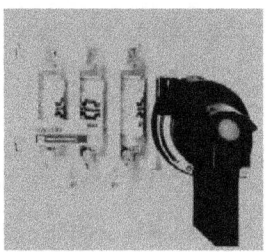

Diferentes tipos de interruptor / seccionador

2.2.2. El relé / contactor

El contactor o el relé llevan a cabo la función de conmutación. La función de conmutación permite, accionar una carga o circuito de potencia.

En este caso el manejo no es manual, se produce por la llegada de una señal de mando de pequeña potencia.

Conmutación todo o nada

La función conmutación todo o nada establece e interrumpe la alimentación de los receptores. Ésta suele ser la función de los contactores electromagnéticos.

En la mayoría de los casos, el control a distancia resulta imprescindible para facilitar la utilización así como la tarea del operario, que suele estar alejado de los mandos de control de potencia. Como norma general, dicho control ofrece información sobre la acción desarrollada que se puede visualizar a través de los pilotos luminosos o de un segundo dispositivo.

Estos circuitos eléctricos complementarios llamados "circuitos de esclavización y de señalización" se realizan mediante contactos auxiliares que se incorporan a los contactores, a los contactores auxiliares o a los relés de automatismo, o que ya están incluidos en los bloques aditivos que se montan en los contactores y los contactores auxiliares.

La conmutación todo o nada también puede realizarse con relés y contactores estáticos. Del mismo modo, puede integrarse en aparatos de funciones múltiples, como los disyuntores motores o los contactores disyuntores "Aparatos de funciones múltiples".

El contactor electromagnético

El contactor electromagnético es un aparato mecánico de conexión controlado mediante electroimán y con funcionamiento todo o nada.

Cuando la bobina del electroimán está bajo tensión, el contactor se cierra, estableciendo a través de los polos un circuito entre la red de alimentación y el receptor.

El desplazamiento de la parte móvil del electroimán que arrastra las partes móviles de los polos y de los contactos auxiliares o, en determinados casos, del dispositivo de control de éstos, puede ser:

- Rotativo, girando sobre un eje.
- Lineal, deslizándose en paralelo a las partes fijas.
- Una combinación de ambos.

Cuando se interrumpe la alimentación de la bobina, el circuito magnético se desmagnetiza y el contactor se abre por efecto de:

- Los resortes de presión de los polos y del resorte de retorno de la armadura móvil.
- La fuerza de gravedad, en determinados aparatos (las partes móviles recuperan su posición de partida).

El contactor ofrece numerosas ventajas, entre las que destacan la posibilidad de:

- Interrumpir las corrientes monofásicas o polifásicas elevadas accionando un auxiliar de mando recorrido por una corriente de baja intensidad.
- Funcionar tanto en servicio intermitente como en continuo.
- Controlar a distancia de forma manual o automática, utilizando hilos de sección pequeña o acortando significativamente los cables de potencia.
- Aumentar los puestos de control y situarlos cerca del operario.

A estas características hay que añadir que el contactor:

- Es muy robusto y fiable, ya que no incluye mecanismos delicados.
- Se adapta con rapidez y facilidad a la tensión de alimentación del circuito de control (cambio de bobina).

- Garantiza la seguridad del personal contra arranques inesperados en caso de interrupción de corriente momentánea (mediante pulsadores de control).

- Facilita la distribución de los puestos de paro de emergencia y de los puestos esclavos, impidiendo que la máquina se ponga en marcha sin que se hayan tomado todas las precauciones necesarias.

- Protege el receptor contra las caídas de tensión importantes (apertura instantánea por debajo de una tensión mínima).

- Puede incluirse en equipos de automatismos sencillos o complejos.

Resumamos las características fundamentales del contactor:

El contactor es un interruptor de potencia para corrientes monofásicas o polifásicas manejado por un circuito de mando de pequeña potencia.

- Permite el servicio continuo o intermitente.

- El circuito de mando puede actuar de forma manual o automática.

- Se puede realizar un mando a distancia desde múltiples posiciones por medio de cables de pequeña sección.

- Los cables de potencia se reducen al mínimo imprescindible.

- Facilita la creación de automatismos de mayor o menor complejidad.

Sus principales características de funcionamiento son:

- El Contactor es un aparato mecánico de conexión accionado por un electroimán.

- Cuando se alimenta la bobina del electroimán, la parte móvil del circuito magnético es atraída por la parte fija.

- Sobre la parte móvil está fijado el soporte de los contactos.

- En el soporte se encuentran los polos y los contactos auxiliares.

- Como consecuencia del desplazamiento de la parte móvil se produce el cambio de estado de los contactos.

- Al dejar de alimentarse la bobina los contactos vuelven al estado inicial, por acción del muelle de retorno.

Veamos las distintas partes constituyentes de un contactor:

El electroiman

El electroimán es el elemento motor del contactor. Sus elementos más importantes son el circuito magnético y la bobina. Se presenta bajo distintas formas en función del tipo de contactor e incluso del tipo de corriente de alimentación, alterna o continua.

El circuito magnético incluye un entrehierro reducido en posición "cerrado" que evita que se produzcan remanencias (1). Se obtiene retirando el metal o intercalando un material amagnético (2).

(1) Remanencia: Un contactor remanente es un contactor que permanece cerrado cuando las bornas de su bobina ya no están bajo tensión.

(2) Amagnético: Que no conserva el magnetismo; el cobre y el latón son metales amagnéticos.

El recorrido de llamada es la distancia que media entre la parte fija y la parte móvil del circuito cuando el contactor está en reposo.

El recorrido de aplastamiento es la distancia que media entre ambas partes cuando los polos entran en contacto.

Los resortes que presionan los polos se comprimen durante el recorrido de aplastamiento y hasta el final del mismo.

Circuito magnético de corriente alterna:

Características:

- Chapas de acero al silicio unidas mediante remache o soldadura.

- Circuito laminado para reducir las corrientes de Foucault que se originan en toda masa metálica sometida a un flujo alterno (las corrientes de Foucault reducen el flujo útil de una corriente magnetizante determinada y calientan innecesariamente el circuito magnético).

- Uno o dos anillos de desfase, o espiras de Frager, que generan en una parte del circuito un flujo decalado con respecto al flujo alterno principal. Con este mecanismo se evita la anulación periódica del flujo total, y por consiguiente, de la fuerza de atracción (lo que podría provocar ruidosas vibraciones).

Utilización en corriente continua:

Los circuitos magnéticos laminados se pueden utilizar en corriente continua con total normalidad. En tal caso, es necesario emplear una bobina distinta a la que se utiliza con tensión alterna de igual intensidad. También es preciso intercalar una resistencia de reducción de consumo en el circuito de control de la bobina en cuanto se cierra el contactor.

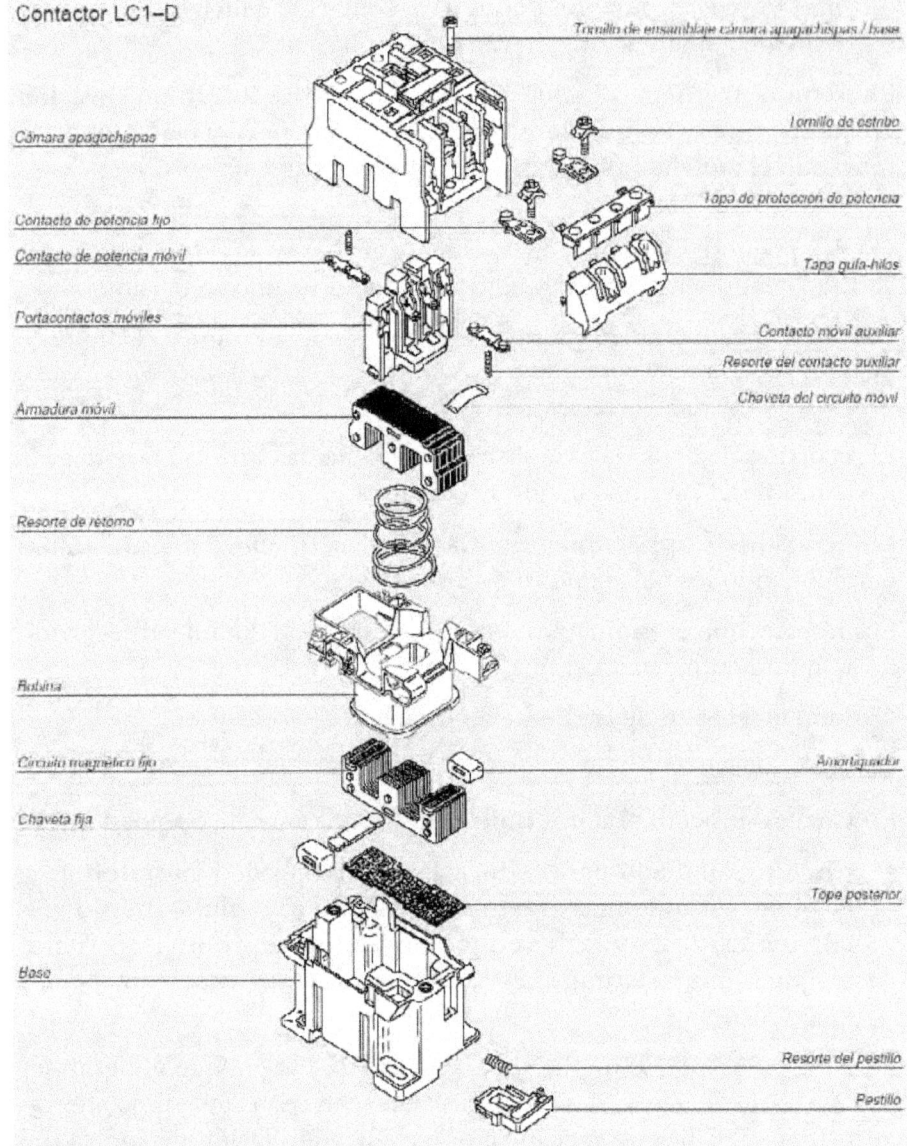

Despiece de un contactor electromecánico

Circuito magnético en corriente continua:

En el circuito magnético de los electroimanes alimentados en corriente continua no se forman corrientes de Foucault.

En determinados casos, es preferible utilizar un electroimán específico para corriente continua de acero macizo en lugar de adaptar un circuito magnético laminado de corriente alterna.

La bobina

La bobina genera el flujo magnético necesario para atraer la armadura móvil del electroimán.

Puede estar montada en una rama del circuito magnético o, excepcionalmente, en dos, según el modelo de contactor.

Está diseñada para soportar los choques mecánicos que provocan el cierre y la apertura de los circuitos magnéticos y los choques electromagnéticos que se producen cuando la corriente recorre las espiras.

Para atenuar los choques mecánicos, la bobina o el circuito magnético, y en algunos casos ambos, están montados sobre unos amortiguadores.

Las bobinas que se utilizan hoy en día son muy resistentes a las sobretensiones, a los choques y a los ambientes agresivos. Están fabricadas con hilo de cobre cubierto de un esmalte de grado 2 y soportan temperaturas de 155°C, o incluso de 180°C.

Existen bobinas impregnadas al vacío o sobremoldeadas.

Los polos

La función de los polos consiste en establecer o interrumpir la corriente dentro del circuito de potencia.

Están dimensionados para que pase la corriente nominal del contactor en servicio permanente sin calentamientos anómalos.

Consta de una parte fija y una parte móvil. Esta última incluye unos resortes que transmiten la presión correcta a los contactos que están fabricados con una aleación de plata con una excepcional resistencia a la oxidación, mecánica y al arco.

Los contactos pueden ser de doble corte o de simple corte.

Los contactos de doble corte están muy bien adaptados a todas las aplicaciones en corriente alterna (servicio intensivo, AC-3, AC-4, etc.) y permiten realizar aparatos compactos.

Los contactos de simple corte suelen incluir un dispositivo apagachispas magnético. Se recomienda utilizarlos para cortar corrientes continuas y para aplicaciones con servicio severo.

Los polos ruptores, utilizados para resolver determinados problemas de automatismo, funcionan al contrario que los polos normales: los contactos se encuentran en estado pasante cuando el electroimán de control no está bajo tensión, y no pasante cuando recibe alimentación.

Los contactos auxiliares

Los contactos auxiliares realizan las funciones de automantenimiento, esclavización, enclavamiento de los contactores y señalización.

Existen tres tipos básicos:

- Contactos instantáneos de cierre NA, abiertos (no pasantes) cuando el contactor está en reposo, y cerrados (pasantes) cuando el electroimán está bajo tensión.

- Contactos instantáneos de apertura NC, cerrados (pasantes) cuando el contactor está en reposo, y abiertos (no pasantes) cuando el electroimán está bajo tensión.

- Contactos instantáneos NA/NC. Cuando el contactor está en reposo, el contacto NA se encuentra en estado no pasante y el contacto NC en estado pasante.

El estado de los contactos se invierte cuando se cierra el contactor. Los dos contactos tienen un punto común.

Los contactos temporizados NA o NC se establecen o se separan cuando ha transcurrido un tiempo determinado después del cierre o la apertura del contactor que los activa. Este tiempo se puede regular.

Comportamiento de un circuito magnético en corriente alterna y continua:

Relación entre fuerza de atracción y corriente de control:

Cuando el contactor está en reposo, en posición de llamada, las líneas de fuerza del campo magnético presentan un amplio recorrido en el aire y la reluctancia **(1)** total del circuito magnético $\mathcal{R}$a es muy elevada.

(1) La reluctancia es la resistencia que el circuito magnético ofrece al paso del flujo. Se puede comparar con la resistencia de un circuito eléctrico que se opone al paso de la corriente (ley de Ohm). Para un circuito magnético homogéneo de hierro dulce, con longitud l, sección constante S y permeabilidad μ, la reluctancia sería:

$$\mathcal{R} = \frac{l}{\mu S}$$

Por lo tanto, se necesita una corriente de llamada la elevada para generar una fuerza de atracción superior a la del resorte de retorno y provocar el accionamiento.

$$\phi a = \frac{nIa \ (\text{elevada}) \ \mathbf{(2)}}{\mathcal{R}a \ (\text{muy elevada})}$$

Polos de simple y doble corte

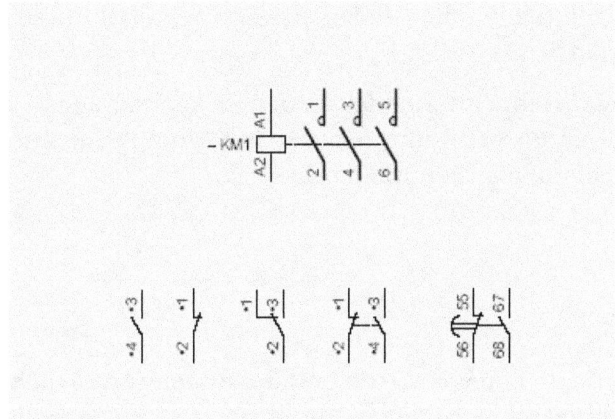

Representación simbólica de los polos y los contactos auxiliares

(2) El flujo es proporcional a los amperios-vuelta, pero inversamente proporcional a la reluctancia:

$$\phi = \frac{nI}{\mathcal{R}}$$

I es la corriente que recorre la bobina.

La fuerza de atracción es proporcional al cuadrado del flujo.

Cuando el contactor se encuentra en posición "trabajo", el circuito magnético cerrado tiene una reluctancia $\mathcal{R}$ f muy baja.

En este caso, la fuerza de atracción debe ser mayor para equilibrar la fuerza de los resortes de presión de los polos.

Pero la escasa reluctancia permite conseguir un flujo correspondiente ϕf con una corriente mucho menor que la corriente de llamada:

$$\phi f = \frac{nIf \text{ (baja)}}{\mathcal{R} f \text{ (muy baja)}}$$

En síntesis, para mantener el circuito magnético cerrado, es suficiente una corriente If bastante menor que la corriente de llamada la necesaria para la activación.

Circuito magnético en corriente alterna:

Alimentación en corriente alterna:

En corriente alterna, el valor de la corriente de la bobina se determina por su impedancia **(3)**.

(3) Para una corriente alterna de frecuencia angular $\omega (\omega = 2\pi f = 314$ a 50 Hz) y un circuito con una resistencia R, una inductancia L y una capacidad C, el valor de la impedancia sería:

$$Z = \sqrt{R^2 + X^2} \quad \text{donde } X = -\frac{1}{C\omega}$$

La presencia de un entrehierro de grandes dimensiones, determina que a la llamada la reluctancia del circuito magnético y la impedancia de la bobina sean respectivamente muy elevada y poco elevada **(4)**.

(4) En una primera aproximación, la impedancia de la bobina es inversamente proporcional a la reluctancia del circuito magnético:

$$L = \frac{n^2}{\mathcal{R}}$$

n es el número de espiras de la bobina.

La corriente de llamada la es muy intensa y se limita casi exclusivamente con la resistencia de la bobina.

En posición de trabajo, el circuito magnético cerrado tiene una reluctancia baja que determina un fuerte aumento de la impedancia de la bobina.

Esta impedancia elevada limita la corriente a un valor **If** notablemente inferior a la (6 a 10 veces menor).

En síntesis, la corriente de la bobina disminuye simplemente a causa del aumento de la impedancia resultante de la disminución del entrehierro.

Como se explica en el párrafo anterior, esta corriente basta para mantener cerrado el circuito magnético.

Alimentación en corriente continua:

El valor de la corriente sólo depende de la resistencia de la bobina.

Las características de la bobina a la llamada permiten que la resistencia determine una corriente la suficiente para enclavar el contactor.

Cuando el electroimán se encuentra cerrado, el valor de la resistencia sigue siendo el mismo y la corriente sigue siendo igual a la corriente de llamada **la**, mientras que, como acabamos de ver, una corriente bastante menor sería suficiente para mantener el circuito magnético en posición de cierre.

A menos que el electroimán tenga un diseño especial, la bobina no puede absorber durante mucho tiempo la potencia resultante del paso permanente de la corriente de llamada **la** sin un aumento excesivo de la temperatura, por lo que es necesario disminuir el consumo al mantenimiento.

El consumo se reduce intercalando en serie con la bobina una resistencia adicional de valor apropiado.

La resistencia se pone en servicio a través de un contacto auxiliar de apertura que se abre cuando el contactor termina de cerrarse.

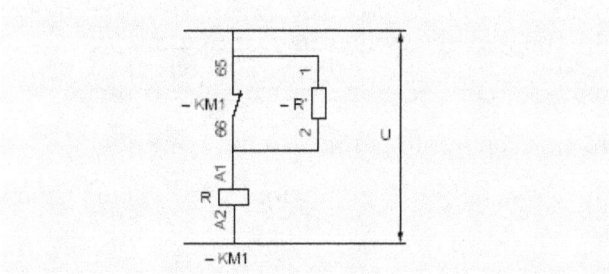

Esquema para la disminución de consumo

- A la llamada, la corriente absorbida es igual a: $\mathbf{la = U/R}$

- Cuando el contactor está cerrado, la corriente pasa a ser:

$$\mathbf{If = U \, / \, (\, R + R' \,)}$$

- **U**: Tensión de la red de alimentación.

- **R**: Resistencia de la bobina.

- **R'**: Resistencia adicional.

La bobina es distinta a la que se utiliza normalmente con tensión alterna de igual intensidad.

Circuito magnético en corriente continua:

Con los electroimanes diseñados especialmente para corriente continua no es necesario aplicar el sistema de reducción de consumo.

En tal caso, el circuito magnético y la bobina están sobredimensionadas (mayor volumen de acero y cobre) para aumentar la superficie de enfriamiento y favorecer la disipación de las calorías.

A igual calibre, un contactor equipado con este tipo de circuito es mayor que un contactor con circuito magnético alterno alimentado en corriente continua con reducción de consumo, y la durabilidad mecánica es muy elevada.

La corriente de llamada **Ia** es igual a la corriente de mantenimiento **If**.

Circuito magnético con bobina de dos devanados:

Esta técnica, patentada por Telemecanique, resulta idónea para los contactores de elevado calibre que requieran un electroimán:

- Poco voluminoso, para limitar el peso y el tamaño de los equipos.

- Que suministre un esfuerzo motor capaz de mantener un elevado rendimiento de los contactos.

- Insensible a las posibles caídas de tensión de la línea de alimentación y a las llamadas de corriente derivadas del arranque de los motores.

- Con un consumo energético mínimo.

- Con una fiabilidad electromecánica muy alta.

Estas exigencias sólo puede cumplirlas un electroimán:

- Diseñado especialmente para corriente continua.

- Que incluya una bobina con funciones de llamada y mantenimiento separadas.

- Que se pueda alimentar tanto en corriente alterna como continua, según el tipo de bobina.

Alimentación en corriente alterna:

El principio de funcionamiento es el siguiente:

- Cuando el contactor se cierra, el contacto **(1)** integrado en la bobina interrumpe la corriente del rectificador, y por tanto en el bobinado de llamada **(A)**.

- El bobinado de mantenimiento **(M)**, que ya se alimentaba en corriente alterna (semialternancia), es el único que queda bajo tensión.

  El contacto **(2)** se utiliza con el control por impulso, como contacto de automantenimiento.

- Cuando el circuito magnético del electroimán **(Y)** está cerrado, actúa como un transformador cuyos primario y secundario serían respectivamente el bobinado de mantenimiento **(M)** y el bobinado de llamada **(A)** conectado a las bornas de los cuatro diodos del puente.

Durante las alternancias positivas, los diodos del puente rectificador cortocircuitan el secundario y hacen que circule corriente en el bobinado de llamada **(A)** y, por tanto, que se produzca una inducción en un sentido determinado.

Durante las alternancias negativas, los diodos impiden que circule una corriente inversa en el secundario y la energía almacenada en éste se libera en forma de corriente de igual sentido que la anterior.

Por tal motivo, el flujo magnético del electroimán **(Y)** siempre tiene el mismo sentido y siempre es positivo.

Este sistema eléctrico tiene un efecto análogo al de las juntas de desfase montadas en los contactores de menor calibre.

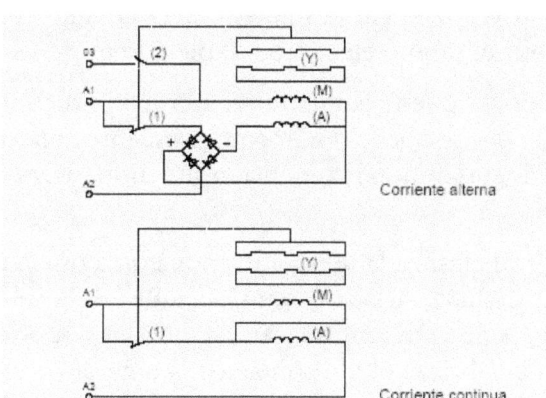

Esquema de la alimentación en c.a.

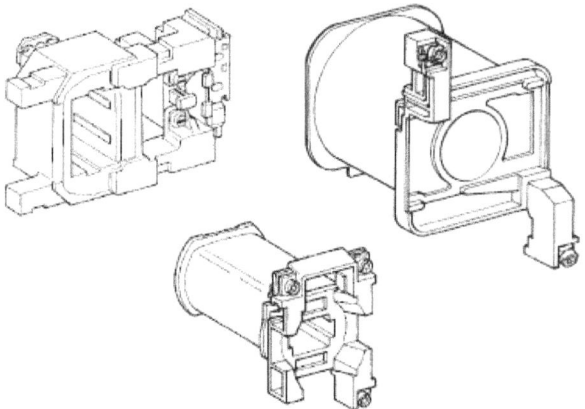

Bobinas tipo corriente continua

Alimentación en corriente continua:

- Cuando el contactor se cierra, el contacto **(1)** integrado en la bobina se abre y el bobinado de mantenimiento **(M)** se conecta en serie con el bobinado de llamada **(A)**.

Corte de corrientes: El arco eléctrico:

Normalmente, el contactor se abre para interrumpir la corriente eléctrica que previamente atravesaba el receptor (motor, etc.).

Este último suele ser inductivo y, salvo excepciones (apertura en el momento preciso del paso por cero de una corriente alterna), la corriente no se interrumpe de forma inmediata.

Cuando la intensidad es superior a un amperio, se establece un arco eléctrico entre los contactos en el momento en que se separan.

El arco es una forma de descarga eléctrica en los gases o en vacío.

Se trata de un plasma formado por electrones libres y de iones arrancados de los electrodos por efecto térmico y que circulan en el medio gaseoso impulsados por el campo eléctrico establecido entre los contactos.

En este sentido, se puede comparar el arco con un conductor móvil de forma variable que se puede poner en movimiento aplicándole, a lo largo de su recorrido, un campo magnético o situando piezas ferromagnéticas cerca de él.

La parte central alcanza la temperatura máxima que a menudo supera varios miles, incluso varias decenas de miles de grados, valores muy superiores a los que pueden tolerar los metales y, a priori, los aislantes utilizados en la fabricación de contactos y cámaras de corte.

Por lo tanto la duración del arco debe ser breve: Ni demasiado larga para que no se deterioren las paredes o los materiales metálicos de la cámara, ni demasiado corta para limitar las sobretensiones derivadas de los cambios de corriente excesivamente rápidos dentro del circuito de carga.

La resistencia del arco es inversamente proporcional al número de electrones libres presentes en el plasma:

Será menor cuanto mayor sea el número de electrones, es decir, cuanto mayor sea la ionización o, en resumen, cuanto mayor sea la temperatura del arco.

Para restablecer la rigidez dieléctrica del espacio entre contactos –o desionización– es pues necesario un enfriamiento rápido de los gases recalentados.

En un momento determinado, el producto del valor de la resistencia del arco por la corriente que lo atraviesa es lo que llamamos tensión de arco.

Las investigaciones llevadas a cabo por Ayrton demuestran que esta tensión es: $Uarc = A + (B \times I)$ para las corrientes superiores a varias decenas de amperios. **A** representa la suma prácticamente constante, de aproximadamente unos quince voltios, de las caídas de tensión considerables que se producen cerca de los electrodos:

$\triangle$**Ua** en el ánodo y $\triangle$**Uc** en el cátodo.

B x I es una caída de tensión aproximadamente proporcional a la longitud del arco.

Si se desea disminuir una corriente continua hasta anularla, es necesario introducir en el circuito un arco cuya tensión sea superior a la de la fuente de alimentación.

Según la fórmula de Ayrton es preciso aumentar la longitud del arco sometiéndolo a un campo magnético de "soplado", o aún mejor, fraccionarlo para multiplicar el número de caídas de tensión en los electrodos: $Uarc = n (15\ V + Bl')$, donde **I'** es la longitud unitaria de cada arco elemental.

De este modo se obtiene una tensión elevada y escalonada con arcos de longitud adecuada a las dimensiones necesariamente reducidas de las cámaras de corte.

En corriente alterna la corriente se anula a sí misma, por lo que la tensión de arco elevada no resulta útil.

Por el contrario, es preferible una tensión de arco baja para minimizar la energía de arco **Warc** durante la duración del arco **ta**.

$Warc = Uarc \times I \times ta$ disipada en el plasma por efecto Joule.

El arco se extingue al anularse la corriente, por lo que en 50 Hz el arco se extingue de forma natural unas milésimas de segundo después de su aparición.

La dificultad reside en impedir que reaparezca después de que la corriente pase por cero.

Para ello, la función principal de las piezas metálicas ferromagnéticas situadas en la cámara de corte es atraer el arco en la dirección correcta (soplado magnético) y enfriar rápidamente el medio después del arco.

Al absorber las calorías liberadas en el arco por efecto Joule, aceleran los fenómenos de desionización, reduciendo el riesgo de cebado.

El corte en vacío:

El corte en vacío, que anteriormente sólo se utilizaba en alta tensión, en la actualidad también se emplea en baja tensión.

La resistencia dieléctrica en vacío, **25 kV/mm** en lugar de **3 kV/mm** en el aire, permite distancias entre contactos muy reducidas con una excelente resistencia a las sobretensiones.

Por tal motivo, los aparatos de corte en vacío no requieren una energía de control muy elevada.

El corte en vacío se caracteriza esencialmente por una rapidísima recuperación de la rigidez dieléctrica del medio entre contactos después del arco.

Además, como el arco se produce dentro de un receptáculo estanco, los aparatos de corte en vacío resultan muy seguros.

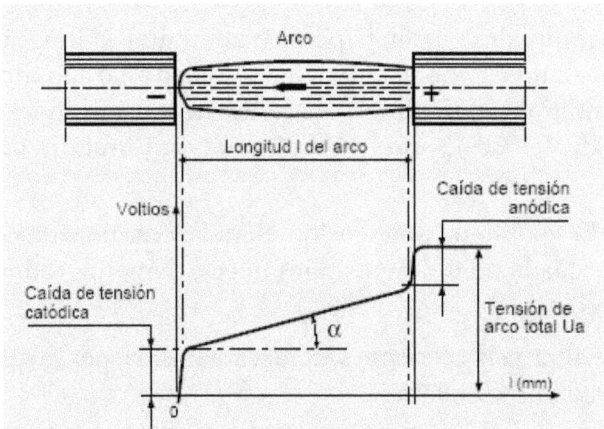

Forma general de un arco estabilizado

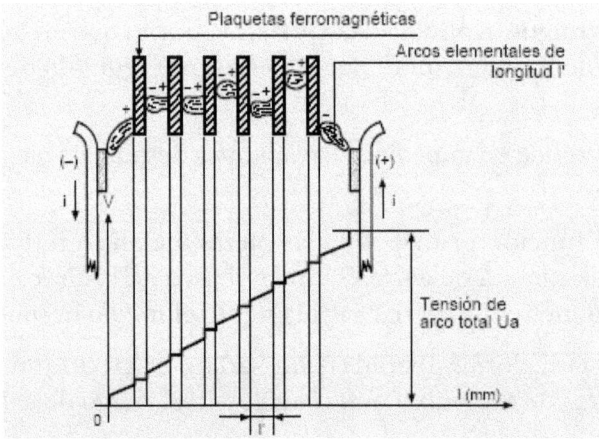

Fraccionamiento del arco mediante plaquetas

Accidentes que pueden dañar los contactores:

Cuando un contactor sufre algún deterioro, conviene comprobar en primer lugar que el calibre de éste corresponde a la potencia del motor.

En caso de que así sea, y muy especialmente si el valor de la corriente de calado del motor es inferior al poder de cierre del contactor, la causa del deterioro será con toda probabilidad el funcionamiento incorrecto del electroimán, debido a la presencia de perturbaciones en el circuito de control.

A continuación se indican las perturbaciones más frecuentes y la solución que conviene a cada caso.

Caída de tensión de la red:

Esta caída puede ser consecuencia del pico de corriente que produce el motor al arrancar cuando se juntan los contactos móviles del contactor y los contactos fijos.

Provoca una pérdida de energía del circuito magnético que ya no tiene fuerza suficiente para continuar el recorrido hasta completar el cierre.

Como la presión sobre los polos es nula, éstos se sueldan.

Cuando el motor alcanza su velocidad nominal, la tensión aumenta, y cuando llega aproximadamente al 85% de Un, el circuito magnético se cierra del todo.

Esta es una situación crítica para la instalación. Es necesario comprobar la longitud y la sección de todos los cables y, en su caso, la potencia del transformador de alimentación.

Cuando varios motores arrancan simultáneamente (por ejemplo en un mando por conmutadores de posición mantenida) después de un corte de red, el pico de corriente acumulado también puede provocar una caída de tensión.

En este caso se recomienda instalar un dispositivo para decalar en el tiempo los arranques, siguiendo un orden de prioridad.

Caída de tensión en el circuito de control:

Cuando el contactor se alimenta en baja tensión (24 a 110 V) y hay varios contactos en serie, puede producirse una caída de tensión del circuito de control a la llamada del contactor.

Esta caída de tensión se suma a la que provoca el pico de arranque del motor, lo que origina una situación análoga a la descrita anteriormente.

En tal caso, es necesario sustituir el aparato y cambiar el contactor afectado por un contactor auxiliar con una corriente de llamada mínima para controlar la bobina del contactor principal, alimentada a su vez con la tensión de la red.

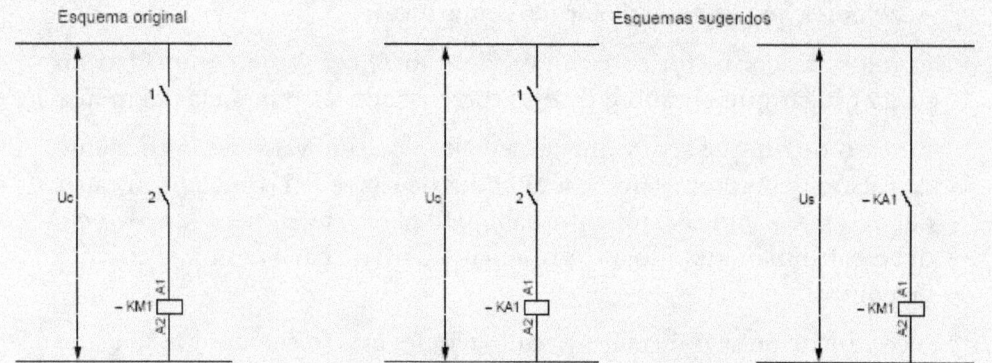

Caída de tensión en el circuito de control

Uc: Tensión de control.

Us: Tensión de la red de alimentación.

Vibración de los contactos control:

Algunos contactos de la cadena control a veces producen vibraciones (termostato, manostato, etc.), que repercuten en el electroimán del contactor de potencia y provocan cierres incompletos, haciendo que se suelden los polos.

Esta situación se soluciona cambiando la temporización del aparato a dos o tres segundos. Utilizar un contacto temporizado al cierre.

Microcortes de la red o interrupción accidental o voluntaria de corta duración:

Cuando después de una breve interrupción de la tensión de red (unas decenas de microsegundos) el contactor vuelve a cerrarse, la fuerza contraelectromotriz del motor y la de la red se desfasan.

En tales circunstancias, el pico de corriente puede llegar a duplicar su valor normal y existe el riesgo de que los polos se suelden por exceder el poder de cierre del contactor.

Este accidente se puede evitar retrasando en dos o tres segundos el cierre del aparato con un contacto temporizado al cierre para que la fuerza contraelectromotriz sea casi nula.

Para proteger los contactores contra los microcortes, también se puede temporizar la apertura del contactor principal utilizando un dispositivo retardador (rectificador condensador).

Consecuencias de los accidentes:

Si, como consecuencia de las circunstancias anteriormente descritas, los polos del contactor se sueldan, no sucederá nada anormal antes de la orden de parada del motor ya que la soldadura de uno o varios polos no impide que el contactor se cierre por completo.

En cambio, al abrirse, el contactor se queda "bloqueado" por el polo o polos soldados.

Los polos que no se han soldado se abren unas décimas de milímetro.

Se inicia un arco muy corto que, como la llama de un soplete, quema de forma lenta y constante los polos no soldados y acaba destruyendo el aparato.

Cuando a continuación se examina el contactor, se observa que a menudo uno o dos polos permanecen intactos:

Son los que estaban soldados.

Conviene señalar que la corriente no es mayor que la corriente nominal del motor y que las protecciones no funcionarán hasta que el aparato esté dañado y se inicie un cortocircuito.

Conclusiones:

Las perturbaciones que pueden provocar la soldadura de los polos del contactor tienen una duración tan corta y una aparición tan fugaz que resulta muy difícil detectarlas.

Además, estos accidentes no suceden sistemáticamente cada vez que se cierra el contactor, pero sí suelen producirse cuando coinciden varias perturbaciones o cuando surge una perturbación en una red cuya tensión ya esté muy próxima al valor mínimo admisible.

Aunque el contactor no es el origen del fallo, resulta imprescindible revisar todo el circuito de control para eliminar la causa.

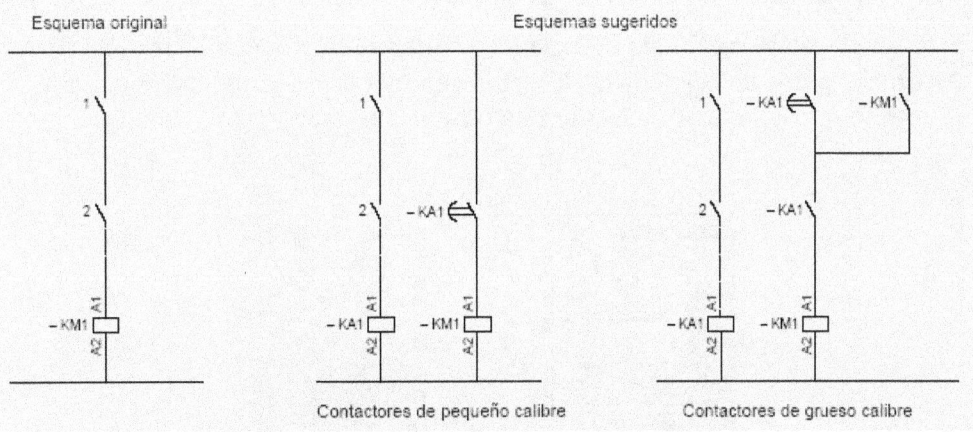

Vibraciones de los contactos de esclavización

El contactor de bajo consumo:

Los contactores de bajo consumo se pueden controlar sin interfaces a través de las salidas estáticas de los autómatas programables.

A tal efecto, incluyen un electroimán en corriente continua adaptado a los niveles de tensión y de corriente de este tipo de salidas (normalmente DC 24 V / 100 mA).

Este tipo de contactores también se utilizan cuando es necesario limitar la disipación térmica, por ejemplo en los equipos con mucho aparellaje o que incluyan aparatos electrónicos, o en los equipos alimentados por batería.

Las diferencias entre el circuito magnético de los contactores o de los contactores auxiliares de bajo consumo y un circuito magnético clásico son:

*   Geometría particular que minimiza las fugas magnéticas y guía las partes móviles de forma precisa y con poco rozamiento.

*   Utilización de hierro puro de alta permeabilidad e imanes permanentes con elevado campo coercitivo.

Los imanes están dispuestos de tal manera que la fuerza de recuperación que ejercen sobre las partes móviles alcanza su máxima intensidad cuando el contactor está abierto, lo que garantiza una excelente resistencia a los choques en posición de reposo, de magnitud similar a la que se obtiene en posición de trabajo.

Cuando la bobina se pone bajo tensión, la fuerza de atracción que ejercen los imanes sobre la paleta móvil disminuye en función del cuadrado del entrehierro (retorno de pendiente negativa), mientras que en un electroimán clásico la fuerza de retorno que ejerce el resorte aumenta a medida que se desplazan las partes móviles.

Con el mismo calibre, la fuerza motriz que suministra el electroimán de un contactor de bajo consumo es inferior a la de un contactor estándar, por lo que la bobina consume una potencia menor.

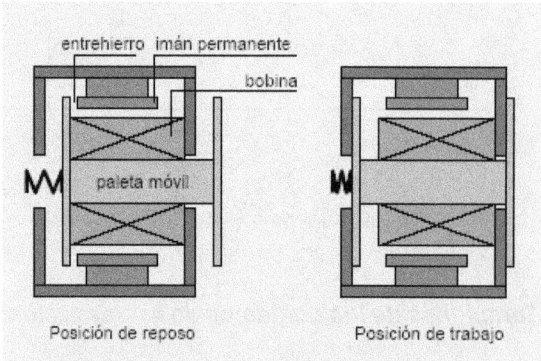

Electroimán de un contactor de bajo consumo

Resumen:

Carcasa:

Descripción:

- Es la envolvente del aparato y contenedor de sus funciones. Construido con material aislante.

Funciones:

- Fijación del contactor (carril DIN o fondo panel).
- Contenedor del Electroimán.
- Guía el desplazamiento del carro de contactos (Durabilidad Mecánica).
- Cámaras de extinción (Contactos de Potencia).
- Conexiones de Potencia y Mando.
- Enganche de bloques auxiliares.
- Serigrafía identificación aparato y sus componentes.

Electroimán:

Descripción:

- Se alimenta con la señal de mando.
- Su consumo es muy pequeño respecto al circuito de potencia.

Composición:

- Amortiguación.
- Núcleo fijo.
- Muelle de apertura.
- Núcleo móvil.
- Bobina: Existen varios tipos:
  - Rotación.
  - Translación.

Su constitución varía según la bobina sea de:

- Corriente alterna.
- Corriente continua.
- Bajo consumo.

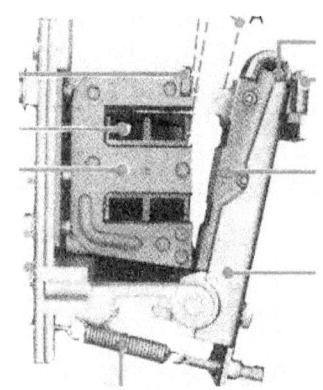

Electroimán de relé de rotación

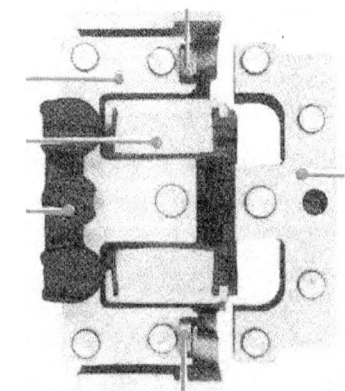

Electroimán de relé de translación

Bobina en c.a.:

Circuito magnético:

- Dos piezas en forma de E.

- Una fija y otra móvil.

- Placa de chapa magnética remachadas para reducir corrientes de Foucault

Bobina:

- Un modelo por tensión.

- Intercambiable.

- Hilo de cobre esmaltado.

- Consumo alto en atracción.

- Consumo menor en mantenimiento.

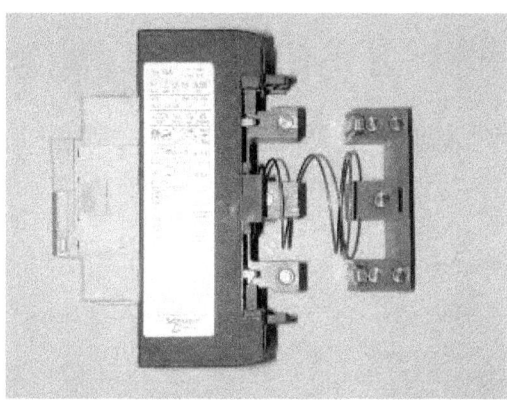 

Soporte y bobina de c.a.

Entrehierro:

- El cierre del circuito magnético deja un pequeño entrehierro.
- Su objetivo es evitar que se forme un magnetismo remanente que impida la apertura.

Espira de sombra:

- Al estar alimentada la bobina por corriente alterna, se genera un flujo magnético alterno.
- Esto produciría vibración.
- La espira de sombra crea un flujo desfasado que corrige el problema.

Bobina en c.c.:

Circuito magnético:

Existen dos tipos:

- Chapa magnética.
- Chapa magnética terminaciones en V.
- Núcleo macizo.

Bobina:

- Un tipo para cada núcleo.
- Básico (requiere resistencia limitadora).
- Reforzado (sin resistencia externa).
- Mismo consumo en atracción y mantenimiento.

Bobina bajo consumo:

Circuito magnético:

- Incorpora imanes permanentes que generan la mayor parte del campo magnético.

Bobina:

- Crea un pequeño campo, que sumado al de los imanes provoca el cierre.

- Su consumo es el más bajo de todos (2,4 W).

- Son bobinas de c.c.

Doble bobina:

- Se usan en contactores de gran potencia.

- Tienen dos devanados, el de atracción y el de mantenimiento.

- Garantizan el funcionamiento en ambas funciones

- El electroimán resulta en conjunto más pequeño y ligero.

- Es un electroimán de c.c.

- Existen bobinas de c.a. y c.c.

Los contactos de potencia o polos:

Los polos, o contactos de potencia, son los elementos encargados de conseguir la conexión eléctrica en el circuito de potencia; es decir, transmitir la energía de la red a la instalación.

Se dimensionados según calibre del contactor.

Los contactos auxiliares:

Son los contactos que nos permiten las diferentes maniobras de automatización.

Poseen un dimensionado fijo específico para circuitos de mando.

Y ambos: Polos y auxiliares, pueden ser:

- **Integrados.**

- **Módulos acoplables.**

- **Normalmente abiertos: NA.**

- **Normalmente cerrados: NC.**

Polos:

Como ya se ha dicho, son los contactos de potencia, encargados de conectar, desconectar y conducir la energía en el circuito de potencia.

Se dimensionan según la corriente a conducir (Durabilidad Eléctrica).

Y para definirlos deberemos tener en cuenta:

- **Ith** Intensidad térmica (Intensidad que deberá poder soportar durante 8h a tensión nominal).

- **Ithe** Intensidad térmica en envolvente.

- **Ie** Intensidad de empleo (ver: categoría de empleo).

- **It** Intensidad temporal (Intensidad que deberá poder soportar durante 1h a tensión nominal).

- Poder de corte.

- Poder de cierre.

Las variables básicas son:

- Caídas de tensión.

- Presión en los contactos.

Deben permitir el paso de la corriente con la menor caída de tensión: Buen conductor.

Deben permitir la presión de contacto necesaria y un cierre enérgico: Dureza.

Se construyen con distintos tipos de aleaciones en función de sus características, como por ejemplo óxido de plata y cadmio.

Contactos auxiliares:

Son los contactos utilizados en el circuito de mando.

Tienen características propias independientes del circuito principal.

Las placas de contactos tienen la superficie ranurada (Telemecanique) y se cierran de modo que se produce una fricción. Esto favorece la limpieza de su superficie.

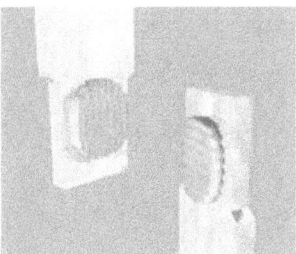

Contactos auxiliares de contactor Shneider

Arco:

- Al abrir los polos se interrumpe la circulación de corriente.

- Si la carga es inductiva y con más de 1 A, se forma un arco.

- El arco es una forma de descarga eléctrica en los gases.

- Se trata de un plasma formado por electrones libres e iones arrancados de los contactos por el efecto térmico, e impulsados por el campo eléctrico.

- El arco alcanza miles de grados.

- La duración del arco debe limitarse para evitar la destrucción de los contactos.

Extinción del arco:

- Los sistemas de extinción de arco deben ser capaces de interrumpirlo en unos pocos milisegundos, para evitar la acumulación de efecto térmico.

- En corriente alterna la corriente se anula a sí misma en el paso por cero de la onda. Hay que evitar un segundo cebado del arco.

- Si se desea disminuir una corriente continua hasta anularla, es necesario introducir en el circuito un arco cuya tensión sea superior a la de la fuente de alimentación. Para ello aumentaremos su longitud.

Formas de extinción de arco:

- Alargamiento.

- Soplado magnético.

- Fraccionamiento.

- Enfriamiento.

Alargamiento:

- Se basa en separar los contactos lo más posible.

- Por sí mismo es suficiente en aplicaciones de poca potencia.

- En potencias superiores se combina con otros métodos.

- No es posible ciertas distancias sin afectar el funcionamiento del electroimán.

- El arco tiende a ocupar más superficie desplazándose (efecto chispómetro).

- La forma física de los contactos ayuda al alargamiento (poder de puntas).

Soplado magnético:

- Se basa en la inserción de unas piezas en forma de V en la zona en la que salta el arco.

- El campo magnético asociado al arco, encuentra un camino fácil en dicha pieza.

- La forma de la pieza conduce el campo, de modo que se deforma.

- Esto hace que aparezca una fuerza sobre el arco que tiende a desplazarlo hacia el vértice de la pieza.

- Esto aumenta la distancia de recorrido del arco, produciendo su alargamiento.

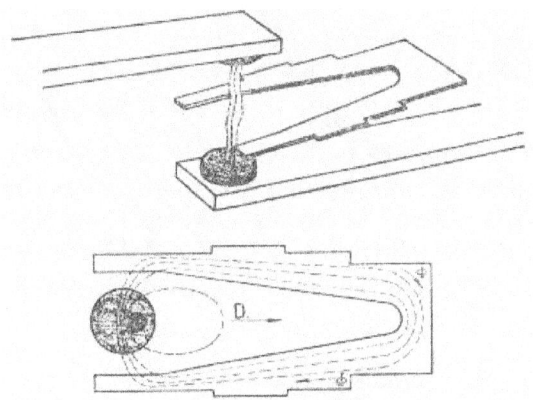

Alargamiento por soplado magnético

Fraccionamiento:

- Se produce una subdivisión del arco que facilita su extinción.

- Para ello se emplean unas placas de plancha ferromagnética.

- Para lograrlo se utiliza el desplazamiento del arco debido a la forma de los contactos.

- El soplado magnético ayuda también al desplazamiento del arco.

Los relés y los contactores estáticos:

Los relés y contactores estáticos son aparatos de conmutación de potencia con semiconductores.

Se utilizan para controlar receptores resistivos o inductivos alimentados en corriente alterna.

Al igual que los contactores electromagnéticos, los relés y los contactores estáticos pueden establecer o interrumpir corrientes importantes con una corriente de control de baja intensidad, funcionar en servicio intermitente o continuo, recibir órdenes a distancia desde cualquier aparato que emita señales de tensión todo o nada (interfaces de diálogo hombre/máquina, salidas de autómatas programables, etc.).

Los circuitos de control y de potencia están aislados galvánicamente a través de un optoacoplador o un relé herméticamente sellado.

Presentan numerosas ventajas con respecto a los contactores electromagnéticos:

- Frecuencia de conmutación elevada.

- Ausencia de piezas mecánicas móviles.

- Funcionamiento totalmente silencioso,

- Limitación máxima de parásitos radioeléctricos que podrían perturbar los componentes de automatismos electrónicos cercanos (bloqueo de los semiconductores de potencia al pasar por el cero de corriente).

- Tecnología monobloc, que insensibiliza los aparatos a los choques indirectos, las vibraciones y los ambientes polvorientos.

- Circuito de control con amplio rango de tensiones.

- Consumo muy bajo que permite transmitir órdenes a través de las salidas estáticas de los autómatas programables.

Los circuitos RC y los limitadores de cresta integrados protegen los relés y los contactores estáticos contra los cambios de tensión bruscos (dV/dt importante) y contra las sobretensiones.

Se pueden controlar en corriente continua o alterna.

En corriente continua, la entrada está protegida contra la inversión de polaridades.

En corriente alterna, un circuito rectificador con filtro restablece la tensión continua en el optoacoplador.

Los relés y los contactores estáticos no constituyen un aislamiento galvánico entre la red de alimentación y el receptor.

Si fuera necesario, es posible realizar esta función conectando aguas arriba un contactor electromagnético que sirve para varias salidas.

Los relés estáticos:

Son aparatos unipolares perfectamente adaptados para controlar cargas resistivas para regulación de hornos, aplicación que normalmente requiere una cadencia de conmutación elevada.

Existen dos versiones:

- Relés síncronos: La conmutación en estado pasante y el bloqueo se realizan respectivamente cuando la alternancia posterior a la aplicación de la señal de mando llega a cero y en el cero de corriente.

- Relés asíncronos: La conmutación en estado pasante y el bloqueo se realizan respectivamente después de la aplicación de la señal de mando y en el cero de corriente.

Si se utilizan relés estáticos para alimentar los receptores polifásicos, se recomienda conectar en serie los circuitos de control para que la conmutación de todos los relés sea simultánea.

Los contactores estáticos:

Estos aparatos tripolares están especialmente adaptados para el control de motores trifásicos que funcionen con cadencias elevadas.

Incluyen dos contactos auxiliares estáticos: Un contacto de realimentación y un contacto compatible con las entradas de autómatas programables.

Los componentes de potencia y los contactos auxiliares pasan al estado pasante con la misma señal de mando.

Existe una versión con dos sentidos de marcha que permite invertir el sentido de giro del motor permutando las fases 1 y 2 (la fase 3 no se puede conmutar).

El inversor incluye un enclavamiento interno que impide controlar simultáneamente los dos sentidos de marcha.

2.3. Elementos de control y regulación

Vamos a estudiar con mayor profundidad, en el presente capítulo, algunos de los distintos elementos que intervienen en el control y regulación de los distintos componentes integrantes de las instalaciones eléctricas:

Detectores:

Conjunto de componentes que proporcionan la información sobre el estado de un producto, una máquina o una instalación.

Dichos componentes pueden detectar un estado, controlar un umbral, seguir la posición de un móvil o identificar un objeto y sus características.

En base a su tecnología los interruptores de posición electromecánicos, los detectores de proximidad inductivos, capacitivos, los detectores fotoeléctricos y los de ultrasonidos, detectan los estados, controlan la presencia, la ausencia o el paso de un objeto, su color o tamaño, un estado de riesgo, etc.

Los interruptores de flotador, los presostatos y los vacuostatos indican las variaciones de nivel o de presión.

Estos aparatos proporcionan información "Todo o Nada" cuando se alcanzan umbrales previamente fijados.

Los codificadores incrementales y absolutos permiten realizar el seguimiento continuo de la posición lineal o angular de un móvil.

Los lectores/decodificadores de códigos de barras hacen posible la identificación óptica.

La identificación inductiva, basada en el uso de etiquetas electrónicas y de terminales de lectura/escritura, añade a la función de detección la posibilidad de memorizar e intercambiar datos detallados con la unidad de tratamiento.

Clasificación:

Para una mejor comprensión de la clasificación de los detectores, veamos el siguiente gráfico, que por sí mismo es suficientemente explícito.

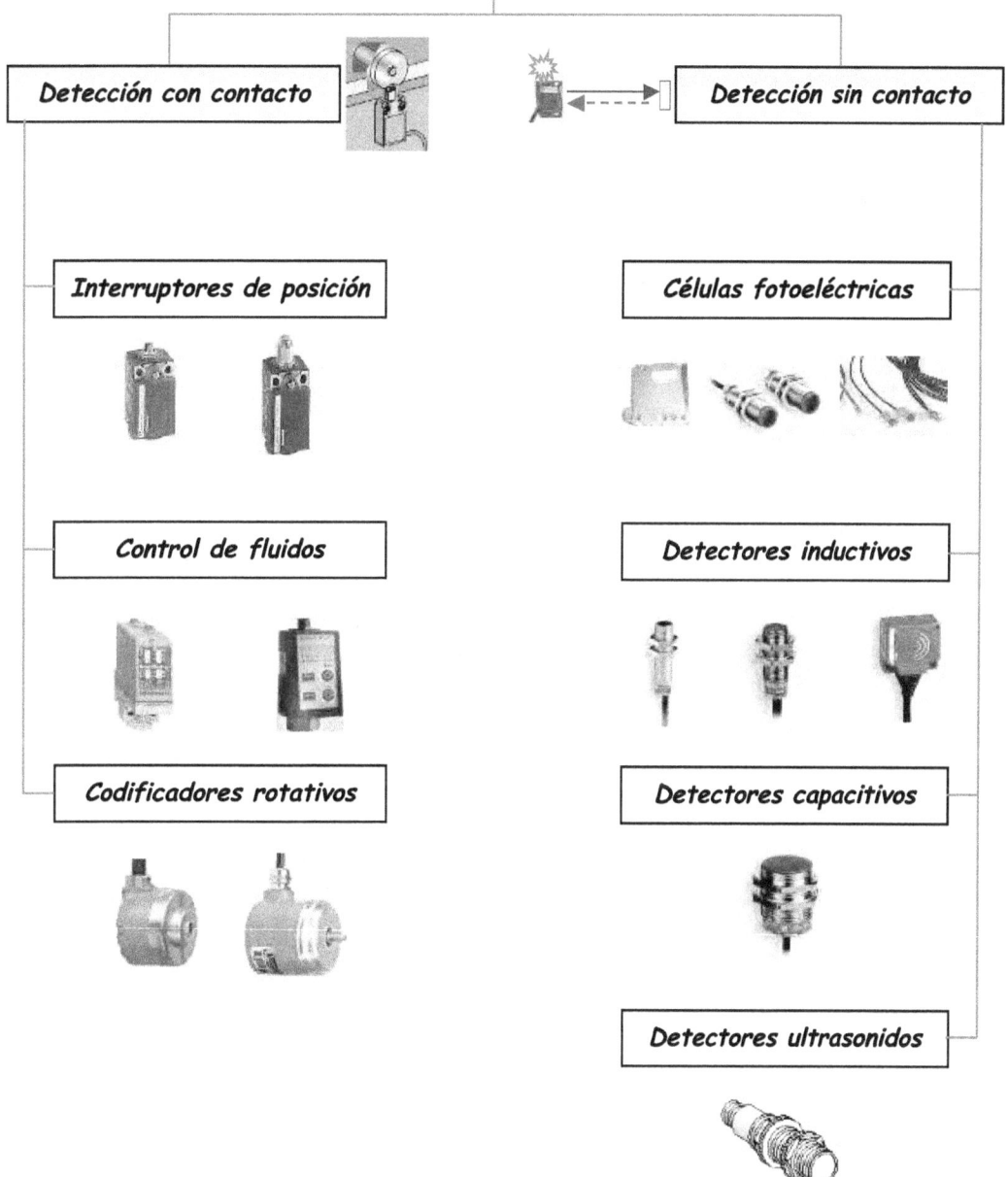

Clasificación de los detectores

Arrancadores electrónicos:

Los arrancadores electrónicos nos permitirán un arranque controlado y una parada ralentizada

Variadores de velocidad:

El variador de velocidad nos permite un arranque y una parada totalmente controlados y la posibilidad de ajustar la velocidad al valor deseado.

Para ello, la tensión y la frecuencia deben evolucionar simultáneamente según la ley de control escogida.

En la actualidad, las técnicas de Control Vectorial de Flujo (CVF) permiten utilizar motores asíncronos para aplicaciones de altas prestaciones.

El CVF amplía el rango de funcionamiento de los motores asíncronos hacia velocidades muy bajas, manteniendo el par motor.

Si el variador dispone de resistencia de frenado, el par nominal puede suministrarse incluso en el momento de la parada, con un par transitorio máximo igual a 2 veces el par nominal, dependiendo del tipo de motor.

Asimismo, la velocidad máxima puede alcanzar el doble de la velocidad nominal, o más, si la mecánica del motor lo permite.

2.3.1. Detectores con contacto físico

Veamos a continuación las características esenciales de los distintos detectores con contacto físico.

Interruptores de posición electromecánicos o finales de carrera

Los interruptores de posición electromecánicos se reparten en dos grandes familias:

- Interruptores de control cuyo papel, en el ámbito de los equipos de automatismo, consiste en detectar la presencia o el paso.

  Se conectan a las entradas de la unidad de tratamiento de datos.

- Interruptores de potencia insertados en las fases de alimentación de los accionadores.

  Generalmente, su función se limita a la seguridad.

Los interruptores de posición electromecánicos se utilizan en variedad de aplicaciones debido a sus numerosas cualidades:

- Seguridad de funcionamiento (fiabilidad de los contactos, maniobra de apertura positiva **(1)**).

(1) En conformidad con la norma IEC 947-5-1, la maniobra de apertura positiva "...asegura que todos los elementos de contacto de apertura se encuentran en la posición correspondiente a la posición de apertura del aparato".

- Alta precisión (fidelidad en los puntos de accionamiento de 0,1 a 0,01 según los modelos).

- Corriente nominal térmica de 10 A.

- Inmunidad natural a las perturbaciones electromagnéticas.

- Facilidad de manejo (fácil instalación y funcionamiento "transparente").

- Etc.

Los principales factores que determinan la elección de un interruptor de posición de control mecánico son:

- La protección contra los golpes, las salpicaduras...

- Las condiciones ambientales: Humedad, polvo, corrosión, temperatura...

- El espacio disponible para instalar, fijar y ajustar el aparato.

- Las condiciones de uso: Frecuencia de las maniobras, naturaleza, masa y velocidad del móvil que se controla, exigencias de precisión y fidelidad, posible sobrerrecorrido en uno u otro sentido, esfuerzo necesario para accionar el contacto.

- El número de ciclos de maniobra.

- El número y el tipo de los contactos: Ruptura lenta o brusca, posibilidad de ajuste.

- La naturaleza de la corriente, el valor de la tensión y de la corriente que se deben controlar.

Composición de los interruptores de posición:

Los interruptores de posición constan de los tres elementos básicos siguientes:

Un contacto eléctrico, un cuerpo y una cabeza de mando con su dispositivo de ataque.

La mayoría de estos aparatos se componen a partir de distintos modelos de cuerpos dotados de un contacto eléctrico, de cabezas de mando y de dispositivos de ataque.

Esta modularidad facilita en gran medida el mantenimiento gracias a la posibilidad de cambiar cualquier elemento con comodidad.

Contacto eléctrico:

Es el denominador común de la mayoría de los aparatos.

Existen versiones 1 NO / NC, 2 NO / NC simultáneos y 2 NO / NC decalados de ruptura brusca y NO + NC decalados de ruptura lenta.

Cuerpo:

Existen varias opciones:

Normalizado CENELEC o de dimensiones reducidas, fijo o enchufable, metálico o termoplástico, una o varias entradas de cable.

Cabezas de control, dispositivos de ataque:

Pueden asociarse numerosos modelos al cuerpo que contiene el elemento de contacto:

- Cabezas de movimiento rectilíneo:

- Pulsador de bola o con rodillo en extremo, lateral con rodillo vertical u horizontal.

- Palanca con rodillo de acción horizontal o vertical.

- Cabezas de movimiento angular:

- Palanca con rodillo termoplástico o acero, longitud fija o ajustable sobre 360° de 5° en 5° o cada 45° por giro de la palanca, acción en uno o ambos sentidos.

- Varilla rígida de acero o poliamida, acción en uno o ambos sentidos.

- Resorte o varilla de resorte, acción en uno o ambos sentidos.

- Lira de una o dos pistas, con rodillos termoplásticos, de posición mantenida.

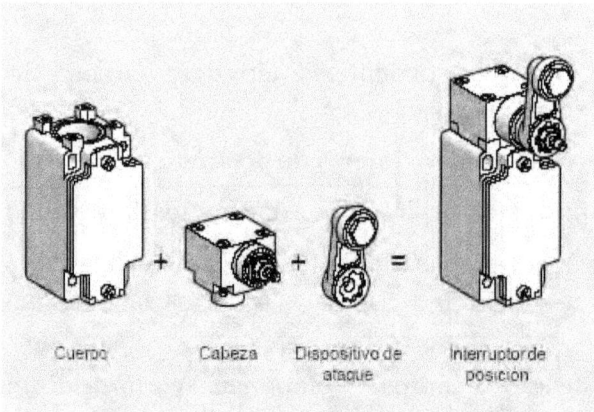

Composición de un interruptor de posición

- Multidirecciones, de varilla flexible con resorte o varilla rígida con resorte.

En los modelos de acción en uno o ambos sentidos, la elección del sentido se realiza por simple ajuste de la cabeza.

Interruptores de posición para aplicaciones comunes:

Existen varios tipos de interruptores, cuyas formas y características se adaptan a la naturaleza de las aplicaciones y a su ambiente.

A continuación se describen varios ejemplos representativos.

Aparatos que pueden componerse:

Cuerpo metálico:

Existe un primer tipo de interruptor, de entrada por prensaestopa incorporado, con cuerpo metálico fijo o enchufable.

Generalmente, se utiliza en los conjuntos mecánicos de tratamiento o transformación de materiales, donde su robustez y precisión son muy apreciadas.

El segundo tipo de aparato, de cuerpo fijo o enchufable y con entrada roscada para prensaestopa CM12, es conforme a la norma CENELEC EN 50041 (entreejes de fijación de 30 x 60 mm).

Es adecuado para las máquinas-herramienta, las máquinas transfer y otras instalaciones de mecanizado en las que la productividad obliga a trabajar con elevadas cadencias de conmutación y por tanto, con elementos de alta durabilidad eléctrica y mecánica, gran precisión y buena resistencia a los aceites de corte.

Cuerpo plástico:

Este tipo de interruptor también es conforme con la norma CENELEC EN 50041 (entreejes de fijación de 30 x 60 mm).

Su cuerpo plástico, dotado de una entrada roscada para prensaestopa CM12, le confiere un doble aislamiento.

Es adecuado para los equipos de la industria agroalimentaria y química.

Por otra parte, los dispositivos de mando de palanca con rodillo de gran diámetro permiten su uso en instalaciones de mantenimiento, transporte, etc.

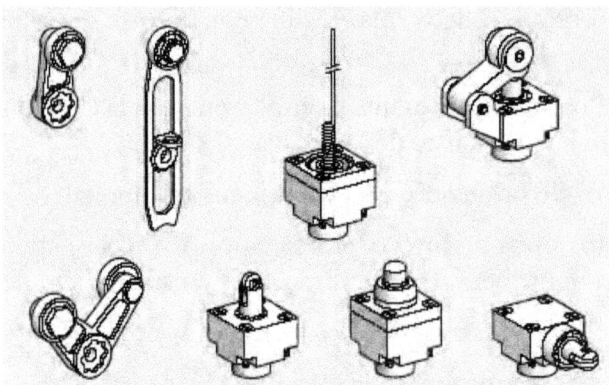

Dispositivos de ataque y cabezas de mando

Aparatos que no pueden componerse:

Cuerpo plástico:

Estos interruptores disponen de un cuerpo de plástico con doble aislamiento.

Están disponibles con distintos dispositivos de mando (movimiento rectilíneo, angular, multidirección) y se utilizan en los sectores de fabricación y terciario.

Cuerpo metálico:

Es un aparato compacto de caja monocuerpo, con distintas longitudes de cable de salida.

Su estanqueidad y su excelente resistencia mecánica lo hacen especialmente adecuado para las aplicaciones en entornos difíciles.

Por otra parte, sus dimensiones reducidas permiten su integración en emplazamientos de pequeño tamaño.

Aparatos para aplicaciones específicas:

Aparatos para manutención-elevación:

Estos aparatos de cuerpo metálico disponen de dispositivos de ataque de diseño robusto que les permite ser accionados por todo tipo de elementos móviles.

Se utilizan principalmente en aplicaciones de elevación y manutención.

Los dispositivos de ataque, de movimiento angular, son de vuelta a cero (sólo varilla, varilla o palanca con rodillo), o de posición mantenida (varilla en cruz o en T).

Estos modelos disponen de dos contactos NO / NC de ruptura brusca o de dos contactos NO + NC de ruptura lenta.

En ambos casos, los contactos son de maniobra de apertura positiva.

Pueden accionarse de tres maneras distintas:

- Dos contactos en cada sentido.

- Dos contactos en un solo sentido.

- Un contacto en cada sentido.

Interruptores para control de cinta:

Se utilizan en el control de desvío de cintas transportadoras.

Su palanca con rodillo controla un primer contacto NO / NC de ruptura brusca para una inclinación de 10° (señalización del defecto) y un segundo contacto NO / NC de 18° (parada de la cinta).

Existen normalmente dos versiones: Caja de aleación de aluminio para entornos normales. y caja de poliéster preimpregnado para ambientes corrosivos.

Interruptores de potencia:

Llamados igualmente interruptores de sobrerrecorrido, se insertan en las fases de alimentación de los accionadores para garantizar una última función de seguridad (por ejemplo, en máquinas de manutención).

Realizaciones especiales:

Ciertos interruptores de posición pueden suministrarse a medida para aplicaciones particulares o para entornos fuera de lo habitual:

- Con revestimiento antideflagrante para atmósferas explosivas.

- Con estanqueidad reforzada que confiere una resistencia superior a los agentes externos.

- Para entornos corrosivos.

- Etc.

Interruptores de seguridad:

Los interruptores de seguridad garantizan la protección del personal que trabaja con máquinas peligrosas.

Se accionan por medio de una llave solidaria a la puerta o a la tapa de protección de la máquina.

Al cerrar la puerta o la tapa, la llave entra en la cabeza del interruptor, acciona un dispositivo de enclavamiento múltiple y permite el cierre de un contacto eléctrico NC (contacto de ruptura lenta y maniobra de apertura positiva).

Este contacto no debe controlar el arranque de la máquina en ningún caso.

Su función se limita a permitir el arranque, que sólo puede producirse por acción voluntaria sobre los mandos de servicio previstos a tal efecto.

Queda, por tanto, excluido que el cierre de un protector provoque la puesta en marcha de una máquina.

La apertura de la puerta provoca el desenclavamiento de la llave y fuerza la apertura del contacto del interruptor.

Existen dos familias de interruptores de seguridad:

- Interruptores adaptados a los pequeños protectores.

- Interruptores para máquinas de mayores dimensiones: Centros de mecanizado, etc.

Ciertos modelos están provistos de pilotos que facilitan el mantenimiento y el uso, y de conectores que permiten una sustitución rápida sin posibilidad de error.

Existen versiones de enclavamiento integrado por electroimán, para las máquinas en las que el peligro subsiste después de la orden de parada (inercia, tensión, temperatura, presión, etc.).

Los presostatos / vacuostatos

Empecemos definiendo el detector de presión, cuyo término engloba a los captadores de presión, los presostatos, los vacuostatos y los detectores universales de presión.

¿Qué es un detector de presión?

Son elementos destinados a detectar, controlar o regular una presión o depresión en un circuito neumático o hidráulico.

Ellos transforman un cambio de presión en una señal eléctrica. Cuando la presión o depresión varían del valor de reglaje, el contacto eléctrico cambia de estado.

Captadores de presión:

Función:

La función de los captadores analógicos de presión consiste en medir y controlar una presión o una depresión en un circuito hidráulico o neumático.

Transforman la presión en una señal eléctrica proporcional.

Gracias a su gran precisión, se utilizan en aplicaciones industriales de visualización, de control o de regulación.

PRESOSTATO   **VACUOSTATO**

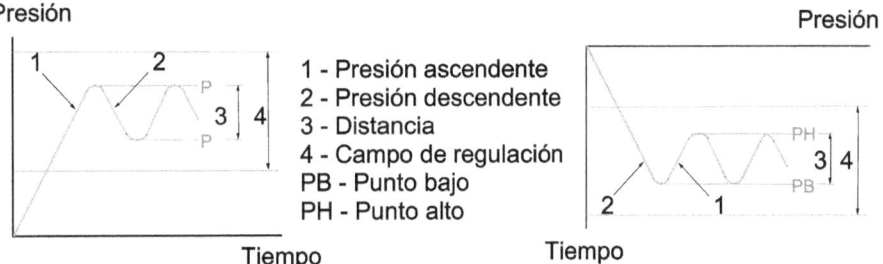

1 - Presión ascendente
2 - Presión descendente
3 - Distancia
4 - Campo de regulación
PB - Punto bajo
PH - Punto alto

Comportamiento de los termostatos y vacuostatos

Su diseño es especialmente resistente, de forma que también se pueden utilizar en aplicaciones de cadencias altas.

Principio de funcionamiento:

La señal eléctrica que envía el transmisor de presión (señal proporcional a la presión que se desea controlar) se amplifica, se calibra y está disponible con forma de una señal analógica 4 a 20 mA o 0 a 10 V según los modelos.

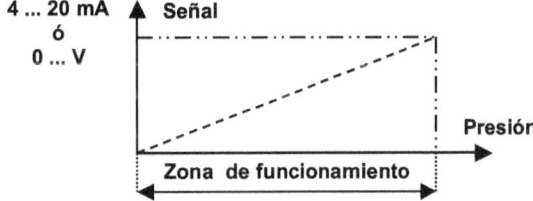

Comportamiento de un captador de presión

Presostatos y vacuostatos:

Función:

La función de los presostatos y vacuostatos consiste en controlar o regular una presión o una depresión en un circuito hidráulico o neumático.

Transforman un cambio de presión en señal eléctrica "Todo o Nada" cuando los puntos de consigna regulados se han alcanzado.

Los electromecánicos, funcionan por la deformación de una membrana elástica, que induce el cambio de estado en un contacto eléctrico.
Los electrónicos, se basan en el cambio de resistencia que se produce en un detector cerámico ante los cambios de presión.

Se diferencian de los electromecánicos por disponer de zonas de ajuste de los puntos de consigna muy amplios.

Están diseñados para aplicaciones de cadencias altas en virtud de su gran resistencia así como de una resistencia excelente de los ajustes en el tiempo.

Gracias a una gran repetibilidad y a un tiempo de respuesta reducido, también se utilizan para regular y controlar las presiones de forma precisa.

Principio de funcionamiento:

Estos aparatos están diseñados para controlar 2 umbrales. Disponen de puntos de consigna alto (PA) y bajo (PB) regulables de forma independiente.

La diferencia (intervalo) entre estos dos puntos puede ser más o menos grande, de forma que se puede regular con intervalos pequeños o amplios.

No tienen piezas mecánicas en movimiento, ya que su funcionamiento es completamente electrónico.

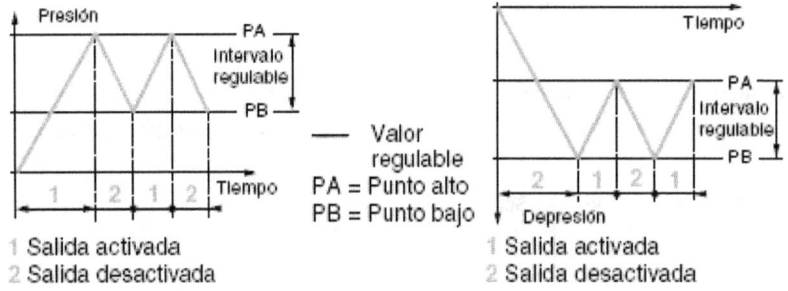

Principio de funcionamiento con salidas estáticas de apertura "NC"
Presostatos con salida TON   Vacuostatos con salida TON

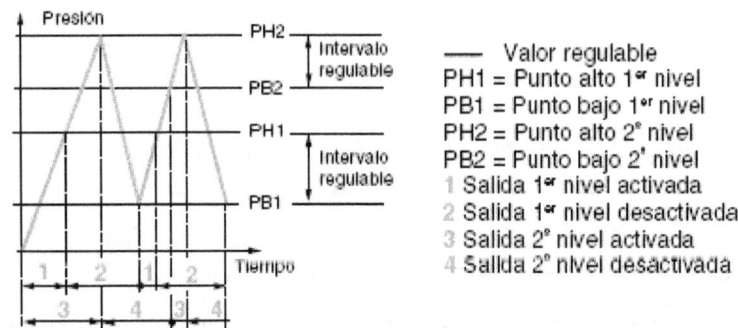

Principio de funcionamiento con salidas estáticas de apertura "NC"
Presostatos con 2 niveles

Detectores universales:

Función:

Los detectores universales son presostatos y vacuostatos electrónicos equipados con una salida analógica idéntica a la de los captadores.

Terminología:

Veamos a continuación la terminología específica utilizada en la utilización de estos componentes.

Rango de medida:

El rango de medida (RM) o la zona de medida de un detector corresponde al intervalo de las presiones medidas por el transmisor.

Está incluida entre 0 bares y la presión correspondiente al calibre del detector.

Zona de funcionamiento:

La zona de funcionamiento de un captador corresponde a su rango de medida.

En esta zona, su señal analógica de salida oscila entre 4 y 20 mA o entre 0 y 10 V de forma proporcional a la presión medida.

La zona de funcionamiento de un presostato o de un vacuostato es el intervalo definido por el valor mínimo de ajuste del punto bajo (PB) y cl valor máximo de ajuste del punto alto (PA).

Precisión:

La precisión viene definida por la suma de una serie de parámetros: La linealidad, la histéresis, la repetibilidad y las tolerancias de los ajustes.

Se expresa en % de la zona de medida del transmisor de presión (% EM).

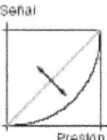

La linealidad: Es la diferencia más importante entre la curva real del transmisor y la curva nominal.

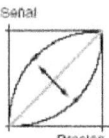

La histéresis: Es la diferencia más importante entre la curva de presión ascendente y la curva de presión descendente.

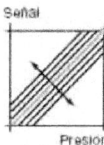

La repetibilidad: es la banda de dispersión máxima obtenida al variar la presión en unas condiciones determinadas.

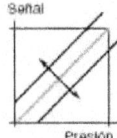 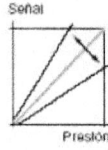

Las tolerancias en los ajustes: Son las determinadas por el fabricante, tanto del punto cero como de la sensibilidad (caída de la curva de la señal de salida del transmisor).

Derivas de temperatura:

La precisión de un detector de presión siempre es sensible a la temperatura de funcionamiento.

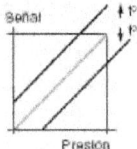

Deriva del punto cero: Es proporcional a la temperatura y se expresa en % EM / °C.

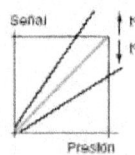

Deriva de la sensibilidad: Es proporcional a la temperatura y se expresa en % EM / °C.

Punto de consigna alto (PA):

Es el valor máximo de presión escogido y ajustado en el presostato o el vacuostato, para el que la salida eléctrica cambiará de estado cuando la presión sea ascendente.

Punto de consigna bajo (PB):

Es el valor de presión mínima escogido y ajustado en el presostato o el vacuostato, para el que la salida eléctrica cambiará de estado cuando la presión sea descendente.

Intervalo:

Es la diferencia entre el punto de consigna alto (PA) y el punto de consigna bajo (PB).

El punto bajo se puede ajustar en función de los valores indicados en las curvas de funcionamiento.

Repetibidad:

Es la variación del punto de funcionamiento de un presostato o vacuostato entre varias maniobras sucesivas.

Calibre:

En captadores de presión y presostatos corresponde con el valor máximo o/y mínimo de la zona de funcionamiento.

Presión máxima admisible accidental:

Se refiere a la presión máxima, independientemente de los choques de presión, a la que el detector de presión puede estar sometido de forma ocasional sin dañar el aparato.

Presión de rotura:

Se trata de la presión límite por encima de la cual el detector de presión puede tener alguna fuga y que incluso puede dañar de forma irreversible los componentes mecánicos.

Los codificadores rotativos

El control del desplazamiento, de la posición y de la velocidad de un móvil es un problema habitual en numerosas máquinas e instalaciones:

- Platos y carros portacabezales de mecanizado.

- Carros de manutención.

- Robots.

- Máquinas de corte longitudinal.

- Etc.

Los sistemas de detección convencionales (interruptores de posición, detectores inductivos, fotoeléctricos, por ultrasonidos) resuelven satisfactoriamente numerosas aplicaciones:

- Captadores situados en emplazamientos fijos predeterminados.

- Contaje de los impulsos suministrados por un detector de paso de levas o accionado por una rueda dentada.

- Codificación de posición por lectura de levas mediante detectores montados en el móvil.

Sin embargo, estos sistemas llegan rápidamente a su límite cuando el número de posiciones que se controlan crece demasiado o cuando la velocidad de desplazamiento exige una frecuencia de contaje incompatible con las características de los captadores.

Con los codificadores ópticos rotativos el posicionamiento de un móvil queda completamente controlado por el sistema de tratamiento en lugar de realizarse físicamente por medio de captadores instalados en la máquina o repartidos por la instalación.

Elevada velocidad de desplazamiento, adaptación de los puntos de ralentización a la velocidad sin necesidad de intervención física en la máquina, precisión de parada, todas las posibilidades que ofrecen los codificadores permiten optimizar los tiempos de respuesta y contribuyen, por tanto, a mejorar la productividad y la flexibilidad en todos los campos de la producción industrial.

Codificadores ópticos rotativos:

Un codificador óptico rotativo es un captador angular de posición.

Su eje, unido mecánicamente a un árbol que lo acciona, hace girar un disco que consta de una serie de zonas opacas y transparentes.

La luz emitida por los diodos electroluminiscentes alcanza a los fotodiodos cada vez que atraviesa una zona transparente del disco.

Los fotodiodos generan una señal eléctrica que se amplifica y convierte en señal cuadrada antes de transmitirse a la unidad de tratamiento.

Existen dos tipos de codificadores ópticos rotativos:

- **Codificadores incrementales**. (También llamados generadores de impulsos).

- **Codificadores absolutos**. De vuelta simple y multivuelta.

Composición de un codificador óptico rotativo incremental

Codificadores incrementales:

Los codificadores incrementales se utilizan en aplicaciones de posicionamiento y de control de desplazamiento de un móvil por contaje / descontaje de impulsos.

El disco de un codificador incremental incluye dos tipos de pistas:

- Una pista exterior (vías **A** y **B**) dividida en "n" intervalos del mismo ángulo y alternativamente opacos y transparentes; donde "n" es la resolución o número de períodos.

- Dos fotodiodos decalados e instalados detrás de esta pista suministran señales cuadradas **A** y **B** cada vez que el haz luminoso atraviesa una zona transparente.

- El desfase de 90° eléctricos (1/4 de período) de las señales **A** y **B** define el sentido de la rotación:

- En un sentido, la señal **B** se mantiene a 1 durante el flanco ascendente de **A**.

- Mientras que en el otro sentido se mantiene a 0.

- Una pista interior (pista **Z**) que consta de una sola ventana transparente.

La señal **Z**, denominada "top cero", tiene una duración de 90° eléctricos y es síncrona con las señales **A** y **B**.

Define una posición de referencia y permite la reinicialización en cada vuelta.

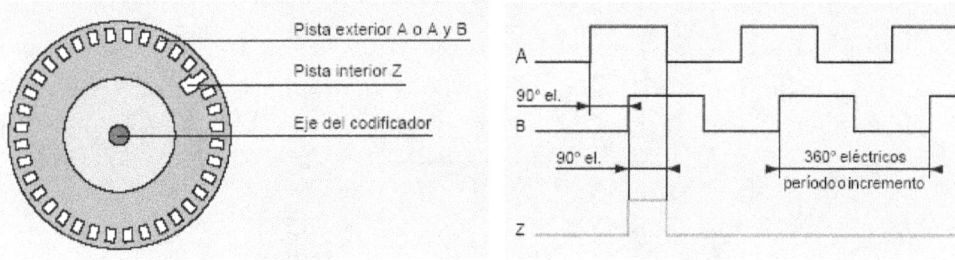

Disco incremental

Señales de base suministradas por un codificador incremental

Explotación de las vías A y B:

Los codificadores incrementales permiten tres niveles de precisión de explotación:

- Uso de los flancos ascendentes de la vía **A** exclusivamente: Explotación simple que corresponde con la resolución del codificador.

- Uso de los flancos ascendentes y descendentes de la vía **A** exclusivamente: Doble precisión de explotación.

- Uso de los flancos ascendentes y descendentes de las vías **A** y **B**: Cuádruple precisión de explotación.

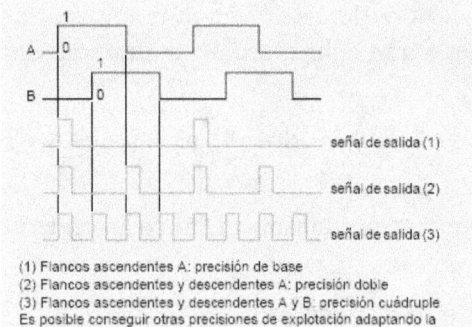

Cuadruplicación de la precisión de explotación de un codificador incremental

(1) Flancos ascendentes A: precisión de base
(2) Flancos ascendentes y descendentes A: precisión doble
(3) Flancos ascendentes y descendentes A y B: precisión cuádruple
Es posible conseguir otras precisiones de explotación adaptando la resolución del codificador al sistema de tratamiento asociado.

Eliminación de parásitos:

Todo sistema de contaje puede verse afectado por la aparición de parásitos en la línea que se confunden con los impulsos suministrados por el codificador.

Para eliminar este riesgo, la mayoría de los codificadores incrementales suministran las señales complementadas **A'**, **B'** y **Z'**, además de las señales **A**, **B** y **Z**.

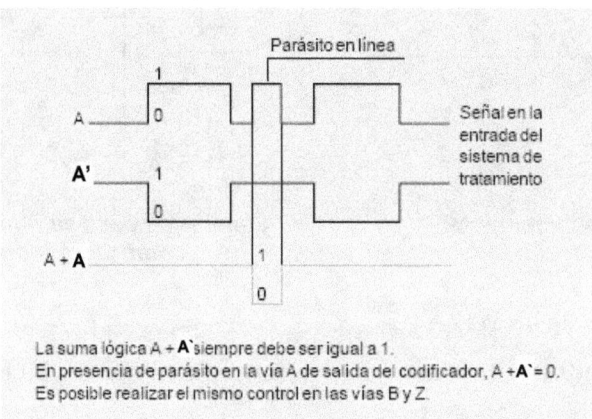

La suma lógica A + **A**'siempre debe ser igual a 1.
En presencia de parásito en la vía A de salida del codificador, A +**A**'= 0.
Es posible realizar el mismo control en las vías B y Z.

Control de presencia de un parásito en línea

Si el sistema de tratamiento está diseñado para poder utilizarlas (por ejemplo, control numérico), las señales complementadas permiten diferenciar los impulsos suministrados por el codificador de los impulsos parásitos, ignorando así los últimos.

Codificadores absolutos:

Los codificadores absolutos se utilizan en aplicaciones de control de desplazamiento y posicionamiento de un móvil por codificación.

Dependiendo del modelo, el disco de un codificador absoluto consta de hasta 17 pistas concéntricas divididas en segmentos iguales alternativamente opacos y transparentes.

Cada pista dispone de un par emisor / receptor.

La resolución de este tipo de codificadores es igual a **2** a la potencia **N**:

N = número de pistas.

Resolución = 131.072 en los modelos de 17 pistas.

Un codificador absoluto suministra permanentemente un código que corresponde a la posición real del móvil que controla.

Por tanto, ofrece dos ventajas sobre el codificador incremental:

- Insensibilidad a los cortes de la red:

  Desde la primera puesta en tensión, o desde la vuelta de la tensión posterior a un corte, el codificador suministra la posición real del móvil; por tanto, una información directamente utilizable por el sistema de tratamiento.

  En la misma situación, sería necesario reinicializar un codificador incremental antes de su arranque, lo que puede ser problemático en ciertas aplicaciones.

- Insensibilidad a los parásitos de la línea:

  Un parásito puede modificar provisionalmente el código suministrado por un codificador absoluto.

  No obstante, el código se corrige automáticamente en el momento de la desaparición del parásito.

  Con un codificador incremental, la información parásita se toma en cuenta a menos que la unidad de tratamiento sea capaz de utilizar las señales complementadas (por ejemplo, los controles numéricos).

¿Por qué dos tipos de códigos?

El código binario puro es un código ponderado:

Permite efectuar las cuatro operaciones aritméticas con los números que expresa.

Por tanto, los sistemas de tratamiento pueden utilizarlo directamente (por ejemplo, los autómatas programables) para realizar cálculos o comparaciones.

No obstante, presenta el inconveniente de disponer de varios bits que cambian de estado entre dos posiciones.

Dado que los cambios no pueden ser rigurosamente síncronos, la lectura es ambigua en cada cambio de posición.

Para eliminar la ambigüedad, los codificadores absolutos generan una señal de inhibición que bloquea las salidas en cada cambio de estado.

El código Gray, en el que sólo un bit cambia de estado a la vez, es otro medio de evitar este problema.

Sin embargo, dicho código no es ponderado y, por tanto, debe transcodificarse en binario antes de poder ser utilizado, lo que complica el tratamiento.

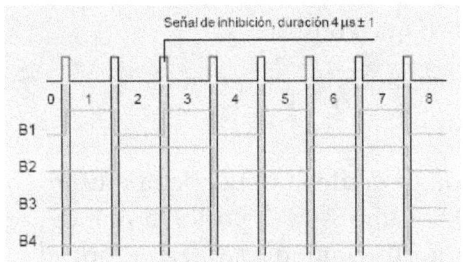

Código Binario

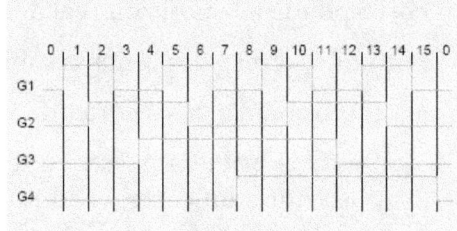

Código Gray

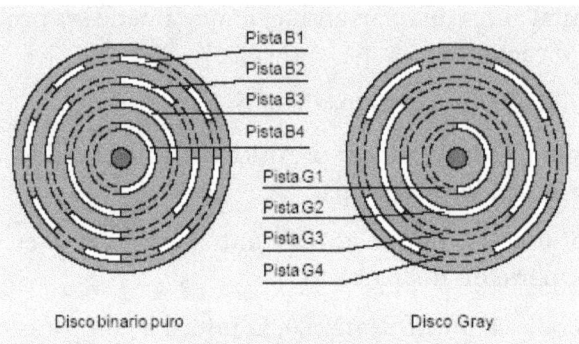

Discos absolutos

Multiplexado:

Los datos del codificador se envían en paralelo a la unidad de tratamiento, que debe disponer de un número de entradas igual al de bits transmitidos por cada codificador conectado.

Ciertos codificadores absolutos disponen de una entrada MX que permite bloquear sus salidas cuando la unidad de tratamiento emite una señal de bloqueo.

Este sistema permite conectar varios codificadores a las mismas entradas.

El único activo será aquel que no reciba la señal de bloqueo.

Elección de un codificador:

Etapas de salida:

Los codificadores están equipados con salidas de colector abierto NPN o PNP para poderse adaptar a las distintas entradas de las unidades de tratamiento (TTL / CMOS o acopladores ópticos).

Los codificadores incrementales pueden disponer de salidas por emisores de línea (norma RS 422), que son necesarias para la transmisión de alta frecuencia a larga distancia.

Diámetro exterior:

Existen codificadores con distintos diámetros: desde 27 mm (talla 11), para aplicaciones con poco espacio disponible, hasta 100 mm (talla 40), que permiten obtener un rendimiento excelente (alta resolución, multivuelta, tacómetro).

Codificadores de eje lleno:

Los codificadores de eje lleno pueden utilizarse siempre que la longitud no sea un criterio determinante.

Su eje está unido al eje de arrastre por medio de un acoplamiento flexible que puede absorber defectos cinemáticos importantes: Desalineación angular y lateral, desplazamiento axial.

Asimismo, los acoplamientos flexibles permiten unir ejes de distinto diámetro: Por ejemplo, eje de codificador de 6 mm y eje de motor de 10 mm.

Codificador de eje lleno de Telemecanique

Codificadores de eje hueco:

Los codificadores de eje hueco se montan directamente en el árbol de arrastre.

Se fijan mediante una pinza de apriete en el árbol, un tornillo en la rosca central del árbol o por apriete.

El rotor -disco se hace solidario del árbol por medio de un tornillo.

Un peón de bloqueo, que debe poder deslizarse libremente por una ranura practicada en el bastidor del sistema de arrastre, impide la rotación de la caja del codificador.

El montaje resulta mucho más sencillo, rápido y económico que el de los codificadores de eje lleno.

Por otra parte, el espacio que ocupan es también más importante.

Los codificadores de este tipo son sensibles a los defectos cinemáticos ya que no utilizan un acoplamiento flexible para compensar la excentricidad del árbol. Como resultado, la durabilidad de los rodamientos es menor.

Codificado de eje hueco de Telemecanique

Asociación codificador - unidad de tratamiento:

La siguiente tabla agrupa los principales tipos de unidades de tratamiento que se utilizan en la industria y los codificadores a los que se asocian generalmente.

Unidades de tratamiento		Codificadores			
		Incremental			Absoluto
		Frecuencia de señal (kHz)			Enlace paralelo
		≤ 0,2	≤ 40	> 40	
Autómatas programables	Entradas TON	●			●
	Contaje rápido Tarjetas de eje	●	●		
Comandos numéricos		●	●	●	
Micro-ordenadores	Entradas paralelas				●
Tarjetas específicas		●	●	●	●

Tabla: Unidad de tratamiento / Codificador

2.3.2. Detectores sin contacto físico

Los diferentes procesos industriales, requieren, en ocasiones, controles en los que el contacto físico con el elemento a controlar es dificultoso o incluso imposible.

Para estos casos disponemos de los diferentes sistemas de detección sin contacto físico: Detectores capacitivos, inductivos, fotoeléctricos y por ultrasonidos.

Veámoslos:

Los detectores inductivos

Estos aparatos se utilizan principalmente en aplicaciones industriales. Detectan cualquier objeto metálico sin necesidad de contacto: Control de presencia o de ausencia, detección de paso, de atasco, de posicionamiento, de codificación, de contaje, etc.

Los detectores de proximidad inductivos aportan numerosas ventajas:

- Compatibilidad con los automatismos electrónicos gracias a la posibilidad de cadencias elevadas.

- Durabilidad independiente del número de ciclos de maniobra (ninguna pieza móvil y, por tanto, sin desgaste mecánico, contactos de salida estáticos).

- Adaptación a ambientes húmedos, corrosivos y con atascos.

- Detección de objetos frágiles, recién pintados, etc.

Composición y funcionamiento:

Un detector de proximidad inductivo detecta la presencia de cualquier objeto de material conductor sin necesidad de contacto físico.

Consta de un oscilador, cuyos bobinados forman la cara sensible, y de una etapa de salida.

El oscilador crea un campo electromagnético alterno delante de la cara sensible. La frecuencia del campo varía entre 100 y 600 kHz según el modelo.

Cuando un objeto conductor penetra en este campo, soporta corrientes inducidas circulares que se desarrollan a su alrededor (efecto piel).

Estas corrientes constituyen una sobrecarga para el sistema oscilador y provocan una reducción de la amplitud de las oscilaciones a medida que se acerca el objeto, hasta bloquearlas por completo.

La detección del objeto es efectiva cuando la reducción de la amplitud de las oscilaciones es suficiente para provocar el cambio de estado de la salida del detector.

Composición de un detector de proximidad inductivo

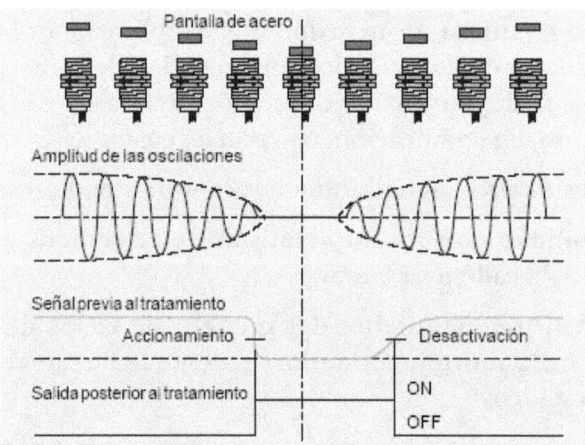

Principio de funcionamiento de un detector inductivo

Campo electromagnético y zona de influencia:

El dibujo siguiente representa el campo electromagnético generado por un detector inductivo.

La intensidad del campo disminuye rápidamente a medida que se aleja de la cara sensible.

La zona de influencia (la zona en la que la intensidad del campo es suficiente para que se produzca la detección) es por tanto más pequeña. Condiciona las distancias que deben respetarse entre aparatos o entre aparatos y masas metálicas.

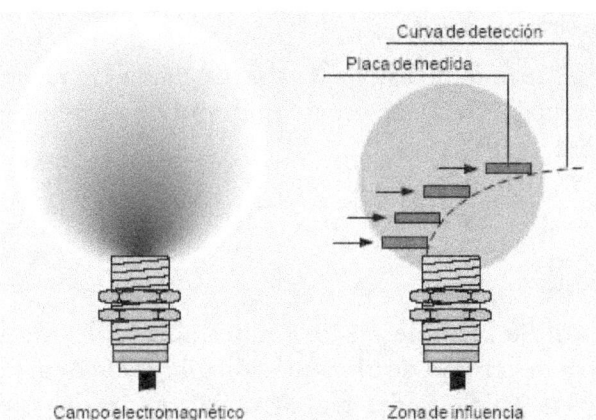

Campo electromagnético y zona de influencia de un detector

Curvas y distancias de detección:

Las curvas y distancias de detección se determinan mediante una placa cuadrada de acero dulce Fe 360 de 1 mm de espesor. El lado del cuadrado es igual al diámetro de la cara sensible (detectores cilíndricos) o al triple del alcance nominal **Sn** (detectores rectangulares).

Para trazar la curva de detección, la placa se sitúa a distintas distancias de la cara sensible, en paralelo y hasta los puntos de conmutación de la salida. La curva de detección se obtiene por la unión de estos puntos.

La norma IEC 947-5-2 proporciona la terminología utilizada para definir las distancias de detección de los detectores de proximidad inductivos:

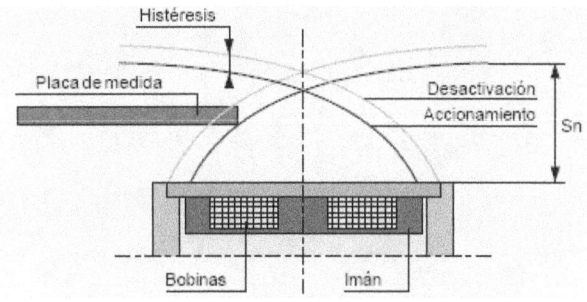

Curva de detección de un detector inductivo

Alcance nominal o alcance asignado Sn:

Es el alcance convencional que permite designar el aparato y que figura en los catálogos de los fabricantes. No tiene en cuenta las dispersiones (fabricación, temperatura ambiente, tensión de alimentación).

Alcance real Sr:

El alcance real **Sr** se mide bajo la tensión asignada **Un** y a la temperatura ambiente asignada **Tn**. Debe estar comprendido entre 90% y 110% del alcance **Sn** del detector.

$$0,9 \ Sn \leq Sr \leq 1,1 \ Sn$$

Alcance útil Su:

El alcance útil **Su** se mide en los límites admisibles de temperatura ambiente Ta y de tensión de alimentación **Ub**. Debe estar comprendido entre 90% y 110% del alcance real **Sr**.

$$0,9 \ Sr \leq Su \leq 1,1 \ Sr$$

Alcance de trabajo Sa:

El alcance de trabajo **Sa** está comprendido entre 0 y 81% del alcance nominal **Sn**. Es la **zona de funcionamiento** en la que se asegura la detección de la placa de medida, con independencia de las dispersiones de tensión y temperatura.

$$0 \leq Sa \leq 0,9 \ x \ 0,9 \ x \ Sn$$

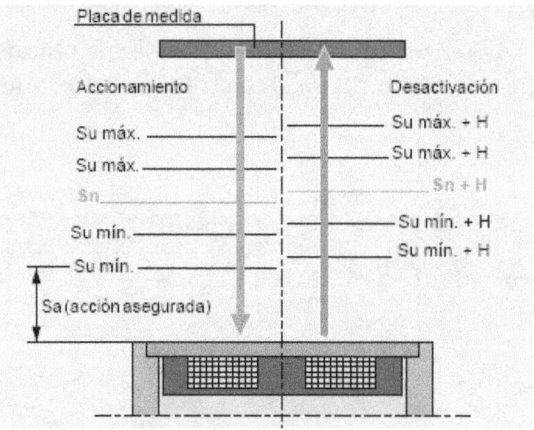

Distancias de detección

Recorrido diferencial:

En una máquina, la trayectoria de la pieza detectada nunca es totalmente uniforme debido a las vibraciones y a los juegos mecánicos.

Por esta razón, un solo umbral de accionamiento y desactivación podría tener como consecuencia rebotes en la salida, especialmente en los casos de desplazamiento lento de la pieza que se detecta.

Para evitar este problema, la mayoría de los detectores utilizan un recorrido diferencial que permite obtener una conmutación franca de la salida.

El recorrido diferencial (o histéresis) **H** es la distancia medida entre el punto de accionamiento cuando la plaqueta de medida se aproxima al detector y el punto de desactivación cuando se aleja de él. Se expresa en % del alcance real **Sr**.

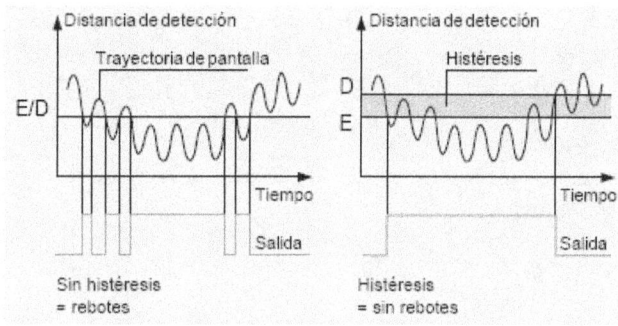

Recorrido diferencial o histéresis

Reproductibidad:

La reproductibidad (o fidelidad) **R** es la precisión de reproducción entre dos medidas del alcance útil para intervalos dados de tiempo, temperatura y tensión: 8 horas, 10 a 30 °C, **Un** ± 5 %. Se expresa en % del alcance real **Sr**.

Parámetros que influyen en el alcance de trabajo:

En numerosas aplicaciones, los objetos que se detectan son de acero y de dimensiones iguales o superiores a la cara sensible del detector. En estos casos, los valores "zona de funcionamiento" que se indican en los catálogos pueden utilizarse directamente.

En cambio, es necesario aplicar coeficientes correctores a **Sa** en los siguientes casos:

• Material que no sea acero dulce (coeficiente **Km**).

• Dimensiones inferiores a la cara sensible (coeficiente **Kd**).

• Variaciones de la temperatura ambiente (coeficiente **Kq**).

• Tensión de alimentación (coeficiente **Kt** = 0,9 en todos los casos).

La elección del detector requiere la aplicación de la siguiente fórmula, en la que **Sa** corresponde al alcance de trabajo deseado:

$$\text{Alcance nominal } \mathbf{Sn} = \frac{\mathbf{Sa}}{\mathbf{Km} \times \mathbf{Kd} \times \mathbf{K\theta} \times \mathbf{Kt}}$$

El detector adecuado para la aplicación será aquel cuyo alcance nominal sea igual al resultado o inmediatamente superior.

Ejemplo:

Comprobar si un detector cilíndrico Ø 18 mm, versión empotrable en el metal, es adecuado para detectar a una distancia de 3 mm y a una temperatura ambiente de 20°C una cabeza de tornillo de 6 mm de diámetro de acero inoxidable 316.

El coeficiente **Kt** (tensión) es 0,9. Las curvas adjuntas determinan los coeficientes restantes:

Km (materia): 0,7

Kd (dimensiones): 0,75

Kq (temperatura): 0,98

$$\mathbf{Sn} = \frac{3}{0,7 \times 0,75 \times 0,98 \times 0,9} = 6,48 \text{ mm}$$

El alcance nominal **Sn** de un detector cilíndrico Ø 18 mm empotrable en el metal es de 5 mm, es decir, inferior al valor calculado 6,48 mm.

Por tanto, este tipo de detector no es adecuado. Será necesario utilizar un detector cilíndrico Ø 18 mm, no empotrable en el metal y con alcance nominal **Sn** de 8 mm.

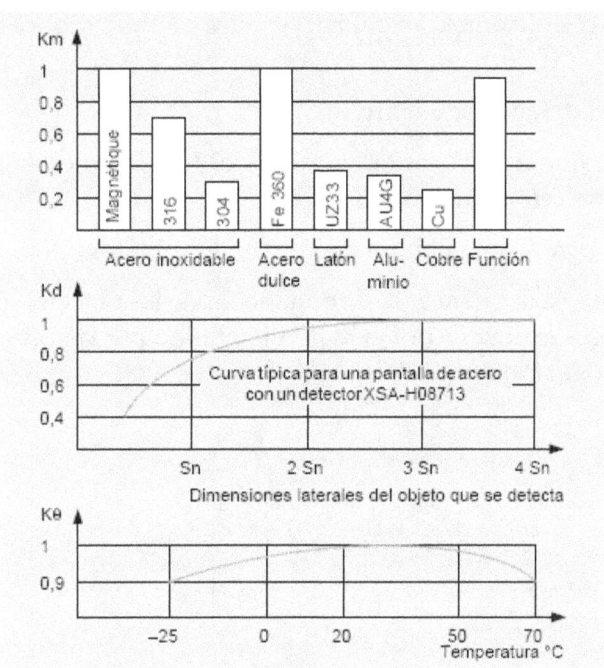

Coeficientes de corrección del alcance de trabajo

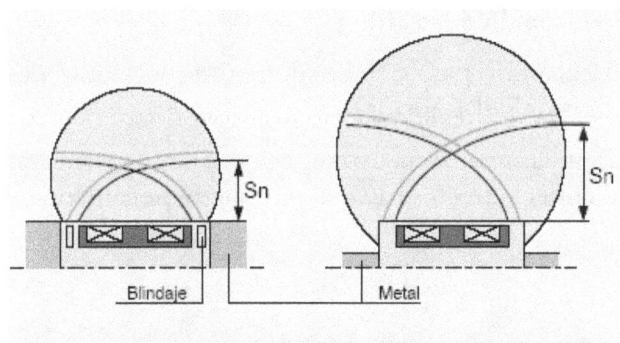

Los detectores empotrables en el metal (dibujo izquierdo) disponen de un blindaje que evita la extensión lateral del campo. Su alcance nominal es inferior al de los detectores sin blindaje, no empotrables en el metal.

Alcance de los detectores empotrables y no empotrables en el metal

Frecuencia de conmutación:

La frecuencia de conmutación de un detector de proximidad inductivo depende de los siguientes factores:

Retraso en el accionamiento Ra:

Es el tiempo que transcurre entre el momento en que el objeto que se detecta penetra en la zona activa y el cambio de estado de la salida.

Este tiempo condiciona la velocidad de paso en función del tamaño del objeto.

Retraso en el desaccionamiento Rr:

Es el tiempo que transcurre entre la salida del objeto de la zona activa y el cambio de estado de la salida.

Este tiempo condiciona el intervalo entre dos objetos.

Generalmente, la frecuencia de conmutación de los detectores que figura en los catálogos se obtiene por el método definido por la norma EN 50010 con la ayuda del esquema adjunto.

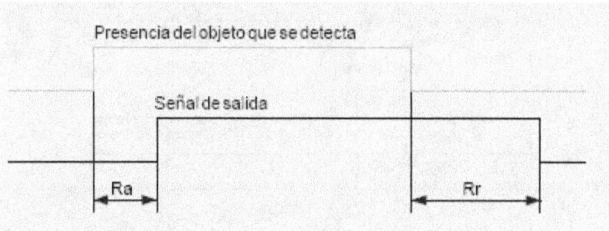

Retrasos en el accionamiento y en el desaccionamiento

Retraso en la disponibilidad Rd:

Es el tiempo necesario para que la salida tome su estado después de la puesta bajo tensión del detector.

Puede influir en la frecuencia de conmutación, por ejemplo, cuando el detector está conectado en serie a un contacto mecánico.

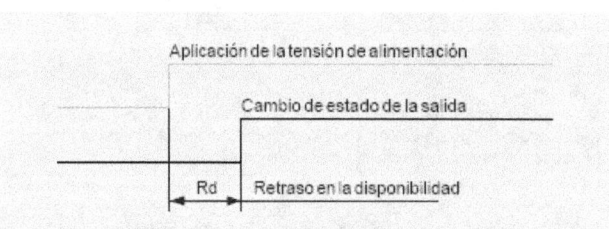

Retraso en la disponibilidad

Alimentación:

Dependiendo de los modelos, los detectores pueden alimentarse en corriente alterna o continua, o, en corriente alterna y continua.

Alimentación en corriente alterna:

Los límites de tensión del detector deben ser compatibles con la tensión nominal de la fuente.

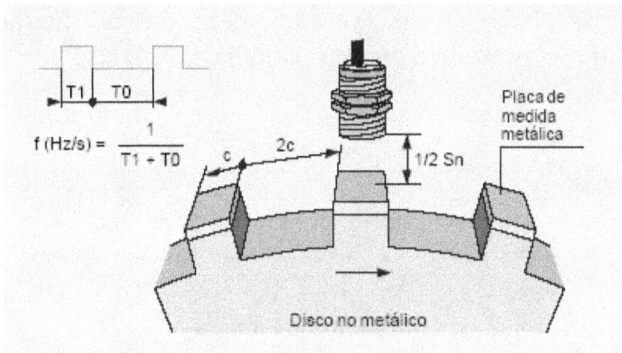

Medida de la frecuencia de conmutación

Alimentación en corriente continua:

Los límites de tensión del detector y el índice de ondulación admisible deben ser compatibles con la fuente.

Si la fuente se basa en una red alterna monofásica, la tensión debe ser rectificada y filtrada asegurando que:

- La tensión de cresta de alimentación es inferior al límite máximo que admite el producto.

- La tensión mínima de alimentación es superior al límite mínimo garantizado del producto.

- El índice de ondulación no supera el 10%.

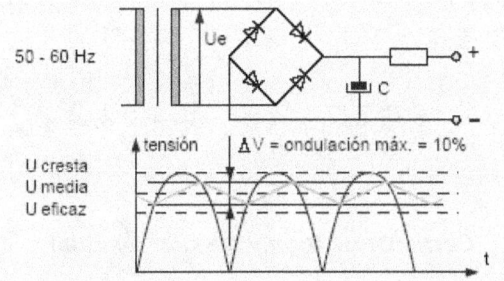

Fuente de alimentación de corriente continua

Contactos de salida:

Se ofrecen detectores con las siguientes salidas:

- Cierre NO: El transistor o tiristor de salida se activa en presencia de una pantalla.

- Apertura NC: El transistor o tiristor de salida se bloquea en presencia de una pantalla.

- Inversor NO/NC: Dos salidas complementarias, una activada y la otra bloqueada en presencia de una pantalla.

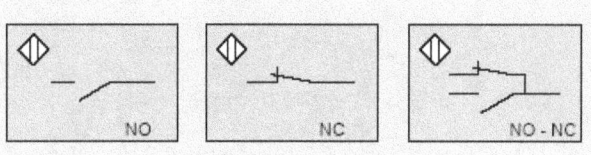

Contactos de salida

Equivalencia eléctrica:

Los detectores se dividen en dos grandes categorías: "Técnica de 2 hilos" y "Técnica de 3 hilos".

Tipo 2 hilos:

Los aparatos de este tipo se conectan en serie con la carga que se controla.

Presentan:

- Una corriente de fuga **Ir**: Corriente que atraviesa el detector en estado bloqueado.

- Una tensión residual **Ud**: Tensión en las bornas del detector en estado activado, cuya posible influencia en la carga debe verificarse (umbrales de accionamiento y de desactivación).

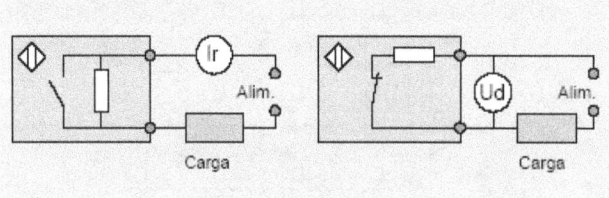

Corriente de fuga y tensión residual

Existen las siguientes versiones de detectores de 2 hilos:

- Alimentación de corriente continua, no polarizados.

- Alimentación de corriente alterna / continua.

Los aparatos de corriente continua no polarizados tienen protección contra sobrecargas y cortocircuitos.

Las polaridades de conexión son indiferentes (ningún riesgo de error en la conexión).

La carga puede unirse indistintamente al potencial positivo o negativo.

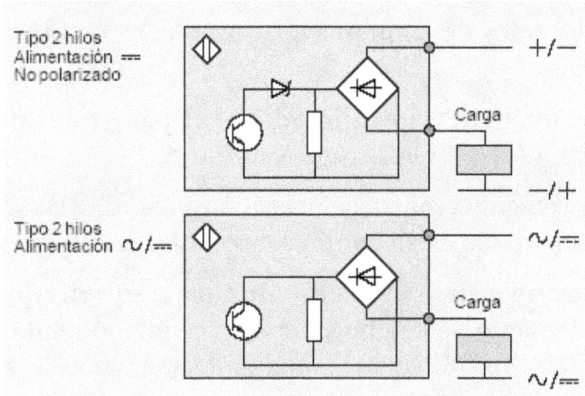

Conexión de detectores de 2 hilos

Asociación de los detectores de 2 hilos:

La puesta en serie sólo es posible con aparatos multitensión: Por ejemplo, detectores de 110 / 220 V o puesta en serie de dos aparatos con alimentación de 220 V.

La caída de tensión en las bornas de la carga es igual a la suma de las tensiones residuales de los detectores.

En caso de puesta en serie con un contacto mecánico, el detector no se alimenta cuando el contacto está abierto.

A su cierre, el detector sólo funciona una vez que transcurre el tiempo de retraso en la disponibilidad.

Se desaconseja la puesta en paralelo de detectores de 2 hilos entre sí o con un contacto mecánico.

De hecho, si el detector **d1** (ver dibujo adjunto) se encuentra en estado cerrado, **d2** no se alimenta. Tras la apertura de **d1**, **d2** comienza a funcionar una vez que transcurre el tiempo de retraso de la disponibilidad.

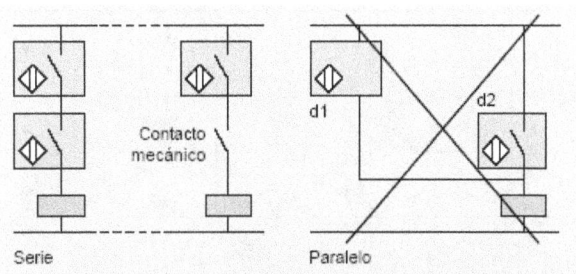

Asociación de detectores de 2 hilos

Tipo 3 hilos:

Los detectores de 3 hilos se alimentan en corriente continua.

Disponen de 2 hilos de alimentación y uno para la transmisión de la señal de salida.

Ciertos aparatos tienen un hilo adicional para transmitir la señal complementaria (tipo 4 hilos NO + NC).

Todos están protegidos contra la inversión de los hilos de alimentación. La mayoría también lo están contra sobrecargas y cortocircuitos.

Estos aparatos no tienen corriente de fuga y su tensión residual es desdeñable. Por tanto, sólo debe tenerse en cuenta su límite de corriente conmutada para comprobar su compatibilidad con la carga.

Existen dos tipos de detectores de 3 hilos:

- Aparatos básicos con salida PNP (carga a potencial negativo) o salida NPN (carga a potencial positivo).

- Aparatos programables que, dependiendo de la polaridad de la conexión, permiten realizar una de las cuatro funciones: PNP / NO, PNP / NC, NPN / NO, NPN / NC.

Asociación de los detectores de 3 hilos:

La puesta en paralelo de los detectores de 3 hilos no tiene ningún tipo de restricción. Sin embargo, en el caso de puesta en serie, es necesario tener en cuenta los siguientes puntos:

- El detector **d1** transporta la corriente consumida por la carga y las corrientes consumidas, sin carga, de los detectores restantes.

- Cada detector produce una caída de tensión aproximada de 2 V en estado activado.

- Cuando el detector **d1** pasa al estado activado, el detector **d2** sólo funciona una vez transcurrido el tiempo de retraso en la disponibilidad.

- Utilizar diodos antirretorno con una carga inductiva.

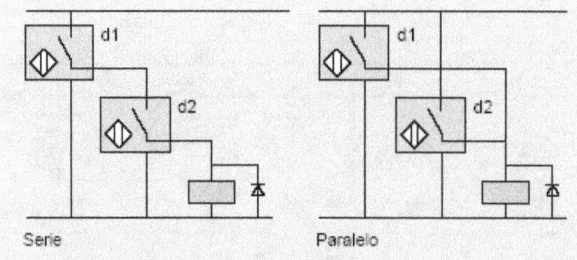

Asociación de detectores de 3 hilos

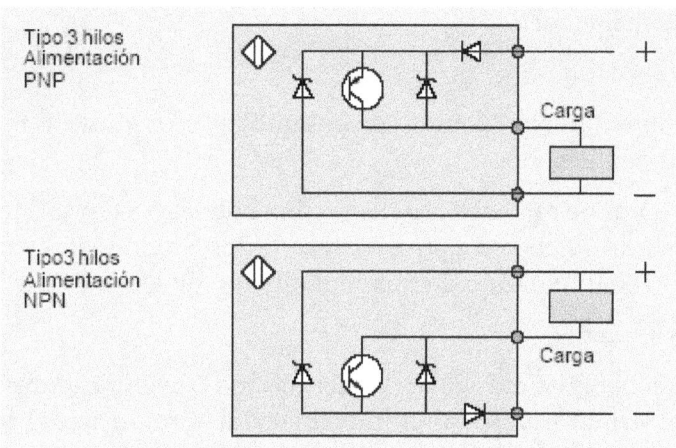

Conexión de detectores de 3 hilos

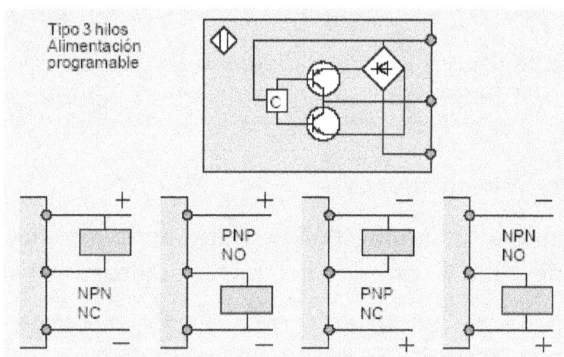

Detector de 3 hilos programable

Detectores cilíndricos:

Conformidad con las normas:

La norma IEC 947-5-2 describe las características de los detectores de proximidad inductivos cilíndricos. Retoma gran parte de las definiciones CENELEC anteriores, pero define con mayor detalle la resistencia a las perturbaciones electromagnéticas.

Los detectores cilíndricos responden al nivel de severidad 3 en corriente continua y al 4 en corriente continua / alterna. Generalmente, ambos valores se ciñen a las especificaciones.

La gama de detectores cilíndricos XS de Telemecanique es conforme con esta norma IEC. Su diseño tiene en cuenta distintas condiciones de entorno y aporta la máxima facilidad de instalación y uso.

Adaptación al entorno:

Entorno seco:

Aplicación habitual: Máquinas de ensamblaje en industrias mecánicas, eléctricas, textiles, etc.

Estos aparatos de caja metálica tienen una buena resistencia a los aceites, a las sales, a las gasolinas y a otros hidrocarburos. Su grado de estanqueidad es IP 67 y su temperatura de funcionamiento, de −25 a + 70°C.

Entorno húmedo:

Aplicación habitual: Máquinas de mecanizado con salpicaduras de aceite de corte, virutas y chispas, en industrias del automóvil, del papel, del vidrio, etc.

Estos aparatos tienen una excelente resistencia a los aceites, a las sales, a las gasolinas y a otros hidrocarburos. También son conformes con las normas NF C 32-206 y las recomendaciones CNOMO EO3 40-150N.

Suelen presentarse en forma de caja metálica CENELEC, con un grado de estanqueidad IP 68 y una temperatura de funcionamiento de −25 a + 80°C.

Entorno químicamente agresivo:

Aplicación habitual: Sector agroalimentario, todo tipo de máquinas con salpicaduras de ácido láctico y de productos detergentes y desinfectantes.

Estos aparatos se presentan en forma de caja de plástico PPS de alta resistencia, con un grado de estanqueidad IP 68 y una temperatura de funcionamiento de −25 a + 80°C.

Son objeto de pruebas con los productos detergentes y desinfectantes que se utilizan habitualmente en el sector agroalimentario.

Dimensiones e instalación:

Para adaptarse al espacio disponible, la gama de detectores cilíndricos incluye varios diámetros (4 a 30 mm), longitudes CENELEC normalizadas (50 a 60 mm), productos ultracortos (33 a 40 mm), productos de alcance aumentado que, en ciertos casos, permiten elegir un modelo de diámetro inferior.

Ejemplos:

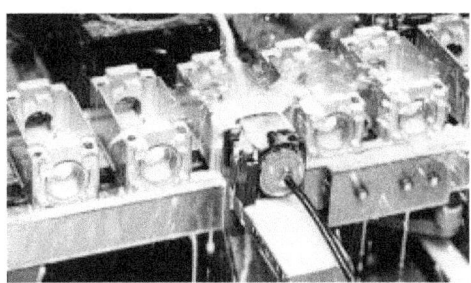

Detector XS de Telemecanique
sobre transfer de mecanizado

Detectores XS de Telemecanique en
la industria agroalimentaria

Detectores XS de Telemecanique
con conector

Detector XS de Telemecanique con
su brida de enclavamiento

Ayuda al mantenimiento:

La mayoría de los modelos actualmente en el mercado, están equipados con un LED omnidireccional que señaliza el estado de la salida.

Existen variantes provistas de dos LED que sirven de ayuda al diagnóstico y que indican el estado de la salida y el estado de funcionamiento del detector.

Facilidad de instalación:

Los detectores cilíndricos pueden montarse sobre un soporte suficientemente rígido (metálico o no) o, preferiblemente, en una brida de fijación.

El procedimiento de montaje con brida es el siguiente:

- Bloqueo del detector en la brida hasta el tope.

- Ajuste del conjunto brida / detector con la ayuda de un adaptador para obtener la detección.

- Bloqueo de la brida con dos tornillos. Este sencillo y rápido sistema conlleva ventajas importantes:

- Reducción de los costes de instalación y de sustitución.

- En caso de sustitución del detector, basta con introducir el nuevo aparato en la brida hasta el tope y bloquearlo, sin necesidad de manipular la fijación de la brida. No es necesario realizar ningún ajuste adicional.

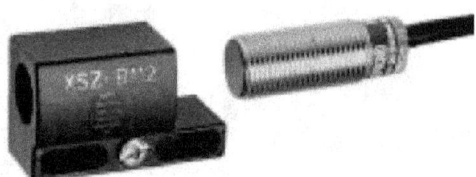

Brida enclavable XSZ de Telemecanique

- En el caso de los detectores no empotrables en el metal, la distancia "**e**" (ver dibujo adjunto) se reduce sensiblemente con respecto al montaje directo en un soporte metálico.

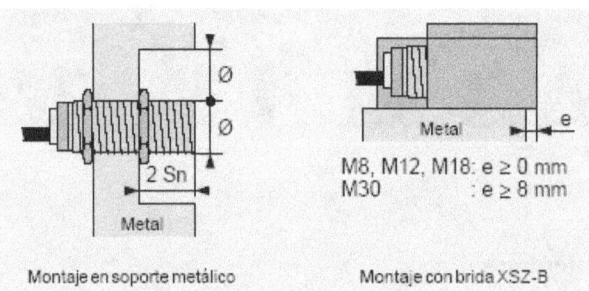

Montaje de un detector no empotrable en el metal

Facilidad de conexión:

Los detectores cilíndricos se suministran con:

- Cable sobremoldeado que garantiza una excelente resistencia a las salpicaduras de líquido (IP 68).

- Conector macho integrado o situado en el extremo de un cable, con distintos modelos de conectores hembra rectos o acodados.

Esta versión de conector disminuye significativamente los tiempos de parada de máquina en caso de sustitución del detector, ya que suprime la operación de descableado y, por tanto, el riesgo de error.

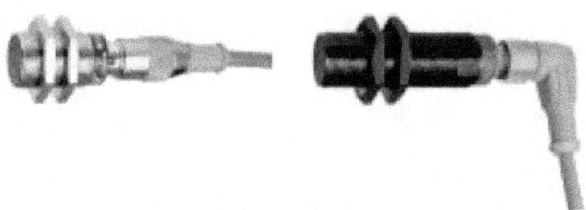

Detectores XS de conexión por conectores

Los detectores capacitivos

Detectores capacitivos:

Los detectores capacitivos son adecuados para detectar objetos o productos no metálicos de cualquier tipo (papel, vidrio, plástico, líquido, etc.).

Un detector de posición capacitivo se compone de un oscilador, cuyo condensador, formado por 2 electrodos situados en la parte delantera del aparato constituyen la cara sensible y crean el campo de detección.

En el aire ($\varepsilon r = 1$), la capacidad del condensador es C0.

εr es la constante dieléctrica y depende de la naturaleza del material.

Cualquier material cuya $\varepsilon r > 2$ será detectado.

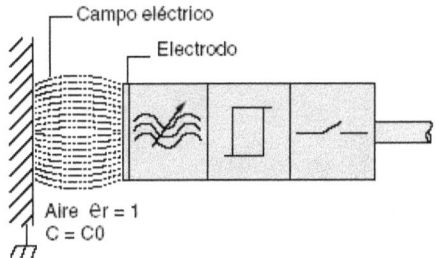

Principio de funcionamiento de un detector capacitívo

Cuando se sitúa en este campo un material conductor o aislante de permitividad **(1)** superior a 1, se modifica la capacidad de conexión y se bloquean las oscilaciones.

O lo que es lo mismo: Cuando un objeto de cualquier tipo ($\varepsilon r > 2$) se encuentra frente a la cara sensible del detector, este fenómeno se traduce en una variación del acoplamiento capacitivo (**C1**). Dicha variación de capacidad (C1 > C0) provoca el arranque del oscilador.

Después del tratamiento se suministra una señal de salida.

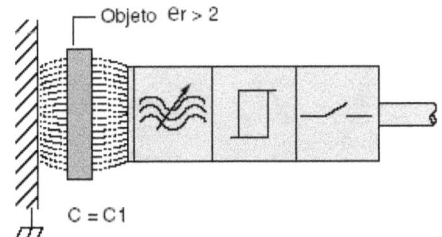

Comportamiento del detector capacitívo

Estos detectores disponen de un potenciómetro de regulación de sensibilidad.

(1) Permitividad: Propiedad de un dieléctrico para debilitar las fuerzas electrostáticas, por referencia a estas mismas fuerzas cuando se ejercen en el vacío. Constante característica de este dieléctrico que mide dicho debilitamiento.

Ventajas:

- Sin contacto físico con el objeto que se va a detectar.

- Elevadas cadencias de funcionamiento.

- Producto estático sin piezas en movimiento (duración de vida independiente del número de maniobras).

- Detección de objetos de cualquier naturaleza, conductores o no, como: Metales, minerales, madera, plásticos, vidrio, cartón, cuero, cerámica, fluidos, etc.

Tipos de detectores:

Detectores empotrables en su soporte:

Modelos de forma cilíndrica (cuerpo metálico) o rectangular (cuerpo de plástico).

Se utilizan para detectar materiales aislantes (maderas, plástico, cartón, vidrio, etc.).

Se recomienda utilizar este modelo cuando:

- Las distancias de detección son relativamente pequeñas.

- Las condiciones de montaje requieren la empotrabilidad del detector.

- La detección de un material no conductor se debe realizar a través de una pared, a su vez, no conductora (ejemplo: detección de vidrio a través de un embalaje de cartón).

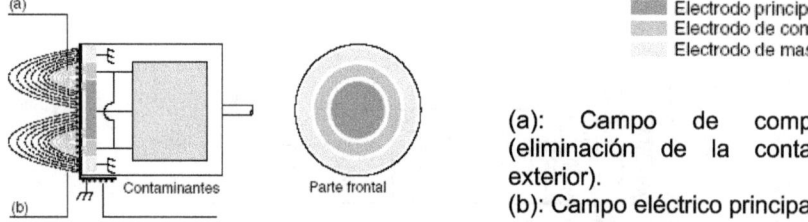

(a): Campo de compensación (eliminación de la contaminación exterior).
(b): Campo eléctrico principal

Campos del detector capacitivo empotrable

Detectores no empotrables en su soporte:

Modelos de forma cilíndrica (cuerpos de plástico).

Se utilizan para detectar materiales conductores (metal, agua, líquidos, etc.).

Se recomienda utilizar este modelo para:

- Detectar un material conductor a gran distancia.

- Detectar un material conductor a través de una pared aislante.

- Detectar un material no conductor situado sobre o delante de una pieza metálica conectada a la tierra.

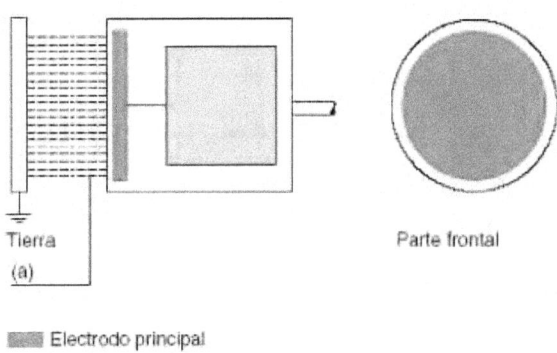

Tierra

(a)

▨ Electrodo principal

(a): Campo eléctrico

Detector capacitivo no empotrable

Terminología:

Alcance nominal Sn:

Igual que para los detectores inductivos, el alcance nominal se define mediante una placa de medida cuadrada de acero suave de 1 mm de grosor.

El lado de la placa es igual al diámetro de la circunferencia de la cara sensible del detector.

Sensibilidad del detector:

Los detectores cilíndricos Ø 18 o 30 mm y los paralepipédicos están dotados de un potenciómetro de ajuste (20 vueltas) que permite ajustar la sensibilidad del aparato según el tipo de objeto que se vaya a detectar.

En fábrica ya se realiza un ajuste nominal de la sensibilidad. Sin embargo, según el tipo de aplicación, podrá ser necesario adaptar el ajuste, por ejemplo:

- Para aumentar la sensibilidad de objetos de débil influencia (εr débil): Papel, cartón, vidrio, plástico, etc.

- Para mantener o reducir la sensibilidad de objetos de fuerte influencia (εr fuerte): Metales, líquidos.

Los detectores capacitivos de Telemecanique poseen unos electrodos de compensación que permiten evitar la influencia de las variaciones provocadas por el medio ambiente (humedad, contaminación).

Sin embargo, cuando se producen variaciones importantes del medio ambiente es necesario procurar no colocar el producto dentro de una zona de funcionamiento crítica mientras aumenta la sensibilidad.

El aumento de la sensibilidad se traduce igualmente en un aumento de la histéresis de conmutación.

Distancias de funcionamiento:

Se definen en función de la constante dieléctrica (εr) del material que se detecta.

Cuanto mayor es εr, más fácilmente se detecta el material.

El alcance de trabajo depende de la naturaleza del objeto en cuestión:

$$St = Sn \times Fc$$

St = Alcance de trabajo,

Sn = Alcance nominal del detector,

Fc = Factor de corrección relacionado con el material del objeto que se detecta.

Entorno:

Perturbaciones electromagnéticas:

Los detectores deben probarse con respecto a las perturbaciones electromagnéticas según la norma IEC 947-5-2 (descargas electrostáticas, campo electromagnético radiado, transitorios rápidos, tensión de choques).

Perturbaciones térmicas:

Si no se respetan los valores indicados en los datos técnicos, se produce una deriva del alcance que puede comprometer el correcto funcionamiento de los detectores.

Perturbaciones químicas:

Para garantizar un funcionamiento duradero, es obligatorio que los compuestos químicos que entran en contacto con el detector no puedan alterar su envolvente.

La siguiente lista muestra los valores de la constante dieléctrica de los principales materiales, así como los factores de corrección Fc del alcance nominal en función de la naturaleza del objeto que se detecta.

Materiales	εr	Fc	Materiales	εr	Fc
Aire	1	0	Mica	6...7	0,5...0,6
Alcohol	24	0,85	Nylon	4...5	0,3...0,4
Araldita	4	0,36	Papel	2...4	0,2...0,3
Acetona	20	0,8	Parafina	2...2,5	0,2
Amoniaco	15...25	0,75...0,85	Plexiglas	3,2	0,3
Madera seca	2...7	0,2...0,6	Resina poliéster	2,8...8	0,2...0,6
Madera húmeda	10...30	0,7...0,9	Poiestireno	3	0,3
Caucho	2,5...3	0,3	Porcelana	5...7	0,4...0,5
Cemento (polvo)	4	0,35	Leche en polvo	3,5...4	0,3...0,4
Cereales	3...5	0,3...0,4	Arena	3...5	0,3...0,4
Agua	80	1	Sal	6	0,5
Gasolina	2,2	0,2	Azúcar	3	0,3
Etileno glicol	38	0,95	Teflón	2	0,2
Harina	2,5...3	0,2...0,3	Vaselina	2...3	0,2...0,3
Aceite	2,2	0,2	Vidrio	3...10	0,3...0,7
Mármol	2,5...3	0,5...0,6			

Constantes dieléctricas y factores de corrección

Choques:

Los detectores deben probarse según la norma IEC 68-2-27, 50 g, duración 11 ms.

Vibraciones:

Los detectores se deben de probar según la norma IEC-68-2-6: Amplitud ± 2 mm, F = 10 a 55 Hz, 25 g a 55 Hz.

Influencia de la conexión a tierra:

La conexión a tierra del objeto que se va a detectar, de material de alta conductividad, se traduce en el aumento de la distancia de detección.

Precauciones de montaje:

Para evitar que los aparatos tengan influencias entre sí, es necesario respetar las distancias que se indican en el apartado sobre precauciones de instalación de los productos, a la hora de realizar el montaje.

Los modelos cilíndricos empotrables se pueden montar al nivel de un soporte.

Los modelos cilíndricos no empotrables necesitan una zona libre alrededor del aparato.

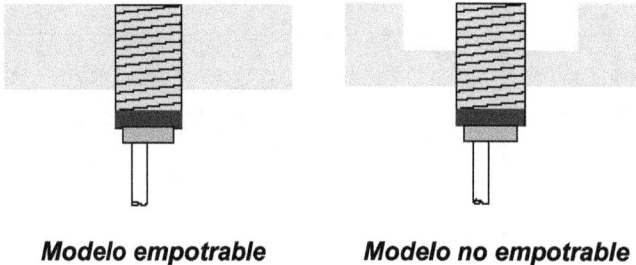

Modelo empotrable   *Modelo no empotrable*

Resumen:

Ventajas:

- Detectan sin contacto físico, cualquier objeto.
- Muy buena adaptación a los entornos industriales.
- Estáticos.
- Duración independiente del número de maniobras.
- Cadencias de funcionamiento elevadas.
- Consideración de datos de corta duración.

Inconvenientes:

- Puesta en servicio.

- Alcance débil.

- Depende de la masa.

Los detectores inductivos de nueva generación

Principio:

Telemecanique, al proporcionar la tecnología Osiconcept, le facilita la detección gracias a su innovación.

- Las nuevas tecnologías, permiten, con un solo producto, responder a todas las necesidades de detección inductiva de objetos metálicos.

En efecto, con tan sólo pulsar el botón de aprendizaje, el producto se configura automáticamente de forma óptima a todas las situaciones de detección.

Pero constituyen también:

- Un mayor rendimiento.

- La garantía de un alcance máximo y optimizado independientemente del montaje, el objeto, el entorno e incluso el plano posterior.

- La adaptación a todos los entornos metálicos.

- Mayor facilidad de instalación:

- Las nuevas tecnologías, asociadas a la oferta de los detectores más planos y compactos del mercado, garantizan una integración total en la máquina y reducen el riesgo de deterioro mecánico.

- Propician ajustes mecánicos innecesarios gracias al autoaprendizaje.

- Costes reducidos:

- Desaparición de los tiempos de ajuste y soportes complejos.

- La desaparición de los modelos empotrables y no empotrables divide por 2 el número de referencias y por consiguiente la elección de los productos es 2 veces más fácil y rápida.

Detección precisa de posición:

El conjunto de los detectores de proximidad inductivos de nueva generación presentan un ajuste preciso y rápido de realizar, independientemente del entorno metálico del detector.

- La detección precisa lateral permite definir con precisión la distancia a partir de la cual se detecta la llegada lateral del objeto en el detector.

Gracias a su tecnología, con tan sólo pulsar el botón de aprendizaje se memoriza la posición de detección deseada.

- La detección precisa frontal permite definir con precisión la distancia a partir de la cual se detecta la llegada frontal del objeto en el detector.

Gracias a su tecnología, con tan sólo pulsar el botón de aprendizaje se memoriza la posición de detección deseada.

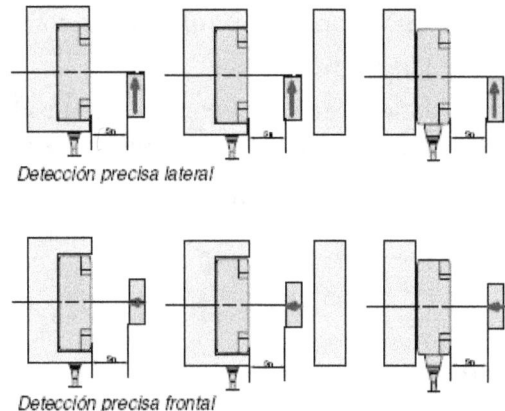

Detección precisa lateral

Detección precisa frontal

Ejemplos de detección precisa

Detectores para control de rotación, deslizamiento, sobrecarga de forma cilíndrica:

Funciones:

Los detectores de proximidad para control de rotación presentan la particularidad de reunir, en un mismo cuerpo, las funciones de recopilación de información asociadas a las de un tratamiento mediante comparador de impulsos dando lugar, de este modo, a un controlador de rotación integrado.

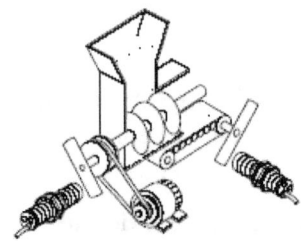

Ejemplo de control de ruptura de acoplamiento

Estos aparatos suponen una ventajosa solución para realizar controles de deslizamiento, de ruptura de banda, de ruptura de acoplamiento, de sobrecarga, etc., en las siguientes aplicaciones: Cintas transportadoras, elevadores, tornillo de Arquímedes, trituradoras-machacadoras, bombas, centrifugadoras-secadoras, mezcladoras -amasadoras, etc.

Principio:

Un comparador de impulsos integrado en el aparato trata la señal de salida de este tipo de detector.

La frecuencia de los impulsos **Fc**, que emite el móvil sometido al control se compara con la frecuencia **Fr** previamente ajustada en el aparato.

El circuito de conmutación de salida del detector está en estado cerrado para **Fc > Fr** y abierto para **Fc < Fr**.

Estos detectores se adaptan especialmente a la detección de subvelocidades, es decir, cuando la velocidad del móvil en cuestión **Fc** pasa, después de un ralentizamiento, por debajo de un umbral preajustado **Fr**.

Dicho proceso de detección se traduce en la apertura del circuito de salida del aparato.

Nota: el control de rotación es efectivo transcurridos 9 segundos desde la puesta en tensión del detector con el fin de permitir al móvil alcanzar su velocidad nominal. Durante este tiempo la salida permanece en estado cerrado.

Ajustes del umbral de frecuencia:

- Ajuste del umbral de frecuencia del aparato:

    Mediante potenciómetro. 15 vueltas aproximadamente.

- Aumento del umbral de frecuencia:

    Girar el tornillo en sentido +.

- Reducción del umbral de frecuencia:

    Girar el tornillo en sentido –.

Detectores para control de rotación, deslizamiento y sobrecarga con autoaprendizaje:

Principio y aplicaciones:

- Los detectores de proximidad inductivos para el control de la velocidad de rotación o de desplazamiento funcionan según el principio de una comparación entre un umbral de velocidad preajustado por el operario y la medida instantánea de la velocidad del móvil que se desea supervisar o proteger.

- Estos aparatos constituyen por lo tanto una solución sencilla y económica para la realización del control de deslizamiento, de ruptura de banda, de acoplamiento, de sobrecarga, etc.

- Normalmente se utilizan en aplicaciones de tipo machacadoras - trituradoras, mezcladoras, bombas, centrifugadoras - secadoras, bandas transportadoras, elevadores, tornillos de Arquímedes, etc.

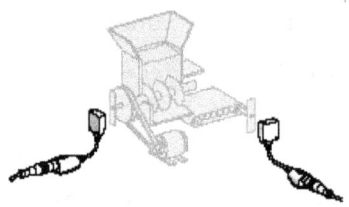

Ejemplo de aplicación en una machacadora

Principio de instalación y ajuste:

Instalación y posicionamiento del detector:

- En un primer momento es necesario colocar correctamente el detector con el fin de garantizar la detección de todos los dientes del móvil que se va a controlar.

    El detector facilita esta tarea gracias a que puede funcionar como un detector inductivo clásico.

- Gracias a este sistema, el posicionamiento es fiable al 100% y se puede comprobar en cualquier momento sin modificar el ajuste del producto.

Ajuste mediante aprendizaje de la velocidad:

- El ajuste de la velocidad normal o de referencia del móvil (**1**) que se desea supervisar se realiza simplemente pulsando el botón de aprendizaje (**2**) que a continuación se valida con el LED de visualización.

- En caso de duda, es posible en todo momento reinicializar el producto y recuperar así el ajuste de fábrica.

(**1**) Para que el móvil pueda alcanzar su velocidad normal (inercia de la máquina), el producto mantiene su salida cerrada durante 9 segundos.

(**2**) Por defecto, la velocidad de disparo del detector en subvelocidad corresponde a la velocidad preajustada - 30%.

Ejemplo: Si la velocidad preajustada es de 1.000 rpm, el detector se dispara en subvelocidad cuando la velocidad del móvil pasa a ser inferior a 1.000 - (1.000 x 0,3) = 700 rpm.

Otros umbrales de - 20%, - 11% y - 6% se pueden obtener pulsando el botón de aprendizaje.

Detectores con señal de salida analógica 0…10 V, ó 4…20 mA:

Funciones:

Los detectores de proximidad de salida analógica son captadores estáticos destinados al control de los desplazamientos.

Tienen aplicaciones en numerosos campos, concretamente:

- El control de deformaciones y de desplazamientos.

- El control de amplitud y de frecuencia de ondulación.

- El control comparativo de dimensiones.

- La evaluación de posicionamiento.

- El control de concentricidad o de excentricidad.

Principio:

El funcionamiento se basa en el principio de amortiguación de un oscilador.

Éste transforma la aproximación de una placa metálica en la cara sensible del detector en variación de corriente de salida proporcional a la distancia "cara sensible – placa ".

Los detectores fotoeléctricos

Los detectores fotoeléctricos permiten detectar todo tipo de objetos (opacos, transparentes, reflectantes, etc.) en gran variedad de aplicaciones industriales y terciarias.

- Disponen de cinco sistemas básicos de detección:

  - Barrera.

  - Réflex.

  - Réflex polarizado.

  - Proximidad.

  - Proximidad con borrado del plano posterior.

- Son aparatos:

  - Compactos.

- En miniatura.

- De cabeza óptica separada.

- De fibra óptica.

- Modelos con caja de resina sintética:

- Ofrecen una solución óptima para el tipo de objeto que se detecta.

- El espacio disponible.

- Las condiciones ambientales.

Composición y funcionamiento:

Un detector fotoeléctrico detecta un objeto o una persona por medio de un haz luminoso.

Sus dos componentes básicos son un **emisor** y un **receptor** de luz.

La detección es efectiva cuando el objeto penetra en el haz de luz y modifica suficientemente la cantidad de luz que llega retornada al receptor para provocar el cambio de estado de la salida.

Para ello, se siguen dos procedimientos:

- Bloqueo del haz por el objeto detectado.

- Retorno del haz sobre el receptor por el objeto detectado.

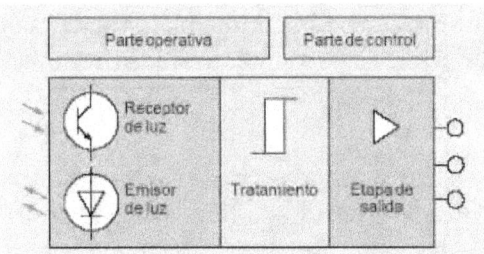

Composición de un detector fotoeléctrico

Los detectores fotoeléctricos disponen de un emisor de diodo electroluminiscente y de un receptor de fototransistor.

Estos componentes se utilizan por su elevado rendimiento luminoso, su insensibilidad a los golpes y a las vibraciones, su resistencia a la temperatura, su durabilidad prácticamente ilimitada y su velocidad de respuesta.

Dependiendo del modelo de detector, la emisión se realiza en infrarrojo o en luz visible verde o roja.

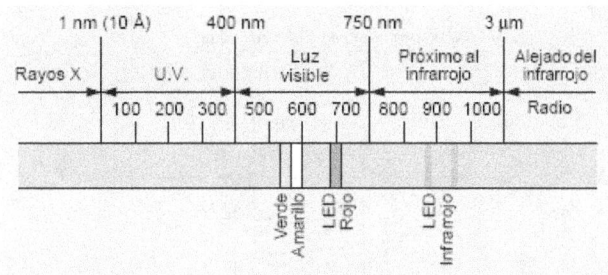

Espectro luminoso

La corriente que atraviesa el LED emisor, se modula para obtener una emisión luminosa pulsante e insensibilizar los sistemas a la luz ambiental.

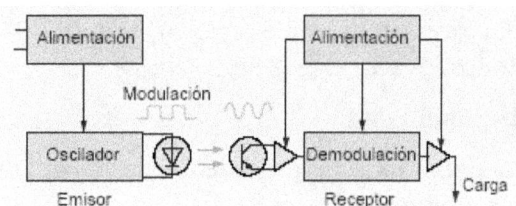

Modulación del haz luminoso

El haz luminoso emitido se compone de dos zonas:

- Una zona de funcionamiento recomendada en la que la intensidad del haz es suficiente para asegurar una detección normal.

  Dependiendo del sistema utilizado, barrera, réflex o proximidad, el receptor, el reflector o el objeto detectado deben estar situados en esta zona.

- Una zona en la que la intensidad del haz deja de ser suficiente para garantizar una detección fiable.

Definiciones:

Alcance nominal Sn:

Es la distancia máxima aconsejada entre el emisor y el receptor, reflector u objeto detectado, teniendo en cuenta un margen de seguridad.

Es el alcance que figura en los catálogos y que permite comparar los distintos aparatos.

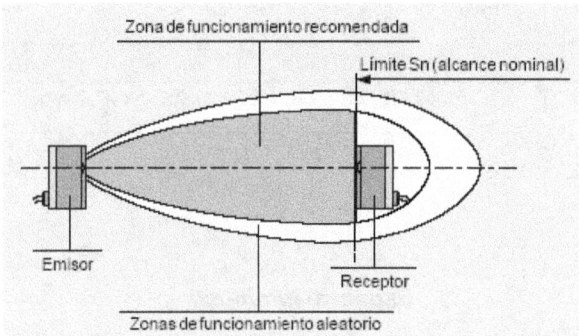

Zonas de funcionamiento de una zona de detección

Alcance de trabajo Sa:

Es la distancia que garantiza la máxima fiabilidad de la detección teniendo en cuenta los factores ambientales (polvo, humo...) y un margen de seguridad. En todos los ≤ casos: Sa Sn.

Retraso en la disponibilidad:

Es el tiempo que debe transcurrir desde la puesta bajo tensión para que la salida se active o bloquee.

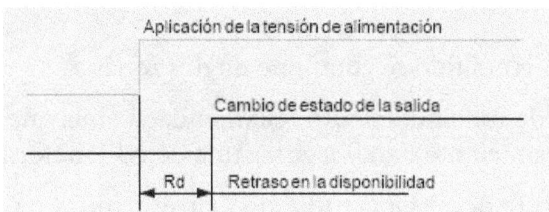

Retraso en la disponibilidad

Retraso al accionamiento Ra:

Es el tiempo que transcurre entre el momento en que el objeto detectado penetra en la zona activa del haz luminoso y el del cambio de estado de la salida.

Condiciona la velocidad de paso del objeto detectado en función de su tamaño.

Retraso en el desaccionamiento Rr:

Es el tiempo que transcurre entre el momento en que el objeto detectado abandona la zona activa del haz y el momento en que la salida recupera su estado inicial.

Condiciona el intervalo que debe respetarse entre dos objetos.

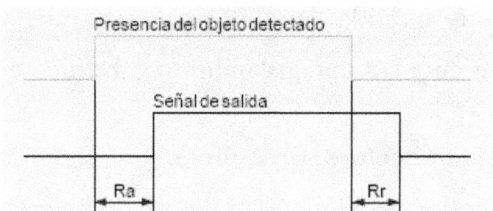

Retrasos en la acción y en el desaccionamiento

Frecuencia de conmutación:

Es el número máximo de objetos que el sistema puede detectar por unidad de tiempo, considerando los retrasos en el accionamiento y en el desaccionamiento. Normalmente, se expresa en Hz.

Equivalencia eléctrica:

Existen los siguientes tipos de detectores fotoeléctricos:

- **De tipo 2 hilos**: Con salida estática. Los detectores de 2 hilos se alimentan en serie con la carga.

- **De tipo 3 hilos**: Con salida estática PNP (carga de potencial negativo) o NPN (carga de potencial positivo).

  Estos detectores disponen de protección contra inversión de alimentación, sobrecargas y cortocircuito de la carga.

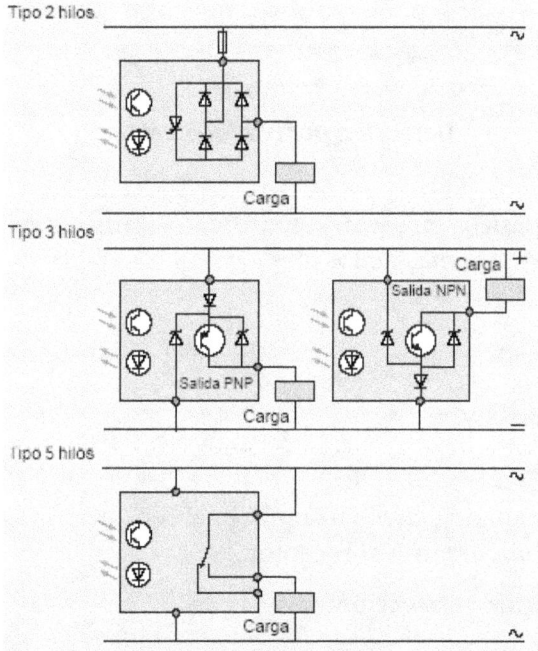

Tipos de 2, 3 y 5 hilos

- **De tipo 5 hilos**: Con salida de relé (1 contacto inversor NO / NC).

  Estos detectores cuentan con aislamiento galvánico entre la tensión de alimentación y la señal de salida.

Corriente de fuga Ir (detectores de 2 hilos):

Es la corriente que atraviesa el detector en estado abierto.

Tensión residual Ud (detectores de 2 hilos):

Es la tensión residual en las bornas del detector en estado activo.

Procedimientos de detección:

Los detectores fotoeléctricos emplean dos procedimientos para detectar objetos:

- Por bloqueo del haz.
- Por retorno del haz.

Bloqueo del haz:

En ausencia de un objeto, el haz luminoso alcanza el receptor. Un objeto bloquea el haz al penetrar en él:

No hay luz en el receptor = Detección.

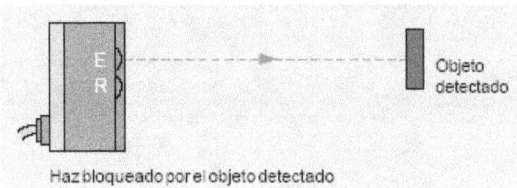

Detección por bloqueo del haz

Tres sistemas básicos emplean este procedimiento, que se basa en las propiedades absorbentes de los objetos:

- Barrera.
- Réflex.
- Réflex polarizado.

Retorno del haz:

En ausencia de un objeto, el haz no llega al receptor. Cuando un objeto penetra en el haz, lo envía al receptor:

Luz en el receptor = Detección.

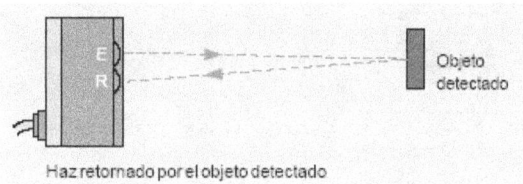

Detección por retorno del haz

Dos sistemas básicos emplean este procedimiento, que se basa en las propiedades reflectantes de los objetos:

- Proximidad.
- Proximidad con borrado del plano posterior.

Los cinco sistemas básicos:

Sistema de barrera:

El emisor y el receptor se sitúan en dos cajas separadas.

Es el sistema que permite los mayores alcances, hasta 100 m con ciertos modelos.

El haz se emite en infrarrojo o láser.

A excepción de los objetos transparentes, que no bloquean el haz luminoso, puede detectar todo tipo de objetos (opacos, reflectantes...) gracias a la excelente precisión que proporciona la forma cilíndrica de la zona útil del haz.

Los detectores de barrera disponen de un margen de ganancia muy amplio (ver en próximos apartados: "Determinación del alcance de trabajo y curvas de ganancia").

Por ello, son muy adecuados para los entornos contaminados (humos, polvo, intemperie, etc.).

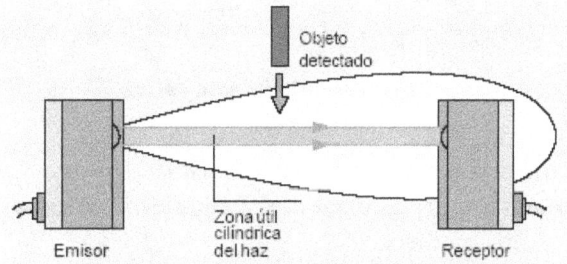

Principio del sistema de barrera

Es necesario alinear cuidadosamente el emisor y el receptor.

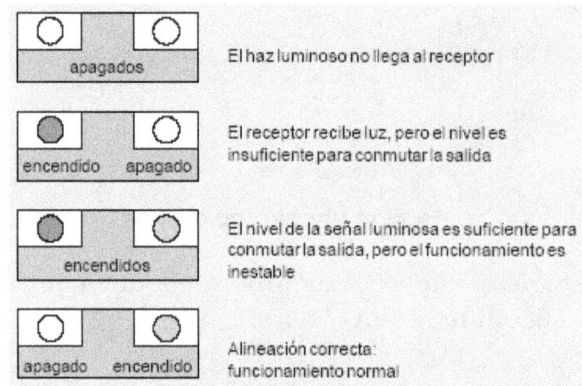

Control de alineación entre emisor y receptor

Ciertos modelos disponen de diodos electroluminiscentes que facilitan la alineación mediante el control de la intensidad del haz luminoso que llega al receptor.

Además de cumplir esta función de ayuda, los diodos indican si un exceso de acumulación de suciedad en los componentes ópticos puede llegar a provocar defectos de detección.

Sistema réflex:

El emisor y el receptor están situados en una misma caja.

En ausencia de un objeto, un reflector devuelve al receptor el haz infrarrojo que emite el emisor.

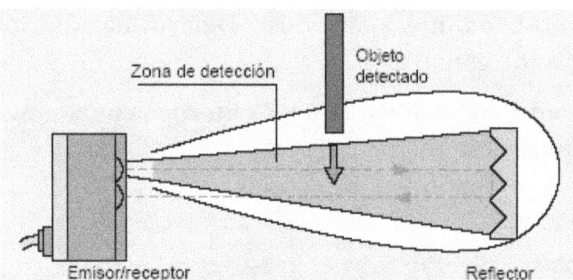

Principio del sistema réflex

El reflector consta de una elevada cantidad de triedros trirrectángulos de reflexión total cuya propiedad consiste en devolver todo rayo luminoso incidente en la misma dirección.

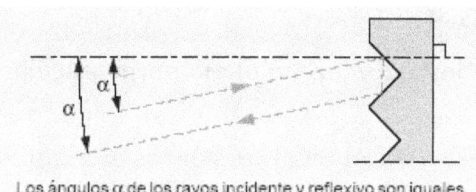

Los ángulos α de los rayos incidente y reflexivo son iguales

Funcionamiento de un reflector

La detección se realiza cuando el objeto detectado bloquea el haz entre el emisor y el reflector.

Por tanto, este sistema no permite la detección de objetos reflectantes que podrían reenviar una cantidad más o menos importante de luz al receptor.

El alcance nominal de un detector fotoeléctrico réflex es del orden de dos a tres veces inferior al de un sistema de barrera.

Un detector fotoeléctrico réflex puede utilizarse en un entorno contaminado. Sin embargo, dado que el margen de ganancia es inferior al de un sistema de barrera, es indispensable consultar la curva de ganancia para definir el alcance de trabajo que garantiza la fiabilidad de la detección (ver próximos apartados).

Elección del reflector:

El reflector forma parte integrante de un sistema de detección réflex.

Su elección, instalación y mantenimiento condicionan el buen funcionamiento del detector al que presta servicio.

Dimensiones:

Un reflector siempre debe ser más pequeño que el objeto que se detecta.

Los alcances que se incluyen en las especificaciones corresponden a un tamaño de reflector determinado que siempre se indica.

En caso de uso de reflectores de menor tamaño, para detectar objetos de pequeñas dimensiones, el alcance útil se ve reducido.

Funcionamiento en zona próxima:

Los reflectores estándar de todas las aplicaciones habituales utilizan triedros pequeños.

Cuando este tipo de reflector se sitúa a una distancia del detector comprendida entre 0 y 10% de **Sn** (zona próxima o zona ciega), el sistema no funciona debido a que la mayoría de la luz se devuelve al emisor.

Para conseguir un buen funcionamiento en esta zona, es necesario utilizar reflectores de triedros grandes.

Posicionamiento del reflector:

El reflector debe instalarse en un plano perpendicular al eje óptico del detector.

Los alcances que se indican en el caso de los detectores réflex tienen en cuenta un ángulo máximo de 10°. Si se supera dicho ángulo, es necesario prever una disminución del alcance.

Sistema réflex polarizado:

Los objetos brillantes, que en lugar de bloquear el haz reflejan parte de la luz hacia el receptor, no pueden detectarse con un sistema réflex estándar.

En estos casos, es preciso utilizar un sistema réflex polarizado.

Este tipo de detector emite una luz roja visible y está equipado con dos filtros polarizadores opuestos:

- Un filtro sobre el emisor que impide el paso de los rayos emitidos en un plano vertical.

- Un filtro sobre el receptor que sólo permite el paso de los rayos recibidos en un plano horizontal.

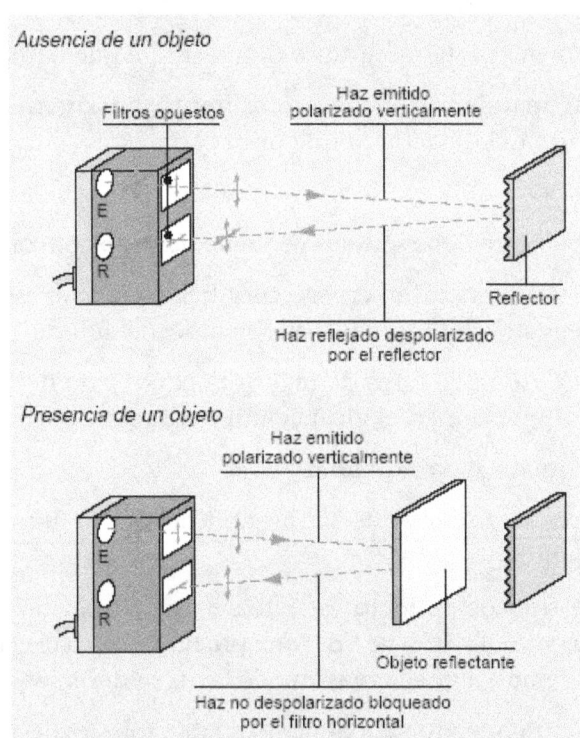

Principio del sistema réflex polarizado

En ausencia de un objeto:

El reflector devuelve el haz emitido, polarizado verticalmente, después de haberlo despolarizado.

El filtro receptor deja pasar la luz reflejada en el plano horizontal.

En presencia de un objeto:

El objeto detectado devuelve el haz emitido sin ninguna modificación.

El haz reflejado, polarizado verticalmente, queda por tanto bloqueado por el filtro horizontal del receptor.

La elección del reflector, el funcionamiento en la zona próxima y el uso en entornos contaminados siguen los criterios del sistema réflex estándar.

El funcionamiento de un detector réflex polarizado puede verse perturbado por la presencia de ciertos materiales plásticos en el haz, que despolarizan la luz que los atraviesa.

Por otra parte, se recomienda evitar la exposición directa de los elementos ópticos a las fuentes de luz ambiental.

Sistema de proximidad:

Al igual que en el caso de los sistemas réflex, el emisor y el receptor están ubicados en un misma caja.

El haz luminoso se emite en infrarrojo y se proyecta hacia el receptor cuando un objeto suficientemente reflectante penetra en la zona de detección (ver el dibujo adjunto).

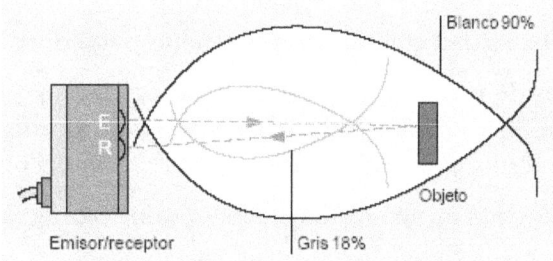

Principio del sistema de proximidad

El alcance de un sistema de proximidad es inferior al de un sistema réflex, lo que desaconseja su uso en entornos contaminados.

El alcance depende:

* Del color del objeto detectado y de su poder reflectante (un objeto de color claro se detecta a mayor distancia que un objeto oscuro).

* De las dimensiones del objeto (el alcance disminuye con el tamaño).

Los alcances nominales indicados en los catálogos se definen, normalmente, por medio de una pantalla blanca Kodak 90% y dimensiones de 20 3 20 cm.

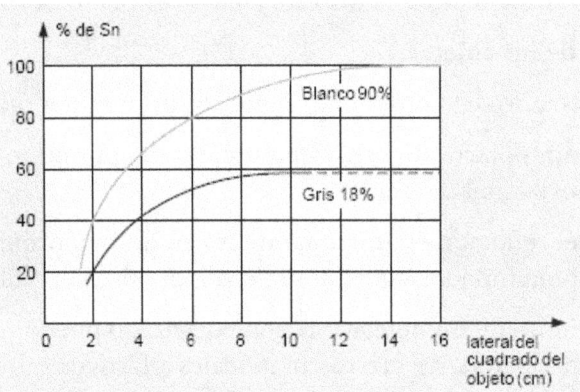

Variación del alcance Sn de un detector de proximidad

Los detectores de proximidad se equipan frecuentemente con un potenciómetro de reglaje de sensibilidad.

Para una distancia dada entre el objeto detectado y el emisor, la detección de un objeto menos reflectante requiere un aumento de la sensibilidad, lo que puede provocar la detección del plano posterior en caso de ser más reflectante que el propio objeto.

En estos casos, el uso de un sistema de proximidad con borrado del plano posterior asegura la detección del objeto.

Sistema de proximidad con borrado del plano posterior:

Los detectores de proximidad con borrado del plano posterior están equipados con un potenciómetro de regulación de alcance que permite "enfocar" una zona de detección y evitar la detección del plano posterior.

Pueden detectar a la misma distancia objetos de colores y reflexividades distintas.

En el dibujo siguiente, la parte delimitada por un trazo negro se ha definido con una pantalla de 20 3 20 cm blanca 90%; la delimitada por un trazo azul, con una pantalla negra 6% (el color de prueba menos reflectante).

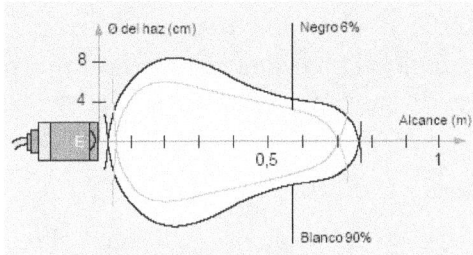

Zona de detección de un sistema de proximidad con borrado del plano posterior

La tolerancia de funcionamiento de un sistema de proximidad con borrado del plano posterior en un entorno contaminado es superior a la de un sistema estándar.

Esto es debido a que el alcance real no varía en función de la cantidad de luz devuelta por el objeto detectado.

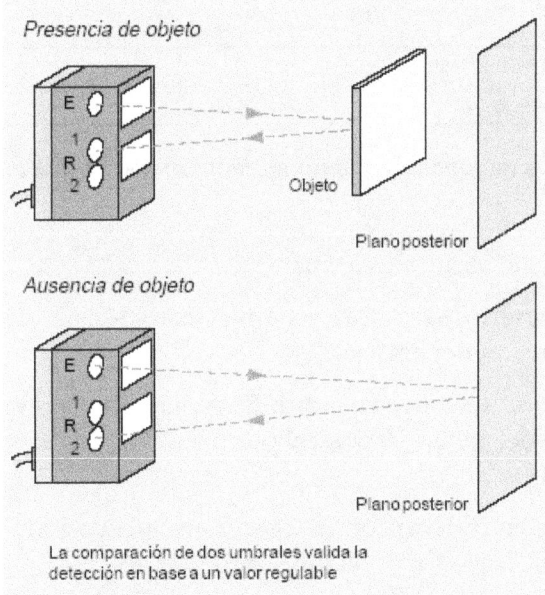

Principio del sistema de proximidad con borrado del plano posterior

Modos de funcionamiento:

Los detectores fotoeléctricos pueden funcionar en dos modos: Conmutación clara y conmutación oscura.

Dependiendo del modelo de detector, el funcionamiento en conmutación clara u oscura es predefinido o programable por el usuario. La programación se lleva a cabo por cableado.

Conmutación clara:

La salida se activa cuando el haz de luz alcanza el receptor (ausencia de objeto en detectores de barrera y réflex, presencia de objeto en detectores de proximidad).

Conmutación oscura:

La salida se activa cuando el haz de luz no alcanza el receptor (presencia de objeto en detectores de barrera y réflex, ausencia de objeto en detectores de proximidad).

Sistemas barrera y réflex	
Conmutación clara	
Objeto presente (haz bloqueado)	Objeto ausente (recepción de luz)
Salida no activada	Salida activada
Conmutación oscura	
Objeto presente (haz bloqueado)	Objeto ausente (recepción de luz)
Salida activada	Salida no activada
Sistema proximidad	
Conmutación clara	
Objeto presente (haz reflejado)	Objeto ausente (sin recepción de luz)
Salida activada	Salida no activada
Conmutación oscura	
Objeto presente (haz reflejado)	Objeto ausente (sin recepción de luz)
Salida no activada	Salida activada

Modos de funcionamiento en función clara o oscura

Determinación del alcance de trabajo:

El alcance necesario para obtener una detección fiable sólo puede definirse en función del entorno.

De hecho, todo sistema óptico está influenciado por las variaciones de la transparencia del medio, debidas al polvo, los humos, las perturbaciones atmosféricas...

Los fabricantes consideran un margen de seguridad al especificar el alcance nominal Sn de los detectores fotoeléctricos.

No obstante, en caso de contaminación ambiental o de suciedad de las lentillas o de los reflectores, es necesario aplicar un factor de corrección adicional a los valores de alcance.

La capacidad de un detector fotoeléctrico para funcionar en atmósferas contaminadas depende de su reserva de ganancia.

$$\text{Ganancia} = \frac{\text{Señal recibida por el fototransistor}}{\text{Señal mínima que conmuta la salida}}$$

Las curvas de ganancia establecidas para cada modelo de detector proporcionan la lectura directa del alcance de trabajo en función del entorno.

Deben tenerse en cuenta los siguientes umbrales:

Ganancia 5:	≤ Ambiente ligeramente polvoriento.
Ganancia 10: Entorno	≤ contaminado, ambiente muy polvoriento, niebla leve.
Ganancia 50: Entorno	≤ extremadamente contaminado, niebla o humo denso, montaje en exteriores a la intemperie.

La ganancia 1 corresponde a la señal mínima necesaria para conmutar la salida.

Los alcances nominales **Sn** de los detectores siempre corresponden a una ganancia > 1.

Barrera:

Es necesario utilizar la curva de ganancia o aplicar los siguientes coeficientes a los alcances que se indican en normalmente en los catálogos de los fabricantes:

1:	Entorno limpio.
0,5:	Entorno ligeramente contaminado.
0,25:	Entorno medianamente contaminado.
0,10:	Entorno muy contaminado.

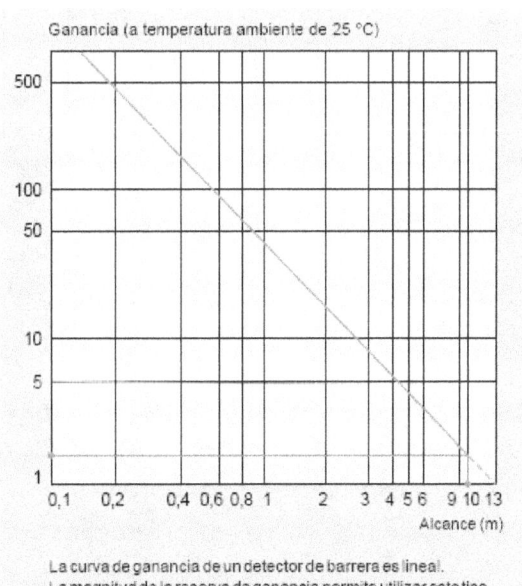

Curva de ganancia de un detector de barrera
XUJ-M de Schneider Electric

Réflex estándar o polarizado:

Dado el carácter no lineal de la ganancia, sólo es posible utilizar la curva de ganancia para definir el alcance de trabajo que garantiza la detección fiable en medios contaminados.

Proximidad:

El alcance de trabajo depende principalmente de la reflexividad del objeto que se detecta.

No obstante, si el entorno está ligeramente contaminado y se utilizan aparatos de largo alcance nominal, se recomienda utilizar la curva de ganancia.

Proximidad con borrado del plano posterior:

La curva de ganancia no es significativa, ya que el alcance de detector no depende de la cantidad de luz recibida.

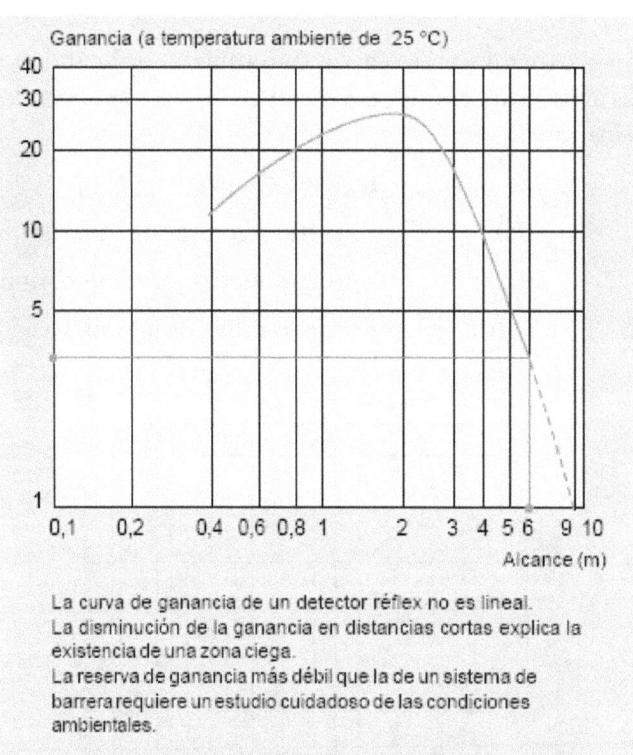

Curva de ganancia de un detector réflex XUJ-M, asociado a un reflector XUZ-C80, de Schneider Electric

Instalación:

Asociación en serie o en paralelo:

- Detectores de 2 hilos:

  Se desaconseja la puesta en paralelo y en serie de detectores entre sí o con un contacto mecánico.

- Detectores de 3 hilos:

  Se desaconseja la puesta en serie de detectores entre sí.

  Conexión en paralelo: Ninguna restricción.

- Detectores de 5 hilos:

  Ninguna restricción, ni en serie ni en paralelo.

Conexiones:

Los detectores fotoeléctricos pueden suministrarse con:

- Cable sobremoldeado: estanqueidad de fábrica.

- Borna con tornillos: Longitud y tipo de cable adaptables a las necesidades del usuario.

- Conector de intervención rápida en caso de sustitución del aparato y ningún riesgo de error de conexión.

Tipos de salidas:

Existen dos tipos de salidas normalizadas:

- Salidas de relé, contacto inversor NO / NC: Corriente conmutada elevada, instalación simple.

- Salidas estáticas PNP (carga a potencial negativo) o NPN (carga a potencial positivo): Interfaces naturales para autómatas programables, larga durabilidad, cadencias de conmutación elevadas.

Los detectores fotoeléctricos de nueva generación

Telemecanique, al proporcionar la tecnología Osiconcept, innova con productos adaptables para facilitar la detección.

- Con Osiconcept, un solo producto permite responder a todas las necesidades de detección óptica.

En efecto, con tan sólo pulsar el botón de aprendizaje, el producto se configura automáticamente de forma óptima en función de la aplicación:

    1 - Detección directa del objeto.

    2 - Detección directa con borrado de plano posterior.

    3 - Detección con reflector (accesorio reflector).

4 - Detección con receptor óptico (accesorio emisor para utilización en barrera).

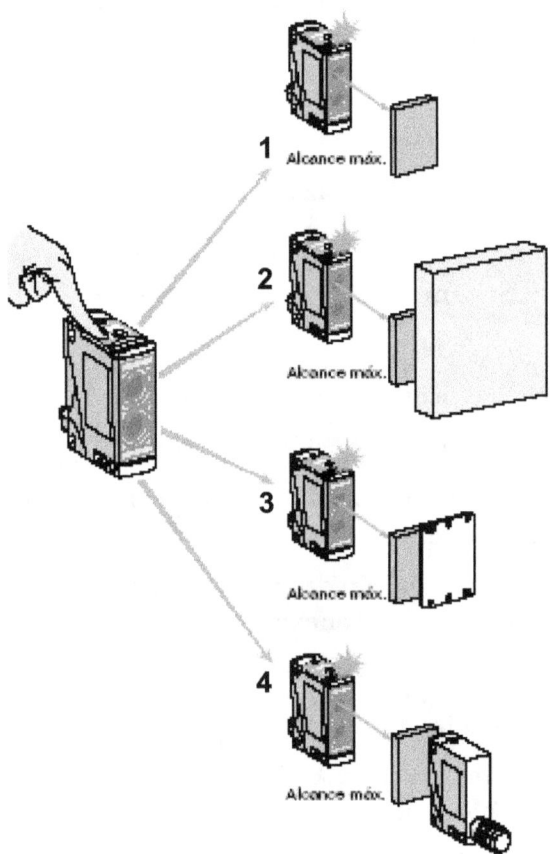

Diferentes formas de detección fotoeléctrica

- Pero Osiconcept constituye también:

- Un mayor rendimiento:

  La garantía de un alcance máximo y optimizado para cada aplicación.

- Una instalación y puesta en servicio simplificada:

  Una instalación intuitiva y un mantenimiento reducido y sencillo.

- Costes reducidos:

  El número de referencias se divide por 10, por lo tanto, la elección y el suministro se simplifican y los costes de stock se reducen en gran medida.

- Productividad máxima garantizada.

- Independientemente del modo de detección utilizado (proximidad, réflex, barrera…), las salidas pasan a ser indistintamente NA o NC **(1)**.

- Osiconcept constituye una instalación inmediata e intuitiva al alcance de todos.

(1) El producto se suministra con configuración NA. La selección NA o NC se realiza simplemente pulsando el botón de aprendizaje.

Alcance sin accesorio con borrado de plano posterior:

- Sin accesorio, la célula Osiconcept detecta hasta este alcance **(2)** permaneciendo insensible a los planos posteriores y al color de los objetos que se van a detectar.

- El entorno limpio es muy recomendable.

(2) Ver la siguiente tabla de alcances.

Dimensiones (An×Al×F) en mm		M18×64	12×34×20	18×50×50	30×92×77
Alcance máximo en m	Sin accesorio con borrado del plano posterior	0,12	0,10	0,3	1,3
	Sin accesorio	0,4	0,55	1,2	3
	Con reflector (polarizado)	4	4	5,7	15
	Con accesorio de barrera	20	18	35	60
Alimentación ▬	Salida estática	■	■	■	■
∼	Salida relé	–	–	■	■
Conexión	Por cable	■	■	■	–
	Por conector	■	■	■	■
	Bornero con tornillos	–	–	–	■
Tipo de aparato		XUB 0	XUM 0	XUK 0	XUX 0

Tabla de alcances y características

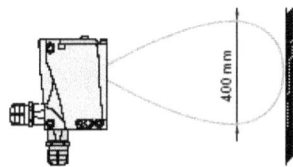

Alcance sin accesorio con borrado de plano posterior

Alcance sin accesorio:

- Sin accesorio, superado el alcance con borrado de plano posterior, la misma célula Osiconcept detecta los objetos pero puede verse afectada por los planos posteriores.

Debe tenerse en cuenta que el alcance se ve afectado por el color de los objetos que se van a detectar.

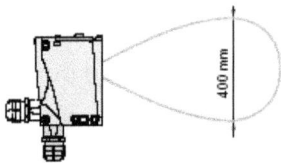

Alcance sin accesorio

Alcance con reflector (polarizado):

- Instalando el reflector alineado, la propia célula Osiconcept detecta los objetos independientemente de su brillo y su color.

- El diámetro del reflector debe ser más pequeño que el del objeto que se va a detectar.

- El alcance será tanto más largo cuanto más importante sea la superficie del reflector.

Ejemplo: con un reflector XUZ C50, el haz será de 50 x 50 mm.

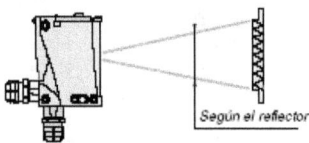

Alcance con reflector

Alcance con accesorio emisor de barrera:

- Después de la alineación correspondiente y de la conexión eléctrica de un accesorio emisor para su utilización en barrera, la misma célula Osiconcept detecta los objetos independientemente de su brillo o color.

- La distancia de detección es máxima.

- Debe prestarse atención a la alineación entre la célula y el emisor de barrera.

- Gran resistencia a la suciedad y al polvo.

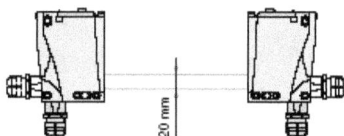

Alcance con accesorio emisor de barrera

Los detectores por ultrasonidos

Principio de la detección por ultrasonidos:

Presentación:

Los detectores ultrasonido permiten detectar sin contacto alguno cualquier objeto con independencia:

- Del material (metal, plástico, madera, cartón...).

- De la naturaleza (sólido, líquido, polvo...).

- Del color.

- Del grado de transparencia.

Se utilizan en las aplicaciones industriales para detectar por ejemplo:

- La posición de las piezas de la máquina.

- La presencia de parabrisas cuando se monta el automóvil.

- El paso de objetos en cintas transportadoras: Botellas de vidrio, embalajes de cartón, pasteles...

- El nivel:

  - De pintura de diferente color en botes.

  - De granulados plásticos en tolvas de máquinas de inyección...

Los detectores ultrasonido son fáciles de instalar debido a sus conectores de salida y sus accesorios de conexión y de fijación.

Principio de funcionamiento:

El principio de la detección ultrasonido se basa en la medida del tiempo transcurrido entre la emisión de una onda ultrasónica (onda de presión) y la recepción de su eco (retorno de la onda emitida).

Los detectores por ultrasonidos tienen normalmente forma cilíndrica y se componen de:

1 - Generador de alta tensión.

2 - Transductores piezoeléctricos (emisor y receptor).

3 - Etapa de tratamiento de la señal.

4 - Etapa de salida.

Activado por el generador de alta tensión 1, el transductor (emisor - receptor) 2 genera una onda ultrasónica pulsada (de 200 a 500 kHz según el producto) que se desplaza en el aire ambiente a la velocidad del sonido.

En el momento en el que la onda encuentra un objeto, una onda reflejada (eco) vuelve hacia el transductor. Un microcontrolador 3 analiza la señal recibida y mide el intervalo de tiempo entre la señal emitida y el eco.

Mediante comparación con los tiempos predefinidos o adquiridos, determina y controla el estado de las salidas 4. La etapa de salida 4 controla un doble conmutador estático (transistor PNP y NPN) correspondiente a un contacto de cierre NA (detección de objeto).

Ventajas de la detección por ultrasonidos:

- Sin contacto físico con el objeto, por lo tanto, sin desgaste y posibilidad de detectar objetos frágiles, con pintura fresca.

- Detección de cualquier material, independientemente del color, al mismo alcance, sin ajuste ni factor de corrección.

- Muy buena resistencia a los entornos industriales (productos resistentes; normalmente completamente encapsulados en una resina).

- Aparatos estáticos: Sin piezas en movimiento dentro del detector, por lo tanto, duración de vida independiente del número de ciclos de maniobras.

- En los elementos de última generación (actualmente exclusiva de Schneider Electric):

Función de aprendizaje mediante simple pulsación en un botón para definir el campo de detección efectivo.

Aprendizaje del alcance mínimo y máximo (borrado de primer plano y segundo plano muy precisos ± 6 mm).

Constitución del detector por ultrasonidos

Terminología

Definiciones:

Las condiciones siguientes se definen en la norma CEI 60947-5-2:

- Alcance nominal (**Sn**):

Valor convencional para designar el alcance. No tiene en cuenta las tolerancias de fabricación ni las variaciones debidas a las condiciones externas, como la tensión y la temperatura.

- Campo de detección (**Sd**):

Campo en el que el detector es sensible a los objetos.

- Alcance mínimo:

Límite inferior del campo de detección especificado.

- Alcance máximo:

Límite superior del campo de detección especificado.

- Alcance de trabajo (**Sa**):

Corresponde al campo de funcionamiento del detector (activación de las salidas) y está incluido en el campo de detección. Sus límites se fijan:

- En fábrica para los detectores de alcance fijo.
- En la instalación de la aplicación para los detectores de aprendizaje.

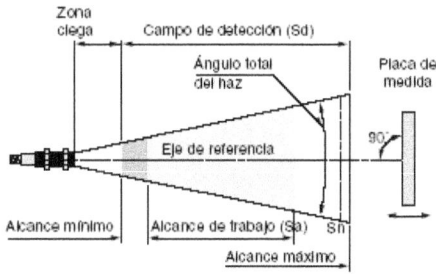

Parámetros del detector por ultrasonidos

- Zona ciega:

Zona comprendida entre el lado sensible del detector y el alcance mínimo en el que ningún objeto puede detectarse de forma fiable.

Se debe evitar el paso de objetos en esta zona durante el funcionamiento del detector, ya que podría provocar un estado inestable de las salidas.

- Recorrido diferencial:

El recorrido diferencial (**H**) o histéresis es la distancia entre el punto de acción cuando la placa de medida se acerca al detector y el punto de desactivación cuando la placa se aleja del mismo.

- Reproductibidad:

La reproductibidad (**R**) es la precisión de reproducción entre dos medidas sucesivas del alcance efectuadas en condiciones idénticas.

- Ángulo total del haz:

Ángulo sólido alrededor del eje de referencia de un detector de proximidad ultrasonido.

- Placa de medida:

La norma CEI 60947-5-2 define el objetivo o placa de medida "normalizada" como una placa de metal cuadrada de 1 mm de espesor con acabado enrollado colocada perpendicularmente al eje de referencia.

Sus dimensiones dependen del campo de detección:

Campo de detección (mm)	Tamaño del objetivo (mm)
< 300	10 x 10
300 < d < 800	20 x 20
> 800	100 x 100

- Tensión residual (**Ud**):

La tensión residual (**Ud**) corresponde a la caída de tensión en las bornas del detector en estado pasante (valor medido para la corriente nominal del detector).

- Retardo a la disponibilidad:

Tiempo necesario para garantizar la utilización de la señal de salida de un detector en su puesta en tensión.

- Tiempo de respuesta:

- Retardo a la acción (**Ra**):

Tiempo que transcurre entre el instante en el que el objeto que se va a detectar entra en la zona activa y el cambio de estado de la señal de salida. Este tiempo limita la velocidad de paso del móvil en función de sus dimensiones.

- Retardo al desaccionamiento (**Rr**):

Tiempo que transcurre entre el instante en el que el objeto detectado sale de la zona activa de detección y el cambio de estado de la señal de salida.

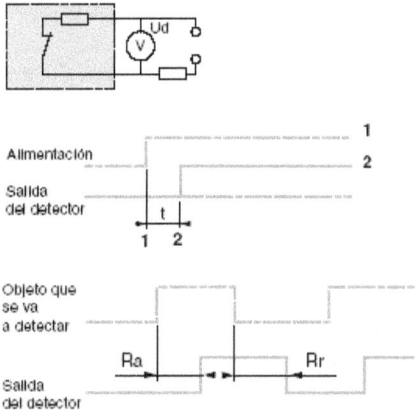

Retardo a la disponibilidad y tiempo de respuesta de un detector por ultrasonidos

Alimentación:

Fuente de corriente continua:

Asegurarse de que los límites de tensión del detector y la tasa de ondulación admisible son compatibles con las características de la fuente.

Precauciones de instalación:

Montaje:

Distancia de montaje entre detectores por ultrasonidos:

Si 2 detectores estándares se montan demasiado cerca el uno del otro, la onda emitida por uno puede afectar al otro y provocar un estado de detección errónea.

Para evitar este fenómeno, es necesario dejar una distancia mínima entre los aparatos.

Par de apriete máximo:

Diámetro del detector (mm)	Todos los modelos
Ø 12	0,7 Nm
Ø 18	1,4 Nm
Ø 30	1,4 Nm

Cableado:

Conexión eléctrica:

- Realizar la conexión del detector sin tensión.

- Longitud de cable:

- Sin limitación de las características de los detectores hasta 200 m o hasta una capacidad de línea < 0,1 F.

- También es importante tener en cuenta las caídas de tensión en línea.

- Separación de los cables de control y potencia:

- Los detectores están inmunizados contra las perturbaciones eléctricas del entorno industrial.

- En las aplicaciones extremas en las que se pueden encontrar fuentes importantes de sobretensión (motores, máquinas de soldar, etc.), se recomienda tomar las precauciones habituales:

- Eliminar los parásitos en la fuente.

- Alejar los cables de potencia y los cables de los detectores.

- Filtrar la alimentación.

- Limitar la longitud del cable.

Asociación en serie:

No se recomienda emplear esta asociación

- No se puede garantizar el correcto funcionamiento, que se debe comprobar con un ensayo previo. Tener en cuenta los siguientes puntos:

- El detector 1 lleva la corriente de la carga, más las corrientes de consumo en vacío de los demás detectores en serie. Para determinados aparatos, la asociación sólo puede realizarse añadiendo una resistencia de limitación de corriente.

- Todos los detectores presentan en estado pasante una caída de tensión. La carga deberá por lo tanto elegirse en consecuencia.

- Al cerrarse el detector 1, el detector 2 sólo funciona transcurrido un tiempo T, correspondiente al tiempo de retardo en la disponibilidad y así sucesivamente.

- Se recomienda utilizar diodos anti-retorno cuando se emplee una carga inductiva.

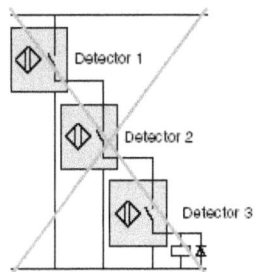

Asociación en serie de detectores por ultrasonidos

Detectores y aparatos en serie con un contacto mecánico exterior:

- Tener en cuenta los siguientes puntos:

- Cuando el contacto mecánico está abierto, el detector no está alimentado.

- Al cerrarse el contacto, el detector sólo funciona transcurrido un tiempo T, correspondiente al tiempo de retardo en la disponibilidad.

Asociación en paralelo:

- Sin restricciones particulares. Se recomienda montar diodos antirretorno cuando se emplee una carga inductiva (relé).

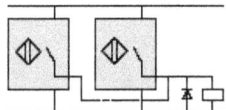

Asociación en paralelo de detectores por ultrasonidos

Carga de carácter capacitivo (C > 0,1 μF):

- En la puesta en tensión, es necesario limitar mediante una resistencia la llamada de corriente debida a la carga del condensador C.

- También se puede tener en cuenta la caída de tensión en el detector. En tal caso, se resta de la tensión de alimentación para calcular R.

$$R = \frac{U \ (\text{ alimentación })}{I \ max \ (\text{ detector })}$$

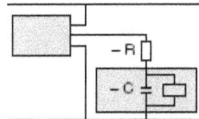

Carga de carácter capacitívo en un detector por ultrasonidos

Carga compuesta por una lámpara de incandescencia:

- Si la carga está constituida por una lámpara de incandescencia, la resistencia en frío puede ser del orden de la décima parte de su resistencia en caliente, de ahí que se obtenga una corriente muy importante en la conmutación. Prever una resistencia de precalentamiento del filamento en paralelo en el detector.

$$R = \frac{U^2}{P} \times 10$$

U = Tensión de alimentación

P = Potencia de la lámpara.

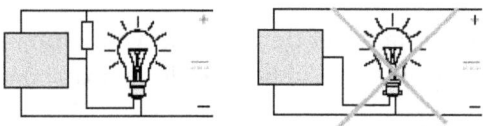

**Carga compuesta por una lámpara de
incandescencia en un detector por ultrasonidos**

Detección:

- Factores de influencia:

Los detectores ultrasonido están especialmente adaptados a la detección de objetos duros y con una superficie plana perpendicular al eje de detección.

No obstante, el funcionamiento del detector ultrasonido puede verse afectado por:

- Las corrientes de aire que pueden acelerar o desviar la onda acústica emitida por el producto (expulsión de piezas por chorro de aire).

- Los gradientes de temperatura importantes en el campo de detección: Un fuerte calor generado por un objeto puede crear zonas de temperatura diferentes que modifican el tiempo de propagación de la onda e impiden una detección fiable.

- Los aislantes de sonido: Materiales que absorben el sonido (algodón, tejidos, caucho...).

- El ángulo entre el lado del objeto que se va a detectar y el eje de referencia del detector: Cuando el ángulo difiere de 90°, la onda ya no se refleja en el eje del detector y el alcance de trabajo disminuye.

Este efecto se acentúa más cuanto más grande es la distancia entre el objeto y el detector. Superados los ± 10°, la detección es imposible.

- La forma del objeto que se va a detectar: Al igual que en el caso anterior, un objeto muy anguloso podrá ser difícil de detectar **1**.

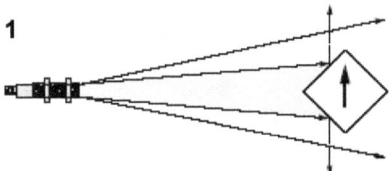

Influencia de la forma en la detección por ultrasonidos: 1

- Detección por corte de haz (modo réflex):

En los casos de detección de aislantes de sonido, de objetos angulosos o de presencia de un ángulo entre el lado del objeto que se va a detectar y el eje de referencia del detector, se recomienda elegir el detector de aprendizaje que permite detectar por corte de haz utilizando un reflector. Este reflector puede ser cualquier parte plana, dura y fija de la máquina **2**.

Influencia de los aislantes en la detección por ultrasonidos: 2

El detector de aprendizaje puede también utilizarse en espacios reducidos utilizando un reenvío de ángulo. Al igual que para el reflector, el reenvío de ángulo puede ser una parte plana de la máquina **3**.

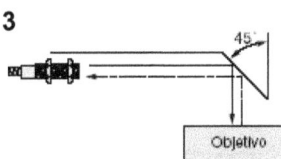

Influencia del tamaño en la detección por ultrasonidos: 3

También se puede utilizar la detección por corte de haz (modo réflex) con el reenvío de ángulo **4**.

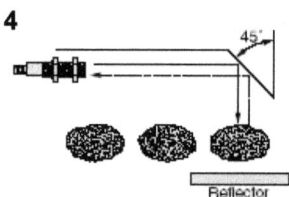

Modo reflex en la detección por ultrasonidos: 4

Atención: En la configuración en modo réflex, la función de las salidas PNP y NPN equivale a un contacto NC, normalmente cerrado, que se abre al detectarse el objeto.

Productos de salida analógica:

Funcionamiento:

La particularidad de estos productos se encuentra en la salida, que emite una señal (de corriente o tensión) proporcional a la distancia del objeto detectado.

Este valor aumenta a medida que se aleja el objeto, dentro de los límites de detección que se pueden ajustar por autoaprendizaje.

Desde la detección de un objeto, un diodo de señalización LED (D) se enciende y su luminiscencia aumenta en función del valor de la señal de salida.

Ventajas:

• Disponibilidad de un dato físico que depende de la distancia del detector / objeto.

• Protección contra la inversión de polaridad.

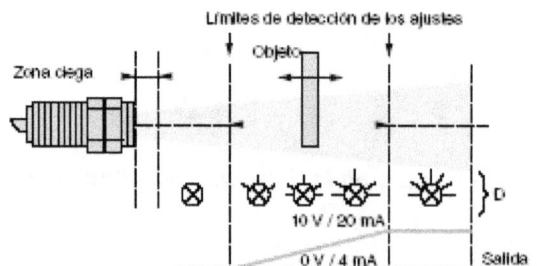

Detector por ultrasonidos con salida analógica

- Protección contra las sobrecargas y los cortocircuitos.

- Sin corriente residual, baja tensión residual.

Alimentación:

Fuente de corriente continua:

Asegurarse de que los límites de tensión del detector y la tasa de ondulación admisible son compatibles con las características de la fuente.

Fuente de corriente alterna:

Con transformador, rectificador y filtro.

La tensión de alimentación debe estar comprendida entre los límites indicados para el aparato.

Si la alimentación se realiza a partir de una fuente alterna monofásica, la tensión debe rectificarse y filtrarse asegurándose de que:

- La tensión de cresta de alimentación es inferior al límite máximo que admite el detector.

$$\text{Tensión de cresta} = \text{tensión nominal} \times \sqrt{2}.$$

- La tensión mínima de alimentación es superior al límite mínimo garantizado para el producto sabiendo que:

$$\Delta \Delta V = (I \times t) / C$$

ΔV = Ondulación máx.: 10% (V).

I = Corriente suministrada prevista (mA).

t = Tiempo de un período (10 ms en doble alternancia rectificada para una frecuencia de 50 Hz).

C = capacidad (μF).

Por regla general, utilizar un transformador con una tensión secundaria (Ue) más baja que la tensión continua deseada (U).

Ejemplo: 18 Vca para obtener 24 Vcc.

Precauciones de instalación:

Montaje:

Distancia de montaje entre detectores por ultrasonidos:

Si 2 detectores estándar se montan demasiado cerca el uno del otro, la onda emitida por uno puede afectar al otro y provocar un estado de detección errónea.

Para evitar este fenómeno, es necesario dejar una distancia mínima entre los aparatos.

2.3.3. Los arrancadores electrónicos

Como ya se ha comentado en capítulos anteriores, con respecto a los sistemas de arranque electromecánicos, los arrancadores electrónicos, normalmente, permiten suavizar el arranque y, por lo tanto, minimizar la punta de corriente, la eliminación de los golpes mecánicos que causan el desgaste, un elevado mantenimiento y el paro prolongado de la producción.

Descripción:

- Los arrancadores progresivos comprendidos entre las potencias de 0,37 kW y 11 kW , y 0,75 kW y 75 kW suelen estar equipados:

- Con un potenciómetro de ajuste (**1**) del tiempo de arranque.

- Con un potenciómetro (**2**) para ajustar el umbral de la tensión de arranque en función de la carga del motor.

- Con 2 entradas (**3**):

- 1 entrada 24 Vcc/ca o 1 entrada a 110…240 Vcc para la alimentación del control que permite controlar el motor.

- Con un potenciómetro de ajuste (**6**) del tiempo de arranque.

- Con un potenciómetro de ajuste (**8**) del tiempo de ralentización.

- Con un potenciómetro (**7**) para ajustar el umbral de la tensión de arranque en función de la carga del motor.

- 1 LED verde (**4**) de señalización: Producto en tensión.

- 1 LED amarillo (**5**) de señalización: Motor alimentado con tensión nominal.

- Con un conector (**9**):

  – 2 entradas lógicas para las órdenes de Marcha / Parada.

  – 1 entrada lógica para la función BOOST.

  – 1 salida lógica para señalar el final del arranque.

  – 1 salida de relé para señalar un fallo de alimentación del arrancador o la parada del motor al final de la ralentización.

Los arrancadores ralentizadores electrónicos para intensidades comprendidas entre 17 y 1.200 A. constan de 6 tiristores que realizan el arranque y la parada progresivos en par de los motores asíncronos trifásicos de jaula.

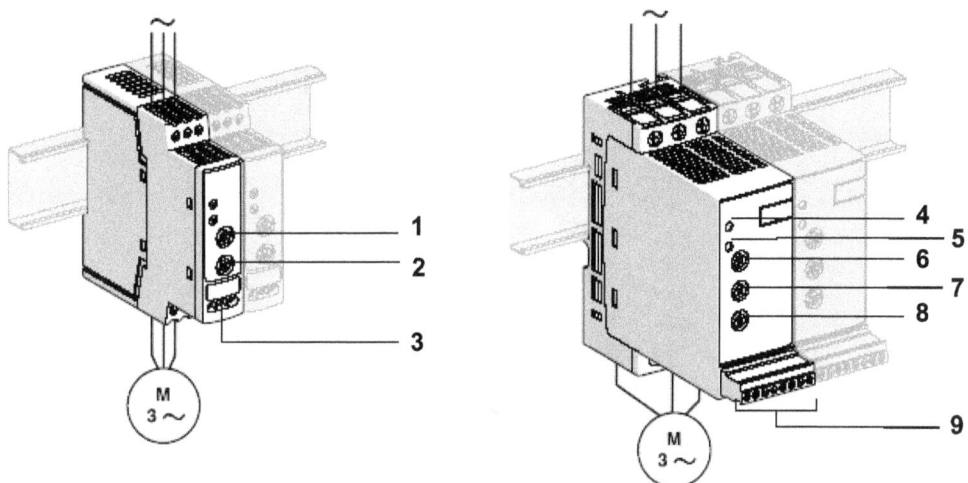

Tipos de arrancadores electrónicos

Integra las funciones de:

- Arranque y parada ralentizada con suavidad.

- Protección de las máquinas y los motores.

- Las funciones de comunicación con los automatismos.

Estas funciones responden a las aplicaciones más corrientes de máquinas centrífugas, bombas, ventiladores, compresores y cintas transportadoras, que se encuentran principalmente en los sectores de la edificación, el agroalimentario y el químico.

El rendimiento de los algoritmos de los arrancadores electrónicos se ha puesto al servicio de la robustez, la seguridad y la facilidad de instalación.

Los arrancadores son una solución económica que permite:

- Reducir los costes de explotación de las máquinas disminuyendo los problemas mecánicos y mejorando sus prestaciones.

- Reducir las incidencias en la distribución eléctrica, disminuyendo las puntas de corriente y las caídas de tensión en línea relativas a los arranques de los motores.

La oferta de arrancadores se compone, normalmente, de 2 gamas:

- Tensiones trifásicas de 230 a 400 V, 50 / 60 Hz.

- Tensiones trifásicas de 208 a 690 V, 50 / 60 Hz.

Para cada rango de tensiones, los arrancadores están dimensionados en función de las aplicaciones estándar y severas.

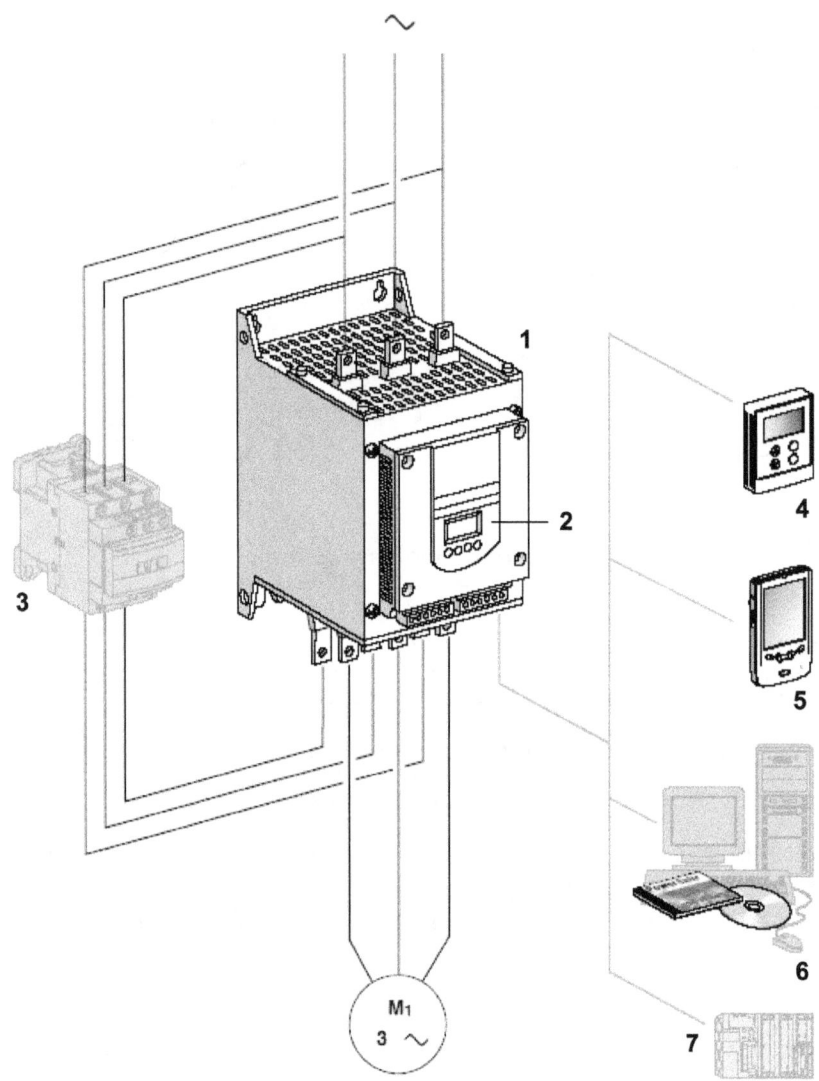

Arrancador – ralentizador electrónico

Funciones:

Los arrancadores ralentizadotes **(1)** se suministran, habitualmente listos para su uso para aplicaciones estándar con protección de motor de clase 10.

Cuentan con un terminal integrado **(2)**, que permite modificar las funciones de programación, de ajuste o de supervisión para adaptar y personalizar la aplicación según las necesidades del cliente.

Disponen de un terminal remoto **(4)** que se puede instalar en la puerta de un cofre o de un armario.

Tienen opciones avanzadas de diálogo (PowerSuite en el caso de Schneider Electric) :

- El paquete del asistente universal PowerSuite con terminal de tipo PPC (**5**).

- El software de programación PowerSuite (**6**).

Una oferta de accesorios de cableado que facilitan la conexión del arrancador con los autómatas mediante conexión al bus Modbus (**7**).

Opciones de comunicación para bus y redes Ethernet, Fipio, DeviceNet, Profibus DP.

Funciones de prestaciones del accionamiento con:

- En el caso de arrancadores **"Altistart"**, control de par. Exclusivo de dichos modelos (patente Schneider Electric).

- Control del par suministrado al motor durante todo el período de aceleración y deceleración (reducción significativa de los golpes de ariete).

- Facilidad de ajuste de la rampa y del par de arranque.

- Posibilidad de By-pass del arrancador con un contactor (**3**) al final del arranque con mantenimiento de las protecciones electrónicas (función By-pass).

- Amplia tolerancia de frecuencia para las alimentaciones por grupo electrógeno.

- Posibilidad de conectar el arrancador en el acoplamiento en triángulo del motor, en serie con cada bobinado.

Funciones de protección del motor y de la máquina con:

- Integración de una protección térmica del motor.

- Tratamiento de la información de las sondas térmicas PTC.

- Supervisión del tiempo de arranque.

- Función de precalentamiento del motor.

- Protección contra las sub-cargas y las sobreintensidades en régimen permanente.

Funciones de facilidad de integración en los automatismos con:

- 4 entradas lógicas, 2 salidas lógicas, 3 salidas de relé y 1 salida analógica.

- Borneros de control desenchufables.

- Función de configuración de un segundo motor y fácil adaptación de los ajustes.

- Visualización de las magnitudes eléctricas, del estado de carga y del tiempo de funcionamiento.

- Enlace serie RS 485 para la conexión al bus Modbus.

Criterios de elección de un arrancador – ralentizador progresivo:

El arrancador debe elegirse en función de 3 criterios principales:

- La tensión de alimentación de la red eléctrica, que se debe elegir entre 2 rangos:

  – Tensión alterna trifásica: 230 – 400V.

  – Tensión alterna trifásica: 208 – 690V.

- La potencia y la corriente nominal de la placa de bornas del motor.

- El tipo de aplicación y el ciclo de funcionamiento:

Para facilitar la elección, las aplicaciones se clasifican en 2 tipos:

- Aplicaciones estándar.

- Aplicaciones severas.

Las aplicaciones estándar o severas definen los valores límite de la corriente y el ciclo para los servicios de motor S1 y S4.

Aplicación estándar:

En aplicación estándar, el arrancador se dimensiona para responder a:

- Un arranque a 4 In durante 23 segundos o a 3 In durante 46 segundos, partiendo del estado frío (corresponde a un servicio de motor S1).

- Un arranque a 3 In durante 23 segundos o a 4 In durante 12 segundos, un factor de marcha del 50% y 10 arranques por hora o un ciclo térmicamente equivalente (corresponde a un servicio de motor S4).

La protección térmica del motor debe ajustarse en la clase 10.

Ejemplo: Bomba centrífuga.

Aplicación severa:

En aplicación severa, el arrancador se dimensiona para responder a:

- Un arranque a 4 In durante 48 segundos o a 3 In durante 90 segundos, partiendo del estado frío (corresponde a un servicio de motor S1).

- Un arranque a 4 In durante 25 segundos, con un factor de marcha del 50% y 5 arranques por hora, o un ciclo térmicamente equivalente (corresponde a un servicio de motor S4).

La protección térmica del motor debe ajustarse en la clase 20.

Ejemplo: Machacadora.

Servicios de motor:

Un servicio de motor **S1** corresponde a un arranque seguido de un funcionamiento con carga constante que permite alcanzar el equilibrio térmico.

Un servicio de motor **S4** corresponde a un ciclo que incluye un arranque, un funcionamiento con carga constante y un tiempo de reposo.

Este ciclo se caracteriza por un factor de marcha del 50%.

Esquemas más habituales de aplicación de arrancadores:

Los esquemas propuestos a continuación, se referenciarán con productos de Schneider Electric, con el fin de facilitar la posibilidad de aplicarlos prácticamente.

Generalidades:

Arrancadores progresivos ATS 01N1***

Características fundamentales:

- Control de una fase de alimentación del motor (monofásico o trifásico) para la limitación de par en el arranque.

- Relé de by pass interno.

- Las potencias del motor están comprendidas entre 0,37 kW y 11 kW.

- Las tensiones de alimentación del motor están comprendidas entre 110 V y 480 V, 50 / 60 Hz.

- Se necesita una alimentación externa para controlar el arrancador.

- Es siempre necesario colocar un contactor para la desconexión del motor.

Arrancadores progresivos ralentizadores ATS 01N2***

Características fundamentales:

- Control de dos fases de alimentación del motor para la limitación de corriente en el arranque y para la ralentización.

- Relé de by pass interno.

- Las potencias del motor están comprendidas entre 0,75 kW y 75 kW.

- Las tensiones de alimentación del motor son las siguientes: 230 V, 400 V, 480 V y 690 V, 50 / 60 Hz.

- En las máquinas en las que no se necesita el aislamiento galvánico, no es preciso utilizar un contactor de línea.

Arrancadores ralentizadores progresivos ATSU 01N2***

Características fundamentales:

- Con un potenciómetro de ajuste del tiempo de arranque.

- Con un potenciómetro de ajuste del tiempo de ralentización.

- Con un potenciómetro para ajustar el umbral de la tensión de arranque en función de la carga del motor.

- 1 LED verde de señalización: Producto en tensión.

- 1 LED amarillo de señalización: Motor alimentado con tensión nominal.

- Con un conector:

  - 2 entradas lógicas para las órdenes de Marcha / Parada.

  - 1 entrada lógica para la función BOOST.

  - 1 salida lógica para señalar el final del arranque.

  - 1 salida de relé para señalar un fallo de alimentación del arrancador o la parada del motor al final de la ralentización.

Arrancador con 1 sentido de marcha y parada libre:

- Alimentación monofásica o trifásica.

- Para motores monofásicos, utilizar el ATS 01N1ppFT sin conectar la 2ª fase 3 / L2, 4 / T2.

- Esperar 5 segundos desde la desconexión y la conexión del arrancador progresivo.

- Contactor de línea (1) obligatorio en la secuencia.

- Componentes para asociar:

  - A1   Arrancador progresivo.

  - Q1   Disyuntor GV2 ME.

  - KM1 LC1 *** + LA4 DA2U   Contactor.

  - F1, F2   Fusibles de protección de control.

  - S1, S2   Pulsadores XB4 B o XB5 B.

Esquema:

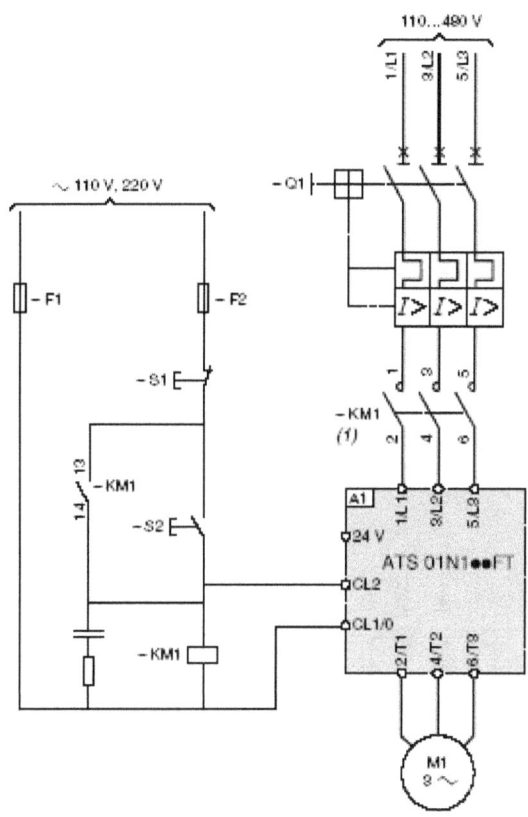

Arrancador con 1 sentido de marcha y parada libre

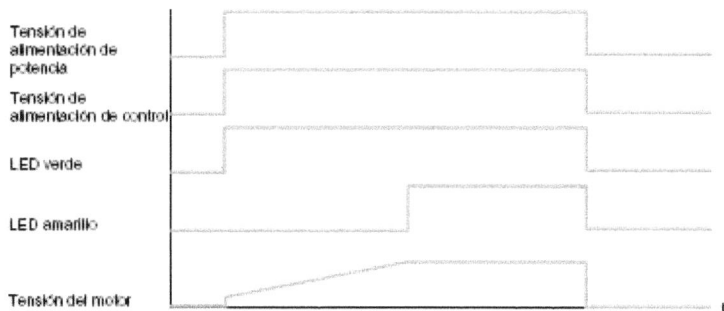

Arrancador con 1 sentido de marcha y parada libre - Diagrama funcional

Arrancador con control automático, con o sin ralentización y sin o con contactor:

- Componentes a asociar:

A1	Arrancador ralentizador progresivo.
Q1	Disyuntor GV2 ME.
Q2	Interruptores fusibles.
F4	Relé térmico.
KM1 LC1 *** + LA4 DA2U	Contactor.
F1, F2	Fusibles de protección de control.
F3 3	Fusibles UR.
S1, S2, S3	Pulsadores XB4 B o XB5 B.

Esquemas:

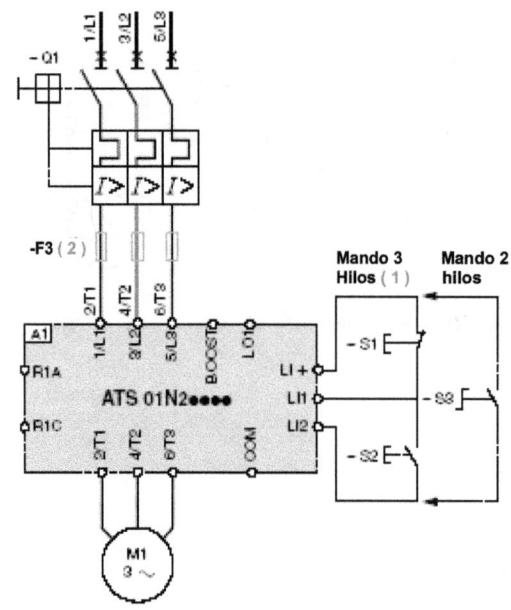

Arrancador con control automático sin contactor

(**1**) Para más de 1 m, utilizar cables blindados.

(**2**) Para coordinación de tipo 2.

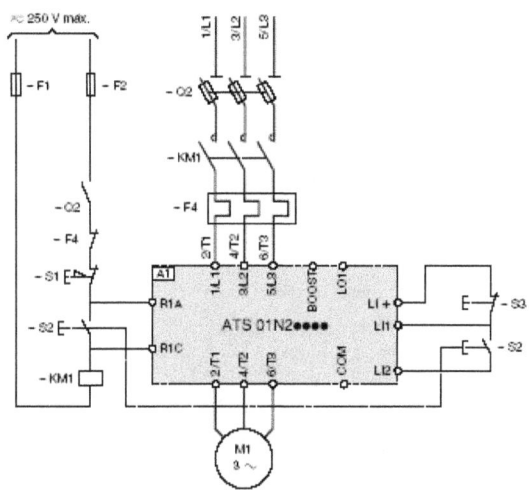

Arrancador con control automático con contactor

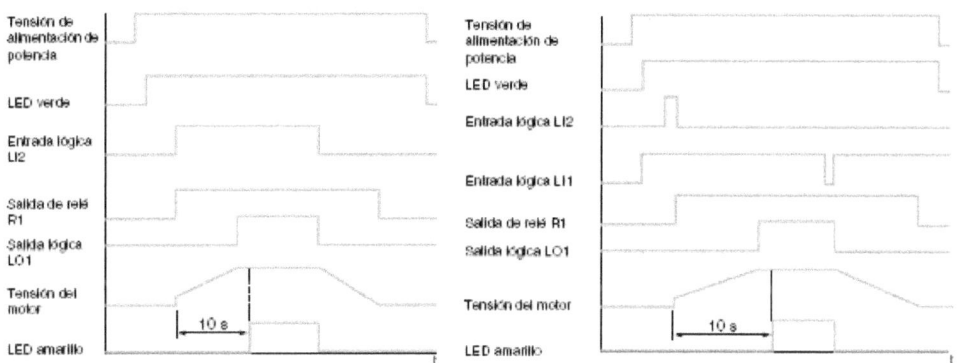

Mando 2 hilos con ralentización   *Mando 3 hilos con ralentización*
Diagramas funcionales

Arrancador conectado en el acoplamiento triángulo del motor:

Además de los montajes más comunes (arrancador instalado en la línea de alimentación del motor y motor acoplado en estrella o en triángulo) el Altistart 48 ATS48•••Q se puede conectar en el acoplamiento de triángulo del motor en serie con cada bobinado (ver el esquema siguiente).

La corriente del arrancador es inferior de 3 a la corriente de línea absorbida por el motor.

Este montaje permite utilizar un arrancador de calibre más pequeño.

Ejemplo: Para un motor 400 V de 110 kW, con una corriente de línea de 195 A (corriente de la placa para el acoplamiento de triángulo), la corriente en cada bobinado es igual a 195 / 3, es decir, 114 A.

Elegir el calibre del arrancador que posea la corriente nominal máxima permanente justo por encima de dicha corriente, es decir, el calibre 140 A (ATS48C14Q para una aplicación estándar).

Este montaje sólo permite la parada de tipo rueda libre; el montaje no es compatible con las funciones de cascada y precalentamiento.

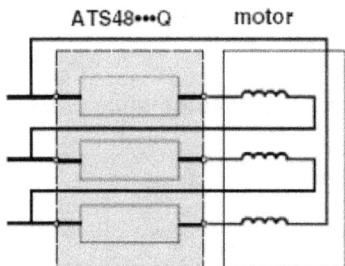

Arrancador cableado en serie
con los bobinados del motor

Observación: Los ajustes de la corriente nominal y de la corriente de limitación, así como la corriente visualizada en funcionamiento, son los valores en línea (evita que el usuario tenga que calcularlos).

(1) Para la coordinación de tipo 2 (según IEC 60947-4-2), añadir fusibles ultrarrápidos para garantizar la protección del arrancador en caso de producirse un cortocircuito.

(2) Asignar el relé R1 a "relé de aislamiento". Debe prestarse atención a los límites de empleo de los contactos; aplicar un relé para los contactores de gran calibre.

(3) Insertar un transformador si la tensión de la red es diferente de la tensión de alimentación definida para el control (ver la página 4).

Tipo de coordinación:

La norma define ensayos a distintos niveles de intensidad, que tienen por objeto colocar el equipo en condiciones extremas.

Según el estado de los componentes después de un ensayo de cortocircuito, la norma define 2 tipos de coordinación.

- Coordinación de tipo 1: Se admite el deterioro del contactor y el arrancador con 2 condiciones:

- Ningún riesgo para el operador,

- Los elementos distintos del contactor y el arrancador no deben estar dañados.

El mantenimiento es obligatorio después del cortocircuito.

- Coordinación de tipo 2: Sólo se admite una ligera soldadura de los contactos del contactor, si se pueden separar fácilmente, sin destrucción del arrancador.

Después de los ensayos de coordinación de tipo 2, las funciones de los equipos de protección y de control están operativas. Tras la sustitución de los fusibles, comprobar el contactor.

Nota: el arrancador protege el motor y los cables contra las sobrecargas. Si se elimina esta protección, es necesario prever una protección térmica externa.

Esquema:

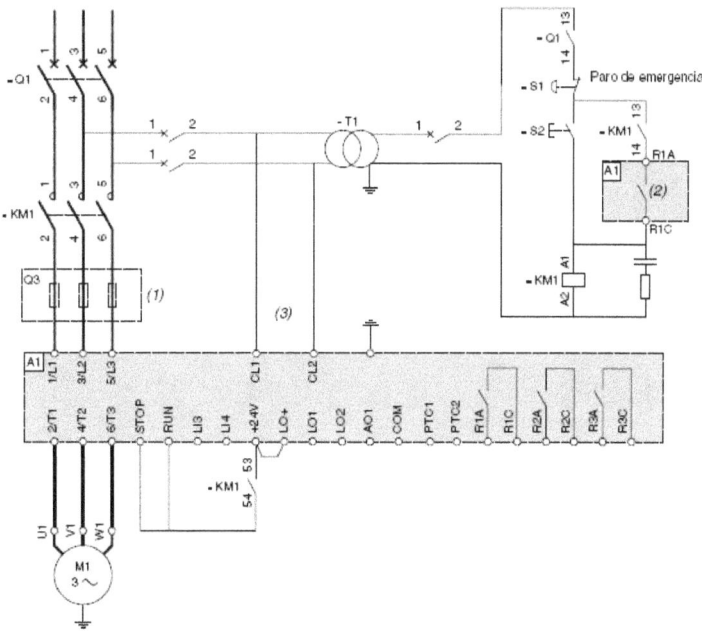

Arrancador conectado en el acoplamiento triángulo del motor

Arrancador con 1 sentido de marcha, con contactores de linea y de By–pass, en coordinación tipo 1 y 2:

El arrancador puede ser cortocircuitado por un contactor al final del arranque (limitación de la disipación térmica emitida por el arrancador).

El arrancador controla el contactor de By-pass y las medidas de corriente y las protecciones siguen activas cuando el arrancador se By-passea.

La elección del arrancador se realiza en función de los 3 criterios principales y de uno de los criterios siguientes:

- Si el arrancador está By-passeado al final del arranque, el arranque del motor se efectúa siempre en frío. Es posible sobreclasificar el arrancador de un calibre.

- Si el arrancador debe poder funcionar sin el contactor de By-pass al final del arranque, no hay que desclasificar el arrancador.

1 - Para la coordinación de tipo 2 (según IEC 60947-4-2), añadir fusibles ultrarrápidos para garantizar la protección del arrancador en caso de producirse un cortocircuito.

2 - Asignar el relé R1 a "relé de aislamiento". Debe prestarse atención a los límites de empleo de los contactos; aplicar un relé para los contactores de gran calibre.

3 - Insertar un transformador si la tensión de la red es diferente de la tensión de alimentación definida para el control.

Componentes que se van a asociar en función de los tipos de coordinación y de las tensiones:

M1	Motor.
A1	Arrancador (aplicaciones estándar y aplicaciones severas).
Q1	Disyuntor o interruptor / Fusibles.
Q3	3 fusibles UR.
KM1, KM3	Contactor.
S1, S2	Control (elementos separados XB2 o XB2 M).

Esquema:

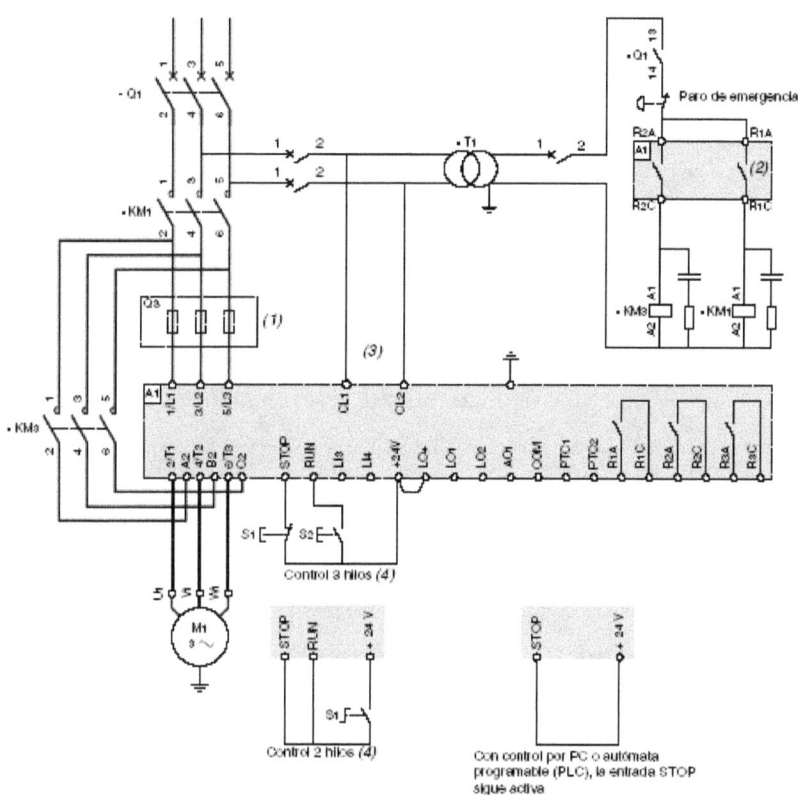

Arrancador con 1 sentido de marcha, con contactores de linea y de By – pass, en coordinación tipo 1 y 2

Arrancador con arranque en cascada de varios motores y parada libre:

El presente esquema de conexionado nos permite controlar un número **n** de motores, en dos posibles grupos de características de rampa de aceleración y ralentizado.

(1) Para la coordinación de tipo 2 (según IEC 60947-4-2), añadir fusibles ultrarrápidos para garantizar la protección del arrancador en caso de producirse un cortocircuito

(2) Insertar un transformador si la tensión de la red es diferente de la tensión de alimentación definida para el control (ver la página 4).

Importante:

- Es preciso configurar una entrada lógica del Altistart 48 en función de cascada.

- En caso de producirse un fallo, no es posible decelerar ni frenar los motores que se encuentren en servicio.

- Ajustar la protección térmica de cada disyuntor Qn1 con la corriente nominal de motor correspondiente.

Componentes que se van a asociar en función de los tipos de coordinación y de las tensiones:

M1, M2, Mi, Mn	Motor.
A1	Arrancador (aplicaciones estándar y aplicaciones severas).
KM1, KM2,..., KMi, KMn	Contactor.
Q1	Disyuntor o interruptor / Fusibles.
Q3	3 fusibles UR.
Q11, Q21,..., Qn1	Disyuntores magnetotérmicos.
KA, KAT, KALI, KALIT	Control (elementos separados XB2 o XB2 M).

Esquemas:

Circuito de potencia:

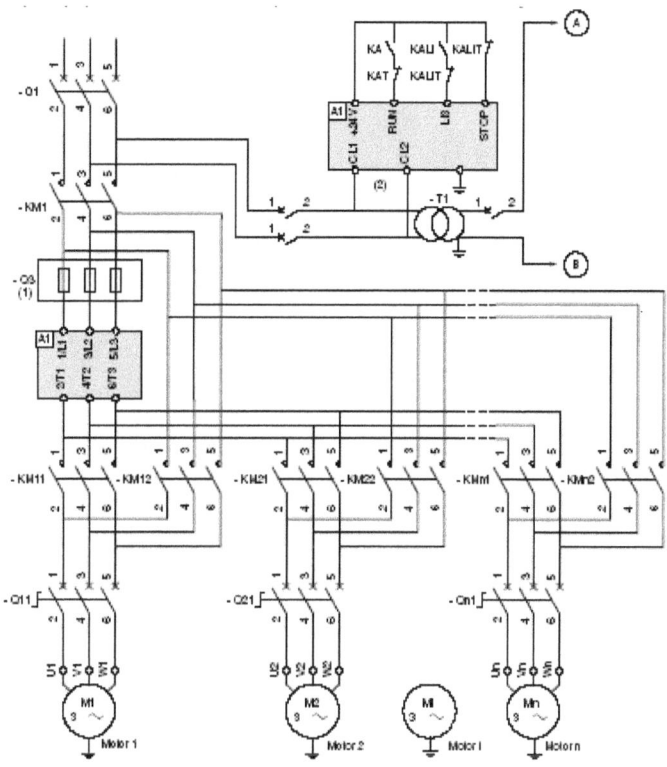

Arrancador con arranque en cascada de varios motores y parada libre.
Circuito de potencia

Circuitos de control:

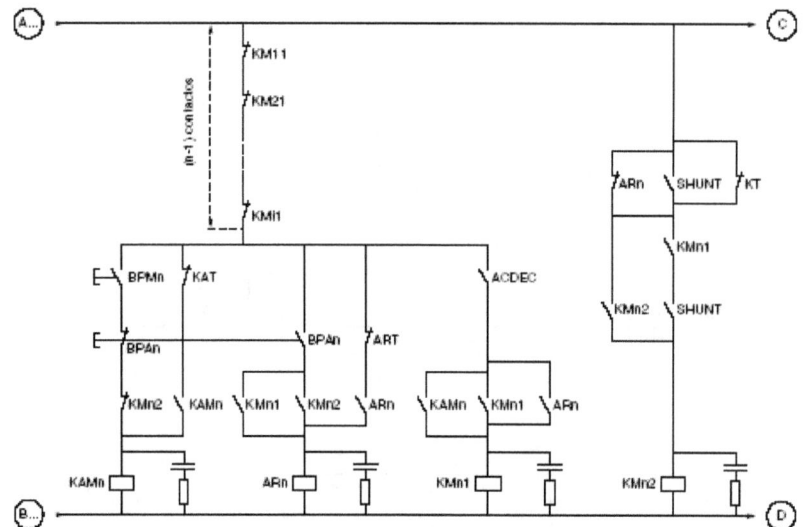

Arrancador con arranque en cascada de varios motores y parada libre.
Circuito de control, motor n

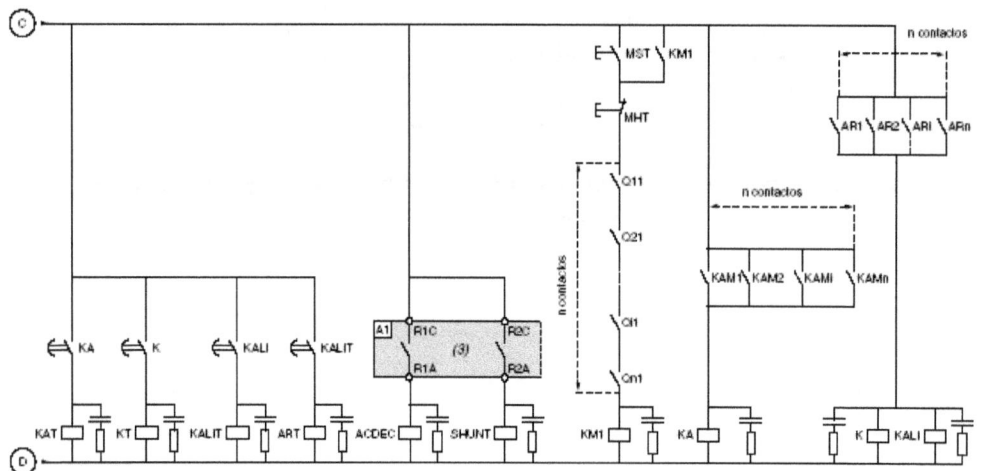

Arrancador con arranque en cascada de varios motores y parada libre.
Circuito de control en cascada

(3) Asignar el relé R1 a "relé de aislamiento". Debe prestarse atención a los límites de empleo de los contactos; aplicar un relé para los contactores de gran calibre.

BPMn:	Botón " Marcha " Motor **n**.
BPAn:	Botón " Parada " Motor **n**.
MST:	Botón " Marcha " general.
MHT:	Botón " Parada " general.

2.3.3.2. Aplicaciones.

- Todos los sistemas de transporte:
- Transportadores de cinta.
- Transportadores de cadena.
- Transportadores de rodillos.
- Etc.

Transportador de rodillos

- Puertas de garaje.

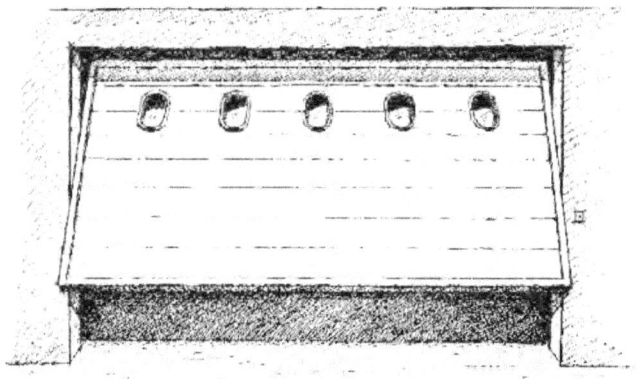

Puerta de garaje

- Compresores de frío o de aire comprimido.

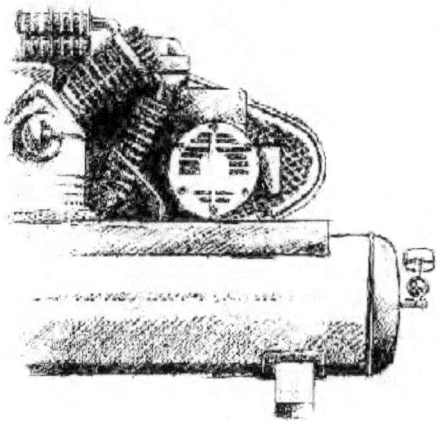

Compresor

- Bombas, ventiladores, soplantes.

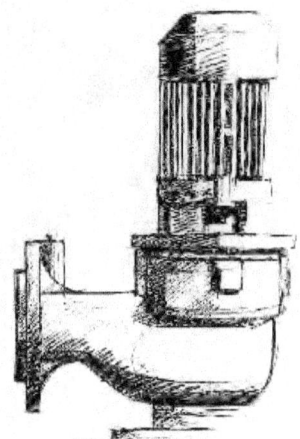

Bomba

- Agitadores, mezcladores.
- Etc.

2.3.4. Los variadores de velocidad

Como ya se ha comentado en capítulos anteriores, con respecto a los sistemas de arranque electromecánicos o a los arrancadores electrónicos, la variación de velocidad permite:

- Un par inicial de arranque: Regulable.

- Una corriente inicial de arranque: Regulable.

- Una duración media del arranque: Regulable.

Lo que nos permite:

- Un arranque y parada suaves.

- Una velocidad variable y ajustable.

- Un ahorro de energía.

- Un control de frenado.

- Etc.

Generalidades:

La gama más común de variadores de velocidad cubre las potencias de motor comprendidas entre 0,37 kW y 500 kW con tres tipos de alimentación:

- 200…240 V monofásica, de 0,37 kW a 5,5 kW.

- 200…240 V trifásica, de 0,37 kW a 75 kW.

- 380…480 V trifásica, de 0,75 kW a 500 kW.

Los variadores Altivar 71 de Schneider Electric integran de forma estándar los protocolos Modbus y CANopen así como numerosas funciones.

Estas funciones pueden ampliarse por medio de tarjetas opcionales de comunicación, entradas / salidas e interfaces de codificador.

Toda la gama de los actuales variadores suelen cumplir con las normas internacionales IEC-EN 61800-5-1, IEC-EN 61800-2, IEC-EN 61800-3, y suelen estar certificados conforme a CE, UL, CSA, DNV, C-Tick, NOM 117, GOST y se han desarrollado para responder a las directivas sobre la protección del entorno (RoHS, WEEE, etc.).

Los variadores deben insertarse en la cadena de seguridad de las instalaciones e integrar la función de seguridad "Power Renoval" que prohíbe el arranque intempestivo del motor.

Esta función cumple con la norma sobre máquinas EN 954-1 categoría 3, con la norma sobre instalaciones eléctricas IEC-EN 61508 SIL2 y con el proyecto de norma de accionamiento de potencia IEC-EN 61800-5-2.

Compatibilidad electromagnética CEM:

La incorporación de filtros CEM en los variadores y la consideración de CEM facilitan la instalación y la conformidad de los equipos para el marcado CE, de forma muy económica.

Excisten variadores sin filtros CEM, pero suelen poder instalar filtros opcionales para reducir el nivel de emisiones.

Otras opciones externas como resistencias de frenado, filtros y módulos regenerativos completan la oferta de los actuales variadores.

Instalación:

Los variadores se han desarrollado para optimizar el dimensionado de las envolventes (armarios, cofres, etc.):

- La parte de potencia, con grado de protección IP54, puede montarse fácilmente en el exterior de las envolventes con la ayuda de los kits para montaje empotrado con envolvente estanco.

Este montaje permite limitar la emisión de calor en la envolvente o reducir su tamaño.

- Temperatura ambiente habitual en la envolvente:

- 50°C sin desclasificación.

- Hasta 60°C utilizando kit de ventilación y eventualmente desclasificando la corriente de salida.

- Montaje yuxtapuesto.

- También puede instalarse en la pared respetando la conformidad con NEMA tipo 1.

Herramientas de diálogo:

A modo de ejemplo diremos que el variador Altivar 71 de Schneider Electric (**1**) se suminista con un terminal gráfico extraíble (**2**):

- El "joystick" de navegación permite un acceso rápido y sencillo a los menús desplegables.

- La pantalla gráfica muestra de forma clara los textos en 8 líneas de 24 caracteres.

- Las funciones avanzadas de la visualización permiten acceder fácilmente a las funciones más complejas.

- Las pantallas de visualización, los menús y los parámetros pueden personalizarse para el cliente o la máquina.

- Ofrece pantallas de ayuda en línea.

- Se pueden memorizar y descargar configuraciones y son memorizables cuatro ficheros de configuración.

- Puede conectarse en enlace multipunto a diversos variadores.

- Puede instalarse a la puerta de armario con un montaje de grado de protección IP54 o IP65.

- Se suministra con 6 idiomas instalados de base (español, alemán, inglés, chino, francés e italiano). Se pueden cargar otros idiomas mediante flasheado.

- Hasta 15 kW, el variador Altivar 71 puede pedirse con un terminal de 7 segmentos integrado.

- El software de programación PowerSuite (3) permite la configuración, el ajuste y la puesta a punto del variador Altivar 71, así como del conjunto de los demás variadores de velocidad y arrancadores de Telemecanique.

- Puede utilizarse en conexión directa, a través de Ethernet, por medio de un módem o con una conexión inalámbrica Bluetooth®.

 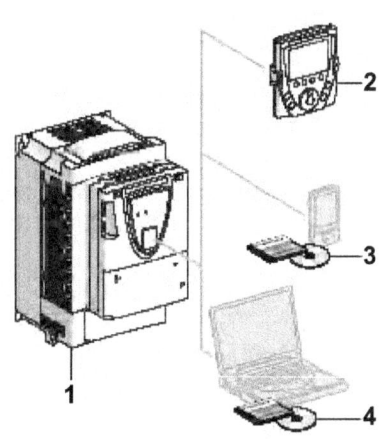

Variador ATV 71

Programación rápida:

Macroconfiguración:

El variador Altivar 71 ofrece una programación rápida y sencilla por macroconfiguración que corresponde a aplicaciones o usuarios diferentes: Marcha / paro, manutención, elevación, uso general, conexión a redes de comunicación, regulador PID, maestro/esclavo. Cada una de las configuraciones sigue siendo totalmente modificable.

Menú "Arranque rápido":

El menú "Arranque rápido" permite asegurar en pocos pasos el funcionamiento de la aplicación, optimizar el funcionamiento y asegurar su protección.

La arquitectura, la jerarquización de los parámetros y las funciones de acceso directo ofrecen una programación simplificada y rápida, incluso para funciones complejas.

Servicios:

El variador Altivar 71 integra numerosas funciones de mantenimiento, de supervisión y de diagnóstico:

- Funciones de test de variadores integradas con pantalla de diagnóstico en el terminal gráfico extraíble.

- Imagen de las entradas/salidas.

- Imagen de la comunicación en los diversos puertos.

- Función de osciloscopio visualizable con el software de programación Power - Suite.

- Gestión del parque del variador gracias a los microprocesadores flasheables.

- Uso de estas funciones a distancia mediante la conexión del variador a un módem a través de la toma Modbus.

- Identificación de los elementos que constituyen el variador así como de las versiones de software.

- Históricos de los fallos con el valor de 16 variables cuando aparece el fallo.

- Flasheado de los idiomas del terminal.

- Se puede memorizar un mensaje de 5 líneas de 24 caracteres en el variador.

Opciones:

El variador Altivar 71 puede integrar hasta tres tarjetas opcionales simultáneamente:

- 2 entre las tarjetas siguientes:

  - Tarjetas de extensión de entradas/salidas.

  - Tarjetas de comunicación (Ethernet TCP/IP, Modbus/UniTelway, Fipio, Modbus Plus, Profibus DP, DeviceNet, INTERBUS...).

  - Tarjeta programable "Controller Incide": Permite adaptar el variador a las aplicaciones específicas de forma rápida y evolutiva, mediante la descentralización de las funciones de automatismo (programación en lenguajes conforme a la norma IEC 61131-3).

- 1 entre las tarjetas de interface de codificador (con salidas diferenciales compatibles RS 422, colector abierto o salidas push–pull).

Pueden asociarse opciones externas al variador Altivar 71:

- Módulos y resistencias de frenado (estándar o dedicados a la elevación).

- Unidades de frenado a la red.

- Inductancias de línea, inductancias CC y filtros pasivos, para la reducción de las corrientes armónicas.

- Inductancias de motor y filtros senoidales para las grandes longitudes de cables o para suprimir los blindajes.

- Filtros CEM adicionales de entrada.

Integración en los automatismos:

El variador Altivar 71 integra una toma combinada Modbus o CANopen para el control rápido y preciso de los movimientos, la configuración, el ajuste y la supervisión.

Una segunda toma permite la conexión de un terminal de tipo Magelis para el diálogo con la máquina.

Se puede conectar a otras redes de comunicación mediante el uso de las tarjetas de comunicación.

La posibilidad de alimentar por separado el control permite mantener la comunicación (control, diagnóstico) incluso si no existe alimentación de potencia.

La tarjeta programable "Controller Incide" transforma el variador en una unidad de automatización:

- La tarjeta integra sus propias entradas/salidas; también puede gestionar las del variador y las de una tarjeta de extensión de entradas / salidas.

- Incorpora programas de aplicación concebidos según los lenguajes conforme a la norma IEC 61131-3 que reducen el tiempo de respuesta del automatismo.

- Permite, gracias a su puerto CANopen maestro, controlar otros variadores y dialogar con módulos de entradas/salidas y captadores.

El variador Altivar 71 sólo puede recibir una tarjeta opcional de la misma referencia.

Características de par (curvas típicas):

Las curvas siguientes definen el par permanente y el sobrepar transitorio disponibles, bien con un motor autoventilado, bien con un motor motoventilado.

La diferencia reside únicamente en la capacidad del motor para suministrar un par permanente importante inferior a la mitad de la velocidad nominal.

Aplicaciones en lazo abierto:

1 - Motor autoventilado: Par útil permanente (**1**).

2 - Motor motoventilado: Par útil permanente.

3 - Sobrepar durante 60 s como máximo.

4 - Sobrepar transitorio durante 2 s como máximo.

5 - Par en sobrevelocidad, potencia constante (**2**).

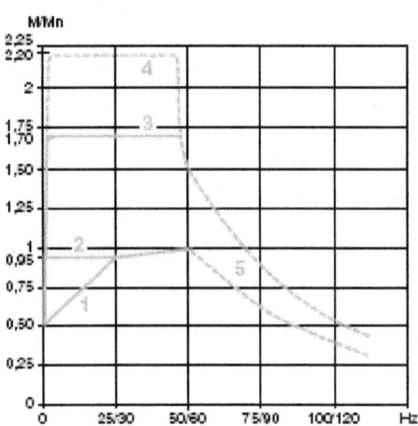

Aplicación en lazo abierto

Aplicaciones en bucle cerrado:

1 - Motor autoventilado: Par útil permanente (**1**).

2 - Motor motoventilado: Par útil permanente.

3 - Sobrepar durante 60 s como máximo.

4 - Sobrepar transitorio durante 2 s como máximo.

5 - Par en sobrevelocidad, potencia constante (**2**).

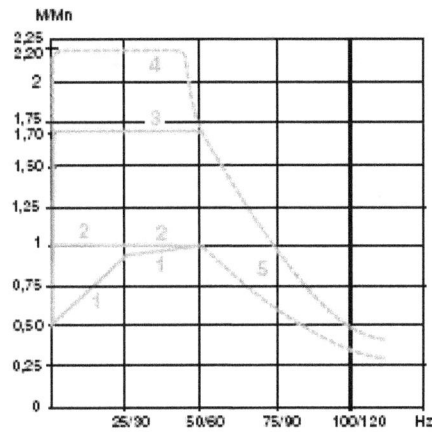

Aplicaciones en bucle cerrado

El variador Altivar 71 puede suministrar el par nominal de forma permanente con velocidad cero.

(1) En potencias < 250 W, la desclasificación es del 20% en vez de un 50% en frecuencia muy baja.

(2) La frecuencia nominal del motor y la frecuencia máxima de salida pueden ajustarse de 10 a 500 Hz o 1.000 Hz según el calibre.

Consultar con el fabricante las posibilidades mecánicas de sobrevelocidad que ofrece el motor elegido.

Protección térmica del motor:

El variador Altivar 71 realiza la protección térmica especialmente estudiada para el funcionamiento del motor de velocidad variable autoventilado o motoventilado.

El variador calcula el estado térmico del motor incluso cuando está sin tensión.

Esta protección térmica del motor está prevista para una temperatura ambiente máxima de 40°C en las proximidades del motor.

Si la temperatura alrededor del motor supera los 40°C, es necesario añadir una protección térmica directa por sondas de termistancias integradas en el motor (PTC).

Las sondas se tratan directamente por el variador.

Funciones particulares:

Asociación del variador Altivar 71 con motores síncronos:

El variador Altivar 71 también está adaptado para la alimentación de motores síncronos (con fuerza electromotriz sinusoidal) en lazo abierto y permite alcanzar un nivel de rendimiento comparable al obtenido con un motor asíncrono en control vectorial de flujo sin captador.

Esta asociación permite obtener una precisión de velocidad extraordinaria y el par máximo incluso con velocidad cero.

Debido a su diseño, los motores síncronos ofrecen unas dimensiones reducidas, una densidad de potencia y una dinámica de velocidad elevada.

El control del variador para los motores síncronos no genera deslizamiento.

Utilización de motores especiales de alta velocidad:

Estos motores están diseñados para aplicaciones de par constante con rangos de frecuencias elevadas.

El variador Altivar 71 permite frecuencias de funcionamiento de hasta 1.000 Hz.

Debido a su diseño, este tipo de motores es más sensible que un motor estándar a las sobretensiones.

Existen diferentes soluciones:

- Función de limitación de sobretensiones.
- Filtros de salida.

Su ley de control tensión / frecuencia en 5 puntos está especialmente adaptada, ya que evita las resonancias.

Utilización de motores en sobrevelocidad:

La frecuencia máxima de salida del variador se puede ajustar de 10 a 1.000 Hz para los variadores de potencia inferior o igual a 37 kW, y de 10 a 500 Hz para las potencias superiores.

Para la utilización de un motor asíncrono normalizado en sobrevelocidad, asegurarse con el fabricante acerca de las posibilidades mecánicas de sobrevelocidad del motor elegido.

Al rebasar su velocidad nominal, correspondiente a una frecuencia de 50/60 Hz, el motor funciona con flujo decreciente y el par se reduce significativamente.

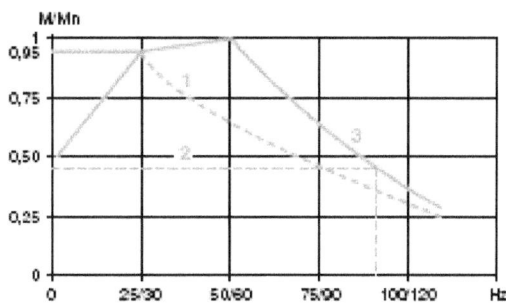

Utilización de motores en sobrevelocidad.

La aplicación debe permitir el funcionamiento con par reducido a gran velocidad.

1 - Par de la máquina (par decreciente).

2 - Par de la máquina (par del motor reducido).

3 - Par permanente del motor.

Aplicaciones típicas:

Máquinas para madera, brocas, elevación de alta velocidad...

Potencia del motor inferior a la potencia del variador:

El variador Altivar 71 puede alimentar todo tipo de motores cuya potencia sea inferior a la establecida para el variador utilizado.

Esta asociación resulta idónea para las aplicaciones que requieran un elevado sobrepar intermitente.

Aplicaciones típicas:

Máquinas con par de arranque muy importante, machacadoras, trituradoras ...

Nota: En estos casos, se recomienda que el calibre del variador corresponda a la potencia normalizada inmediatamente superior a la del motor utilizado.

Ejemplo: Utilizar un motor de 11 kW con un variador de 15 kW.

Potencia de un motor autoventilado superior a la potencia del variador:

Esta asociación permite utilizar un motor autoventilado con un rango de velocidades mayor en régimen permanente.

Se puede utilizar un motor con potencia superior a la del variador a condición de que el motor absorba una cantidad de corriente inferior o igual a la corriente nominal del variador.

> **Nota:** Limitar la potencia del motor a la potencia normalizada inmediatamente superior a la del variador.

Ejemplo: En una misma máquina, la asociación de un variador de 2,2 kW con un motor de 3 kW permite trabajar a la potencia nominal de la máquina (2,2 kW) a baja velocidad.

1 - Potencia del motor = potencia del variador = 2,2 kW.

2 - Variador de 2,2 kW asociado a un motor de 3 kW: rango de velocidad mayor a 2,2 kW.

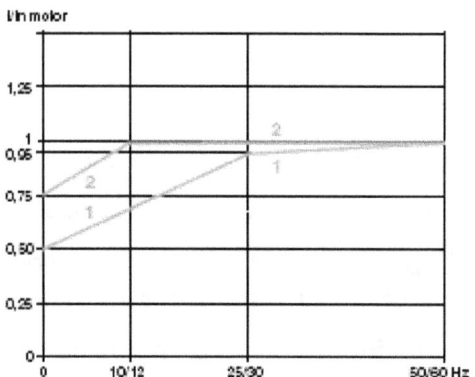

**Potencia de un motor autoventilado
superior a la potencia del variador**

Asociación de motores en paralelo:

La corriente nominal del variador debe ser superior o igual a la suma de las corrientes de los motores que se van a controlar.

En este caso, es preciso prever para cada motor una protección térmica externa por sondas o relés térmicos.

A partir de una determinada longitud de cable, teniendo en cuenta todas las derivaciones, se recomienda instalar un filtro de salida entre el variador y los motores o utilizar la función de limitación de sobretensión.

Cuando se utiliza en paralelo con varios motores, son posibles 2 casos:

• Los motores son de potencia equivalente; en este caso, los rendimientos de par siguen siendo óptimos tras ajustar el variador.

- Los motores son de potencias diferentes; en este caso, los rendimientos de par no serán óptimos para el conjunto de los motores.

Utilización de un motor de par constante hasta 87 / 104 Hz:

Un motor de 400 V, 50 Hz acoplado en estrella se puede utilizar con par constante hasta 87 Hz si está acoplado en triángulo.

En este caso particular, la potencia inicial del motor, así como la potencia del primer variador asociado, se multiplican por 3 (por lo que debe entonces elegirse un variador de potencia adaptada).

Ejemplo: Un motor 2,2 kW, 50 Hz acoplado en estrella suministra una potencia de 3,8 kW a 87 Hz con un acoplamiento en triángulo.

Nota: Asegurarse de estas posibilidades de funcionamiento del motor en sobrevelocidad.

Esquemas

Los esquemas propuestos a continuación, se referenciarán con productos de Schneider Electric, con el fin de facilitar la posibilidad de aplicarlos prácticamente.

Esquemas de conexión y aplicaciones:

NOTAS PREVIAS:

Conforme a la categoría 1 de la norma EN 954-1 y nivel SIL1 según la norma IEC-EN 61508:

- En la utilización de los esquemas de conexión presentados a continuación que utilizan un contactor de línea o un interruptor-seccionador Vario entre el variador y el motor, la función de seguridad "Power Renoval" no se utiliza y el motor se para según la categoría 0 de la norma IEC-EN 60204-1.

Conforme a la categoría 3 de la norma EN 954-1 y nivel SIL2 según la norma IEC-EN 61508:

- Los esquemas de conexión utilizan la función de seguridad "Power Renoval" del variador Altivar 71 asociado a un módulo de seguridad Preventa que permite supervisar circuitos de parada de emergencia.

Máquinas de bajo tiempo de parada en rueda libre (baja inercia o fuerte par resistente):

- Cuando se da la orden de activación en la entrada PWR con el motor controlado, la alimentación del motor se corta inmediatamente y se para según la categoría 0 de la norma IEC-EN 60204-1.

- Cuando se da la orden de activación después de la parada completa del motor, su rearranque no está permitido ("STO"). Esta parada segura se mantiene mientras que la entrada PWR permanece activada.

- Este esquema debe también utilizarse para las aplicaciones de elevación.

- Con una orden "Power Renoval", el variador requiere el cierre del freno, pero un contacto del módulo de seguridad Preventa debe introducirse en serie en el circuito de control del freno para cerrarlo de forma segura en una solicitud de activación de la función de seguridad "Power Renoval".

Máquinas de tiempo de parada largo en rueda libre (fuerte inercia o bajo par resistente):

- Cuando se da la orden de activación, se solicita la deceleración del motor controlado por el variador, tras una temporización controlada por un relé de seguridad (tipo Preventa) correspondiente al tiempo de deceleración, la función de seguridad "Power Renoval" se activa por la entrada PWR. El motor se para según la categoría 1 de la norma IEC-EN 60204-1 ("SS1").

Prueba periódica:

Para el mantenimiento preventivo, la entrada de seguridad "Power Renoval" debe activarse como mínimo una vez al año. Este mantenimiento preventivo debe ir precedido de un corte de la alimentación y seguido de una puesta en tensión del variador.

Si, durante la prueba, el corte de la alimentación de potencia del motor no se realiza, la integridad de seguridad ya no estará garantizada por la función de seguridad "Power Renoval". En tal caso es obligatorio proceder a la sustitución del variador con el fin de garantizar la seguridad funcional de la máquina o del proceso del sistema.

Esquemas conformes a las normas EN 954-1 categoría 1, IEC-EN 61508 capacidad SIL1, en la categoría de parada 0 según IEC-EN 60204-1:

Alimentación trifásica de corte aguas arriba por contactor:

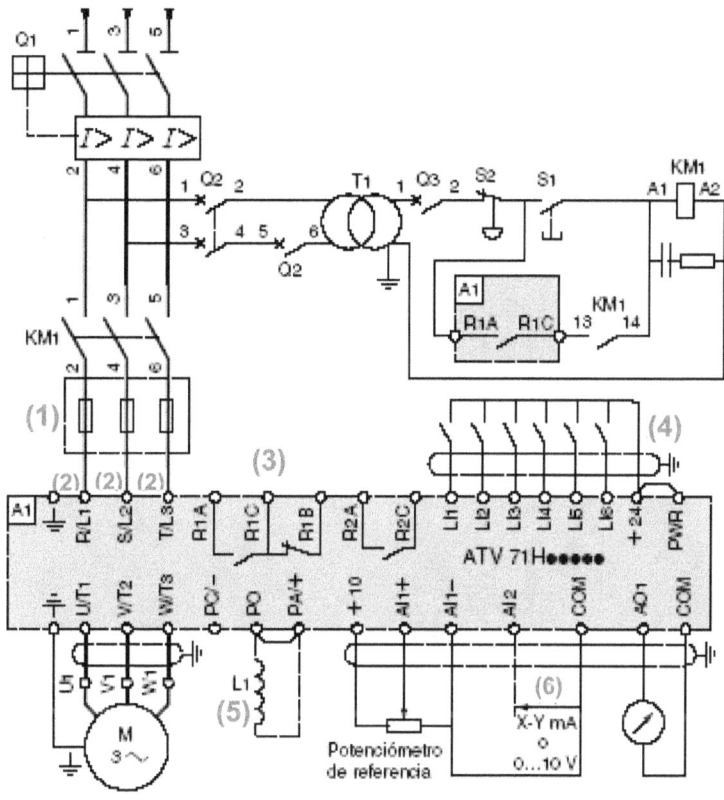

Alimentación trifásica de corte aguas arriba por contactor

Parte de potencia para alimentación monofásica:

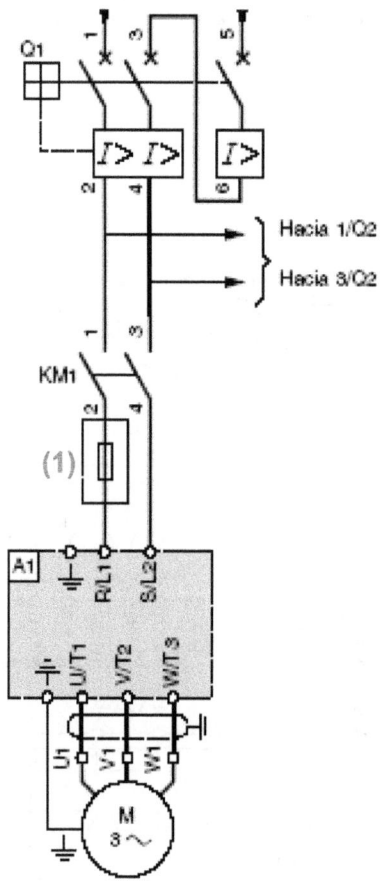

Parte de potencia para alimentación monofásica

Componentes para asociar (de los dos esquemas anteriores):

A1	Variador ATV 71.
KM1	Contactor.
L1	Inductancia DC.
Q1	Disyuntor.
Q2	GV2-L calibrado a 2 veces la corriente nominal primaria de T1.
Q3	GB2 CB05.
S1, S2	Pulsadores XB4 B o XB5 A.
T1	Transformador 100 VA secundario 220 V.

Alimentación trifásica de corte aguas abajo por interruptor- seccionador:

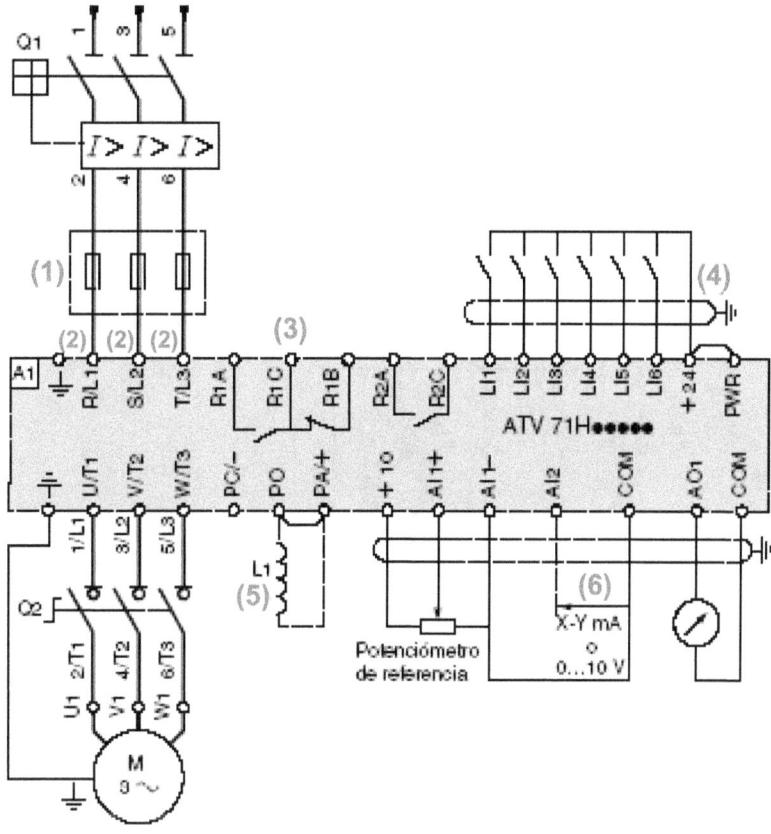

Alimentación trifásica de corte aguas abajo por interruptor - seccionador

Parte de potencia para alimentación monofásica:

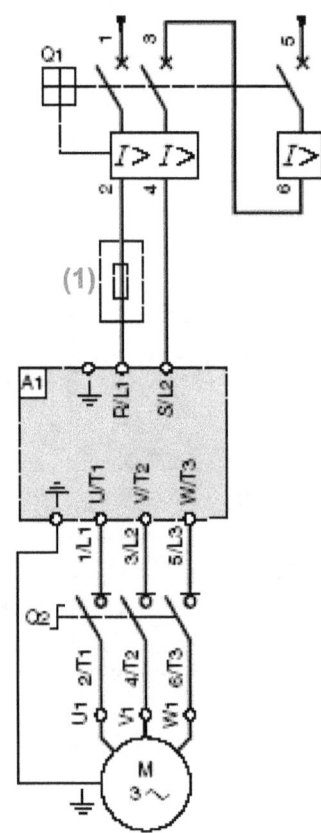

Parte de potencia para alimentación monofásica

Componentes para asociar (de los dos esquemas anteriores):

A1   Variador ATV 71.

L1   Inductancia DC.

Q1   Disyuntor.

Q2   Interruptores - seccionadores (Vario).

Notas: En los esquemas anteriores todas las bornas están situadas en la parte inferior del variador.

Equipar con antiparasitarios todos los circuitos inductivos próximos al variador o acoplados al mismo circuito, como relés, contactores, electroválvulas, iluminación fluorescente, etc.

(1) Inductancia de línea (una o tres fases).

(2) Para los variadores ATV 71HC40N4 asociados a un motor de 400 kW y ATV 71HC50N4, consultar catálogo de fabricante.

(3) Contactos del relé de fallo. Permite indicar a distancia el estado del variador.

(4) La conexión del común de las entradas lógicas depende de la posición del conmutador SW1.

(5) Inductancia DC opcional para ATV 71HpppM3, ATV 71HD11M3X...HD45M3X, ATV 71H075N4...HD75N4. Se conecta en lugar del puente entre las bornas PO y PA/+. Para los ATV 71HD55M3X, HD75M3X, ATV 71HD90N4...HC50N4, la inductancia se suministra con el variador; su conexión corre a cargo del cliente.

(6) Entrada analógica configurable mediante software en corriente (0...20 mA) o tensión (0...10 V).

Esquemas conformes a las normas EN 954-1 categoría 3, IEC-EN 61508 capacidad SIL2, en la categoría de parada 0 según IEC-EN 60204-1:

Alimentación trifásica, máquina de baja inercia, movimiento vertical:

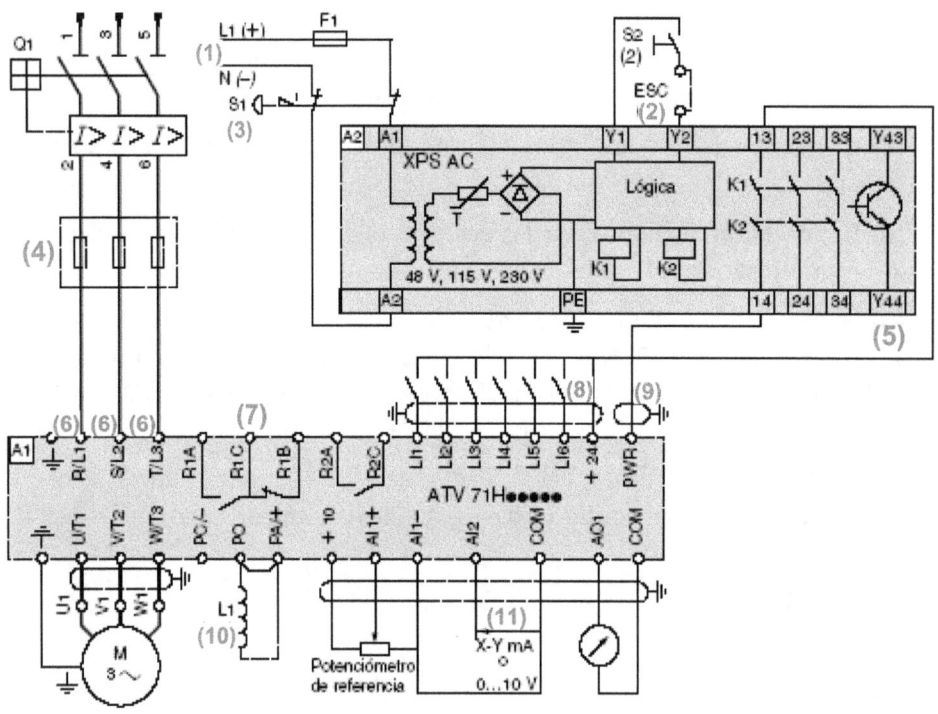

Alimentación trifásica, máquina de baja inercia, movimiento vertical

Parte de potencia para alimentación monofásica:

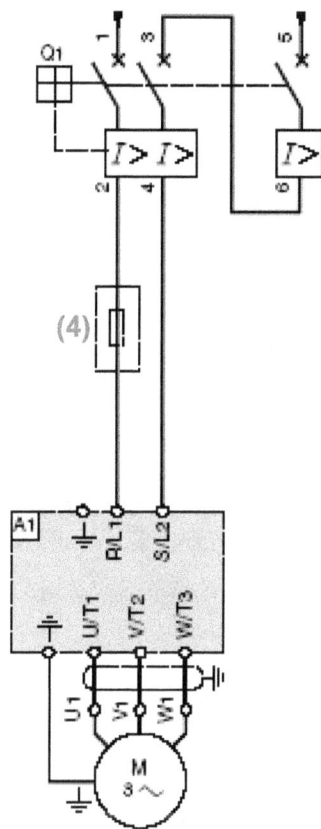

Parte de potencia para alimentación monofásica

Notas: Todas las bornas están situadas en la parte inferior del variador.

Equipar con antiparasitarios todos los circuitos inductivos próximos al variador o acoplados al mismo circuito, como relés, contactores, electroválvulas, iluminación fluorescente, etc.

(1) Alimentación: CC o CA de 0 a 24 V, a 48 V, a 115 V, a 230 V.

(2) S2: Rearme del módulo XPS AC en la puesta en tensión o tras un paro de emergencia. ESC se puede utilizar para introducir condiciones de arranque externas.

(3) Solicita la parada en rueda libre del movimiento y activa la función de seguridad "Power Removal".

(4) Inductancia de línea (una o tres fases).

(5) La salida lógica se puede utilizar para indicar que la máquina se encuentra en un estado de parada segura.

(6) Para los variadores ATV 71HC40N4 asociados a un motor de 400 kW y ATV 71HC50N4.

(7) Contactos del relé de fallo. Permite indicar a distancia el estado del variador.

(8) La conexión del común de las entradas lógicas depende de la posición del conmutador SW1.

(9) Cable coaxial normalizado de tipo RG174/U según MIL-C17 o KX3B según NF C 93-550, diámetro externo de 2,54 mm, longitud máxima de 2 m. Conectar obligatoriamente el blindaje del cable a tierra.

(10) Inductancia DC opcional para ATV 71HppppM3, ATV 71HD11M3X...HD45M3X, ATV 71H075N4...HD75N4. Se conecta en lugar del puente entre las bornas PO y PA / +. Para los ATV 71HD55M3X, HD75M3X, ATV 71HD90N4...HC50N4, la inductancia se suministra con el variador; su conexión corre a cargo del cliente.

(11) Entrada analógica configurable mediante software en corriente (0...20 mA) o tensión (0...10 V).

Componentes para asociar (de los dos esquemas anteriores):

A1   Variador ATV 71.

A2   Módulo de seguridad Preventa XPS AC para control de paro de emergencia e interruptores. Un módulo de seguridad puede gestionar la función "Power Renoval" de varios variadores de una misma máquina.

F1   Fusible.

L1   Inductancia DC.

Q1   Disyuntor.

S1   Botón de Paro de emergencia con 2 contactos.

S2   Pulsador XB4 B o XB5 A.

Alimentación trifásica, máquina de fuerte inercia:

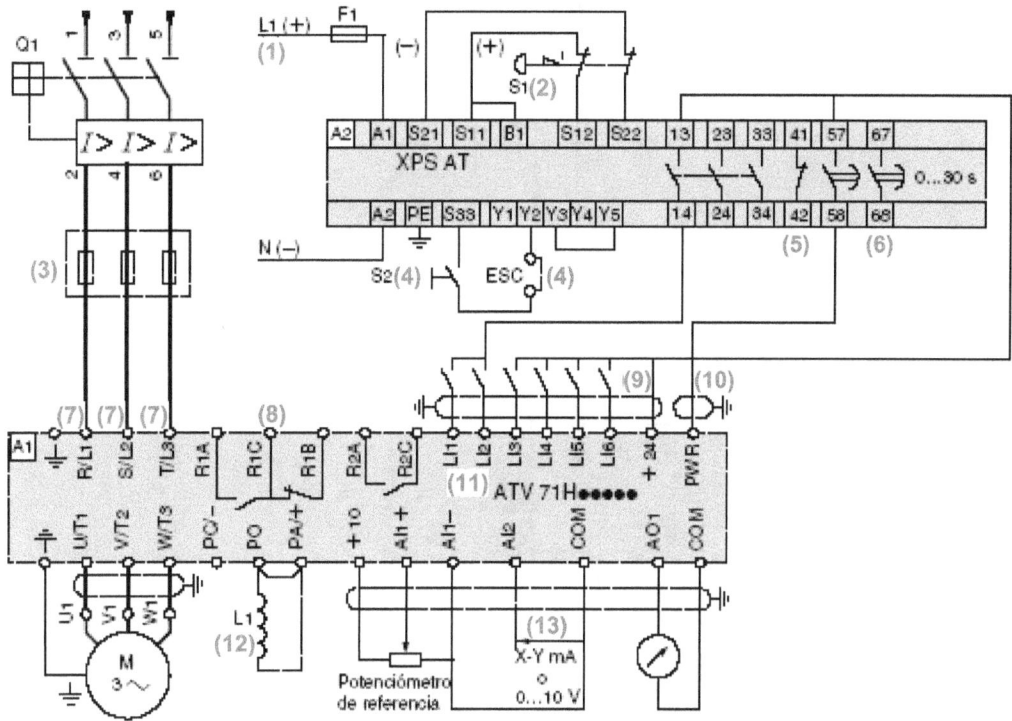

Alimentación trifásica, máquina de fuerte inercia

Parte de potencia para alimentación monofásica:

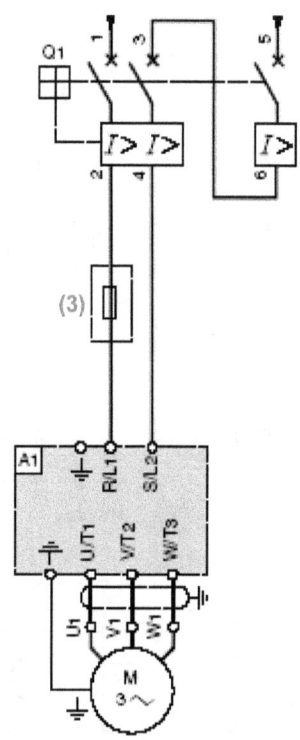

Parte de potencia para alimentación monofásica

Notas: Todas las bornas están situadas en la parte inferior del variador.

Equipar con antiparasitarios todos los circuitos inductivos próximos al variador o acoplados al mismo circuito, como relés, contactores, electroválvulas, iluminación fluorescente, etc.

(1) Alimentación: CC o CA de 0 a 24 V, a 115 V, a 230 V.

(2) Solicita la parada controlada del movimiento y activa la función de seguridad "Power Removal".

(3) Inductancia de línea (una o tres fases).

(4) S2: Rearme del módulo XPS AT en la puesta en tensión o tras una parada de emergencia. ESC se puede utilizar para introducir condiciones de arranque externas.

(5) El contacto "NC" se puede utilizar para indicar que la máquina se encuentra en un estado de parada segura.

(6) Para los tiempos de parada que necesiten más de 30 segundos en la categoría 1, utilizar un módulo de seguridad Preventa XPS AV que permita una temporización máxima de 300 segundos.

(7) Para los variadores ATV 71HC40N4 asociados a un motor de 400 kW y ATV 71HC50N4.

(8) Contactos del relé de fallo. Permite indicar a distancia el estado del variador.

(9) La conexión del común de las entradas lógicas depende de la posición del conmutador SW1.

(10) Cable coaxial normalizado de tipo RG174/U según MIL-C17 o KX3B según NF C 93-550, diámetro externo de 2,54 mm, longitud máxima de 2 m. Conectar obligatoriamente el blindaje del cable a tierra.

(11) Las entradas lógicas LI1 y LI2 deben asignarse al sentido de rotación: LI1, marcha adelante y LI2, marcha atrás.

(12) Inductancia DC opcional para ATV 71HppppM3, ATV 71HD11M3X...HD45M3X, ATV 71H075N4...HD75N4. Se conecta en lugar del puente entre las bornas PO y PA / +. Para los ATV 71HD55M3X, HD75M3X, ATV 71HD90N4...HC50N4, la inductancia se suministra con el variador; su conexión corre a cargo del cliente.

(13) Entrada analógica configurable mediante software en corriente (0...20 mA) o tensión (0...10 V).

Componentes para asociar (de los dos esquemas anteriores):

A1	Variador ATV 71.
A2	**(6)** Módulo de seguridad Preventa XPS AT para control de paro de emergencia e interruptores. Un módulo de seguridad puede gestionar la función de seguridad "Power Renoval" de varios variadores de una misma máquina, pero la temporización debe ajustarse en el variador que controla el motor que necesita el tiempo de parada más largo.
F1	Fusible.
L1	Inductancia DC.
Q1	Disyuntor.
S1	Botón de Paro de emergencia con 2 contactos.
S2	Pulsador XB4 B o XB5 A.

Aplicaciones

La gama de variadores de velocidad actuales permite satisfacer las mayores exigencias gracias a los diferentes tipos de control motor y las numerosas funcionalidades integradas.

Está adaptada a los accionamientos más exigentes:

- Par y precisión de velocidad a velocidad muy baja, dinámica elevada con control vectorial de flujo con o sin captador.

- Gama de frecuencia ampliada para los motores de alta velocidad.

- Puesta en paralelo de motores y accionamientos especiales gracias a la ley de tensión / frecuencia.

- Precisión de velocidad estática y ahorro energético para los motores síncronos de lazo abierto.

- Flexibilidad sin sacudidas para las máquinas excéntricas con el ENA System (Energy Adaptation System).

Las funciones de los actuales variadores de velocidad aumentan el rendimiento y la flexibilidad de uso de las máquinas para múltiples aplicaciones.

Elevación:

- Control de freno adaptado a los movimientos de translación, de elevación y de giro.

- Medida de la carga por sensor externo.

- Elevación a gran velocidad.

- Gestión de retorno de freno.

- Gestión de interruptores de final de carrera.

Elevación

Manutención:

- Tiempo de reacción muy corto con una orden de control: 2 ms (± 0,5 ms).
- Consigna por tren de impulsos o por entrada analógica diferencial.
- Control por las principales redes de comunicación.
- Posicionamiento por interruptores de final de carrera con optimización del tiempo a baja velocidad.
- Multiparametraje por conmutación de juegos de parámetros.

Embalaje:

- Hasta 50 Hz de ancho de banda.
- Tiempo de reacción muy corto con un cambio de control: 2 ms (± 0,5 ms).
- Control por bus CANopen integrado.
- Posicionamiento en interruptores de fin de recorridos.

Embalaje

Máquinas textiles:

- Alta resolución de la consigna numérica de velocidad (1 / 32.000).
- Precisión de velocidad sea cual sea la carga por uso del motor síncrono.
- Ancho de banda elevado.
- Función de guiado de hilo.
- Conexión al bus de continua común.

Maquinas textiles

Máquinas para madera:

- Funcionamiento hasta 1.000 Hz.

- Parada controlada tras corte de red lo más rápido posible.

- Control por bus CANopen integrado.

- Protección del motor contra las sobretensiones.

Máquinas de proceso:

- Regulador PID.

- Alta resolución de la consigna.

- Control de velocidad o de par.

- Conexión a las principales redes de comunicación.

- Alimentación separada del control.

- Unidad de frenado por reinyección en la red.

- Conexión al bus de continua común.

Proceso

Ascensores:

- Control de freno adaptado para la comodidad en la cabina.

- Tratamiento de la medida de la carga por sensor externo.

- Conformidad de los relés con la norma de seguridad del ascensor EN 81-13-2-2-3.

- Conexión con el bus CANopen.

- Mando con control de integridad del contactor de salida.

- Función de liberación de la cabina.

Ascensores

Los variadores de velocidad ofrecen además un gran número de opciones muy completas que permiten adaptarlo a las máquinas más complejas y modernas:

- Mezcladoras.

- Dosificadoras.

- Precintadoras.

- Paletizadoras.

Paletización

- Amasadoras.
- Ensacadoras.
- Etiquetadoras.

2.4. Elementos de frenado

Existen diferentes sistemas de frenado, que podemos englobar en los siguientes grupos:

Frenos mecánicos.

Frenos hidráulicos.

Frenos eléctricos.

Frenos electrónicos.

2.4.1. El freno mecánico y el hidráulico

Son sistemas de frenado utilizados esencialmente a máquina parada, con el fin de conseguir una segura inmovilidad, dado que con respecto al frenado eléctrico o electrónico, el mecánico o hidráulico, tienen el inconveniente de las piezas de fricción con la desventaja de los desgastes de las dichas piezas (ferodos).

2.4.2. Los frenos eléctricos y electrónicos

Frenado eléctrico de los motores asíncronos trifásicos:

En numerosas aplicaciones, la parada del motor se lleva a cabo por simple deceleración natural. En estos casos, el tiempo de deceleración depende exclusivamente de la inercia de la máquina accionada.

Sin embargo, en muchas ocasiones es necesario reducir este tiempo, y el frenado eléctrico constituye una solución eficaz y simple. Con respecto al frenado mecánico o hidráulico, ofrece la ventaja de la regularidad y el no utilizar ninguna pieza de desgaste.

Existen diferentes formas de frenado eléctrico:

Frenado por contracorriente:

Este método consiste en reconectar el motor a la red en sentido inverso después de haberlo aislado y mientras sigue girando.

Es un método de frenado muy eficaz, pero debe detenerse con antelación suficiente para evitar que el motor comience a girar en sentido contrario.

Se utilizan varios dispositivos automáticos para controlar la parada en el momento en que la velocidad se aproxima a cero:

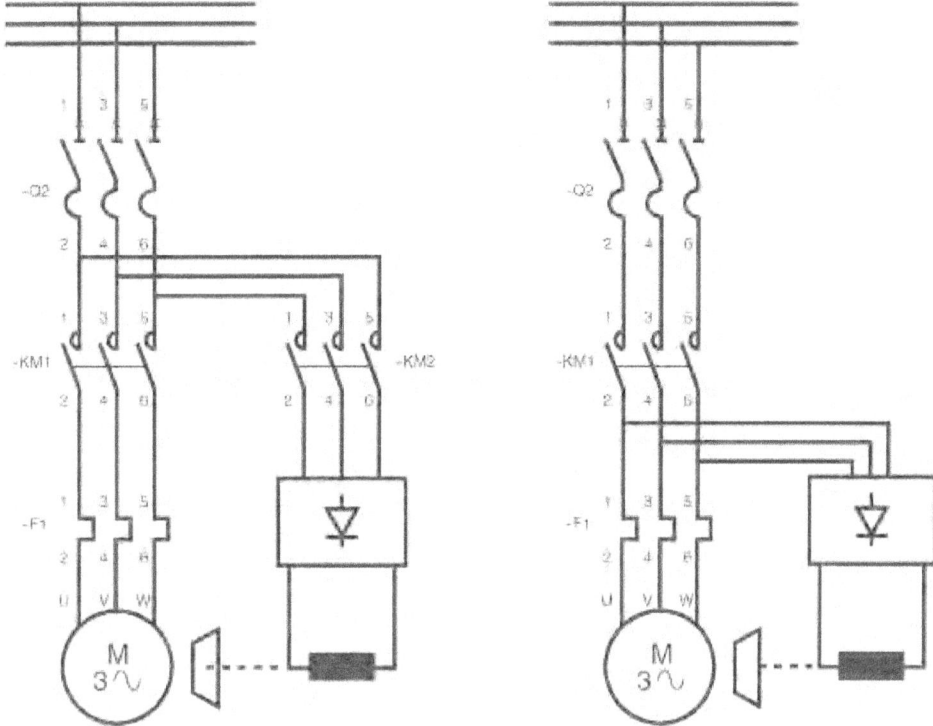

Diferentes formas de conexión del freno electromecánico

- Detectores de parada de fricción.

- Detectores de parada centrífugos.

- Dispositivos cronométricos.

- Etc.

Frenado por contracorriente en el motor de jaula:

Antes de adoptar este sistema, es imprescindible comprobar que el motor sea capaz de soportar frenados por contracorriente.

Además de las restricciones mecánicas, este procedimiento impone ciertas limitaciones térmicas importantes al rotor, ya que la energía correspondiente a cada frenado (energía de deslizamiento tomada de la red y energía cinética) se disipa en la jaula.

En el momento del frenado, las puntas de corriente y de par son claramente superiores a las que se producen durante el arranque.

Para obtener un frenado sin brusquedad, suele insertarse una resistencia en serie con cada fase del estator durante el acoplamiento en contracorriente.

A continuación, el par y la corriente se reducen como en el caso del arranque estatórico.

Los inconvenientes del frenado por contracorriente de los motores de jaula son tan importantes que este método sólo se utiliza en ciertas aplicaciones con motores de escasa potencia.

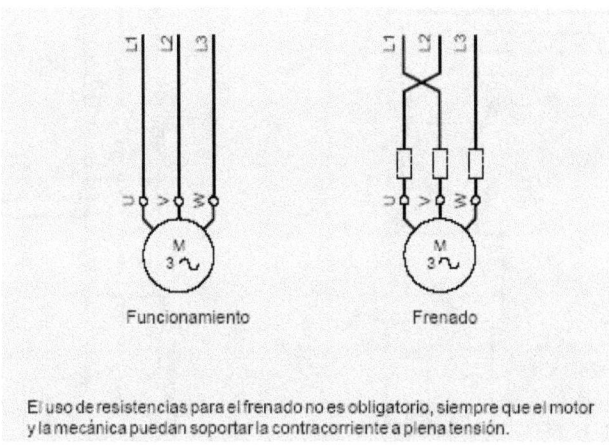

El uso de resistencias para el frenado no es obligatorio, siempre que el motor y la mecánica puedan soportar la contracorriente a plena tensión.

Frenado por contracorriente de un motor de jaula

Frenado por contracorriente en el motor de anillos:

Para limitar la punta de corriente y de par, antes de acoplar el estator del motor a contracorriente, es obligatorio volver a insertar las resistencias rotóricas utilizadas durante el arranque.

También suele ser necesario añadir una sección adicional denominada de frenado.

El par de frenado puede regularse fácilmente mediante la elección de una resistencia rotórica adecuada.

La tensión rotórica en el momento de la inversión es casi doble a la del momento de la parada, lo que puede obligar a tomar precauciones especiales de aislamiento.

Al igual que sucede con los motores de jaula, el circuito rotórico produce una gran cantidad de energía que, en gran medida, se disipa en las resistencias.

Es posible controlar automáticamente la parada al alcanzar la velocidad nula por medio de uno de los dispositivos mencionados anteriormente o mediante la acción de un relé de tensión o de frecuencia insertado en el circuito rotórico.

Este sistema permite retener una carga arrastrante a velocidad moderada.

La característica es muy inestable (fuertes variaciones de velocidad por débiles variaciones de par).

Frenado por inyección de corriente rectificada:

Este modo de frenado se utiliza en motores de anillos y de jaula.

Comparado con el sistema de contracorriente, el coste de la fuente de corriente rectificada se ve compensado por el menor volumen de las resistencias.

Con los variadores y arrancadores electrónicos, esta posibilidad de frenado se ofrece sin suplemento de precio.

El proceso consiste en enviar corriente rectificada al estator previamente separado de la red.

Dicha corriente crea un flujo fijo en el espacio. Para que el valor del flujo corresponda a un frenado adecuado, la corriente debe ser aproximadamente 1,3 veces la corriente nominal.

Generalmente, el excedente de pérdidas térmicas causado por esta ligera sobreintensidad se compensa por el tiempo de parada que sigue al frenado.

Dado que el valor de la corriente queda establecido por la única resistencia de los devanados del estator, la tensión de la fuente de corriente rectificada es débil.

Dicha fuente suele constar de rectificadores o proceder de los variadores. Estos elementos deben poder soportar las sobretensiones transitorias producidas por los devanados recién desconectados de la red alterna (por ejemplo, a 380 voltios eficaces).

El movimiento del rotor representa un deslizamiento con respecto a un campo fijo del espacio (mientras que, en el sistema de contracorriente, el campo gira en sentido inverso).

El motor actúa como un generador síncrono que suministra corriente al rotor.

Las características que se obtienen con un sistema de frenado por inyección de corriente rectificada son muy diferentes a las que resultan de un sistema de contracorriente:

- La energía disipada en las resistencias rotóricas o en la jaula es menor. Se trata únicamente del equivalente a la energía mecánica comunicada por las masas en movimiento. La única energía que procede de la red es la excitación del estator.

- Si la carga no es arrastrante, el motor no vuelve a arrancar en sentido contrario.

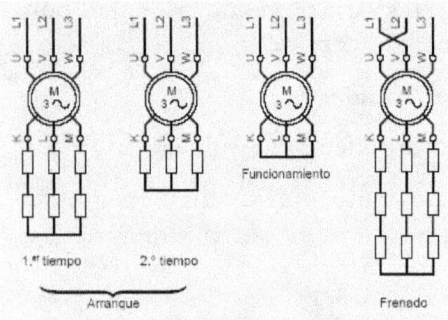

**Frenado por contracorriente
de un motor de anillos**

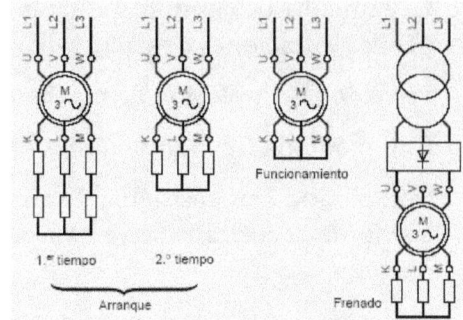

**Frenado por inyección de cc
de un motor de anillos**

- Si la carga es arrastrante, el sistema proporciona un frenado permanente que retiene la carga a baja velocidad. La característica es mucho más estable que en contracorriente.

En el caso de los motores de anillos, las características de par-velocidad dependen de la elección de las resistencias.

En el caso de los motores de jaula, este sistema permite regular fácilmente el par de frenado actuando sobre la corriente continua de excitación.

Para evitar recalentamientos inútiles, es preciso prever un dispositivo que corte la corriente del estator una vez concluido el frenado.

Frenado por funcionamiento en hipersíncrono:

En este caso, el motor es accionado por su carga superando la velocidad de sincronismo, se comporta como un generador asíncrono y desarrolla un par de frenado.

La red recupera prácticamente toda la pérdida de energía.

En el caso de los motores de elevación, este tipo de funcionamiento provoca la bajada de la carga a la velocidad nominal.

El par de frenado equilibra con precisión el par generado por la carga y proporciona una marcha a velocidad constante (no una deceleración).

En el caso de los motores de anillos, es fundamental cortocircuitar la totalidad o parte de las resistencias rotóricas para evitar que el motor se accione a una velocidad muy superior a la nominal, con los riesgos mecánicos que ello implicaría.

Este método ofrece todas las propiedades idóneas de un sistema de retención de carga arrastrante:

- La velocidad es estable y prácticamente independiente del par arrastrante.
- La energía se recupera y se envía de nuevo a la red.

Sin embargo, sólo corresponde a una velocidad: Aproximadamente a la velocidad nominal.

Los motores de varias velocidades también emplean el frenado hipersíncrono durante el paso de alta a baja velocidad.

Otros sistemas de frenado:

Todavía puede encontrarse el **frenado monofásico**, que consiste en alimentar el motor por las dos fases de la red. En vacío, la velocidad es nula. Este funcionamiento va acompañado de desequilibrios y pérdidas importantes.

Cabe mencionar igualmente el **frenado por ralentizador de corrientes de Foucault**. La energía mecánica se disipa en calor dentro del ralentizador. La regulación del frenado se realiza con facilidad mediante un devanado de excitación. Sin embargo, el fuerte aumento de inercia es un inconveniente.

Frenos electrónicos:

Generalidades:

Funciones:

Los frenos electrónicos permiten frenar de forma eficaz y ajustada cualquier motor asíncrono de jaula.

Pueden integrarse en los arrancadores clásicos siempre que sea necesario detener rápidamente una máquina (cadencia, seguridad, vibraciones).

Campos de aplicación:

La diferencia entre los sistemas de frenado mecánicos y eléctricos, cuya utilización sigue estando muy difundida, y los frenos electrónicos consiste en la posibilidad de ajustar en estos últimos, de forma precisa, fácil y estable:

- El par de frenado.
- De eliminar el desgaste y por tanto el mantenimiento.
- De reducir el tiempo de interrupción de la producción y de permitir cadencias elevadas en los equipos que así lo permitan.

Estos frenos resultan especialmente adecuados para:

- Máquinas de elevada inercia:
- Ventiladores.

- Máquinas centrífugas.

- Etc.

- Máquinas sometidas a fuertes vibraciones durante el periodo de deceleración:

    - Machacadoras.

    - Trituradoras.

    - Compresores de pistón.

    - Etc.

- Máquinas peligrosas:

    - Máquinas–herramienta.

    - Máquinas para la madera.

    - Máquinas para carnicería.

Para estas últimas aplicaciones, es necesario acompañar el freno electrónico con un freno mecánico que bloquee la máquina durante la parada y pueda utilizarse en caso de fallo de la red de alimentación.

El freno mecánico puede estar infradimensionado y su desgaste será mínimo.

Principio de funcionamiento:

Después del corte de alimentación del motor, el freno electrónico inyecta una corriente rectificada en los devanados del motor.

El usuario puede controlar el par de frenado mediante el ajuste de un potenciómetro de intensidad de frenado.

Cuanta más corriente se inyecte, más eficaz será el frenado. Este valor no debe ser excesivo para no destruir el motor y/o el freno.

Un segundo potenciómetro permite ajustar el tiempo de inyección de corriente continua, o sea, el tiempo de frenado.

Para un cálculo simplificado del tiempo de frenado, puede aplicarse la fórmula siguiente:

$$Tf = 0,1 \ \times \ \frac{(\text{ I de arranque directo })^2}{(\text{ I de frenado })^2} \quad \frac{Jn}{\text{Par de calado}}$$

Tf: Tiempo de frenado en segundos.

I de arranque directo: Corriente del motor (en amperios), rotor bloqueado.

I de frenado: Corriente ajustada (en amperios) durante el frenado. Esta corriente normalmente está comprendida entre 1 y 2 veces la corriente nominal del motor.

J: Inercias totales comunicadas al motor (en kgm^2), incluida la inercia del motor.

n: Velocidad de rotación del motor en revoluciones por minuto.

Par de calado: Par del motor con rotor bloqueado (N.m)

Opcionalmente, es posible utilizar módulos específicos que permiten detectar automáticamente la parada del motor y reducir así su calentamiento al mínimo **(1)**.

(1) - Ejem.: LA1-ATP03 de Schneider Electric.

Pueden utilizarse otros dos módulos, uno (LA1-ATP01) que garantiza la compatibilidad con los autómatas y permite un diálogo directo sin interface, y otro (LA1-ATP04) que ofrece información para pilotar un contactor que permita desmagnetizar rápidamente el motor (disminución del tiempo de parada).

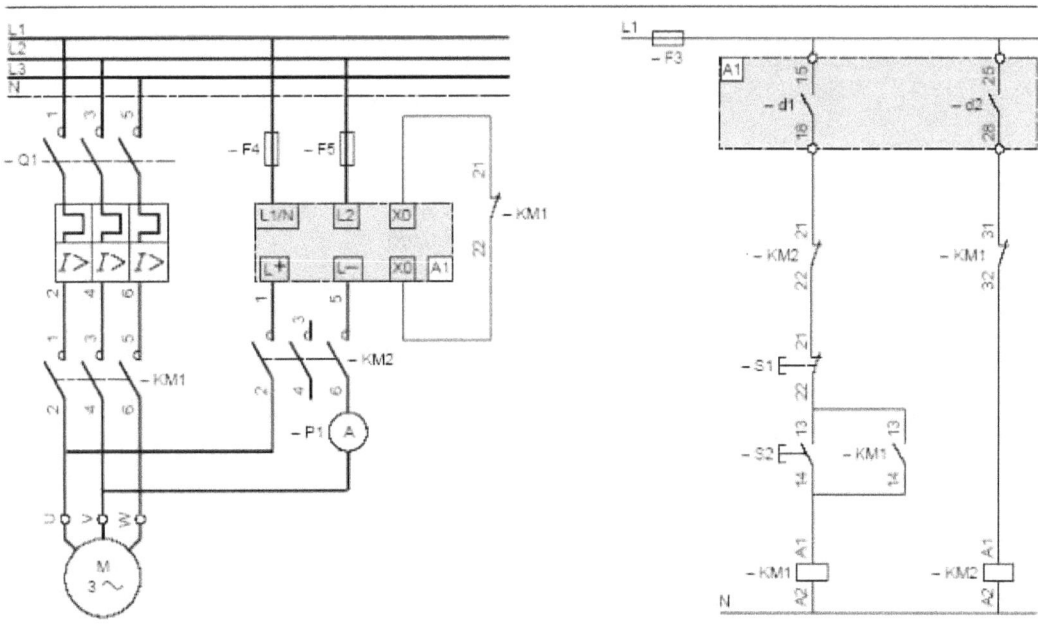

En este cuadro de asociación, los componentes responden a los siguientes criterios:
- disyuntor-motor Q1 (1) y contactor KM1 elegidos independientemente del módulo de frenado utilizado,
- el contactor de desmagnetización con 3 polos en paralelo,
- KM1 elegido en función de la corriente en AC-3 para 1,5 millones de ciclos de maniobras,
- KM2 elegido en función de la corriente máxima de frenado suministrada por el módulo en régimen severo (θ ≤ 55 °C),
- KM3 elegido en función de la corriente In del motor durante un instante, conservando el poder de cierre necesario.

Esquema recomendado para módulos de frenado

2.4.3. El variador de velocidad

El elemento que nos permite mayores y mejores opciones de frenado, es el variador de velocidad; ventaja sumada al resto de sus propiedades: Regulación del arranque, control y variación de la velocidad, control y variación de las aceleraciones, etc.

Existen diferentes sistemas de frenado aplicables al variador de velocidad, la mayoría de ellos definidos y comentados en capítulos anteriores, por lo que vamos a ampliar detalles en el sistema mas completo empleado: La utilización de resistencias de frenado.

Presentación:

Las unidades y las resistencias de frenado suelen ser módulos externos.

Permiten hacer funcionar los variadores, en frenado para parada o en marcha como "generador", disipando la energía del frenado en la resistencia.

Las resistencias están pensadas para montarse en el exterior del armario; la ventilación natural no debe verse afectada y las entradas y salidas de aire no deben estar obstruidas, ni siquiera parcialmente. El aire no debe tener polvo, gases corrosivos ni condensación.

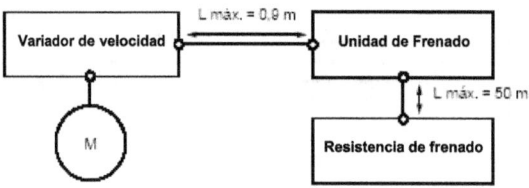

Esquema de principio

Determinación de la unidad y la resistencia de frenado:

El cálculo de las diferentes potencias de frenado permite determinar la unidad y la resistencia de frenado.

Presentación de los dos tipos de funcionamiento principales: A y B.

A: La potencia de frenado durante la deceleración se caracteriza por una potencia de pico (**A**) obtenida al principio de la deceleración, que decrece hasta 0 proporcionalmente a la velocidad.

(A): $\hat{P}_f$

Ejemplo: Parada de centrifugadoras, translación, inversión del sentido, etc.

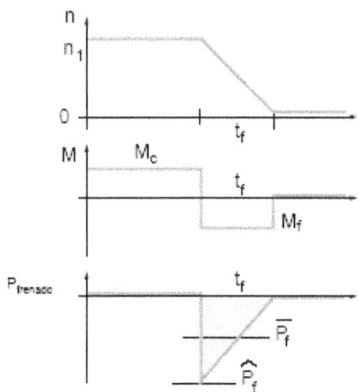

Curvas de frenado tipo A

B: La potencia de frenado de velocidad constante n_2

Ejemplo: Movimiento vertical en la bajada, banco de pruebas motor/generador, cintas transportadoras inclinadas, etc.

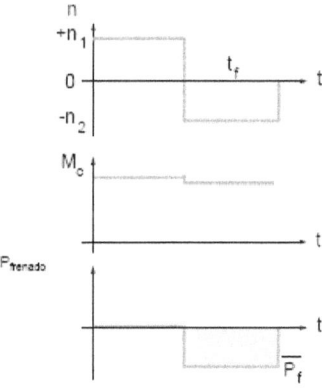

Curvas de frenado tipo B

Observación: Estos dos tipos de funcionamiento, A y B se pueden combinar.

En los dos gráficos anteriores:

n_1 : Velocidad del motor [rpm]

n_2 : Velocidad del motor durante la deceleración [rpm]

M_c : Par de la carga [Nm]

M_f : Par de frenado [Nm]

t_f : Tiempo de frenado [s]

$\widehat{P}_f$: Potencia máxima de frenado [W]

$\overline{P}_f$: Potencia media de frenado durante t_f [W]

Tipo de funcionamiento A:

Cálculo del tiempo de frenado a partir de la inercia:

$$t_f = \frac{J \cdot \varpi}{M_f + M_r} \qquad \varpi = \frac{2\pi \cdot n}{60} \qquad M_f = \frac{\Sigma J \cdot (n_1 - n_2)}{9{,}55 \cdot t_f}$$

$$\widehat{P}_f = \frac{M_f \cdot n_1}{9{,}55} \qquad \overline{P}_f = \frac{\widehat{P}_f}{2}$$

En donde:

M_t : Par de frenado del motor (Nm).

ΣJ : Total de las inercias transmitidas al motor (Kgm^2).

n_1 : Velocidad del motor antes del reductor (rpm).

n_2 : Velocidad del motor después del reductor (rpm).

t_r : Tiempo de frenado (s).

$\widehat{P}_f$: Potencia de pico de frenado (W).

$\overline{P}_f$: Potencia media de frenado durante el tiempo t_f (W).

Tipo de funcionamiento B:

1: Potencia de frenado de una carga en movimiento horizontal con una *deceleración* constante. (Ej.: Carro).

$$W = \frac{m \cdot v^2}{2} \qquad \overline{P}_f = \frac{W}{t_f}$$

$$\widehat{P}_f = P_f \cdot 2 -$$

2: Potencia de frenado de una carga activa (Ej.: Banco de ensayos).

$$P_f = \frac{M_f \cdot n}{9{,}55}$$

3: Potencia de frenado de un movimiento vertical en la bajada.

$$\overline{P_f} = m \cdot g \cdot v \qquad \widehat{P_f} = m \cdot (g + a) \cdot v + \frac{J \cdot \varpi^2}{t_f} \qquad \varpi = \frac{2\pi \cdot n}{60}$$

Todos los cálculos de la potencia de frenado son ciertos únicamente si se considera que no existen pérdidas ($\eta = 1$) y que no hay par resistente.

Para ser aún más precisos, es necesario considerar:

* Las pérdidas y el par resistente del sistema, que disminuyen la potencia de frenado necesaria.

* El par arrastrado, que aumenta la potencia de frenado (el viento, por ejemplo).

En donde:

W: Energía cinética (Julios).
m   Peso (kg).
v: Velocidad (m/s).
t_f: Tiempo de frenado (s).
M_f: Par de frenado (Nm).
n: Velocidad del motor (rpm).
g: Aceleración (9,81 m/s^2).
a: Deceleración (m/s^2).
v: Velocidad lineal en la bajada (m/s).
J: Momento de inercia (kgms^2).
ϖ: Velocidad angular (rad /s).
t_f: Tiempo de parada en la bajada (s).
$\widehat{P_f}$ Potencia de pico de frenado (W).
$\overline{P_f}$ Potencia media de frenado durante el tiempo t_f (W).

2.5. Elementos de protección

Existen en la industria diversidad de fenómenos que se pueden producir en nuestras instalaciones, frente a los cuales deberemos protegerlas.

Las protecciones básicas son:

- Cortocircuitos.

- Sobrecargas.

Entre las protecciones especiales las más significativas son:

- Asimetría de fases.

- Ausencia de fase.

- Fugas a tierra.

- Subcarga.

- Rotor de motor bloqueado

- Arranque de motor largo.

- Etc.

Veamos a continuación los distintos elementos empleados en dichas protecciones y su funcionamiento.

2.5.1. Los fusibles

Los fusibles son, entre otros, los elementos destinados a proteger nuestras instalaciones frente a los cortocircuitos.

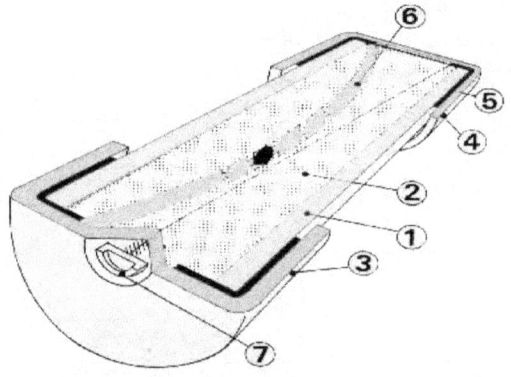

Constitución de un fusible

1: Cuerpo cerámico.

2: Arena.

3: Contacto con indicador.

4: Contacto inferior.

5: Anillo de contacto.

6: Elemento de fusión.

7: Indicador de fusión.

Se basan en la capacidad de fusión de los materiales en determinadas condiciones, en nuestro caso, básicamente por el efecto de calor producido por una circulación de corriente, lo que produce una determinada temperatura, característica de la aleación empleada: Punto eutéctico.

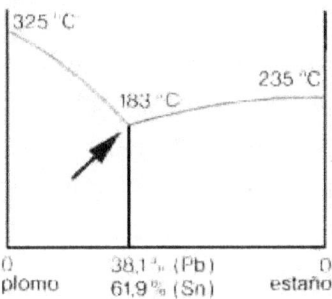

**Punto eutéctico de una
aleación estaño / plomo**

Un cortocircuito es el contacto directo de dos puntos con potenciales eléctricos distintos:

- En corriente alterna:

- Contacto entre fases, entre fase y neutro o entre fases y masa conductora.

- En corriente continua:

- Contacto entre los dos polos o entre la masa y el polo aislado.

Las causas pueden ser varias:

- Cables rotos, flojos o pelados.

- Presencia de cuerpos metálicos extraños.

- Depósitos conductores (polvo, humedad, etc.).

- Filtraciones de agua o de otros líquidos conductores.

- Deterioro del receptor o error de cableado durante la puesta en marcha o durante una manipulación.

El cortocircuito desencadena un brutal aumento de corriente que en milésimas de segundo puede alcanzar un valor cien veces superior al valor de la corriente de empleo.

Dicha corriente genera efectos electrodinámicos y térmicos que pueden dañar gravemente el equipo, los cables y los juegos de barras situados aguas arriba del punto de cortocircuito.

Por lo tanto, es preciso que los dispositivos de protección detecten el fallo e interrumpan el circuito rápidamente, a ser posible antes de que la corriente alcance su valor máximo.

Dichos dispositivos pueden ser:

- Fusibles, que interrumpen el circuito al fundirse, por lo que deben ser sustituidos.

- Disyuntores, que interrumpen el circuito abriendo los polos y que con un simple rearme se pueden volver a poner en servicio.

La protección contra los cortocircuitos puede estar integrada en aparatos de funciones múltiples, como los disyuntores motores y los contactores disyuntores.

Los fusibles proporcionan una protección fase a fase, con un poder de corte muy elevado y un volumen reducido.

Se pueden montar de dos maneras:

- En unos soportes específicos llamados portafusibles.

- En los seccionadores, en lugar de los casquillos o las barretas.

Se dividen en dos categorías:

- Fusibles "distribución" tipo **gG (1)**.

Protegen a la vez contra los cortocircuitos y contra las sobrecargas a los circuitos con picos de corriente poco elevados (ejemplo: circuitos resistivos).

Normalmente deben tener un calibre inmediatamente superior a la corriente del circuito protegido a plena carga.

(1) La norma IEC 269-2 ha cambiado la denominación "tipo **g**" por "tipo **gG**".

- Fusibles "motor" tipo **aM**.

Protegen contra los cortocircuitos a los circuitos sometidos a picos de corriente elevados (picos magnetizantes en la puesta bajo tensión de los primarios de transformadores o electroimanes, picos de arranque de motores asíncronos, etc.).

Las características de fusión de los fusibles **aM** "dejan pasar" las sobreintensidades, pero no ofrecen ninguna protección contra las sobrecargas.

En caso de que también sea necesario este tipo de protección, debe emplearse otro dispositivo (por ejemplo, un relé térmico).

Normalmente deben tener un calibre inmediatamente superior a la corriente del circuito protegido a plena carga.

Ejemplos de cortocircuitos - fusibles

Dispositivo de protección contra funcionamiento monofásico (dpfm):

Se puede instalar en un portafusibles multipolar o en un seccionador portafusibles.

Requiere fusibles con percutor (o indicadores de fusión).

Se trata de un dispositivo mecánico que se acciona mediante el percutor liberado cuando se funde un fusible.

Controla la apertura de un contacto conectado en serie con la bobina del contactor.

De este modo, queda garantizada la caída del mismo, es decir, la desconexión del receptor, incluso si sólo se funde un fusible.

También suele disponer de un contacto de cierre suplementario para señalizar el fallo a distancia.

Corriente de cortocircuito presumible Icc:

Es el valor eficaz de la corriente simétrica permanente que se establecería en el punto considerado del circuito si se cambiara el dispositivo de protección por un conductor de impedancia despreciable.

Este valor depende únicamente de la tensión de alimentación y de la impedancia por fase **Zo** (transformador + línea).

Se demuestra que el cálculo de la corriente de cortocircuito trifásica equivale al de la corriente de cortocircuito monofásica establecida entre una fase y el neutro. Es igual al cociente de la tensión simple **Eo** (tensión entre fase y neutro) por la impedancia de línea **Zo** por fase.

Dicha impedancia de línea incluye las resistencias **R** y las inductancias **L** de todos los elementos situados aguas arriba del cortocircuito.

$$\text{Impedancia de línea } Zo = \sqrt{(\Sigma R^2) + (\Sigma L\omega^2)}$$

$$\text{Corriente de cortocircuito } Icc = \frac{Eo}{Zo}$$

Corriente de cortocircuito de un transformador:

Es la corriente que suministraría el secundario de un transformador en cortocircuito (cortocircuito atornillado), con una alimentación normal del primario.

En caso de cortocircuito en una instalación, este valor de corriente sólo se alcanza si el fallo se produce en las bornas del transformador.

En los demás casos, queda limitada a un valor inferior debido a la impedancia de línea.

La siguiente tabla muestra las magnitudes de corriente de cortocircuito para transformadores de fabricación normal con una tensión secundaria de 400 V.

S (kVA)	In (A)	Icc (kA)
80	115	3
230	160	6
450	315	12
1.150	800	25
3.600	2.500	50

Efectos electrodinámicos:

Entre dos conductores paralelos por los que circulan una corriente **i1** e **i2** aparece una fuerza que puede ser de atracción si las corrientes tienen el mismo sentido, y de repulsión si tienen sentidos opuestos.

Por norma general, ambos conductores forman parte de un mismo circuito con igual corriente y sentidos opuestos. En tal caso, la fuerza es de repulsión y proporcional al cuadrado de la corriente.

En un juego de barras, la fuerza que aparece entre 2 barras de 1 m de longitud, separadas por 5 cm y atravesadas por una corriente de cresta de 50 kA, alcanza un valor de 1.000 daN ó 1 tonelada.

En un polo del contactor, los contactos fijo y móvil se separan sin recibir la orden de apertura en cuanto la fuerza de repulsión supera el valor de la fuerza que ejerce el resorte de compresión. Esta fuerza de repulsión de contacto se debe:

- Al efecto de bucle: Un polo se presenta como un bucle más o menos perfecto en función de la forma de las piezas que lo conforman y del modelo de contactor; cada pieza del polo está sometida a una fuerza electrodinámica dirigida hacia el exterior del bucle.

- A la estricción de las líneas de corriente en la zona de contacto.

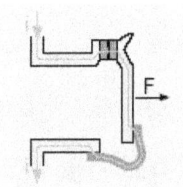
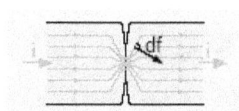

Efecto de bucle   **Estricción de las líneas de corriente**

Los esfuerzos electrodinámicos provocan en los componentes los siguientes efectos:

- Rotura o deformación de las piezas y de los juegos de barras.

- Repulsión de los contactos.

- Propagación de los arcos eléctricos.

Efectos térmicos:

Si se toma un conductor con una resistencia de 1 mW por el que circula una corriente eficaz de 50 kA durante 10 ms, la energía disipada de 2.500 julios equivale a una potencia de 250 kW.

En un contactor tripolar cuyos contactos se abren por repulsión generando arcos eléctricos, se puede estimar que la energía disipada es varias veces superior.

Los efectos térmicos de un cortocircuito provocan en los componentes los siguientes efectos:

- Fusión de los contactos, de los bobinados de las biláminas y de las conexiones.

- Calcinación de los materiales aislantes.

2.5.2. La protección magnética

La función de protección magnética permite cortar automáticamente la alimentación de un circuito o receptor cuando se produce un defecto por cortocircuito.

Es necesaria para proteger al operario y a la instalación.

Dada la naturaleza del cortocircuito:

- Fenómeno casi instantáneo.

- Aumento muy brusco de la corriente.

- Gran desprendimiento de energía (calor).

Deberemos poder garantizar mediante la protección magnética:

- El detectar la corriente rápidamente (di/dt).

- Abrir los contactos rápidamente.

- Limitar la corriente de cortocircuito.

Lo que obliga a que dichos dispositivos sean de respuesta muy rápida.

Como elementos de protección contra los cortocircuitos, contaremos con:

- Fusibles.

- Elementos magnéticos electromecánicos.

- Elementos magnéticos electrónicos.

Los disyuntores magnéticos:

Protegen los circuitos contra los cortocircuitos, dentro de los límites de su poder de corte a través de disparadores magnéticos (un disparador por fase).

También protegen contra los contactos indirectos, siguiendo las normas sobre regímenes de neutro **(1)**, para los esquemas **TN** o **IT**.

(1) Regímenes de neutro:

En los regímenes de neutro intervienen básicamente:

El neutro:

Son los puntos neutros de los transformadores HT / MT y MT / BT, así como los conductores neutros por los que, en régimen equilibrado, no pasa ninguna corriente.

Las masas:

Son las partes conductoras accesibles de un material eléctrico que pueden ponerse en tensión en caso de defecto.

La tierra:

La tierra puede considerarse como un cuerpo conductor con un potencial que convencionalmente se fija en cero.

Regímenes baja tensión:

Existen tres regímenes del neutro en baja tensión definidos por esquemas y referenciados por dos letras.

Se trata de los regímenes **TN** (**C** o **S**), **TT** e **IT**.

La primera letra corresponde a la posición del neutro con respecto a la tierra, y la segunda a la situación de las masas.

El significado de cada letra es el siguiente:

T = Tierra

N = Neutro

I = Impedancia

C = Combinado

S = Separado

Esquema TNC:

Consiste en un neutro conectado a tierra y las masas al neutro. El conductor neutro y el de protección están combinados.

Esquema TNS:

Consiste en un neutro conectado a tierra y las masas al neutro, pero en este caso el conductor neutro está separado del de protección.

Esquema TT:

El neutro está directamente conectado a tierra, al igual que las masas, y esto mediante dos tomas de tierra separadas.

Esquema IT:

El neutro está conectado a tierra mediante una impedancia o aislado. Las masas están directamente conectadas a tierra.

Estos distintos regímenes permiten adaptar la protección a los locales y a los usos, respetando el tiempo de corte, basado en la duración de la resistencia de un individuo a los efectos de una corriente eléctrica, en función de la tensión de la misma (normalmente 50 V durante 5 segundos y 100 V durante 0,2 segundos).

Las redes de distribución de baja tensión de los abonados pueden asimilarse al esquema **TT**, excepto cuando éstos interponen un transformador de separación que les deja total libertad de elección.

El esquema **TT** es fácil de aplicar, pero queda restringido a instalaciones de extensión y complejidad limitadas. Se dispara al primer defecto y ofrece total seguridad.

El esquema **IT** tiene la particularidad de no dispararse hasta el segundo defecto. Así pues, está especialmente indicado en aquellos casos en los que sea necesaria la continuidad del servicio, lo que requiere un mantenimiento estricto para detectar el primer defecto e intervenir antes de que se produzca el segundo.

No obstante, el hecho de garantizar la continuidad de la alimentación sigue sin parecer suficiente a los informáticos, que prefieren el esquema **TNS**, incrementando las precauciones y los equipos específicos.

El esquema **TN** representa, con respecto al anterior, un importante ahorro de instalación. Este régimen es imprescindible con corrientes de fuga importantes.

Los esquemas **TT** pueden necesitar una protección diferencial residual (ver los esquemas de los regímenes de neutro).

Dependiendo del tipo de circuito que se desea proteger (distribución, motor, etc.), el umbral de disparo magnético se situará entre 3 y 15 veces de la corriente térmica **Ith**.

Dependiendo del tipo de disyuntor, dicho umbral de disparo puede ser fijo o ajustable por el usuario.

Todos los disyuntores pueden realizar cortes omnipolares: La puesta en funcionamiento de un solo disparador magnético basta para abrir simultáneamente todos los polos.

Cuando la corriente de cortocircuito no es muy elevada, los disyuntores funcionan a mayor velocidad que los fusibles.

Características principales:

Poder de corte:

Es el valor máximo estimado de corriente de cortocircuito que puede interrumpir un disyuntor con una tensión y en unas condiciones determinadas.

Se expresa en kiloamperios eficaces simétricos.

La norma IEC 947-2 define dos valores para el poder de corte de los disyuntores:

- El poder asignado de corte último Icu. Es el valor eficaz máximo de corriente que permite realizar un corte correctamente y a continuación una operación de cierre-apertura. Es prácticamente igual al poder de corte Icn ciclo P1 de la norma IEC 157-1.

- El poder asignado de corte de servicio **Ics**. Es el valor eficaz máximo de corriente que permite realizar un corte correctamente y a continuación dos operaciones de cierre-apertura. Es prácticamente igual al poder de corte Icn ciclo P2 de la norma IEC 157-1.

Poder de cierre:

Es el valor máximo de corriente que puede establecer un disyuntor con su tensión nominal en condiciones determinadas.

En corriente alterna, se expresa con el valor de cresta de la corriente.

El poder de cierre es igual a **k** veces el poder de corte, según se indica en la siguiente tabla (IEC 947-2).

PdCo	Cos φ	PdCi
4,5 kA < PdCo < 6 kA	0,7	1,5 PdCo
6 kA < PdCo < 10 kA	0,5	1,7 PdCo
10 kA < PdCo < 20 kA	0,3	2,0 PdCo
20 kA < PdCo < 50 kA	0,25	2,1 PdCo
50 kA < PdCo	0,2	2,2 PdCo

Autoprotección:

Es la aptitud que posee un aparato para limitar la corriente de cortocircuito con un valor inferior a su propio poder de corte, gracias a su impedancia interna.

Poder de limitación:

Un disyuntor es además limitador cuando el valor de la corriente que realmente se interrumpe en caso de fallo es muy inferior al de la corriente de cortocircuito estimado.

La limitación de la corriente de cortocircuito depende de la velocidad de apertura del aparato y de su capacidad para generar una tensión de arco superior a la tensión de la red.

Permite atenuar los efectos térmicos y electrodinámicos, proporcionando así una mejor protección a los cables y al aparellaje.

2.5.3. La protección térmica

Protección contra las sobrecargas:

Los fallos más habituales en las máquinas son las sobrecargas, que se manifiestan a través de un aumento de la corriente absorbida por los motores y de ciertos efectos térmicos.

El calentamiento normal de un motor eléctrico con una temperatura ambiente de 40°C depende del tipo de aislamiento que utilice.

Cada vez que se sobrepasa la temperatura límite de funcionamiento, los aislantes se desgastan prematuramente, acortando su vida útil.

Por ejemplo, cuando la temperatura de funcionamiento de un motor en régimen permanente sobrepasa en 10°C la temperatura definida por el tipo de aislamiento, la vida útil del motor se reduce un 50%.

Conviene señalar, no obstante, que cuando se produce un calentamiento excesivo como consecuencia de una sobrecarga, los efectos negativos no son inmediatos, siempre que ésta tenga una duración limitada y no se repita muy a menudo.

Por lo tanto, no conlleva necesariamente la parada del motor, sin embargo, es importante recuperar rápidamente las condiciones de funcionamiento normales.

De todo lo expuesto se deduce que la correcta protección contra las sobrecargas resulta imprescindible para:

- Optimizar la durabilidad de los motores, impidiendo que funcionen en condiciones de calentamiento anómalas.

- Garantizar la continuidad de explotación de las máquinas o las instalaciones evitando paradas imprevistas.

- Volver a arrancar después de un disparo con la mayor rapidez y las mejores condiciones de seguridad posibles para los equipos y las personas.

El sistema de protección contra las sobrecargas debe elegirse en función del nivel de protección deseado:

- Relés térmicos de biláminas o bimetálicos.

- Relés de sondas para termistancias PTC.

- Relés de máxima corriente.

- Relés electrónicos con sistemas de protección complementarios.

Esta protección también puede estar integrada en aparatos de funciones múltiples, como los disyuntores motores o los contactores disyuntores.

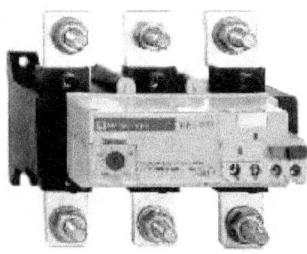

Relé térmico electrónico

Los relés térmicos bimetálicos:

Los relés térmicos de biláminas o bimetálicos son los aparatos más utilizados para proteger los motores contra las sobrecargas débiles y prolongadas.

Se pueden utilizar en corriente alterna o continua.

Sus características más habituales son:

- Tripolares.

- Compensados, es decir, insensibles a los cambios de la temperatura ambiente.

- Sensibles a una pérdida de fase (1), por lo que evitan el funcionamiento monofásico del motor.

- De rearme automático o manual.

- De graduación en "amperios motor": Visualización directa en el relé de la corriente indicada en la placa de características del motor.

(1) La norma IEC 947-4 sustituye el concepto de "relé diferencial" por el de "relé sensible a una pérdida de fase".

Relé térmico bimetálico

Principio de funcionamiento de los relés térmicos tripolares:

Los relés térmicos tripolares poseen tres biláminas compuestas cada una por dos metales con coeficientes de dilatación muy diferentes unidos mediante laminación y rodeadas de un bobinado de calentamiento.

Cada bobinado de calentamiento está conectado en serie a una fase del motor. La corriente absorbida por el motor calienta los bobinados, haciendo que las biláminas se deformen en mayor o menor grado según la intensidad de dicha corriente.

La deformación de las biláminas provoca a su vez el movimiento giratorio de una leva o de un árbol unido al dispositivo de disparo.

Si la corriente absorbida por el receptor supera el valor de reglaje del relé, las biláminas se deformarán lo bastante como para que la pieza a la que están unidas las partes móviles de los contactos se libere del tope de sujeción.

Este movimiento causa la apertura brusca del contacto del relé intercalado en el circuito de la bobina del contactor y el cierre del contacto de señalización. El rearme no será posible hasta que se enfríen las biláminas.

Compensación de la temperatura ambiente:

La curvatura que adoptan las biláminas no sólo se debe al calentamiento que provoca la corriente que circula en las fases, sino también a los cambios de la temperatura ambiente.

Este factor ambiental se corrige con una bilámina de compensación sensible únicamente a los cambios de la temperatura ambiente y que está montada en oposición a los bimetáles principales.

Cuando no hay corriente, la curvatura de las biláminas se debe a la temperatura ambiente.

Esta curvatura se corrige con la de la bilámina de compensación, de forma tal que los cambios de la temperatura ambiente no afecten a la posición del tope de sujeción. Por lo tanto, la curvatura causada por la corriente es la única que puede mover el tope provocando el disparo.

Los relés térmicos compensados son insensibles a los cambios de la temperatura ambiente, normalmente comprendidos entre - 40°C y + 60°C.

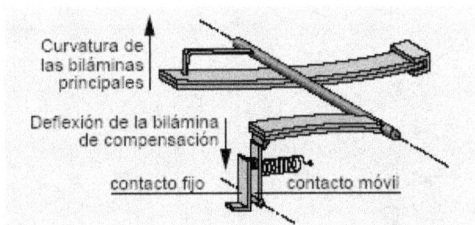

Principio de compensación de la temperatura ambiente

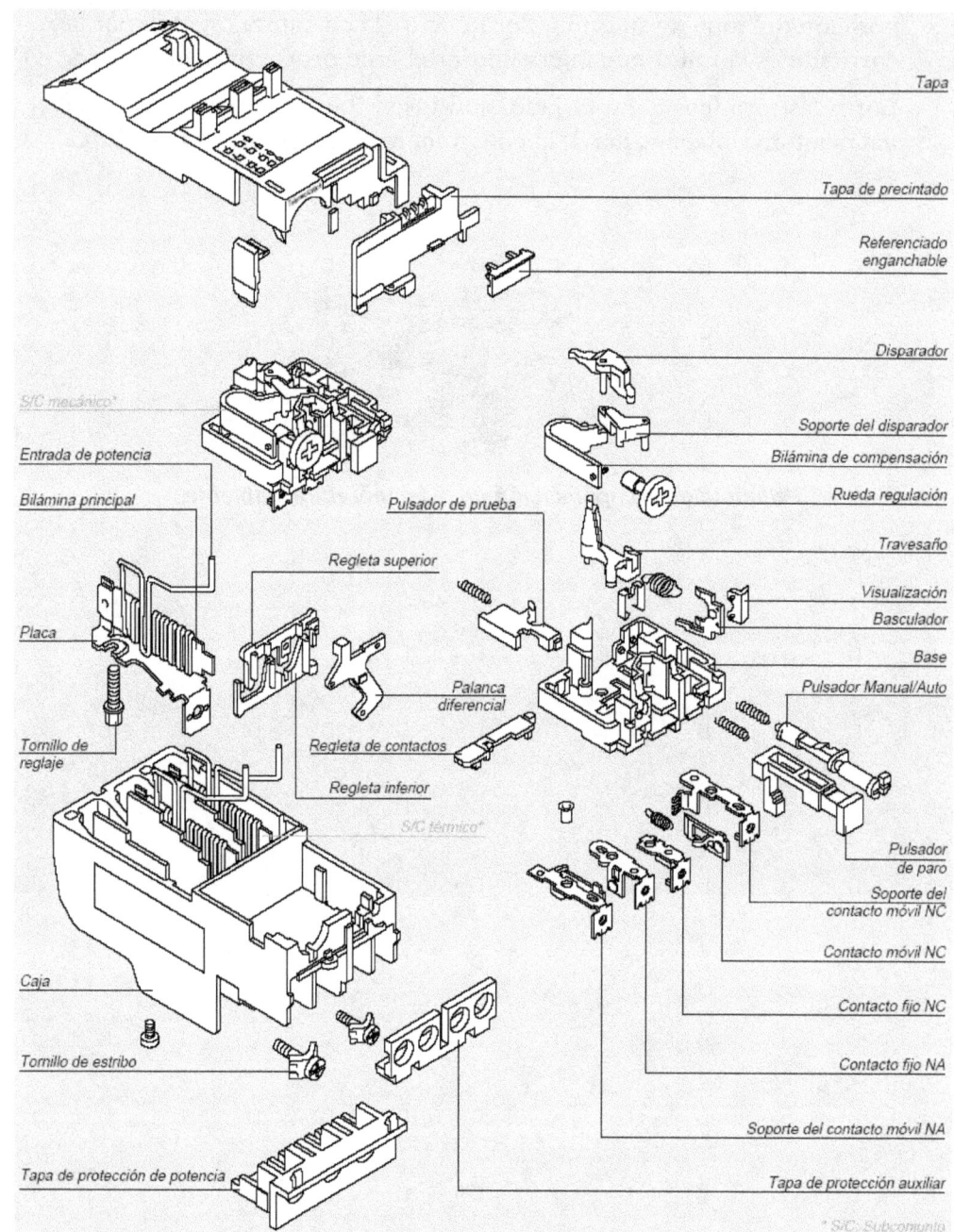

Despiece de un relé térmico

Reglaje:

Los relés se regulan con un pulsador que modifica el recorrido angular que efectúa el extremo de la bilámina de compensación para liberarse del dispositivo de sujeción que mantiene el relé en posición armada.

La rueda graduada en amperios permite regular el relé con mucha precisión.

La corriente límite de disparo está comprendida entre 1,05 y 1,20 veces el valor indicado.

Detección de una pérdida de fase:

Este dispositivo provoca el disparo del relé en caso de ausencia de corriente en una fase (funcionamiento monofásico).

Lo componen dos regletas que se mueven solidariamente con las biláminas. La bilámina correspondiente a la fase no alimentada no se deforma y bloquea el movimiento de una de las dos regletas, provocando el disparo.

Los receptores alimentados en corriente monofásica o continua se pueden proteger instalando en serie dos biláminas que permiten utilizar relés sensibles a una pérdida de fase.

Para este tipo de aplicaciones, también existen relés no sensibles a una pérdida de fase.

Posición en frío   Posición en caliente   Posición en caliente
Funcionamiento equilibrado   Ausencia de una fase

Principio de detección de pérdida de fase

Clases de disparo:

Los relés térmicos se utilizan para proteger los motores de las sobrecargas, pero durante la fase de arranque deben permitir que pase la sobrecarga temporal que provoca el pico de corriente, y activarse únicamente si dicho pico, es decir la duración del arranque, resulta excesivamente larga.

La duración del arranque normal del motor es distinta para cada aplicación; puede ser de tan sólo unos segundos (arranque en vacío, bajo par resistente de la máquina arrastrada, etc.) o de varias decenas de segundos (máquina arrastrada con mucha inercia), por lo que es necesario contar con relés adaptados a la duración de arranque.

La norma IEC 947-4-1-1 responde a esta necesidad definiendo tres tipos de disparo para los relés de protección térmica:

- Relés de clase 10: Válidos para todas las aplicaciones corrientes con una duración de arranque inferior a 10 segundos.

- Relés de clase 20: Admiten arranques de hasta 20 segundos de duración.

- Relés de clase 30: Para arranques con un máximo de 30 segundos de duración.

Observación importante: En las aplicaciones con un arranque prolongado, conviene comprobar que todos los elementos del arrancador (contactores, aparatos de protección contra los cortocircuitos, cables, etc.) están dimensionados para soportar la corriente de arranque sin calentarse demasiado.

	1,05 **Ir**	1,2 **Ir**	1,5 **Ir**	7,2 **Ir**
Clase	**Tiempo de disparo en frio**			
10 A	> 2 h	< 2 h	< 2 min	2 s < tp < 10 seg
10 A	> 2 h	< 2 h	< 4 min	2 s < tp < 10 seg
20 A	> 2 h	< 2 h	< 8 min	2 s < tp < 20 seg
30 A	> 2 h	< 2 h	< 12 min	2 s < tp < 30 seg

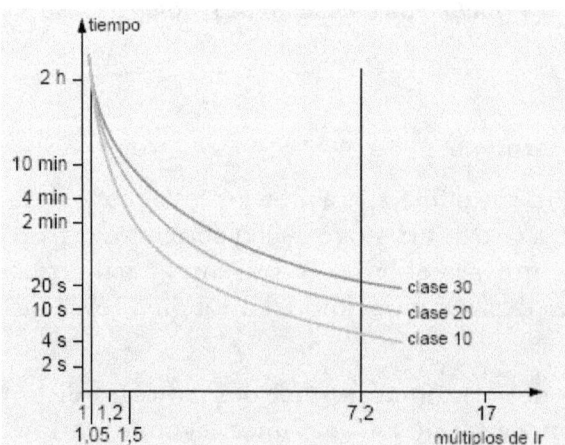

Curvas de disparo de los relés térmicos

Modos de rearme:

El relé de protección se puede adaptar fácilmente a las diversas condiciones de explotación eligiendo el modo de rearme Manual o Automático (dispositivo de selección situado normalmente en la parte frontal del relé), que permite tres procedimientos de rearranque:

- Las máquinas simples que pueden funcionar sin control especial y las consideradas no peligrosas (bombas, climatizadores, etc.) se pueden rearrancar automáticamente cuando se enfrían las bilaminas.

- En los automatismos complejos, el rearranque requiere la presencia de un operario por motivos de índole técnica y de seguridad.

- Por motivos de seguridad, las operaciones de rearme del relé en funcionamiento local y de arranque de la máquina debe realizarlas obligatoriamente el personal cualificado: Rearme Manual.

Control de los contactos auxiliares:

En los relés térmicos con basculador simple, la presión de los contactos disminuye a medida que las bilaminas se deforman.

Este inconveniente se puede evitar, en algunos reles, gracias al dispositivo llamado "de doble percusión" (patentado por Telemecanique–Schneider Electric) utilizado en los relés térmicos con bilaminas de clase 10 y 20 serie D de Telemecanique, que mantiene la presión de contacto hasta el umbral de basculamiento.

Dicho dispositivo elimina los riesgos de disparo accidental debido a vibraciones o choques indirectos al tiempo que garantiza el cambio de estado franco de los contactos.

Asociación con un contactor:

- Circuito de potencia: Cada bobinado de calentamiento debe intercalarse en una fase o polaridad del receptor protegido.

- Circuito de control: El contacto de apertura del relé debe conectarse en serie dentro del circuito de la bobina del contactor que controla la puesta bajo tensión del receptor.

Asociación con un dispositivo de protección contra los cortocircuitos:

Los relés térmicos no sólo no protegen contra los cortocircuitos sino que requieren una protección contra los mismos, por lo que es necesario asociarles un disyuntor o fusibles.

Los relés con sondas de termistancias PTC:

Este sistema de protección controla la temperatura real del elemento protegido.

Se compone de:

- Una o varias sondas de termistancias con coeficiente de temperatura positivo (**PTC**).

La resistencia de estos componentes estáticos aumenta bruscamente cuando la temperatura alcanza el umbral llamado **T**emperatura **N**ominal de **F**uncionamiento (**TNF**).

- Un dispositivo electrónico, alimentado en corriente alterna o continua, que mide permanentemente la resistencia de las sondas asociadas.

Un circuito detecta el fuerte aumento del valor de la resistencia que se produce cuando se alcanza la **TNF** y ordena el cambio de estado de los contactos de salida.

En función del tipo de sondas, este modo de protección puede activar una alarma sin detener la máquina (**TNF** de las sondas inferior a la temperatura máxima especificada para el elemento protegido), o detener la máquina (la **TNF** coincide con la temperatura máxima especificada).

Existen dos tipos de relés de sondas:

- De rearme automático, cuando la temperatura de las sondas tiene un valor inferior a la **TNF**.

- De rearme manual local o a distancia, ya que el pulsador de rearme no resulta efectivo mientras la temperatura sea superior a la **TNF**.

El disparo se activa con los siguientes fallos:

- Se ha superado la **TNF**.

- Corte de las sondas o de la línea sondas–relés.

- Cortocircuito de las sondas o de la línea sondas-relés.

- Ausencia de la tensión de alimentación del relé.

Las sondas miden la temperatura con absoluta precisión, ya que, debido a su reducido tamaño, tienen una inercia térmica muy pequeña que garantiza un tiempo de respuesta muy corto.

Aplicaciones:

Los relés de sondas controlan directamente la temperatura de los devanados estatóricos, lo que les permite proteger los motores contra los calentamientos debidos a sobrecargas, aumento de la temperatura ambiente, fallos del circuito de ventilación, número de arranques elevado, funcionamiento por impulsos, arranque anormalmente prolongado, etc.

Sin embargo, para utilizar este modo de protección, es necesario que las sondas se hayan incorporado a los bobinados durante el proceso de fabricación del motor o al realizarse un rebobinado tras un accidente.

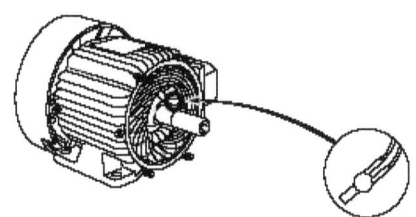

Ubicación de una sonda de termistancia PTC

Los relés de sondas también se utilizan para controlar el calentamiento de los elementos mecánicos de los motores o demás aparatos que admitan sondas: Cojinetes, circuitos de engrase, fluidos de refrigeración, resistencias de arranque, radiadores de semiconductores, etc.

El número máximo de sondas que se pueden asociar en serie en el mismo relé depende del tipo de relé y del tipo de sonda (100 ó 250 ohmios a 25°C).

Dichas sondas pueden tener una **TNF** diferente, lo que permite controlar con un solo relé todos los elementos con temperaturas de funcionamiento distintas.

Sin embargo, esta solución sólo se recomienda en los casos en los que no sea necesario localizar los fallos con gran precisión.

Los relés electromagnéticos de máxima corriente:

Los relés electromagnéticos de máxima corriente se utilizan para proteger las instalaciones sometidas a picos de corriente frecuentes (por ejemplo, arranque de motores de anillos en aparatos de elevación), contra las sobrecargas importantes en los casos en los que, a causa de arranques demasiado frecuentes, variaciones bruscas del par o riesgos de calado, resulte imposible utilizar relés térmicos de bil(áminas.

Principio de funcionamiento:

Los principales elementos de los relés son:

* Un circuito magnético, formado por una parte fija, una armadura móvil y una bobina.

* Un mecanismo de disparo accionado a través de la armadura móvil y que actúa sobre contactos auxiliares NC + NA.

La corriente que se desea controlar atraviesa la bobina, conectada en serie a una de las fases del receptor.

Cuando dicha corriente rebasa el valor de reglaje, el campo magnético que genera la bobina es suficiente para atraer la armadura móvil y cambiar el estado de los contactos.

El contacto de apertura se encuentra en el circuito de la bobina del contactor principal, por lo que éste se abre.

Dispositivo de reglaje:

El reglaje se realiza reduciendo o aumentando el ángulo de apertura de la armadura móvil, lo que modifica el entrehierro y por tanto, el número de amperios-vuelta necesarios para cerrar el circuito magnético.

El dispositivo de reglaje está graduado en amperios, por lo que basta con indicar el valor de la corriente de disparo.

Asociación con un contactor:

- Circuito de potencia:

Inclusión de un relé en cada una de las fases de alimentación del receptor protegido.

- Circuito de control:

El contacto de disparo de cada relé debe asociarse en serie en el circuito de la bobina del contactor que alimenta el receptor.

Este contacto puede ser de retención o fugaz:

- Contacto de retención:

Cuando se dispara el relé, los contactos se mantienen mecánicamente.

El relé debe rearmarse manualmente o con un dispositivo de rearme eléctrico a distancia.

Con los esquemas de control 2 hilos hay que utilizar obligatoriamente contactos de retención, para que el contactor no ratee.

- Contacto impulsional:

El contacto de disparo vuelve a la posición inicial después del funcionamiento del relé y la apertura del contactor, por lo que debe utilizarse obligatoriamente con un esquema 3 hilos.

En ambos casos, resulta imprescindible solucionar el fallo antes de rearmar el relé (contacto de retención) o de volver a activar el pulsador de marcha (contacto impulsional).

Protección de motores de arranque prolongado:

Para proteger los motores de arranque prolongado contra las sobrecargas es preferible utilizar relés de bilâminas de clase 20 ó 30.

Pero en caso de que esta protección resulte imposible (por ejemplo, cuando la duración del arranque rebase los límites que determina la norma sobre clases de disparo) la protección deberá realizarse:

- Mediante un relé con sondas de termistancias.

- Mediante un relé térmico de clase 10 alimentado a través de los secundarios de tres transformadores de corriente con bajo índice de saturación.

- Cortocircuitando un relé térmico de clase 10 durante el arranque con ayuda de un contactor.

Al final del arranque, un contacto auxiliar temporizado controla la apertura del contactor de cortocircuitado, volviendo a asociar las bilaminas del relé en el circuito del motor.

No obstante, conviene señalar que si durante el arranque se produce un corte de fase, el relé térmico no lo detectará hasta que se desactive el contactor de cortocircuitado.

2.5.4. Otros tipos de protecciones

Relés de control y de medida:

Aunque los arrancadores siempre incluyen una protección contra los cortocircuitos y las sobrecargas, puede que algunas aplicaciones requieran un sistema de protección adicional (control de la tensión, de la resistencia de aislamiento, etc.).

Los relés de control y de medida específicos constituyen una solución que se adapta exactamente a la necesidad concreta:

- Controlar la tensión de alimentación:

Para que todos los componentes de un equipo de automatismo funcionen correctamente, la tensión de alimentación de éste debe mantenerse dentro de un determinado rango, que varía según los aparatos.

En caso de cambio de tensión, y concretamente en caso de subtensión, aunque sea transitoria, los relés de mínima tensión permiten activar una alarma o interrumpir la alimentación de la instalación.

- Controlar la alimentación de las 3 fases:

Un corte de fase en el circuito de un receptor puede llegar a afectar a un sector o al conjunto de la instalación, provocando perturbaciones en algunos circuitos.

Por lo tanto, conviene detectar este tipo de cortes en cuanto aparecen.

- Controlar el orden de las fases:

La inversión de las fases puede provocar graves desperfectos mecánicos en la máquina arrastrada.

Los accidentes de este tipo se producen, por ejemplo, después de una intervención por motivos de mantenimiento o de reparación.

- Controlar la resistencia de aislamiento:

Los fallos de aislamiento pueden resultar peligrosos para el funcionamiento, el material y el personal.

- Controlar la evolución de una variable:

La ejecución de determinadas operaciones puede estar condicionada por la evolución de una tensión o una corriente.

Los relés permiten controlar los umbrales regulables.

- Controlar el nivel de los líquidos:

Este tipo de relés se puede utilizar, por ejemplo, para evitar el descebado de una bomba.

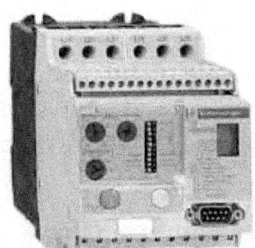

Relé de protecciones especiales

2.5.5. Las nuevas tecnologías

Las nuevas tecnologías en elementos de protección, se basan, fundamentalmente, en la integración en un solo dispositivo de diferentes elementos de protección, con la incorporación de sistemas de comunicación en diferentes lenguajes, bien directamente, bien con la incorporación de distintas pasarelas de comunicación.

Aunque el mercado actual nos proporciona distintas opciones, analicemos a modo de ejemplo, una de ellas.

El arrancador controlador Tesys U de Schneider Electric:

Presentación:

El arrancador controlador Tesys modelo U es una salida motor **(1)** que realiza las siguientes funciones:

(1) Utilizar sólo cargas resistivas e inductivas. Nunca utilizar cargas en corriente continua o cargas capacitivas.

Protección y control de motores monofásicos o trifásicos:

- Seccionamiento de potencia.

- Protección contra las sobreintensidades y los cortocircuitos.

- Protección contra las sobrecargas térmicas.

- Conmutación de potencia.

- Control de la aplicación:

  - Alarmas de las protecciones.

  - Supervisión de la aplicación (duración de utilización, número de disparos, valores de las corrientes de motores, etc.).

  - Históricos (registro de los 5 últimos disparos con el valor de los parámetros del motor).

Estas funciones se integran mediante simple fijación a una base de potencia en forma de unidad de control y de módulos de funciones.

Esta personalización puede realizarse en el último momento. Los accesorios de instalación simplifican e incluso eliminan el cableado entre los diferentes elementos.

Arrancador controlador básico:

Se compone de una base de potencia y de una unidad de control.

Base de potencia (1):

Es independiente de la tensión de control y de la potencia del motor.

Integra la función de disyuntor con un poder de corte de 50 kA a 400 V, coordinación total (continuidad de servicio) y la función de conmutación.

- 2 calibres 0…12 A y 0…32 A.

- 1 sentido de marcha (LUB) y 2 sentidos de marcha (LU2B).

Unidades de control (2):

Se deben elegir en función de la tensión de control, de la potencia del motor que se va a proteger y del tipo de protección deseado.

- Unidad de control estándar (LUCA):

Responde a las necesidades elementales de protección de salida de motor: Sobrecarga y cortocircuito.

- Unidad de control avanzada (LUCB, LUCC o LUCD):

Permite realizar funciones adicionales como alarma, diferenciación de fallos, etc.

- Unidad de control multifunción (LUCM):

Se adapta a las exigencias de control más estrictas.

Las unidades de control se pueden intercambiar sin retirar el cableado y sin herramientas. Tienen amplios rangos de ajuste (dinámica de ajuste 4) y una baja disipación térmica.

Opciones de control:

Los módulos de función amplían las funciones del arrancador controlador.

Módulos de función (3):

Se deben utilizar junto con las unidades de control avanzadas. 4 tipos:

- Alarma por sobrecarga térmica (LUF W10).
- Diferenciación de fallos y rearme manual (LUF DH20).
- Diferenciación de fallos y rearme automático o a distancia (LUF DA10).
- Indicación de la carga del motor (LUF V); se puede utilizar también en asociación con la unidad de control multifunción.

Es posible acceder a toda la información tratada por estos módulos con contactos "Todo o Nada".

Módulos de comunicación (3):

La información tratada se intercambia:

- Mediante bus paralelo:
    - Módulo de conexión paralelo (LUF C00).
- Mediante bus serie:
    - Módulo AS-i (ASILUF C5).
    - Módulo Modbus (LUL C031).

Deben asociarse a una unidad de control de 24 Vcc.

La conexión con otros protocolos como FIPIO, Profibus-DP y DeviceNet se realiza gracias al empleo de pasarelas (LUFP).

Módulos de contactos auxiliares (LUFN) (3):

3 composiciones posibles 2 NA, 1 NA + 1 NC ó 2 NC.

Contactos de estado (4):

Proporcionan la siguiente información: Disponible, defecto y estado de los polos.

Opciones de potencia:

Bloque inversor (5):

Permite transformar una base de potencia de 1 sentido de marcha en una base de potencia de 2 sentidos de marcha.

El bloque inversor (LU2M) se monta directamente bajo la base de potencia sin modificar el ancho del producto (45 mm).

El bloque inversor (LU6M) se monta por separado de la base de potencia cuando la altura disponible sea limitada.

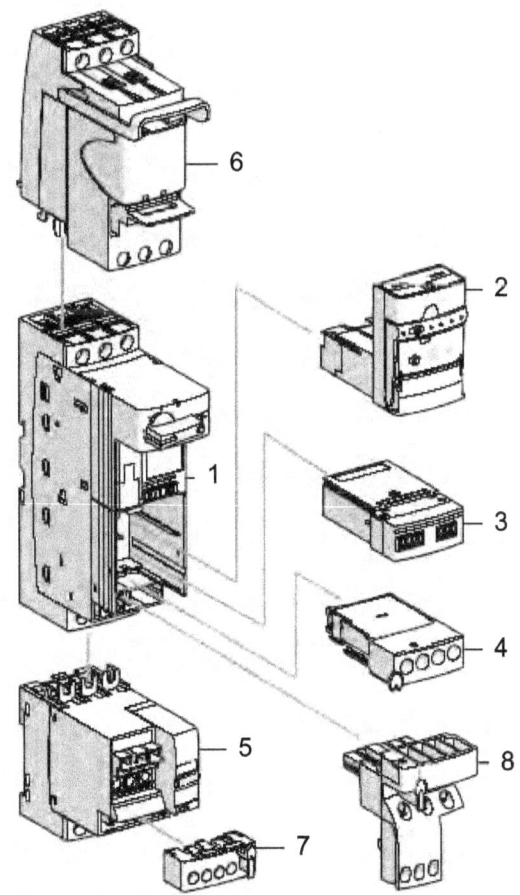

Despiece del arrancador controlador Tesys U
de Schneider Electric

Limitador seccionador LUA LB (6):

Se monta directamente sobre la base de potencia. Permite aumentar el poder de corte hasta 130 kA a 400 V.

Accesorios de instalación:

Borneros desenchufables (7):

Los borneros de control se pueden desenchufar, lo que permite preparar el cableado fuera del equipo o sustituir productos sin descablear.

Sistema de precableado de control (8):

Numerosos accesorios de precableado realizan, mediante simple fijación, conexiones tales como conexión de las bornas de control del inversor, etc.

Ejemplos de aplicaciones:

Aplicación:

- Arrancar y proteger una bomba de elevación.

Bomba de elevación

Condiciones de funcionamiento:

- Potencia: 4 kW a 400 V.
- In: 9 A.
- 10 arranques de clase 10 por hora como máximo.
- Servicio S3 (Servicio intermitente periódico).

- Mando 3 hilos:

    – Pulsador de Marcha (S2).

    – Pulsador de Parada (S1).

- Tensión de control: A 230 V.

Funciones realizadas:

- Protección contra los cortocircuitos con nivel de protección 50 kA a 400 V.

- Coordinación total de las protecciones según EN 60947-6-2 (continuidad de servicio) en caso de cortocircuito.

- Protección electrónica contra las sobrecargas térmicas (3... 12 A).

- Conmutación de cargas (2 millones de ciclos de maniobras en AC - 43 a In).

- Señalización del estado del motor por contacto NC o NA.

- Regulación entre el control de la salida de motor y la posición del botón giratorio; en posición OFF no se puede realizar ninguna conmutación.

Esquema:

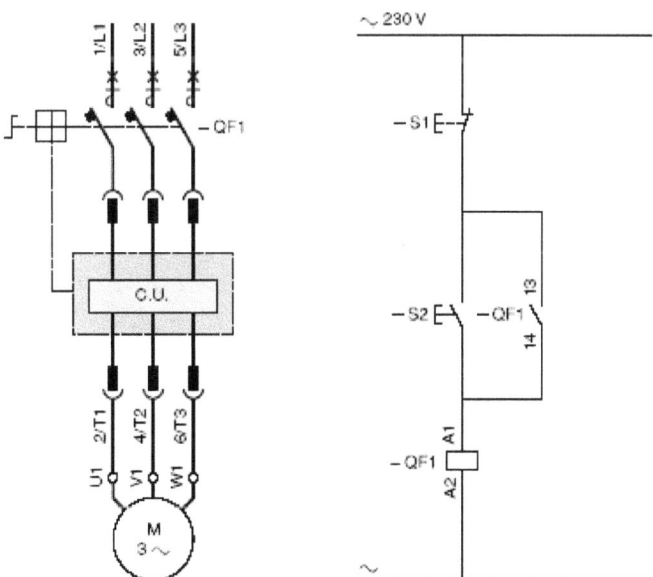

Arranque y protección de una bomba de elevación

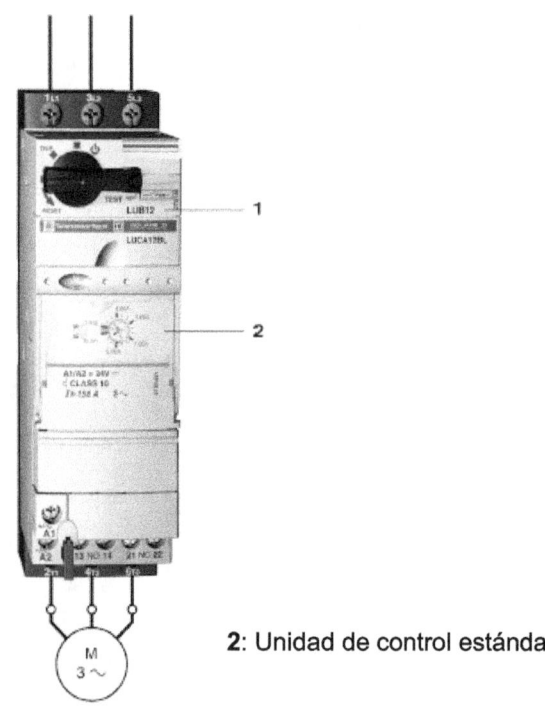

1: Base de potencia 12 A   **2**: Unidad de control estándar

Arrancador controlador Tesys U
de Schneider Electric

Aplicación:

- Supervisar el descebado de una bomba de superficie en una estación de tratamiento de aguas para evitar el funcionamiento en vacío que puede causar la destrucción de la bomba.

Estación de tratamiento de aguas

Condiciones de funcionamiento:

- Potencia: 15 kW a 400 V.

- In: 28,5 A.

- 10 arranques de clase 10 por hora como máximo.

- Servicio S1 (Servicio continuo).

- Tensión de control: A 24 Vcc.

- Control por autómata y conexión según protocolo Modbus

Funciones realizadas:

- Protección contra los cortocircuitos con nivel de protección 50 kA a 400 V.

- Coordinación total de las protecciones según EN 60947-6-2 (continuidad de servicio) en caso de cortocircuito.

- Protección electrónica contra las sobrecargas térmicas (8... 32 A).

- Conmutación de cargas (1,5 millones de ciclos de maniobras en AC - 43 a In).

- Medida de la corriente de carga y detección de los funcionamientos en vacío por la unidad de control multifunción.

- Regulación entre el control de la salida de motor y la posición del botón giratorio; en posición OFF no se puede realizar ninguna conmutación.

- Funcionamiento en vacío o subcarga. Para utilizar esta función es necesario introducir los siguientes parámetros:

- Disparo: La respuesta sí/no activa o desactiva la función.

- Tiempo antes del disparo: Período durante el cual el valor de la corriente debe ser inferior al umbral de disparo para provocar éste (ajustable de 1 a 200 s).

- Umbral de disparo: Valor en % de la relación de la corriente de carga respecto a la corriente de ajuste. Si esta relación se mantiene por debajo del umbral durante el período especificado en el parámetro anterior, el producto dispara (ajustable del 30 al 100%).

- Visualización de los diferentes estados y corrientes de la salida de motor.

Esquema:

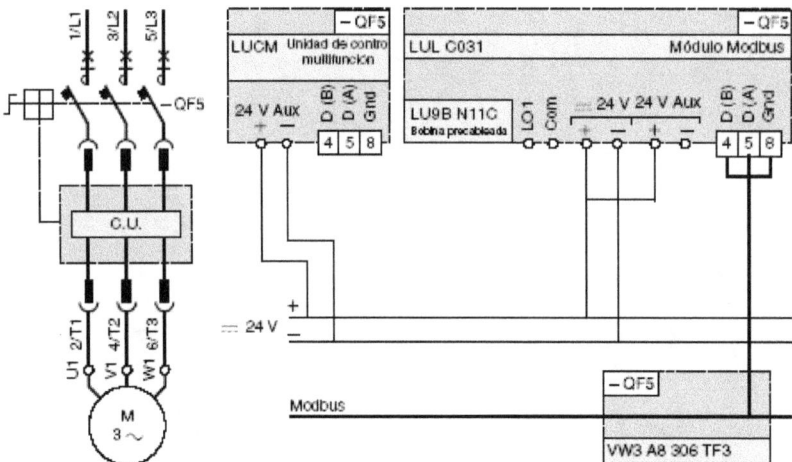

Supervisión del descebado de una bomba de superficie

Mandos (Registro 704)		Estados (Registro 455)
Sentido directo	Bit 0	Listo (disponible)
Sentido directo	Bit 1	Polos cerrados
Reservado	Bit 2	Defecto
Rearme	Bit 3	Alarmas
Test de disparo	Bit 4	Reservado
Reservado	Bit 5	Reservado
Reservado	Bit 6	Reservado
Reservado	Bit 7	Motor en funcionamiento
Reservado	Bit 8	Corriente motor % (Bit 0)
Reservado	Bit 9	Corriente motor % (Bit 1)
Reservado	Bit 10	Corriente motor % (Bit 2)
Reservado	Bit 11	Corriente motor % (Bit 3)
Reservado	Bit 12	Corriente motor % (Bit 4)
Reservado	Bit 13	Corriente motor % (Bit 5)
Reservado	Bit 14	Reservado
Reservado	Bit 15	Arranque motor

Perfil IEC 64915

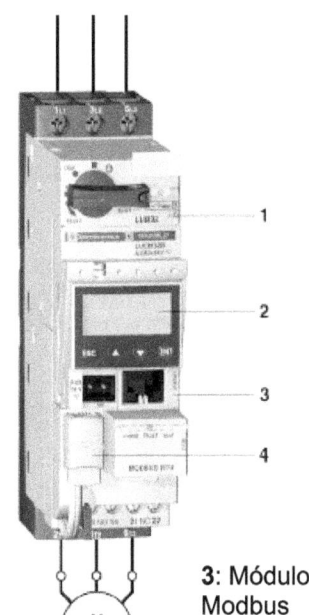

1: Base de potencia 32 A sin conectores
2: Unidad de control Multifunción

3: Módulo de comunicación Modbus
4: Precableado de bobina

Arrancador controlador Tesys U
con pantalla multifunción
de Schneider Electric

Aplicación:

* Arrancar y controlar una cinta transportadora de una máquina de embalaje.

Cinta transportadora

Condiciones de funcionamiento:

- Potencia: 0,37 kW a 400 V.

- In: 0,98 A.

- 10 arranques de clase 10 por hora como máximo.

- Servicio S1 (Servicio continuo).

- Tensión de control: A 24 Vcc.

- Control por el sistema de cableado AS - i

Funciones realizadas:

- Protección contra los cortocircuitos con nivel de protección 50 kA a 400 V.

- Coordinación total de las protecciones según EN 60947-6-2 (continuidad de servicio) en caso de cortocircuito.

- Protección electrónica contra las sobrecargas térmicas (0,35... 1,4 A).

- Conmutación de cargas (2 millones de ciclos de maniobras en AC - 43 a In).

- Señalización del estado del motor por contacto NC o NA.

- Regulación entre el control de la salida de motor y la posición del botón giratorio; en posición OFF no se puede realizar ninguna conmutación.

- Los mandos de Marcha/Parada y los estados Listo, En marcha y Parada se realizan a través del bus.

- Visualización del estado del módulo y de la comunicación mediante 2 LED en la parte frontal del módulo de comunicación.

- El direccionamiento del módulo se realiza empleando la consola de ajuste ASI TERV2 o la consola XZ MC11. La utilización del precableado de la bobina LU9B N11C evita que el usuario tenga que cablear el mando. No obstante, el acceso por la parte frontal del conector de control permite insertar en la línea cualquier esquema de control que desee el usuario (mandos locales, parada de emergencia, contacto de seguridad, etc.).

Esquema:

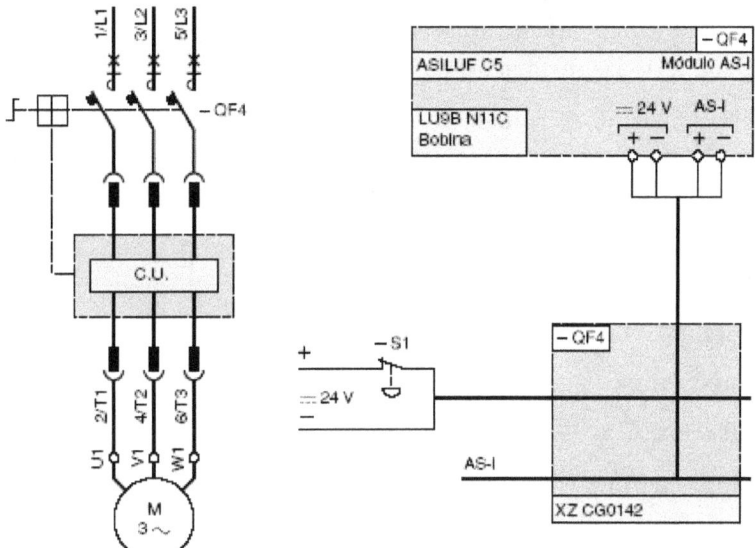

Cinta transportadora de una máquina de embalaje

RESUMEN

En el presente módulo, la pretensión ha sido introducir al alumno en el conocimiento de los distintos dispositivos que hacen posible el mando y regulación de las instalaciones eléctricas.

Para ello se han desarrollado, en los distintos apartados, los elementos más esenciales, imprescindibles en muchos casos, tanto por funcionalidad como por legislación, que deben intervenir en la conexión, control y regulación de un circuito:

- Seccionadores.

- Interruptores.

- Protecciones.

- Detección.

- Conmutación.

- Etc.

Se ha procurado poner especial interés en el desarrollo de aquellos temas, que bien por su importancia relativa (seguridad de personas, máquinas e instalaciones), bien por su especial trascendencia a la hora del correcto funcionamiento del sistema en que se aplican (facilidad de instalación, mantenimientos mas sencillos y económicos, limitación del número de fallos y como consecuencia de paradas intempestivas, etc.) recomendaba una mayor o menor dedicación específica a las cuestiones tratadas.

En determinados casos, y con el fin de facilitar su comprensión y su posible aplicación práctica, se ha recurrido a exponer ejemplos citando referencias específicas de fabricantes, lo que no excluye que en cualquiera de los modelos propuestos puedan ser utilizados productos de cualquier otra marca de las existentes en el mercado, debiendo, en este caso, informarse ampliamente de las características de los componentes escogidos, para adaptarlos a la aplicación decidida.

MÓDULO CUATRO INSTALACIONES ELÉCTRICAS
Y AUTOMATISMOS

U.D. 6 EL AUTÓMATA PROGRAMABLE

M 4 / UD 6

ÍNDICE

INTRODUCCIÓN

Los autómatas programables son la solución a la necesidad cada día más generalizada de flexibilizar procesos de fabricación, rebajar costes y mejorar la calidad.

Hoy en día es muy difícil concebir una línea de fabricación sin contar con el control total o parcial por parte de uno o varios autómatas programables.

OBJETIVOS

Mediante este tema se pretende que el lector adquiera los conocimientos generales sobre los autómatas programables, su constitución, funcionamiento básico e integración con el entorno.

1. EVOLUCIÓN DEL CONTROL:
EL CONTROL MANUAL, LOS SISTEMAS CABLEADOS
Y LOS SISTEMAS PROGRAMADOS

El ser humano ha pasado de realizar casi todas las tareas de fabricación de forma manual a realizarlas de forma automática.

En la evolución hacia la automatización han existido abundantes y diferentes avances tecnológicos que han posibilitado el estado actual. Nombrar todos estos avances sería una tarea digna de publicar otro libro, en cualquier caso podemos remarcar 3 etapas caracterizadas por el uso de un método o tecnología predominante:

El control manual: caracteriza a la primera de las 3 etapas. Este control se basa en el "factor humano", poco eficaz y por lo tanto poco rentable.

El control mediante tecnologías cableadas: caracteriza a la segunda etapa, que aboga por una automatización total o parcial de un proceso o un sistema (se elimina de forma total o parcial el "factor humano"). Es un método poco flexible, con una vida útil corta, bastante caro y muy complicado de mantener.

El control mediante tecnologías programables: caracteriza a la tercera etapa, que hoy está vigente en la mayoría de las empresas de fabricación. Se caracteriza por establecer una automatización total o parcial de un proceso o un sistema, se elimina de forma total o parcial el "factor humano" o se sustituyen los sistemas cableados.

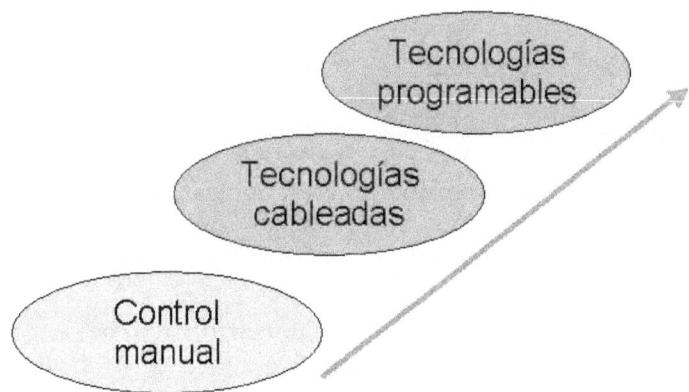

2. CONCEPTO, FUNCIONES Y APORTACIONES DE UN SISTEMA AUTOMATIZADO

2.1. Definición

Un **sistema automatizado** es toda máquina o conjunto de máquinas que evoluciona con la mínima intervención humana, respetando unas condiciones de funcionamiento prefijadas.

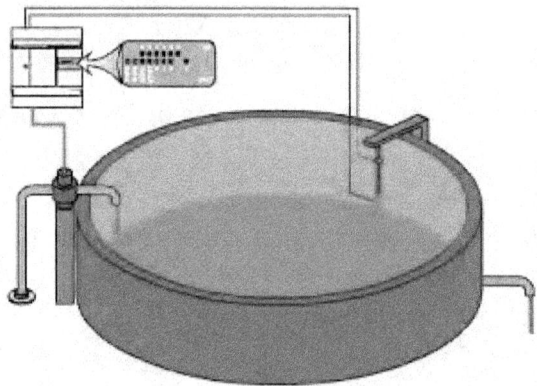

El sistema automatizado permite:

- Aumentar la fiabilidad, el control, la eficacia o productividad y la flexibilidad de un proceso.

- Minimizar tiempos de espera y mejorar la repetibilidad de fabricación.

- Reducir tiempos de parada.

- Incrementar la seguridad.

- Conseguir mejor adaptación a contextos especiales: adaptación a entornos y tareas hostiles (p.e.: entornos corrosivos, húmedos,... y aplicaciones de tipo marino, espacial, nuclear,…)

2.2. Estructura general de un sistema automatizado

Desde el diseño, el sistema que se va a construir se debe descomponer en una parte operativa y en una parte de mando.

La **parte operativa** de un sistema automatizado es la que informa y/o ejecuta las órdenes dadas por la **parte de mando**.

La parte de mando memoriza el "saber-hacer" e interpreta un conjunto de informaciones, para elaborar las órdenes necesarias.

Debido a causas económicas, sociales, energéticas o tecnológicas, se desea la automatización de procesos, bien sea total o parcial (ciertas tareas quedan confiadas a intervenciones humanas). Por ello , la automatización de un sistema deberá :

- Asegurar el diálogo entre los operarios y el sistema automatizado

- Garantizar la seguridad de los operarios que ejecutan las tareas manuales.

La concepción del proyecto de automatización de un sistema deberá:

- Suministrar (o permitir obtener) al operario todas la información necesaria para analizar la situación de la aplicación.

- Permitir actuar sobre el sistema, bien directamente (reparación de una avería,...) o bien indirectamente (consignas de seguridad, de marchas y paradas,...).

2.2.1. Parte operativa

También se le conoce como parte de potencia y es el proceso físico a automatizar. Ejecuta las operaciones oportunas cuando le llegan unas órdenes de la parte de mando.

 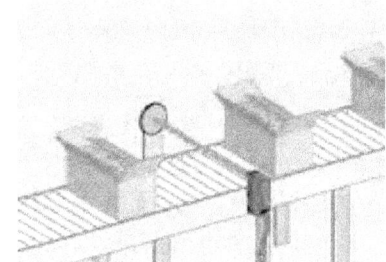

Gracias a la información que la parte operativa recoge del sistema, la parte de mando está informada del estado de avance de las operaciones ejecutadas por el mismo.

Comprende :

- Útiles y medios diversos que se aplican en un proceso de producción (moldes, bmbas, herramientas de corte,...).

- Accionadores destinados a "mover" el sistema automatizado (motor eléctrico para accionar una bomba,...).

Por ejemplo, en un **Ascensor**, la parte operativa la conforma el conjunto electro mecánico (cabina, motor, puertas).

2.2.2. Parte de mando

En el centro de la parte de mando está el tratamiento de la información, que coordina los 3 diálogos que en él convergen:

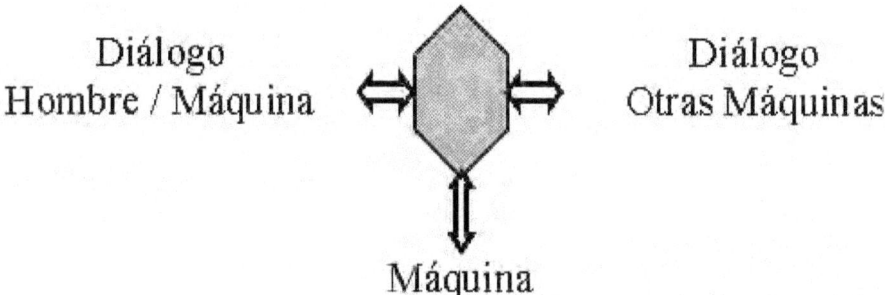

Gracias a la información recogida del sistema procedente de la parte operativa, la parte de mando está informada del estado de avance de las operaciones ejecutadas.

Diálogo con la máquina:

Adquisición, control y tratamiento de las señales que, procedentes de los captadores, informan de la evolución del proceso.

Mando del propio proceso enviando órdenes sobre los elementos que directamente actúan sobre el sistema (accionadores/preaccionadores).

Diálogo hombre-máquina:

Supervisión y mando de un sistema por parte de un operador para procurar el correcto funcionamiento del mismo y, en caso de que fuese necesario, realizar operaciones de reparación y ajuste.

Diálogo con otras máquinas:

Varios sistemas pueden "cooperar" en un mismo proceso procurando que en conjunto trabajen como uno solo. Se coordinan mediante el diálogo entre sus respectivas Partes de Mando.

2.3. Esquema de proceso automatizado

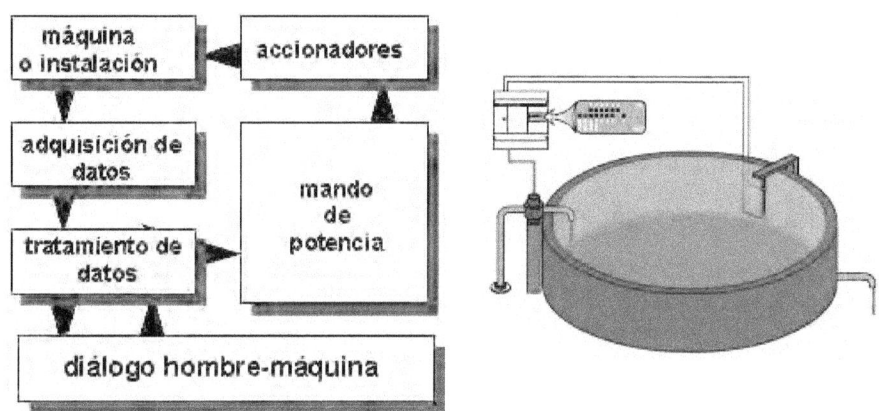

Cualquier sistema o proceso automatizado se puede asimilar, en líneas generales, al expuesto en el esquema. En todos ellos se deben distinguir las diferentes partes que lo componen:

- Máquina/instalación/sistema/proceso.

- Sistema de adquisición de datos.

- Sistema de tratamiento de datos.

- Sistema de diálogo hombre-máquina.

- Sistema de mando o potencia.

- Accionadores/Preaccionadores.

2.3.1. La adquisición de datos

La adquisición de datos de un proceso la realizamos a través de elementos **captadores** o **sensores**.

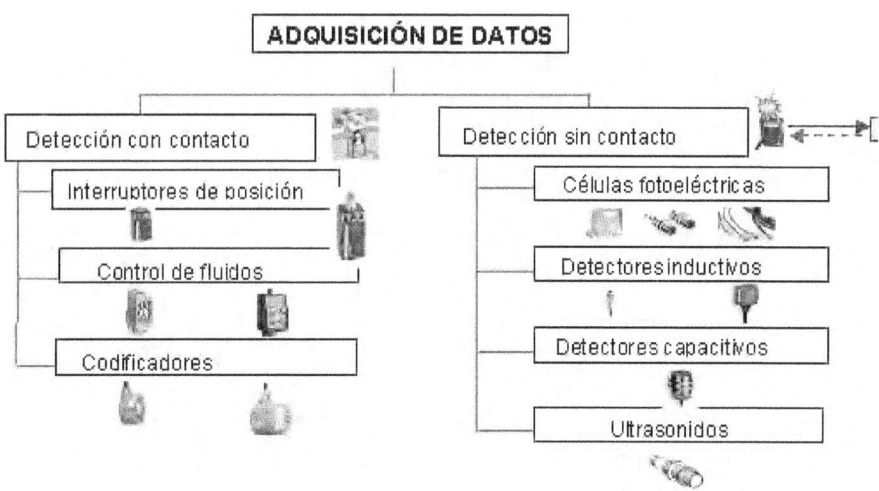

Un captador en cualquier elemento o sistema capaz de recoger información de su entorno, convertirla en una señal eléctrica y transmitirla hacia otro elemento que sea capaz de leerla, entenderla y tratarla

Existen tres posibles clasificaciones de los elementos captadores:

- Según la **topología de captación de la información**:

  – Proximidad / Posición / Presión / Tipo elemento presente

- Según la **tecnología de funcionamiento**:

  – Electromecánica / Inductiva / Capacitiva / Fotoeléctrica / Electrónica

- Según el **tipo de información obtenida**:

  – Binaria (digital / todo-nada / 2 estados)

  – Continua (analógica)

Ejemplo de detector:

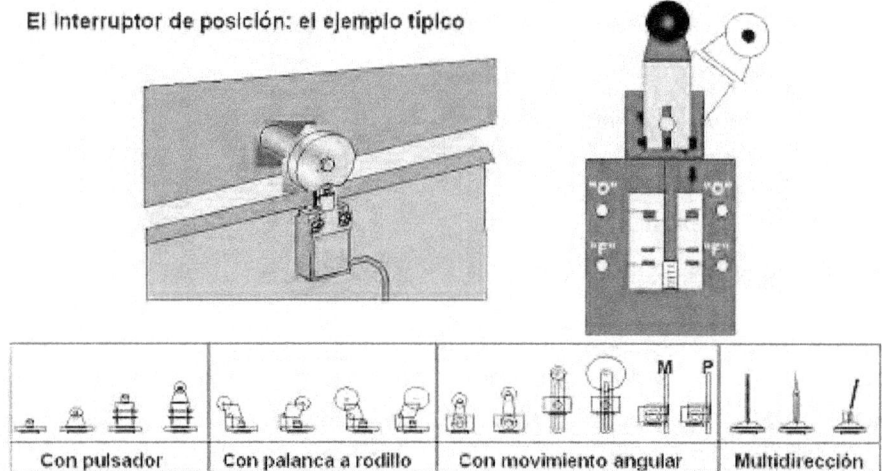

El interruptor de posición: el ejemplo típico

| Con pulsador | Con palanca a rodillo | Con movimiento angular | Multidirección |

Principio de funcionamiento: Establecimiento de un contacto físico (apertura/cierre de un contacto físico para dejar pasar o no la señal eléctrica).

Resultado obtenido: Información puramente binaria.

- Es un eslabón entre la posición mecánica y la función de señal eléctrica.

- Es un conversor de acciones mecánicas en señales eléctricas.

Los detectores y su entorno

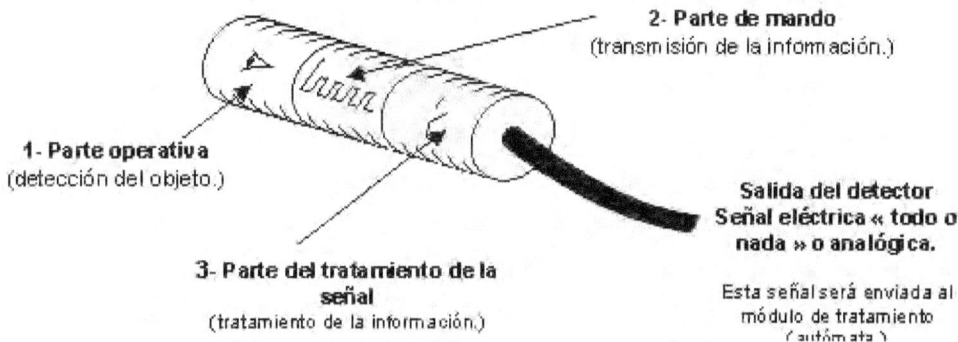

Un detector por sí mismo se puede asimilar, salvando las distancias, a un sistema automatizado.

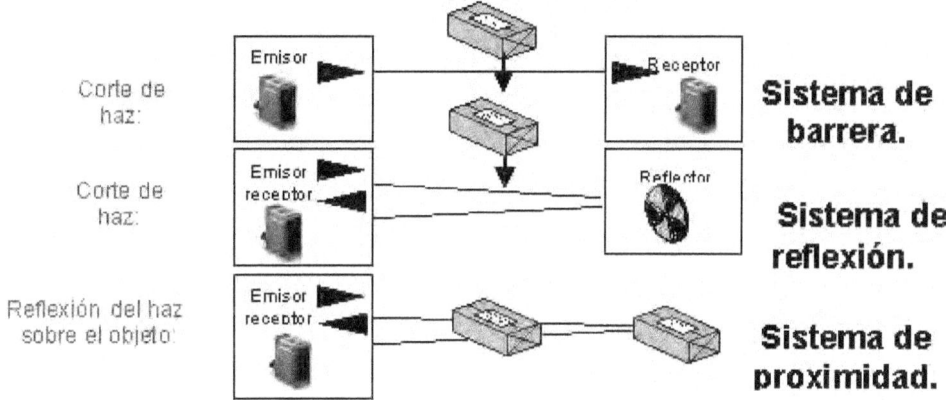

Ejemplos de detectores/sensores:

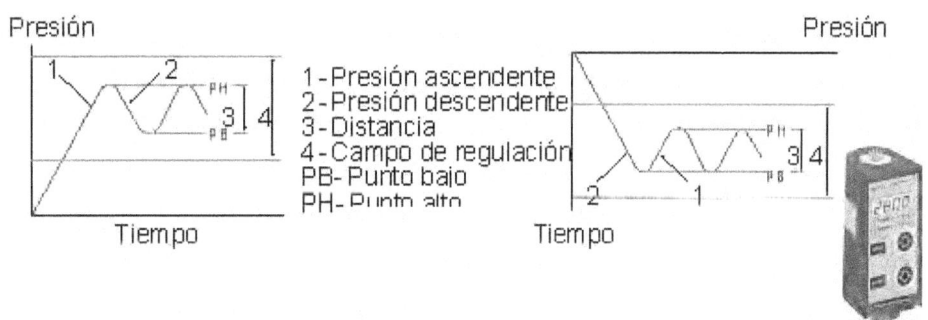

Encoder (transductor de posición)

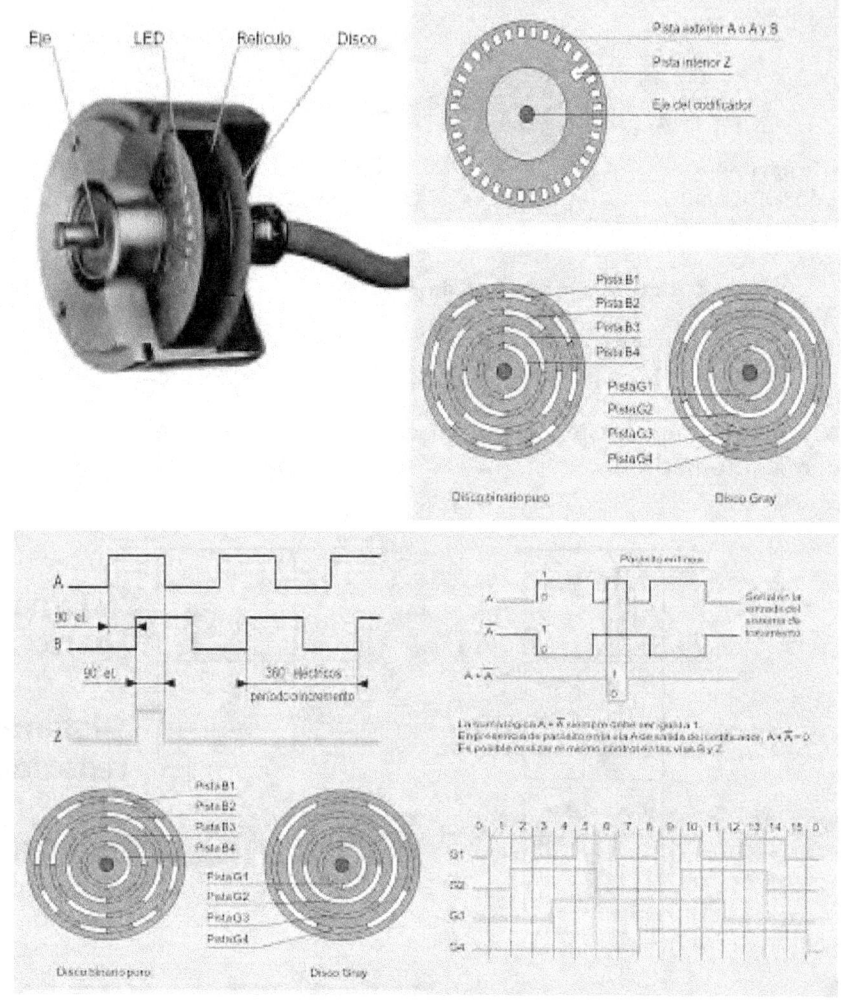

El encoder se encarga de transmitir pulsos en sus diferentes salidas, dependiendo de la posición de cada uno de sus discos internos. Es un detector de posición y sentido de giro, al cual se le acopla al eje, el elemento móvil del que se desea obtener la posición.

Tabla de clasificación de los detectores

	Puntos Fuertes	Puntos débiles	Aplicaciones
Electromecánicos	Precisión Simplicidad de puesta en servicio	Consumo Detección por contacto	Detección de piezas, arboles de levas, etc.
Inductivos	Buena adaptación a ambientes difíciles Detección sin contacto	Objeto metálico Alcance débil	Detección de piezas metálicas.
Capacitivos	Detección de todo tipo de objetos (metálicos o no) Detección sin contacto	Puesta en servicio. Alcance débil	Detección de todo tipo de materiales, ferrosos o no, al igual que líquidos o polvos.
Fotoeléctricos	La tecnología más completa. Todo tipo de objetos. Larga distancia Detección sin contacto	Sensible al entorno	Todo tipo de objetos y personas
Magnéticos de reluctancia variable	Bastante simples con imantación fija	Limitado a metales	Detección de piezas mecánicas
Magnéticos con relé "reed"	Simples y poco costosos	Necesitan de un imán. Desgaste	Detección de piezas metálicas o paso asociado a un imán.
De efecto "hall"	Bien adaptados para control de autómatas	Necesitan de un imán	Detección de piezas metálicas o paso asociado a un imán.
Por ultrasonidos	Grandes distancias	Perturbables por el ambiente	Detección a grandes distancias
De infrarrojos o pasivos	Detección de calor en movimiento	Reservado para la detección humana o animal	Detección de intrusión

En la tabla anterior se observa la existencia de 9 familias de detectores. La elección de cada uno de ellos dependerá en gran parte de 3 factores principales:

- Entorno en el que se han de instalar.

- Pieza o elemento a detectar.

- Precio.

2.3.2. Tratamiento de datos

Una vez que se capta un dato, la señal correspondiente al valor del mismo es recogida por un sistema capaz de guardarlo en su memoria para posteriormente poder tratarlo (automatismo).

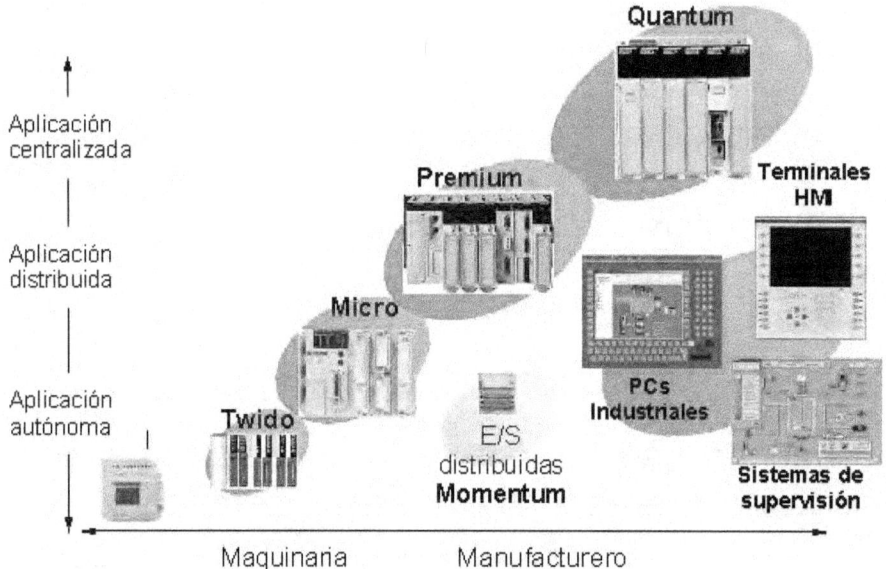

En función de la aplicación que se ha de controlar, los diferentes componentes a utilizar que tienen como función el procesar la información pueden ser:

- Dispositivos discretos configurables (relés temporizados, variadores de frecuencia, etc.).

- Controladores.

- Autómatas programables.

- PC's industriales.

2.3.3. Diálogo hombre-máquina

El diálogo hombre-máquina (MMI / HMI) es la relación que existe entre el operador del sistema y el automatismo que lo controla.

Permite supervisar el estado de funcionamiento de un sistema y actuar sobre el mismo en caso de que sea necesario.

El diálogo hombre-máquina surge de la necesidad que tiene o puede tener un sistema automatizado de control y supervisión por parte de un operador externo al proceso.

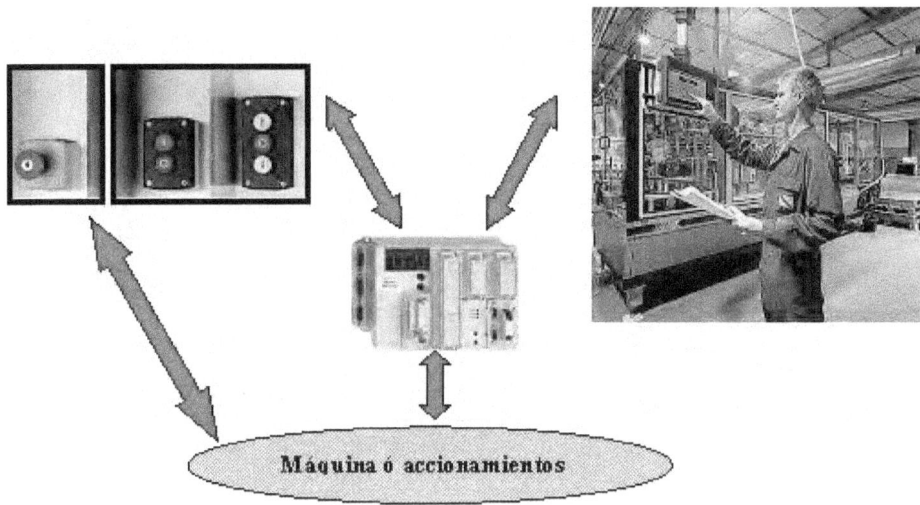

2.3.4. Mando de potencia, accionadores

Una vez el automatismo, según las señales que ha tratado, decide unas determinadas acciones de control sobre la aplicación, actúa sobre los elementos que se encargan de ejecutar estas acciones, ya sea directamente (actuando sobre los elementos ACCIONADORES) o indirectamente (actuando sobre los elementos PREACCIONADORES).

Accionadores

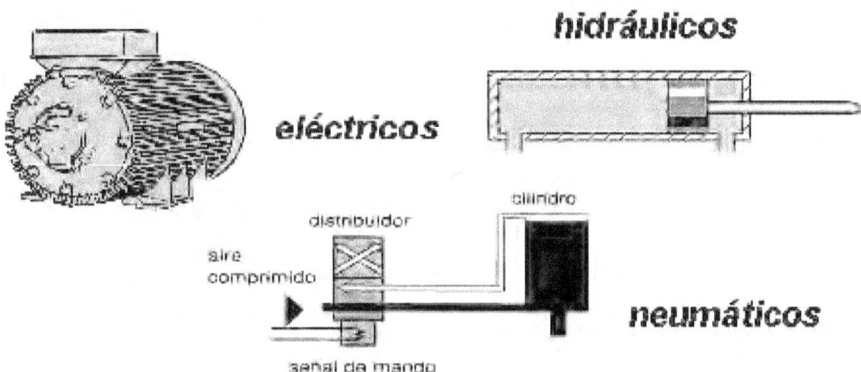

Son los elementos encargados de llevar a la práctica sobre la aplicación las acciones decididas por el automatismo.

Utilizan directamente la energía distribuida en las máquinas (eléctrica, aire comprimido,...) y toman diferentes formas:

• Motores de velocidad constante o variable.

• Válvulas eléctricas de flujo.

- Resistencias de calentamiento.
- Electroimanes,...

Preaccionadores

Dado que la mayoría de accionadores no pueden ser controlados directamente (p.e.: elevada corriente de un motor de CA, etc.), se hace necesaria la intervención de los preaccionadores. Estos son:

- Contactores
- Variadores de velocidad
- Etc.

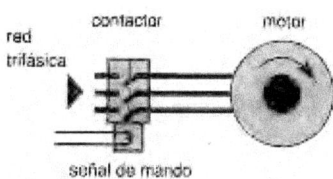

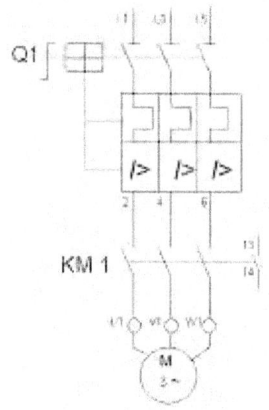

Diferenciación entre el preaccionador "convencional" y aquel que se puede asimilar a un automatismo. Estos últimos también son capaces de determinar acciones sobre el proceso o el sistema que controlan.

Un ejemplo:

El variador de velocidad:

- Sirve para arrancar y frenar suavemente de forma controlada.
- Protege al motor durante el régimen de funcionamiento nominal.
- Permite la regulación de velocidad durante el funcionamiento.

3. EL AUTÓMATA PROGRAMABLE

El autómata programable es la parte inteligente del control, se sitúa justo entre la máquina que realiza el proceso y el operario que lo supervisa, realizando todas las tareas de control de forma autónoma según lo establecido en su programa.

3.1. Diagrama de bloques de un autómata programable

Composición de un autómata programable:

- CPU.
- Alimentación.
- Memoria (RAM / EPROM).
- Periféricos (Módulos de Entradas / Salidas).
- Bus de datos.

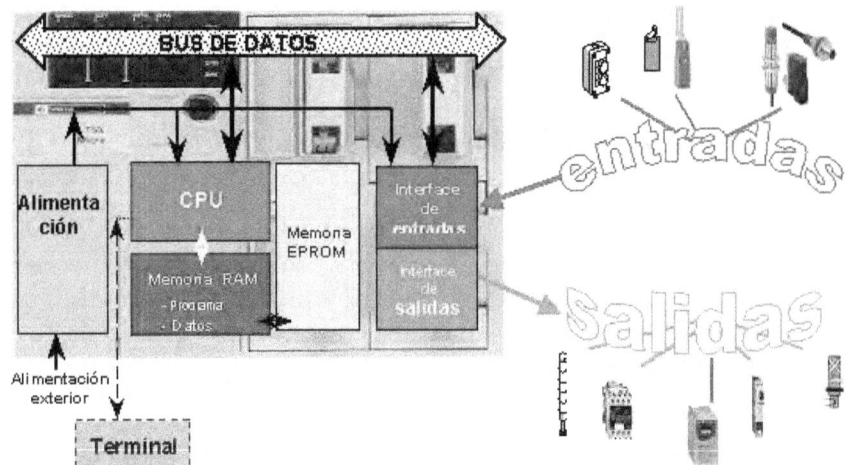

Periféricos (Módulos de Entradas / Salidas):

Módulo de entradas

    - Permite "ver" el estado de los captadores asociados.

    - Transforma la señal eléctrica en estado lógico (0 ó 1).

Módulo de salidas

    - Permite actuar sobre los preaccionadores asociados.

    - Transforma un estado lógico (0 ó 1) en señal eléctrica.

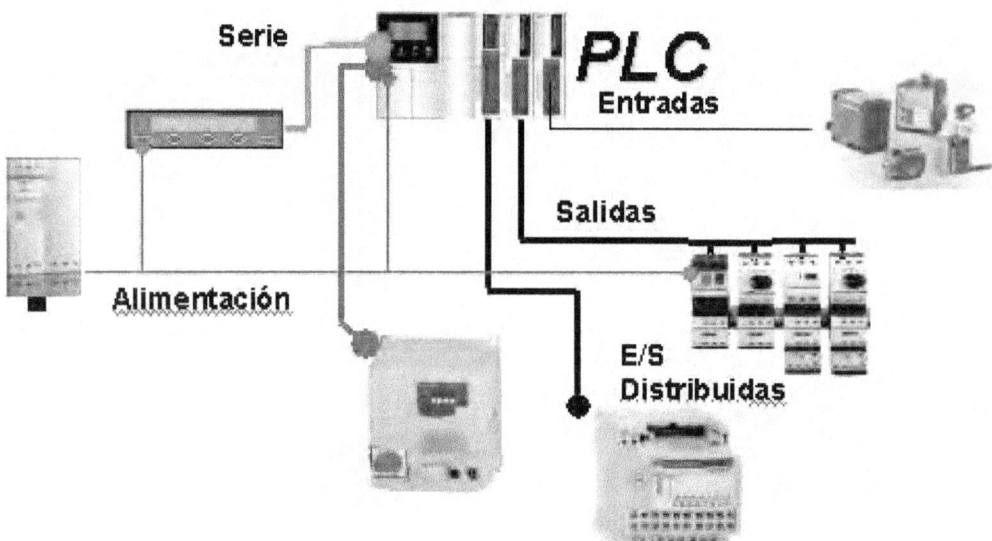

En el gráfico anterior se muestra la estructura general de la relación de un autómata programable con su entorno y los elementos que la componen.

3.2. El ciclo de trabajo del autómata

Un autómata programable trabaja habitualmente de forma cíclica (mientras se está ejecutando una fase no se está ejecutando ninguna otra). Cada ciclo de funcionamiento se denomina "ciclo de programa" o bien "ciclo de scan".

Cada ciclo de scan tiene un duración (tiempo de ciclo) variable que puede oscilar entre unos pocos milisegundos (3-4 ms) hasta cientos de milisegundos, dependiendo de la "carga" de ejecución del programa del autómata.

El tiempo de ciclo estará siempre supervisado por el **"perro guardian"** o **Watch-Dog** del autómata (éste se activará cuando el tiempo de ciclo sea superior al esperado).

FASE	ACCION
Primera	**Adquisición del estado de las entradas** (y memorización de las mismas en la memoria de datos).
Segunda	**Tratamiento del programa** (y actualización de las imágenes de las salidas en la memoria de datos).
Tercera	**Actualización de las salidas** (las imágenes de las salidas se transfieren a los interfaces de salida)

Adquisición → Tratamiento → Actualización

Primera Fase: Lectura de las Entradas

El procesador "fotografía" el estado lógico de las entradas y después transfiere la imagen obtenida en la memoria de datos.

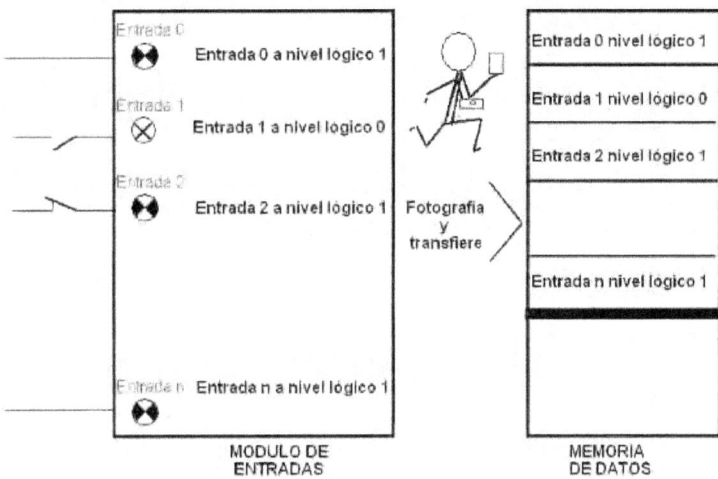

Segunda Fase: Tratamiento del programa

Ejecución de operaciones lógicas contenidas en la memoria programa, una tras otra, hasta la última. Para ello utiliza la imagen del estado de las entradas en la memoria de datos y actualiza el resultado de cada operación en la memoria de datos (imágenes de las salidas).

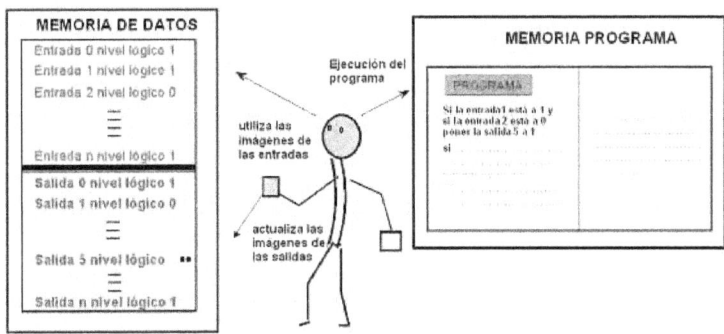

Tercera Fase: Actualización de las Salidas

Copia, sobre los módulos de salida, el conjunto de las imágenes (estados lógicos de las salidas) contenido en la memoria de datos.

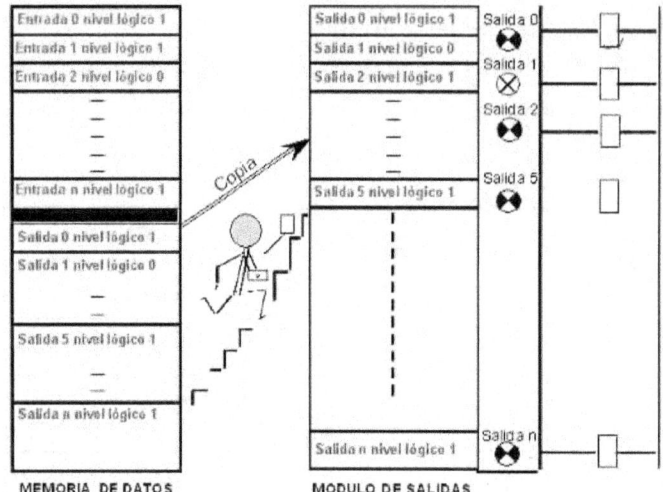

3.2.1. Estados de funcionamiento

Los principales estados de funcionamiento posibles de un autómata son:

- **Sin tensión**.

  - No se actualizan las salidas y los automatismos conectados a sus entradas o salidas quedan sin control.

- **Stop**.

  - Todo el proceso queda paralizado (ciclo de Scan, watchdog, etc.).

- **Run.**

  - El autómata ejecuta el programa de forma cíclica

4. CONEXIONADO DEL AUTÓMATA CON SU ENTORNO

4.1. Tecnología

Dado el gran abanico de aplicaciones donde los autómatas tienen cabida, se catalogan según dos criterios básicos:

- Según la arquitectura de instalación.

    - **Centralizada**.

    - **Descentralizada**.

    - **E/S Distribuidazas**: La CPU del autómata forma un bloque, y se añaden otros bloques de E/S en función de las necesidades. Estos bloques no han de encontrarse necesariamente en el mismo lugar que la CPU. Sin embargo, entre la CPU y estos módulos distantes de E/S se establecerá algún sistema de comunicación.

- Según la modularidad del autómata.

    - **Compacta**: La CPU del autómata y sus entradas y salidas forman un solo bloque compacto. Constitución sencilla y robusta.

    - **Modular**: La CPU del autómata forma un bloque, y se añaden otros de E/S en función de las necesidades.

Compactos　　　　Modulares　　　E/S Distribuidas

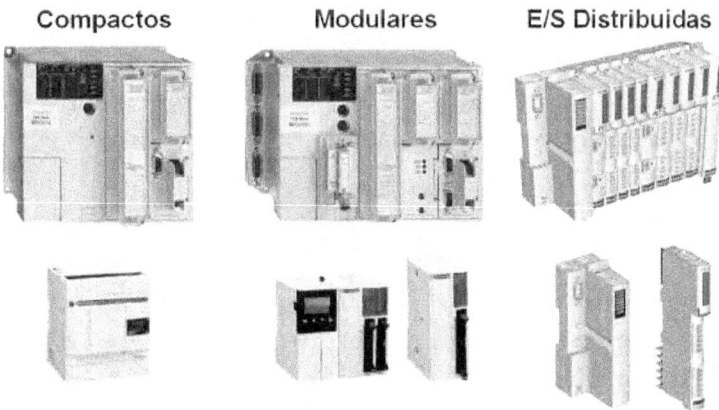

4.2. Tipos de señales

Cuando hablamos de SEÑALES, nos referimos a la imagen del estado de una magnitud física (en nuestro caso de una señal eléctrica).

Una señal **discreta** es aquella que solamente refleja dos estados o niveles. También llamadas señales **digitales**, señales **todo-nada** o señales **booleanas**.

Una señal **no discreta** es aquella cuyo valor es una variación o sucesión continua de valores en el tiempo. También llamadas señales **analógicas**.

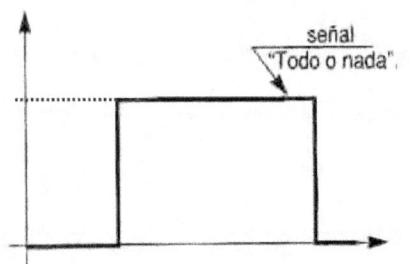
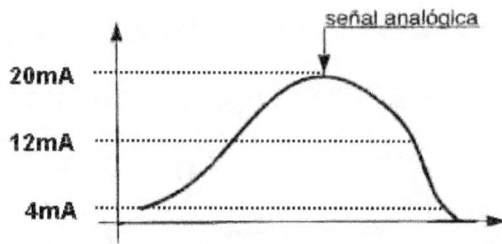

4.3. Gama de módulos de E/S de un autómata

Una primera selección de los diferentes módulos de Entradas/Salidas la realizamos según dos criterios básicos:

- Número de señales a tratar: cantidad de señales, tanto de entrada como de salida, con las que el autómata ha de trabajar.

- Tipo de señales a tratar. A diferenciar entre:

  – Señales de entrada o de salida.

  – Señales discretas o no discretas.

Según esta clasificación tenemos 6 tipos básicos de módulos:

- Módulos de señales de entrada discretas.

- Módulos de señales de salida discretas.

- Módulos mixtos de señales (entradas y salidas) discretas.

- Módulos de señales de entrada no discretas.

- Módulos de señales de salida no discretas.

- Módulos mixtos de señales (entradas y salidas) no discretas.

También existen opciones que combinan las señales discretas y no discretas en un mismo módulo.

Selección de un módulo de E/S para un autómata dada una aplicación;
Datos básicos a tener en cuenta:

1- Número de señales a tratar

2- Tipo de señales a tratar

- Entradas / Salidas
  - Módulos de ENTRADAS
  - Módulos de SALIDAS
  - Módulos MIXTOS

- Discretas / No discretas
  - Módulos de señales DISCRETAS
  - Módulos de señales NO DISCRETAS
  - Módulos de señales MIXTAS

Datos Característicos Comunes:

- Integración: vías integradas / vías modulares.

- Número de vías: 8 / 12 / 16 / 32 / etc.

- Número de comunes (número de grupos de señales).

- Tipo de bornero: con tornillo / con resorte / HE10 / etc.

- Alimentación independiente: Alimentación del módulo (externa o interna al propio autómata) / Alimentación de las señales.

(*) Vías = Canales

Vías Integradas: Hay autómatas que en la base principal, junto con la CPU, se incorporan opciones de E/S con un cierto número de vías.

Vías Modulares: Conjunto de vías que conforman un módulo independiente de la base principal del autómata programable.

Número de comunes: Es habitual que en mismo módulo el número total de vías se divida en grupos de forma que las vías que componen cada uno de ellos compartan una misma conexión común.

Tipo de bornero: Tipo de elemento del que dispone el módulo para permitir la conexión física del cableado de los diferentes elementos externo.

Alimentación independiente: Cada uno de los módulos que componen un autómata programable tiene que estar alimentado de forma independiente a las señales que manejan.

De igual forma, de entre el grupo de señales que maneja un módulo de un autómata programable, puede darse el caso que cada una disponga de una alimentación independiente o bien que algunas compartan alimentación.

4.3.1. Entradas / Salidas digitales

Módulos de entradas discretas

Datos Característicos:

- Tipo de corriente de entrada: alterna / continua.

- Valor de tensión de entrada: 24Vcc / 100...120 Vac / 200...240 Vac / etc.

- Tipo de conexión del captador: 2 hilos / 3 hilos.

- Lógica: positiva / negativa.

- Protección de la vía: con protección / sin protección.

- Corriente nominal de entrada.
- Tiempo de filtrado / Tiempo de adquisición de datos.

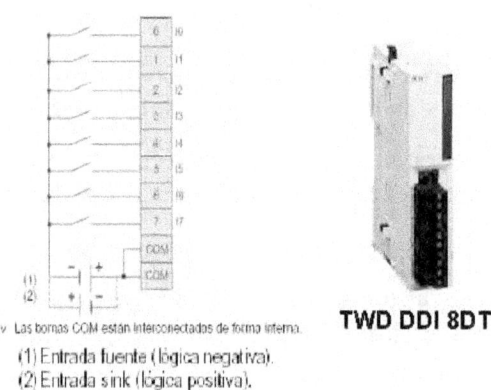

TWD DDI 8DT

v Las bornas COM están interconectadas de forma interna.

(1) Entrada fuente (lógica negativa).
(2) Entrada sink (lógica positiva).

Módulos de salidas discretas

Datos Característicos:

- Tipo de corriente de salida: alterna / continua
- Valor de tensión de salida: 24Vcc-0,5A / 24...240 Vac / etc.
- Tipo de conexión del accionador: transistor / relé.
- Lógica: positiva / negativa.
- Protección de la vía: con protección / sin protección.
- Corriente de salida.

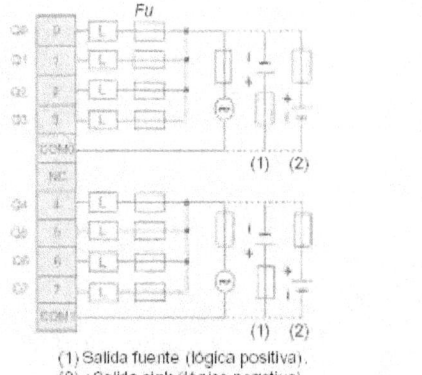

TWD DRA 8RT

(1) Salida fuente (lógica positiva).
(2) +Salida sink (lógica negativa).

4.3.2. Entradas/Salidas analógicas

Módulos de entradas analógicas

Datos Característicos:

- Rango de señal (tensión/corriente): configurables/no configurables.

- Resolución: 8 bits / 12 bits (11+1)/16 bits.

- Periodo de adquisición.

- Tiempo de respuesta.

- Aislamiento.

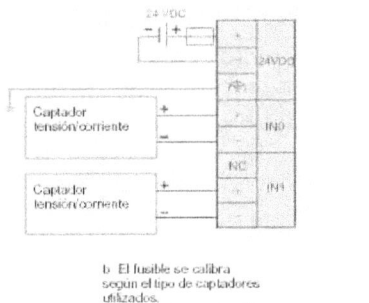 

TWD AMI 2HT

Salidas analógicas

Datos Característicos:

- Rango de señal (tensión/corriente): configurables/no configurables.

- Resolución: 8 bits/12 bits (11+1) / 16 bits.

- Precisión de medida (error máximo, incidencia de temp., etc.).

- Carga aplicable.

- Tipo de protección (optoacoplador, etc.).

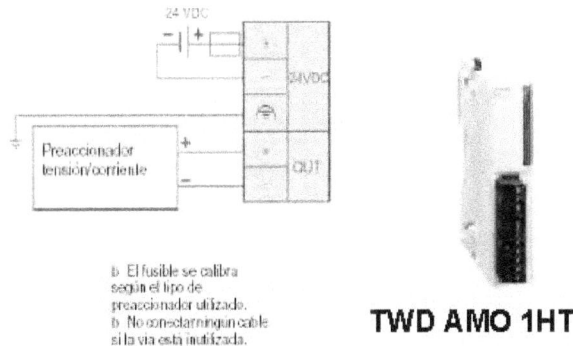

TWD AMO 1HT

5. MÓDULOS ESPECIALIZADOS DE ENTRADAS/SALIDAS

Los módulos especializados son aquellos que trabajan con señales que las opciones "convencionales" de los diferentes autómatas programables o no pueden procesar correctamente o bien requieren un tratamiento diferente al del resto de señales.

Por ejemplo: los módulos de contaje rápido son capaces de captar pulsos de señales discretas excepcionalmente rápidos que un módulo de entradas normal no es capaz de recoger.

Otro ejemplo: los módulos de control de ejes son aquellos que permiten actuar sobre motores de tipo Brushless de baja inercia para poder realizar acciones de movimiento rápido y posicionamiento preciso que con los controles de las aplicaciones analógicas típicas son de difícil realización.

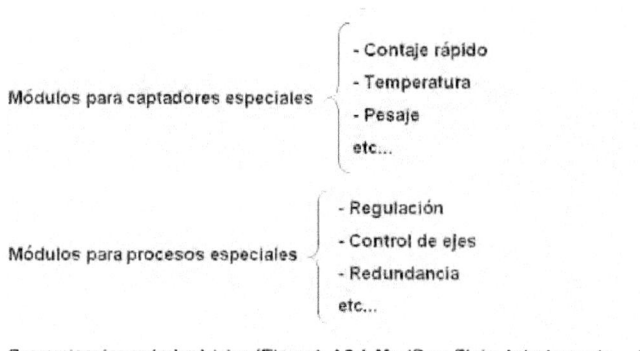

Módulos para captadores especiales
- Contaje rápido
- Temperatura
- Pesaje
etc...

Módulos para procesos especiales
- Regulación
- Control de ejes
- Redundancia
etc...

Comunicaciones Industriales (Eternet, AS-i, ModBus, Fipio, Interbus, etc, ...)

6. PROGRAMACIÓN DE AUTÓMATAS

Una vez el autómata programable ha memorizado el conjunto de señales que ha adquirido procedentes de los distintos captadores, empieza el proceso en el que estas señales evalúan y se tratan.

Para ello, se ha de crear una aplicación en el autómata programable que determine la forma y las condiciones en las que se realizará el tratamiento de estas señales y las órdenes que resulten de este tratamiento.

Los intercambios entre la CPU y los módulos de E/S se realizan de manera cíclica (algunas decenas de milisegundos por ciclo).

El ciclo (ciclo de scan) de funcionamiento comprende tres fases sucesivas:

Fase 1: adquisición del estado de las entradas y memorización de las mismas en la memoria de datos.

Fase 2: tratamiento del programa y actualización de las imágenes de las salidas en la memoria de datos.

Fase 3: actualización de las salidas las imágenes de las salidas se transfieren los interfaces de salida.

La **aplicación de control** se confecciona mediante un software específico que se instala y se ejecuta en una consola de programación (por ejemplo, en un PC).

Una vez finalizada la aplicación con el software adecuado, se carga en la memoria del autómata a través de un cable de comunicación. Este último es medio físico mediante el que se relacionan el autómata y la consola de programación desde los correspondientes puertos de comunicación de ambas plataformas.

El autómata programable y la consola de programación se entienden y se intercambian información según un protocolo (lenguaje) también específico (ModBus,UniTelway, etc.).

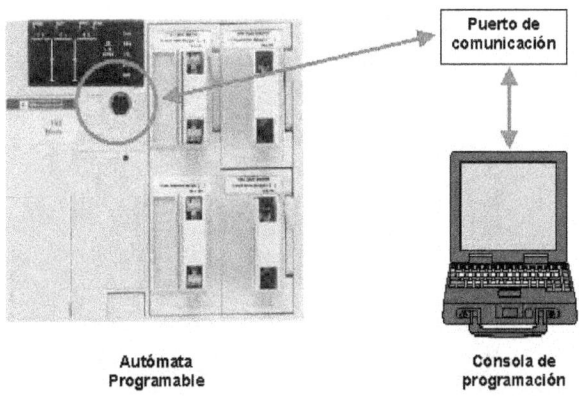

Autómata
Programable

Consola de
programación

6.1. Estructura de una aplicación

La **aplicación** es el entorno que define el funcionamiento de un sistema de automatización.

Una Aplicación consta de:

- Una Configuración.

- Una Programación (programa)

  – Un Programa se divide en SECCIONES (partes)

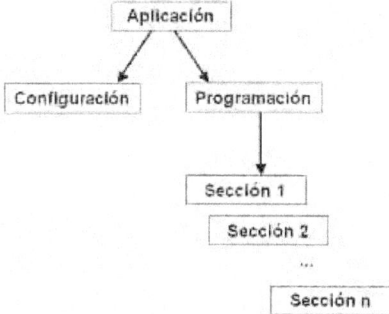

La **configuración** es la determinación de las partes que físicamente constituyen el autómata programable que ha de ejecutar la aplicación.

Las principales opciones a resaltar son:

- La base principal (que, como mínimo, incluye la CPU).

- La/s fuente/s de alimentación (si son necesarias).

- Los módulos de señales de Entradas/Salidas (si son necesarios).

- Los módulos expertos (si son necesarios).

- Las distintas opciones que se especifiquen en la configuración de una aplicación han de coincidir exactamente en tipo, cantidad y posición con las opciones que físicamente se dispongan el autómata programable.

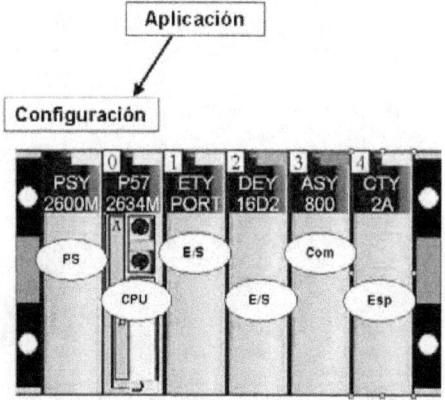

La **programación** describe funcionamiento que deberá adoptar el sistema a controlar. La escritura de la programación se realiza en **secciones** (una o varias), de forma que cada una de las secciones programadas describe el funcionamiento de una parte del sistema y todas juntas el del sistema en general.

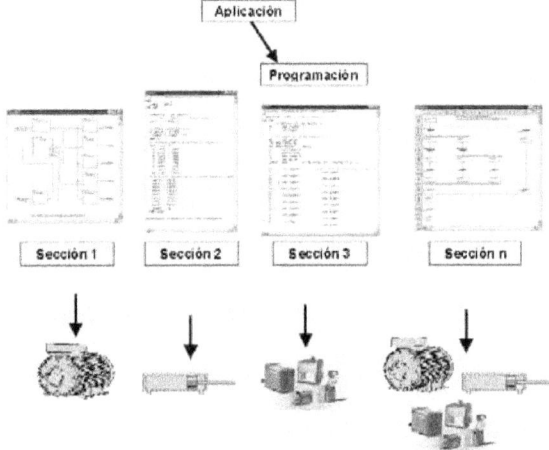

Un **programa de control** es una serie ordenada de instrucciones elementales que indican las operaciones sucesivas a ejecutar por el procesador.

El autómata interpreta, evalúa o procesa la información, procedente de los captadores y la que pueda emitir el operador, basándose en unas condiciones de funcionamiento prefijadas y emite unas órdenes a los preaccionadores y accionadores así como avisos e información al operador a través de los elementos de señalización del cuadro o de dispositivos al efecto.

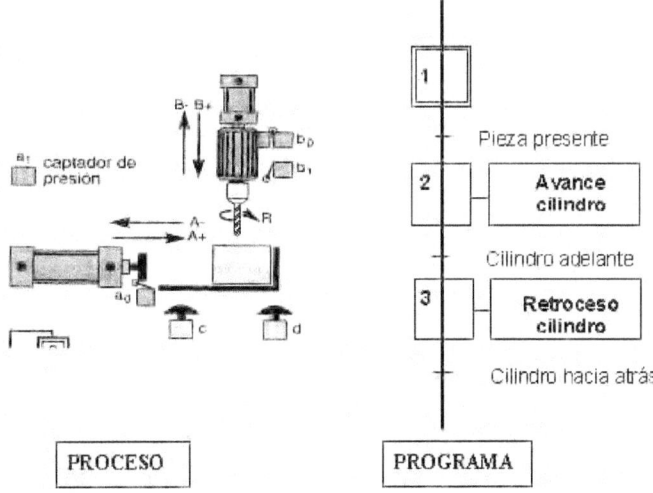

Ejemplo:

El programa de control ha de ejecutar las acciones necesarias con las señales de entrada que tiene el autómata programable guardadas en la memoria ("a", "b" y "c") de forma que, al final, se obtenga un resultado coherente según las condiciones de funcionamiento previstas.

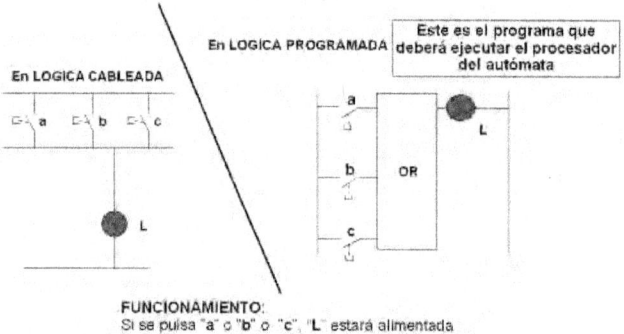

7. LOS LENGUAJES DE PROGRAMACIÓN

El programa de control está escrito en un **lenguaje** comprensible por el programador (usuario) y el autómata.

Un **lenguaje de programación** es la herramienta de descripción del comportamiento de un automatismo.

Para concebir, realizar y explotar un automatismo, es indispensable describir el comportamiento del mismo.

La parte más compleja de la concepción de un automatismo es el análisis del pliego de condiciones y su representación en un **lenguaje** apropiado que permita deducir las ecuaciones lógicas necesarias para su ejecución.

Los útiles o lenguajes que permiten esta descripción pueden ser:

Literales:

Lenguajes **literales** (también llamados lenguajes **textuales** ó de texto). Utilizan estructuras y sentencias "escritas" simples que se relacionan hasta formar el cuerpo de un programa.

```
I:= 101;
FOR I=1 TO 100 BY 2 DO
      IF WORDS(I)='KEY' THEN
              J:=I;
              EXIT;
      END_IF;
END_FOR;
```

Ejemplo 1:

SI emergencia=1 ENTONCES

motor=1;

FSI;

Ejemplo 2:

MIENTRAS pulsador=0 HAZ

bombilla=1;

CONTRARIAMENTE

bombilla=0;

FMIENTRAS;

Simbólicos:

Los lenguajes **simbólicos** utilizan símbolos para representar o "imitar" un esquema real de funcionamiento de un sistema automatizado.

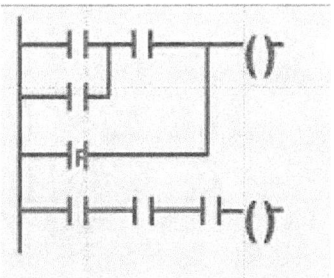

Por ejemplo: un diagrama de contactos "imita" a un sistema cableado tradicional.

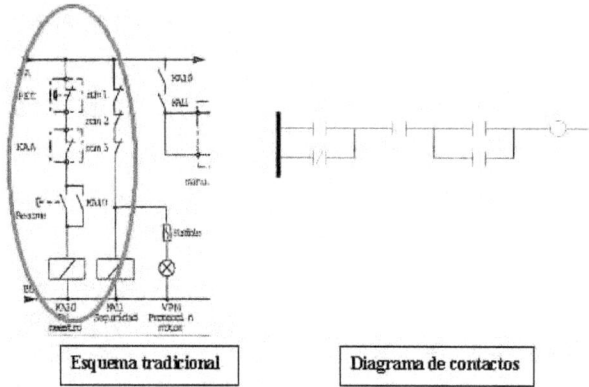

| Esquema tradicional | Diagrama de contactos |

Gráficos:

Lenguajes **gráficos**, utilizan elementos gráficos para representar en todo momento el estado de funcionamiento del sistema que se está controlando.

Por ejemplo: un diagrama secuencial muestra la etapa en la que se encuentra la aplicación.

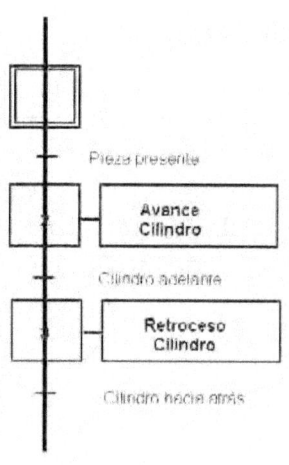

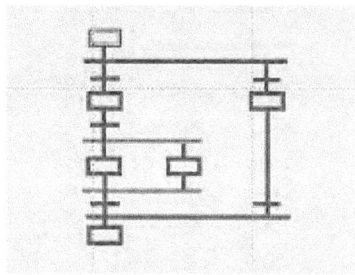

Lenguajes aceptados por la Norma IEC61131

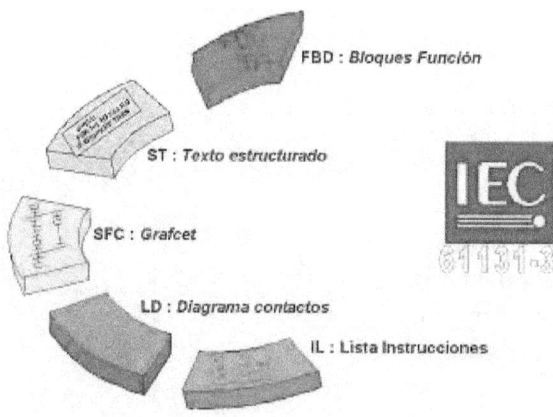

Dada la gran diversidad o naturaleza de los tratamientos a efectuar con las variables que pueden intervenir en un programa, se hace necesaria la posibilidad de trabajar con leguajes de programación que se adapten a los diferentes tipos de tratamientos requeridos (gestión, matemáticas, regulación, secuencial...).

En ocasiones, la variedad de lenguajes permite que cada parte de una aplicación pueda programarse en el lenguaje que mejor se adapte para asegurar la coherencia final de la aplicación.

Existe, además, la posibilidad de traducción de un lenguaje a otro.

La norma IEC61131-3, define un conjunto de 5 lenguajes de programación mediante los cuales se puede programar desde la aplicación más básica, hasta la más compleja.

La elección de uno u otro lenguaje, depende en gran medida del dominio que tenga el programador de este y del proceso a controlar (proceso secuencial, continuo, etc.)

7.1. El lenguaje LD o diagrama de contactos

LD (Ladder Diagram)

Gráfico / Simbólico.

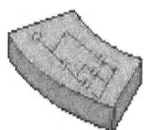

Orientado al control Discreto.

Familiar Muy utilizado.

Fácil de mantener.

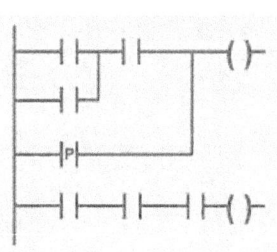

Requiere código complejo para funciones avanzadas.

Características principales:

- Elementos gráficos organizados en redes conectadas por barras de alimentación.

- Evaluación de la red por elementos interconectados.

- Elementos básicos utilizados: contactos, bobinas, funciones y bloques funcionales.

- Elementos de control de programa (salto, return,...).

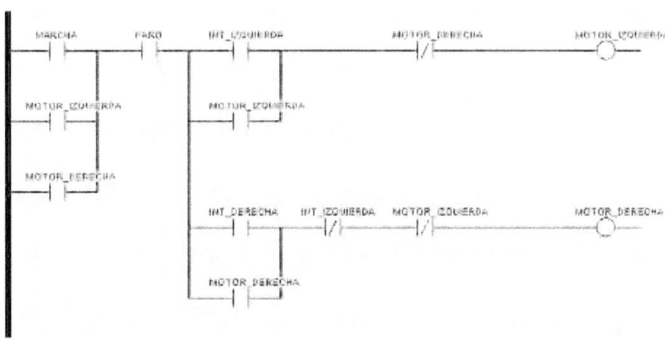

7.2. El lenguaje IL o lista de instrucciones

IL (Instrution List)

Literal.

Editor Textual (tipo Assembler).

Aceptación Limitada.

No tiene base de Ingeniería.

Difícil de visualizar en pruebas.

Fácil de Importar/Exportar.

Características principales:

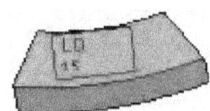

LD	15
ST	C10.PV
LD	%IX10
ST	C10.CU
CAL	C10

- Formado por una serie ordenada de instrucciones: cada una debe empezar en una nueva línea.

- Una instrucción está compuesta por un operador y uno o más operandos separados por comas.

- Las etiquetas son opcionales y deben terminar en ":".

- Los comentarios son opcionales y deben ser el último elemento de una línea. El comienzo y el final de los comentarios está indicado mediante los símbolos "(*" y "*)".

- Los bloques de función se emplean con la ayuda de un operador específico o utilizando entradas del bloque funcional como operadores.

```
VAR
  RUN_TIMER : TON;  (* Blink timer *)
END_VAR
        (* Default for the marker *)
  LD      run_light1
  ST      run_light

        (* Create a 1.0 Hz. pulse *)
  LD      run_pulse
  STN RUN_TIMER.IN
  CAL RUN_TIMER(PT := t#1s)
  LD      RUN_TIMER.ET
  ST      animatetime
  LD      RUN_TIMER.Q
  ST      run_pulse
  JMPCN   end          (* No pulse yet, nothing to do *)

  LD      run_light8   (* Rotate all bits one position "up" *)
  ST              run_light
  LD      run_light7
  ST              run_light8
  LD    | run_light6
  ST              run_light7
```

7.3. El lenguaje SFC o GRAFCET

SFC (Sequencial Function Chart)

Gráfico.

Diagrama de representación del Proceso

"Steps & Transitions" (Pasos y Transiciones).

Las condiciones de "Transición" pueden ser definidas en: LD, FBD, IL & ST.

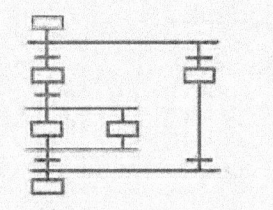

Orientado a la Actividad de Flujo (Lenguaje Secuencial).

Simplifica el mantenimiento

Características principales:

- También se conoce habitualmente por lenguaje GRAFCET.

- Particularmente útil para describir funciones de control secuencial.

- Etapas normalmente representadas gráficamente por un bloque.

- Transiciones entre etapas representadas gráficamente por una línea horizontal.

- Condición de transición programable en lenguaje LD, FBD, IL ST.

- Acciones asociadas a las etapas: variables booleanas o una sección de programa escrito en otro lenguaje.

- Propiedades (calificaciones) de acción que permiten temporizar la acción, crear pulsos, memorizar...

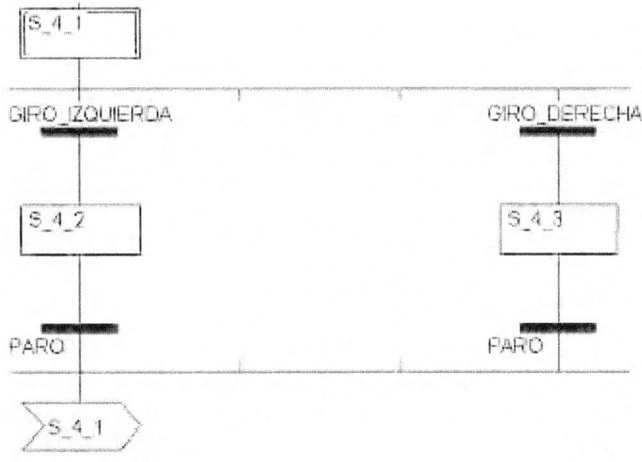

7.4. El lenguaje o texto estructurado

ST (Structured Text)

Literal.

Lenguaje de Alto Nivel (tipo Pascal).

Fácil de Importar/Exportar.

Facilita el manejo Matemático.

Simplifica la estructura de los programas en el uso de DFB's.

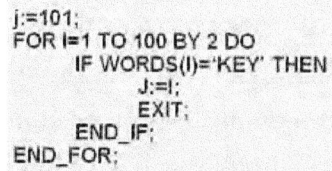

```
j:=101;
FOR I=1 TO 100 BY 2 DO
        IF WORDS(I)='KEY' THEN
                J:=I;
                EXIT;
        END_IF;
END_FOR;
```

Características principales:

- Sintaxis similar a la de PASCAL o lenguaje C, permitiendo la descripción de estructuras algorítmicas complejas.

- Sucesión de enunciados para la asignación de variables, el control de funciones y bloques de función, usando operadores, repeticiones, ejecuciones condicionales.

- Los enunciados deben terminar con ";"

```
IF NOT PARO THEN

    IF MARCHA AND INT_IZQUIERDA AND NOT MOTOR_DERECHA THEN
        MOTOR_IZQUIERDA:=1;
    END_IF;

    IF MARCHA AND INT_DERECHA AND NOT INT_IZQUIERDA AND NOT MOTOR_IZQUIERDA THEN
        MOTOR_DERECHA:=1;
    END_IF;

ELSE

MOTOR_IZQUIERDA:=0;
MOTOR_DERECHA:=0;

END_IF;
```

7.5. El lenguaje FBD o bloques de función

FBD (Function Block Diagram)

Gráfico / Simbólico.   Orientado al Proceso.

Funcionalidad Jerárquica.

Básicos & Derivados.

Características principales:

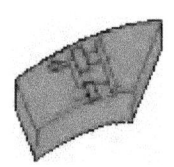

- Representación de funciones por bloques enlazados uno a otro.

- Ninguna conexión entre salidas de bloques de función.

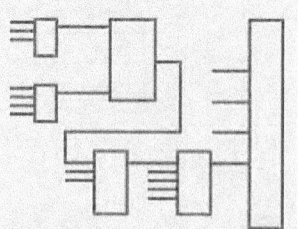

- Evaluación de una red: de la salida de un bloque funcional a la entrada de otro bloque funcional.

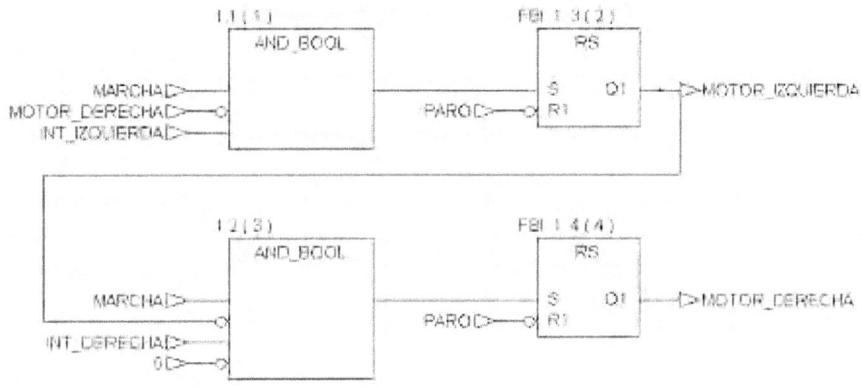

RESUMEN

Como resumen, se describen a continuación las funciones básicas del **autómata programable** y su interrelación con el entorno:

1. Recoger información del proceso mediante los diferentes **detectores/sensores** repartidos por la instalación. Las señales recogidas por estos elementos entran al autómata a través de sus **entradas**.

2. Tratar la información mediante el **programa**.

3. Ejecutar las acciones pertinentes para continuar el proceso, enviando señales a las **salidas**, en las cuales se conectan los **preaccionadotes y/o accionadores.**

4. En todo el proceso, el **autómata** se **comunicará** con el operario mediante los dispositivos de diálogo **hombre máquina.**

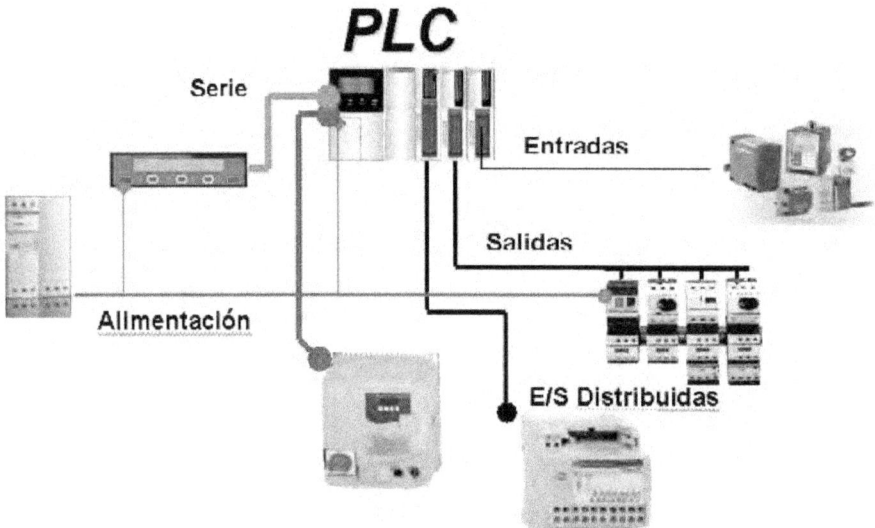

MÓDULO CUATRO INSTALACIONES ELÉCTRICAS
Y AUTOMATISMOS

U.D. 7 SEGURIDAD EN EL MONTAJE

M 4 / UD 7

ÍNDICE

INTRODUCCIÓN

En el presente capítulo afrontaremos uno de los criterios que en la actualidad se está manifestando como de máximo interés, tanto desde un punto de vista de ética profesional (ya que está en juego la seguridad de las personas e instalaciones), como por la incidencia cada vez mayor de la legislación local, nacional e internacional.

La seguridad es un factor primordial que debe tenerse en cuenta en el diseño y en todas las etapas de la vida de la máquina: Construcción, instalación, ajuste, utilización, mantenimiento, etc.

OBJETIVOS

Fundamentalmente repasaremos las normas específicas del sector, incidiendo en las que consideramos más significativas.

No descuidaremos los criterios que deberemos aplicar a la hora de garantizar la seguridad en las máquinas e instalaciones, aplicándolos al efectuar los análisis de la seguridad.

A partir de los datos obtenidos en el análisis veremos la forma de identificar los peligros, para aplicar los correctos sistemas de prevención.

SEGURIDAD EN EL MONTAJE

La seguridad es un factor primordial que debe tenerse en cuenta tanto en el diseño como en todas las etapas de la vida de la máquina: Construcción, instalación, ajuste, utilización, mantenimiento, etc.

1. NORMAS ESPECÍFICAS DEL SECTOR

Obligaciones de los fabricantes de máquinas

Directiva Máquinas.

Exigencias de la Directiva sobre Máquinas.

La Directiva sobre Máquinas 98/37/CE

Los fabricantes de máquinas están obligados a cumplir la Directiva sobre Máquinas.

- La Directiva Máquinas 98/37/CE tiene por objeto principal garantizar un nivel de seguridad mínimo para las máquinas y los equipos vendidos en el mercado de la Comunidad Europea.

- Las normativas europeas armonizadas traducen en términos técnicos las prescripciones correspondientes a los requisitos de seguridad básicos establecidos en la directiva correspondiente.

Requisitos de la Directiva sobre Máquinas

Los fabricantes tienen la obligación de fabricar máquinas seguras en conformidad con las exigencias de seguridad.

- Caso general:

El fabricante pone el marcado CE y elabora un informe de autocertificación de su máquina.

El cumplimiento de las normas europeas armonizadas con la Directiva sobre Máquinas constituye una presunción de conformidad con la misma.

Ejemplo: Norma armonizada EN 418 para las funciones de paro de emergencia.

- Máquinas de riesgo y componentes de seguridad (anexo IV de la Directiva sobre Máquinas):

El fabricante debe hacer certificar su máquina y los componentes de seguridad citados en el anexo IV de la Directiva sobre Máquinas por un tercero (organismo notificado) para incluir el marcado CE.

El organismo se referirá a las normas armonizadas para emitir su certificación de examen CE de Tipo.

a Directiva sobre Máquinas aplicable a los fabricantes:

a ley.

Desde enero de 1995, las personas que comercializan máquinas o equipos en el marcado de la Comunidad Europea deben garantizar la conformidad con las directivas. Este requisito es aplicable a los componentes de seguridad definidos en el anexo IV desde enero de 1997.

os países.

La Directiva sobre Máquinas se aplica en todos los países de la Comunidad Europea.

Máquinas y componentes de seguridad.

- Máquinas nuevas: Venta, alquiler, préstamo, cesión.

- Máquinas de ocasión: Venta, alquiler, préstamo, cesión.

Transposición de la Directiva sobre Máquinas al Derecho español

Real Decreto 1435/1992 del 27 de noviembre.
(Transposición de 89/392/CEE y 91/368/CEE).
BOE 297/92 del 11 de diciembre.

Real Decreto 56/1995.
(Transposición de 93/44/CEE).
BOE 33/95 del 18 de febrero.

Obligaciones del usuario de las máquinas

Directiva Social.

Requisitos de la Directiva Social.

Directiva Social 89/655/CEE

El usuario tiene la obligación de poner el parque instalado en conformidad con la Directiva Social.

La Directiva Social 89/655/CEE pretende fijar objetivos mínimos de protección en los centros de trabajo, con especial incidencia en lo referente a la utilización de productos.

Exigencias de la Directiva Social

a Directiva fija el marco general de las medidas de prevención que deben adoptarse en los centros de trabajo.

- Obligación de análisis de los riesgos.

- Programa de prevención de accidentes.

- Principio de responsabilidad del empresario y de los trabajadores.

- Obligación de formación y de información.

- Participación de los representantes de los trabajadores en la definición de las medidas de prevención.

- Principio de prioridad de la protección colectiva sobre la protección individual.

La Directiva Social, aplicable a los usuarios:

a ley.

Desde enero de 1997, la Directiva Social es la única aplicable en todos los países de la Unión Europea.

as obligaciones.

- Desde enero de 1997, el parque de máquinas debe obligatoriamente cumplir los requisitos mínimos de la Directiva Social.

- Cada país tiene su propia normativa, que debe ser al menos tan estricta como la Directiva Social.

os paíes.

Jurídicamente, la Unión Europea únicamente.

Nota: Noruega y Suiza adoptan normativas equivalentes.

os equipos de trabajo.

Parque de máquinas instalado.

ransposicin de la Directiva Social al Dereco espaol.

Real Decreto 1215/1997 del 7/8/97.
Entrada en vigor: 27/8/97.
Periodo de adaptación de las máquinas: 12 meses.

Normas europeas:

Organismos notificados.

Normas europeas.

Son necesarias varias etapas para elaborar una norma europea.

- Creación de un grupo de trabajo internacional (WG: Working Group) para tratar un aspecto determinado.

- Elaboración de un proyecto de norma (prEN) distribuido previamente para su relectura y comentarios y posterior votación por los comités nacionales.

- Elaboración del texto de definitivo de la norma (EN).

Normas europeas armonizadas:

Normas relacionadas estrecamente con una o varias directivas de nuevo enfoque (mquinas baja tensin compatibilidad electromagntica) adoptadas por los pases de la nin Europea y la AEE.

- A través de un mandato de la Comisión Europea, se elaboran respetando el enfoque de las directivas a las que hacen referencia.

- Su elaboración sigue en primer lugar las mismas etapas que las de cualquier norma europea no armonizada, pero su armonización requiere:

  - La publicación en el DO (Diario Oficial) de cada país de la Unión Europea.

  - La publicación en el DOCE (Diario Oficial de las Comunidades Europeas).

- **El cumplimiento de una norma europea armonizada presupone la conformidad con la directiva correspondiente.**

- Las normas europeas relativas a la seguridad de las máquinas se clasifican en tres tipos:

ipo A

- Normas básicas: Aspectos generales y principios de diseño.

- Seguridad de las máquinas, nociones básicas y principios generales de diseño: EN 292

**ipo **

- Normas de grupo:

  - Aspectos particulares de la seguridad:

    Seguridad eléctrica: EN 60204-1.

  - Relacionado con dispositivos de seguridad:

    Mando bimanual: EN 574.

    Paro de emergencia: EN 418.

ipo C

- Especificaciones de seguridad para una familia de máquinas:

  - Equipo y sistema de manutención: prEN 616 a 620.

  - Prensas hidráulicas y seguridad: prEN 693.

Organismos abilitados:

Ejemplos.

- Organismos notificados designados por decreto proceden a realizar los exámenes CE de tipo y emiten las certificaciones CE de tipo para las máquinas peligrosas.

- Es posible obtener la lista de los organismos habilitados en el Ministerio de Trabajo de cada país y ante la comisión de Bruselas.

Extractos de las normas:

Norma EN
Seguridad de las máquinas.
Nociones fundamentales.
Principios generales de diseo.

La norma EN 292 es una norma de tipo A que se divide en 2 partes.

La primera parte incluye: Las definiciones de los conceptos básicos, la enumeración y la descripción de los diferentes riesgos, la metodología de diseño y realización de máquinas seguras y la evaluación del riesgo.

La segunda parte ofrece consejos para la utilización de las diferentes técnicas disponibles para realizar las 4 etapas de esta estrategia (prevención intrínseca, protección, instrucciones para el usuario y disposiciones adicionales).

Norma EN 4
Seguridad de las máquinas.
Equipos eléctricos de las máquinas industriales.

Esta norma presupone la conformidad con los requisitos básicos de las directivas sobre máquinas y baja tensión.

La norma EN 60204-1 es la norma de referencia para el equipo eléctrico de las máquinas en todos sus aspectos: Protección de las personas, de la máquina y el equipo, interfaces hombre-máquina, sistema de control, conexión, cableado, documentación, marcado.

Definición de 3 categorías de parada:

- **Categora** Parada por supresión inmediata de la potencia en los accionadotes (ejemplo: Parada no controlada).

- **Categora** Parada controlada manteniendo la potencia en los accionadores hasta la parada de la máquina; a continuación, corte de la potencia al pararse los accionadores cuando se consigue la parada.

- **Categora** Parada controlada manteniendo la potencia en los accionadores.

Nota: no debe confundirse con las categorías de los sistemas de control según EN 954-1.

Norma EN ⬚
Seguridad de las máquinas.
Dispositivos de enclavamiento asociados a protectores
Principios.

Esta norma presupone la conformidad con los requisitos básicos de la directiva sobre máquinas.

- Definición de:

  - Protector con dispositivo de enclavamiento.

  - Protector con dispositivo de enclavamiento integrado.

  - Autocontrol: Continuo (parada inmediata si se produce un fallo). Discontinuo (parada del ciclo posterior de funcionamiento si aparece un fallo).

  - Acción mecánica positiva.

  - Apertura positiva.

- Clasificación de los sistemas de enclavamiento según los aspectos tecnológicos.

- Requisitos para el diseño de los dispositivos de enclavamiento:

  - Diseño y montaje (leva, fallo del modo común).

  - Interruptores de llave, de leva, etc.

- Requisitos tecnológicos adicionales para dispositivos de enclavamiento eléctrico: Modo positivo, contacto de apertura = contacto de apertura positiva.

- Criterios de elección: En función del tiempo de puesta en parada, de la frecuencia de acceso.

- Anexos (informativos): Principios, ventajas, observaciones, figuras.

Norma EN 4⬚
Seguridad de las máquinas.
Equipos de paro de emergencia.
Principios.

Esta norma presupone la conformidad con los requisitos básicos de la directiva sobre máquinas.

Paro de emergencia:

- Función destinada a:

  – Evitar riesgos existentes o que estén apareciendo y que puedan afectar a las personas (riesgos originados por anomalías).

  – Ser activada por el operario.

- Requisitos de seguridad:

  – La función de parada de emergencia debe estar disponible y poder funcionar en todo momento.

  – El paro de emergencia debe funcionar según el principio de la acción positiva (definido en la norma EN 292).

  – El paro de emergencia puede ser de **categora** Interrupción inmediata de la alimentación de energía del accionador, o **categora** Parada controlada: Los accionadores siguen alimentados en energía para que puedan parar la máquina, a continuación, corte de la potencia cuando se consigue la parada.

Norma EN 574:
Seguridad de las mquinas.
Mandos bimanuales.

Esta norma presupone la conformidad con los requisitos básicos de la directiva sobre máquinas.

La norma EN 574 define tres tipos de mandos bimanuales.

Para las máquinas peligrosas sujetas al examen CE de tipo, sólo se permite el tipo III C.

Mquinas peligrosas y componentes de seguridad sujetos al examen CE de tipo (anexo IV de la directiva sobre mquinas).

1. Sierras circulares (de una o varias hojas) para trabajar la madera y materiales similares o bien los productos cárnicos y similares.

   1.1 Máquinas para serrar, con herramienta en posición fija durante el trabajo, con mesa fija y avance manual de la pieza o con arrastre extraíble.

   1.2 Máquinas para serrar, con herramienta en posición fija durante el trabajo y mesa-caballete o carro de movimiento alterno, con desplazamiento manual.

   1.3 Máquinas para serrar, con herramienta en posición fija durante el trabajo, con dispositivo de serie de arrastre mecanizado de las piezas para serrar, con carga y descarga manual.

1.4 Máquinas para serrar, con herramienta móvil en curso de trabajo y desplazamiento mecanizado, con carga y descarga manual.

2. Máquinas para desbastar con avance manual para trabajar la madera.

3. Máquinas de cepillado de superficies, con carga y descarga manual, para trabajar la madera y los productos cárnicos.

4. Sierras de cinta con mesa fija y con mesa o carro móvil, con carga y descarga manual para trabajar la madera y materiales similares o bien los productos cárnicos y similares.

5. Máquinas combinadas de los tipos mencionados en los puntos 1 a 4 y en el punto 7 para trabajar la madera y materiales similares.

6. Espigadoras de varios ejes con avance manual para trabajar la madera.

7. Fresadoras de eje vertical con avance manual para trabajar la madera y materiales similares.

8. Sierras de cadena portátiles para trabajar la madera.

9. Prensas, incluidas las plegadoras, para trabajar en frío los metales, con carga y descarga manual y cuyos elementos móviles de trabajo pueden tener una trayectoria superior a 6 milímetros y una velocidad superior a 30 milímetros por segundo.

10. Máquinas de moldeado de plásticos por inyección o por compresión con carga y descarga manual.

11. Máquinas de moldeado de caucho por inyección o por compresión con carga y descarga manual.

12. Máquinas para los trabajos subterráneos de los siguientes tipos:

    - Máquinas móviles sobre carriles: Locomotoras y cucharas de frenado.

    - Apuntalamiento mercante hidráulico.

    - Motores de combustión interna destinados a equipar las máquinas para los trabajos subterráneos.

13. Cucharas de recogida de residuos domésticos con carga manual y mecanismo de compresión.

14. Dispositivos de protección y árboles con eje de transmisión móviles tal y como se describen en los puntos 3.4.7.

15. Puentes elevadores para vehículos.

16. Aparatos de elevación de personas con riesgo de caída vertical superior a 3 metros.

17. Máquinas para la fabricación de artículos pirotécnicos.

Componentes de seguridad:

1. Dispositivos electrosensibles diseñados para la detección de las personas (barreras inmateriales, alfombras sensibles, detectores electromagnéticos).

2. Bloques lógicos que realizan funciones seguridad para mandos bimanuales.

3. Pantallas móviles automáticas para la protección de las máquinas, descritas en los puntos 9, 10 y 11 anteriores.

4. Estructuras de protección contra el riesgo de vuelta (ROPS).

5. Estructuras de protección contra el riesgo de caídas de objetos (FOPS).

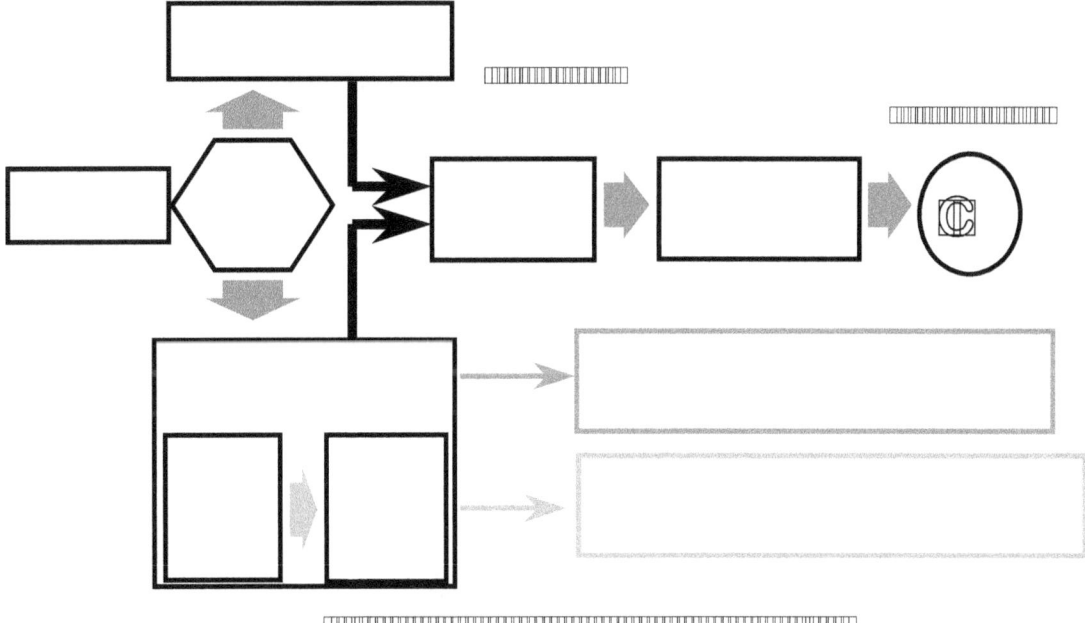

2. LA SEGURIDAD EN LAS MÁQUINAS E INSTALACIONES

La seguridad de funcionamiento es un concepto global que interviene en todas las fases de un proyecto industrial: Diseño, construcción, instalación, puesta a punto, utilización y mantenimiento.

La seguridad consiste básicamente en la combinación de dos conceptos: Seguridad y disponibilidad.

- Seguridad:

Se considera que un dispositivo es seguro cuando éste reduce hasta un nivel aceptable el riesgo que corren las personas.

- Disponibilidad:

Caracteriza la capacidad de un sistema o de un dispositivo para cumplir su función en un momento dado o durante un periodo determinado (fiabilidad, facilidad de mantenimiento, etc.).

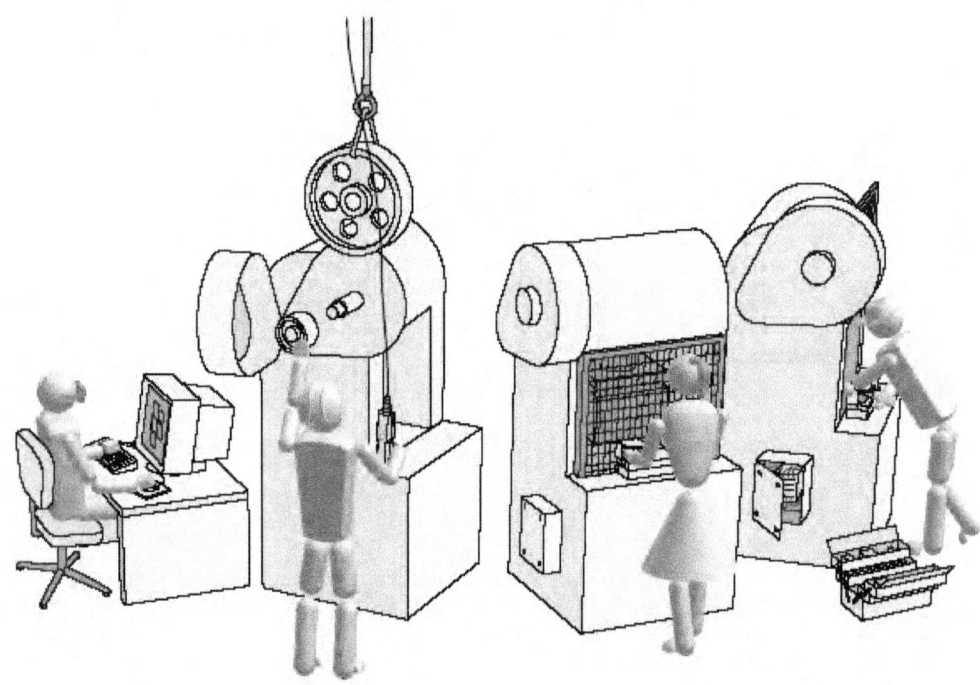

2.1. Análisis de la seguridad

¿Qué son los accidentes laborales?

Accidentes laborales son los sufridos, durante el desempeño de una actividad laboral, por las personas que trabajan con máquinas o realizan intervenciones en las mismas (instaladores, operarios, encargados de mantenimiento, etc.), y que provocan heridas de diversa consideración.

Causas de los accidentes laborales

Fallos umanos (diseadores usuarios)

- Conocimiento insuficiente del diseño de la máquina.

- Familiarización con los riesgos debido a la rutina y comportamiento imprudente ante el peligro.

- Infravaloración del peligro y en consecuencia, neutralización de los sistemas de protección.

- Pérdida de atención en las tareas de vigilancia debido al cansancio.

- Incumplimiento de los procedimientos recomendados.

- Aumento del estrés (ruido, cadencia, etc.).

- Carácter temporal del empleo, que a veces conlleva una formación insuficiente.

- Mantenimiento insuficiente o incorrecto, lo que genera riesgos imprevistos.

Fallos de las máquinas

- Dispositivos de protección inadecuados.

- Sistemas de control y de mando sofisticados.

- Riesgos inherentes a la propia máquina (movimiento alterno, arranque accidental, paro inseguro).

- Máquinas inadecuadas para determinados usos o entornos (la alarma no se oye debido al ruido del parque de máquinas).

Fallos de las instalaciones

- Circulación de las personas (líneas de producción automatizadas).

- Ensamblaje de máquinas de procedencias y tecnologías diferentes.

- Flujo de materiales o productos entre las máquinas.

Consecuencias

- Lesiones de mayor o menor gravedad sufridas por el usuario.

- Paro de la producción de la máquina.

- Inmovilización del parque de máquinas similares hasta que sean revisadas, por ejemplo por la Inspección de Trabajo.

- Modificación de las máquinas para adaptarlas a las normas, llegado el caso.

- Cambio de personal y formación para ocupar el puesto de trabajo.

- Riesgo de movilizaciones sociales.

- Deterioro de la imagen de marca de la empresa.

Costes

Costes directos

- Indemnización por daños corporales: En la Unión Europea, se paga todos los años una cantidad equivalente a 20.000 millones de ¤ por este concepto.

- Aumento de la prima de seguros para la empresa.

Costes indirectos

- Penalizaciones e indemnizaciones, costes de adecuación de la maquinaria.

- Pérdidas de producción, e incluso de clientes.

Conclusiones

La reducción del número de accidentes laborales requiere un esfuerzo tanto político como estratégico de la empresa.

Es una obligación de todos, por razones:

- Éticas (reducir el número de accidentes laborales).

- Económicas (coste de los accidentes laborales).

- Jurídicas (cumplimiento de la legislación europea).

La reducción del número de accidentes laborales depende de la seguridad de las máquinas y los equipos.

2.2. Aplicación de los sistemas de prevención

Evaluación global del riesgo

Objetivos

- Reducir o eliminar el riesgo.

- Elegir el nivel adecuado de seguridad.

- Garantizar la protección de las personas.

Etapas

- Conocimiento del entorno y de la utilización de la máquina.

- Reducción del riesgo (no forma parte de la evaluación del riesgo).

- Conocimiento del entorno y de la utilización de la máquina:

- Nivel de formación y experiencia de los operarios.

  - Desde el diseño.

  - Hasta el mantenimiento.

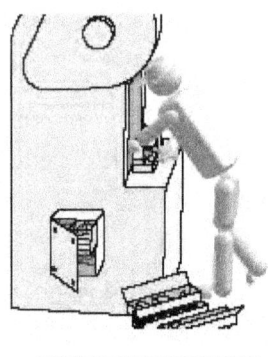

- Identificación de los fenómenos peligrosos:

  – Riesgo de origen mecánico.

  – Riesgo de origen eléctrico.

  – Riesgo físico / químico.

▯▯▯▯▯▯

- Evaluación global del riesgo (según EN 1050).

- Factores que influyen en el riesgo que deben tenerse en consideración:

- Gravedad del posible daño (consecuencia del riesgo).

- Tiempo y frecuencia de exposición en la zona peligrosa.

- Probabilidad de que se produzca la situación de riesgo.

- Posibilidad de neutralizar las medidas de seguridad:

El riesgo relativo a una medida de seguridad en concreto dependerá de la facilidad con la que ésta pueda neutralizarse o evitarse para obtener un acceso no autorizado.

La incitación a neutralizar una medida de seguridad está relacionada con los siguientes aspectos:

- Si la medida de seguridad ralentiza la producción o interfiere con cualquier otra actividad o prioridad del usuario.

- Si el empleo de las medidas de seguridad resulta difícil.

- Si están implicadas personas que no sean operarios.

- Si las medidas de seguridad no están reconocidas como tales.

- Fiabilidad de las funciones de seguridad:

La evaluación de los riesgos debe tener en cuenta la fiabilidad de los componentes y los principios utilizados.

La evaluación debe identificar las circunstancias que pueden originar algún daño (por ejemplo: Fallo de un componente, avería en la red, interferencias eléctricas, etc.).

- Método de control de la máquina.

- Complejidad de las situaciones peligrosas.

La evaluación global del riesgo se deriva de la ponderación de todos los factores mencionados arriba.

▯▯▯▯▯▯

- Reducción del riesgo (según EN 292).

- Eliminación del riesgo:

Cuando ello es posible (objetivo: "0" accidentes y "0" averías).

Únicamente la prevención intrínseca permite eliminar totalmente el riesgo.

- Disminución del riesgo:

Objetivo: Hacer que el riesgo sea "aceptable" cuando no sea posible eliminarlo.

Protección individual, colectiva y medidas de seguridad.

Procedimiento general para la prevención de riesgos

- Evaluación del riesgo según EN 1050.

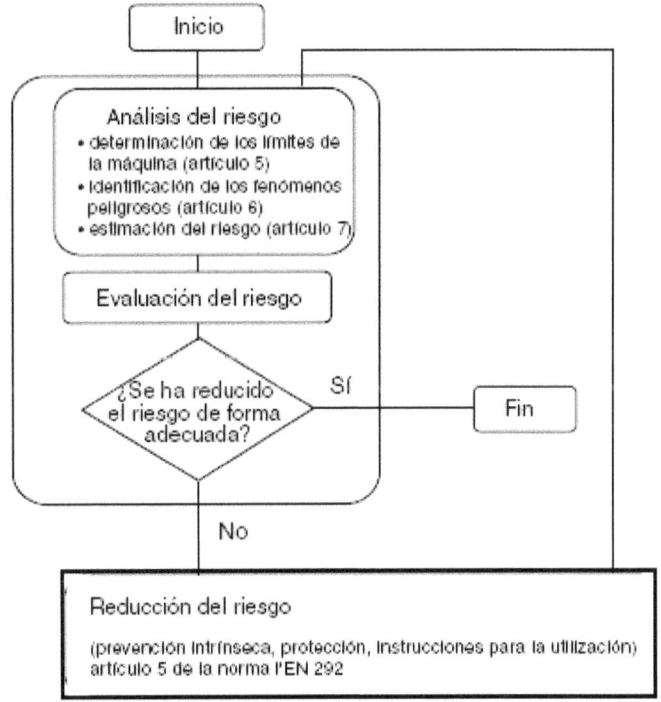

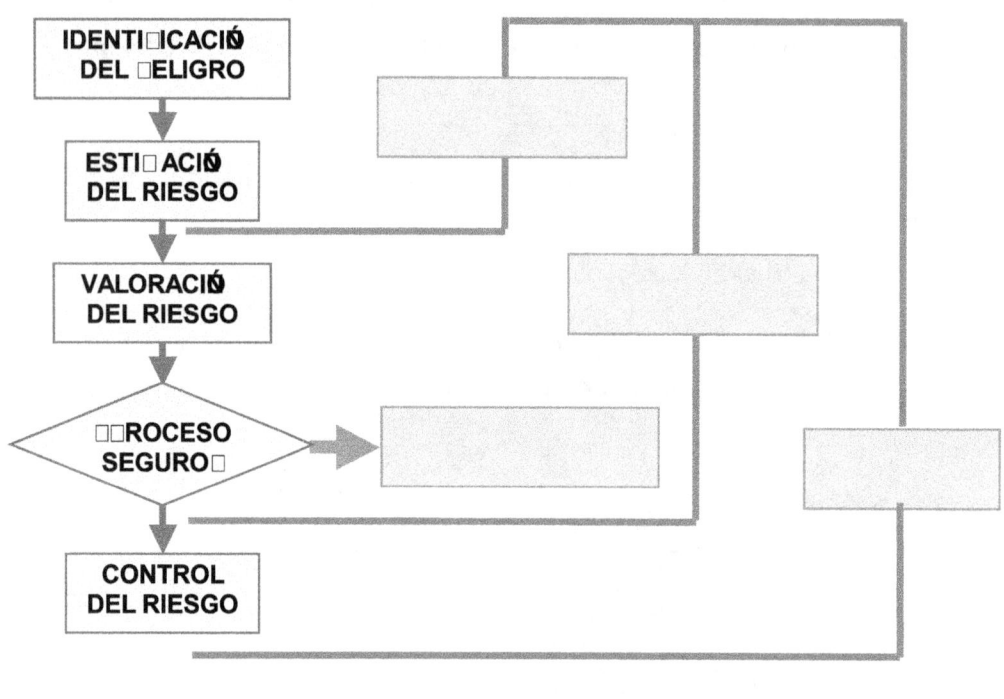

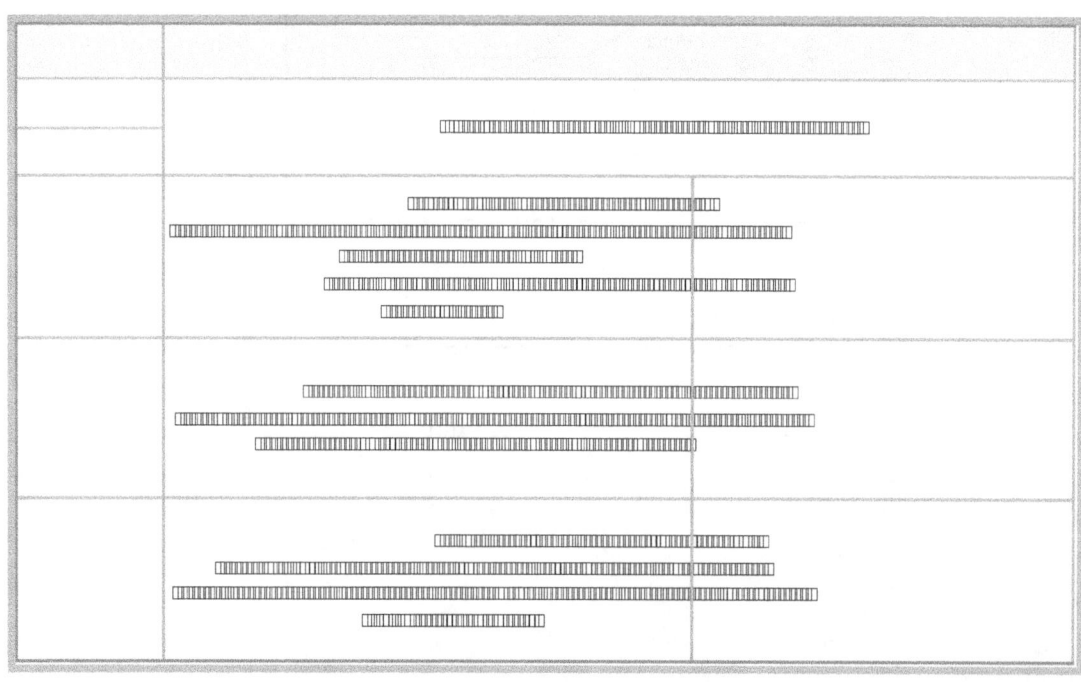

Relación entre categorías y riesgo (UNE-EN 60954-1)

- S1: Lesión leve (normalmente reversible).
- S2: Lesión grave e irreversible o muerte de una persona.

- F1: De escasa a bastante frecuente.
- F2: De frecuente a permanente.

- P1: Posible en determinadas circunstancias.
- P2: Casi imposible.

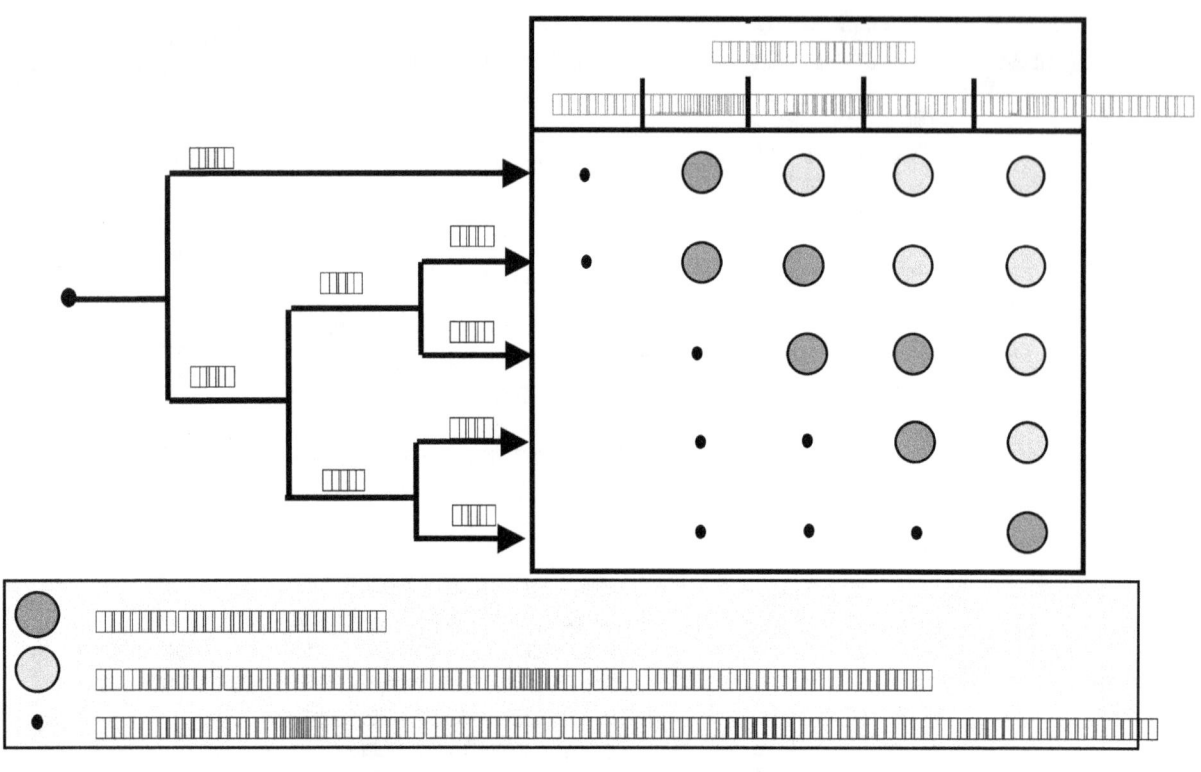

2.3. Identificación de los peligros

Riesgos eléctricos

- Electrocución.

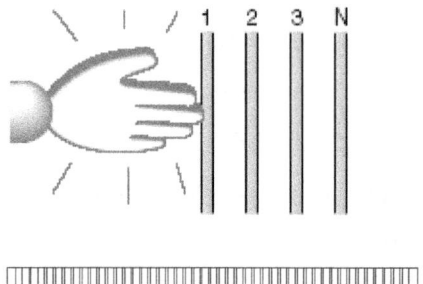

Riesgos mecánicos

- Perforación, pinchazo, cizalladura, amputación, corte, agarre, enrollamiento, arrastre, enganche, golpe, aplastamiento, etc.

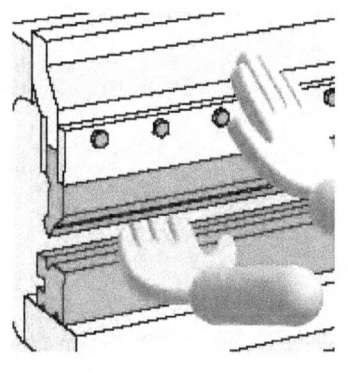

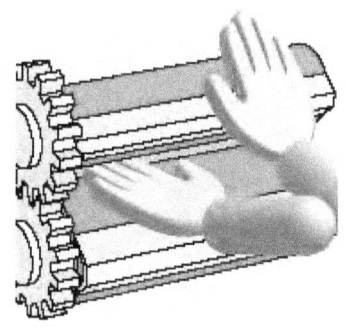

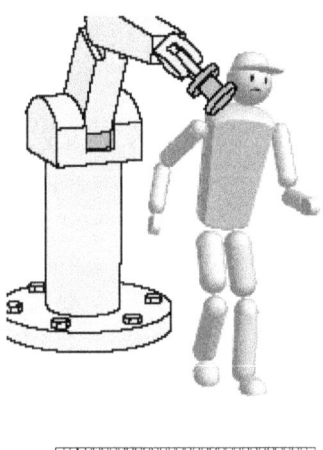

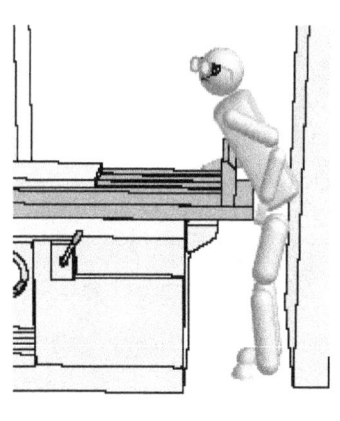

Riesgos físico-químicos

- Proyección de substancias peligrosas, quemaduras, etc.

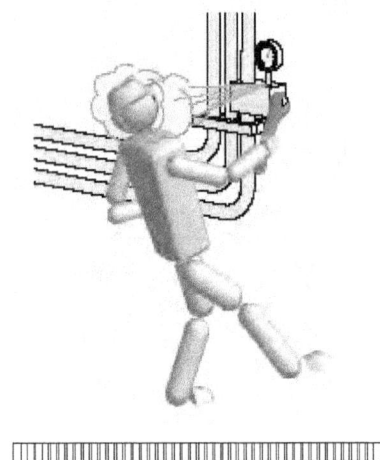

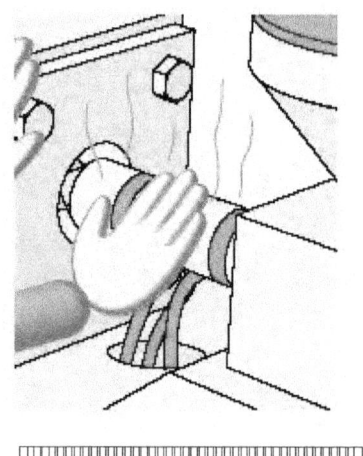

Concepto de zonas

Cualquier volumen dentro y/o alrededor de una máquina en el que una persona esté expuesta a un riesgo de lesión.

Se puede acceder a la zona peligrosa para:

- Efectuar ajustes.
- Modificar el proceso de fabricación (programación).
- Aprendizaje (formación).
- Limpieza.
- Mantenimiento.
- Verificar el funcionamiento normal.

Se trata de la distancia mínima a la que debe colocarse un dispositivo de protección con respecto a la zona peligrosa para que ésta no pueda alcanzarse.

Persona que se encuentra entera o parcialmente en una zona peligrosa.

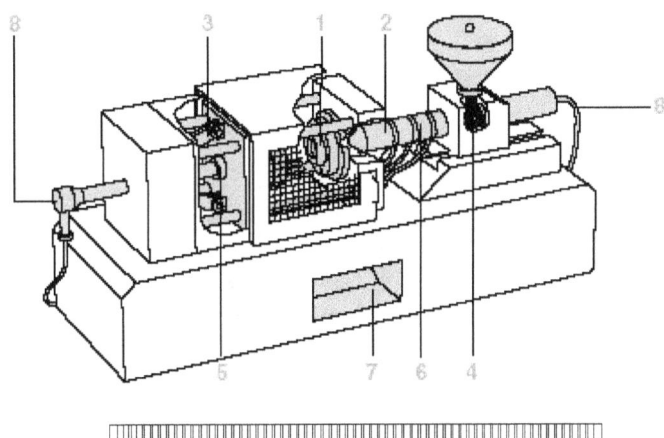

1: Zona del molde.

2: Zona de la unidad de inyección en movimiento, especialmente la zona de la boquilla.

3: Zona de mecanismo de cierre.

4: Zona de alimentación.

5: Zona de movimiento de los machos y los eyectores (si los hubiera).

6: Zona de collares calentadores del cilindro de plastificación.

7: Zona de salida de piezas.

8: Zona de los circuitos hidráulicos (presión).

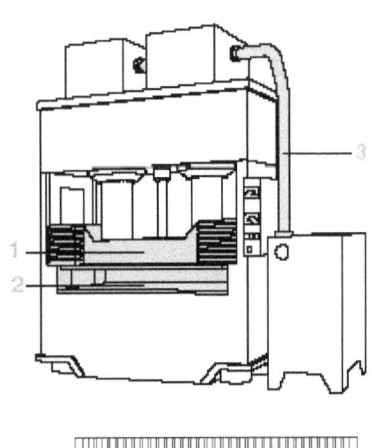

1: Zona de herramientas: Entre herramientas, pistón, prensa (riesgos: Aplastamiento, cizalladura, golpe).

2: Zonas asociadas: cojinetes móviles, eyectores de piezas (riesgos: Golpe, agarre).

3: Zona de circuitos hidráulicos (riesgos: Escape de fluido bajo presión, quemaduras).

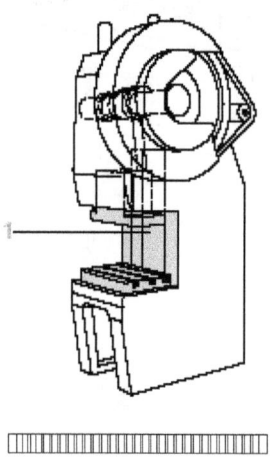

1: Zona de herramientas: Entre herramientas, pistón, prensa (riesgos: Aplastamiento, cizalladura, golpe).

El objetivo principal del diseñador es garantizar que los fallos de las partes de un sistema de control relativas a la seguridad o las perturbaciones exteriores no provoquen situaciones peligrosas en la máquina.

La siguiente tabla resumida permite determinar la categoría de las partes de los sistemas de control en función del nivel de riesgo estimado.

Categorías	Principios básicos de seguridad	Requisitos del sistema de control	Comportamiento en caso de fallo
B	Selección de los componentes que cumplen las normas pertinentes.	Control correspondiente a las reglas del arte en este campo	Posible pérdida de la función de seguridad
1	Selección de componentes y principios de seguridad	Utilización de los componentes y principios de seguridad probados	Posible pérdida de la función de seguridad con una probabilidad más baja que en B
2	Selección de los componentes y los principios de seguridad	Prueba por ciclo. La periodicidad de la prueba debe estar adaptada a la máquina y a su aplicación	Fallo detectada en cada prueba
3	Estructura de los circuitos de seguridad	Un único fallo no debe provocar la pérdida de la función de seguridad. Este fallo debe detectarse siempre que sea posible	Función de seguridad garantizada, salvo en caso de acumulación de fallos
4	Estructura de los circuitos de seguridad	Un único fallo no debe provocar la pérdida de la función de seguridad. Este fallo debe detectarse desde, o antes, de la próxima solicitud de la función de seguridad. Una acumulación de fallos no debe provocar la pérdida de la función de seguridad	Función de seguridad siempre garantizada

▨▨▨▨▨▨▨▨ ▨▨▨▨▨▨▨ ▨▨▨▨▨▨▨▨▨▨▨▨ ▨▨▨ ▨▨ ▨▨▨▨
▨▨▨▨▨

▨ ▨▨▨▨▨▨▨▨▨▨▨ ▨▨ ▨▨▨ ▨▨▨▨▨▨▨

Criterio 1 (S): Resultado del accidente.

   S1: Lesión leve (normalmente reversible)

   S2: Lesión grave e irreversible o muerte de una persona

Criterio 2 (F): Presencia en la zona peligrosa (frecuencia – duración).

   F1: De escasa a bastante frecuente

   F2: De frecuente a permanente

Criterio 3 (P): Posibilidad de prevenir el accidente.

   P1: Posible en determinadas circunstancias

   P2: Casi imposible

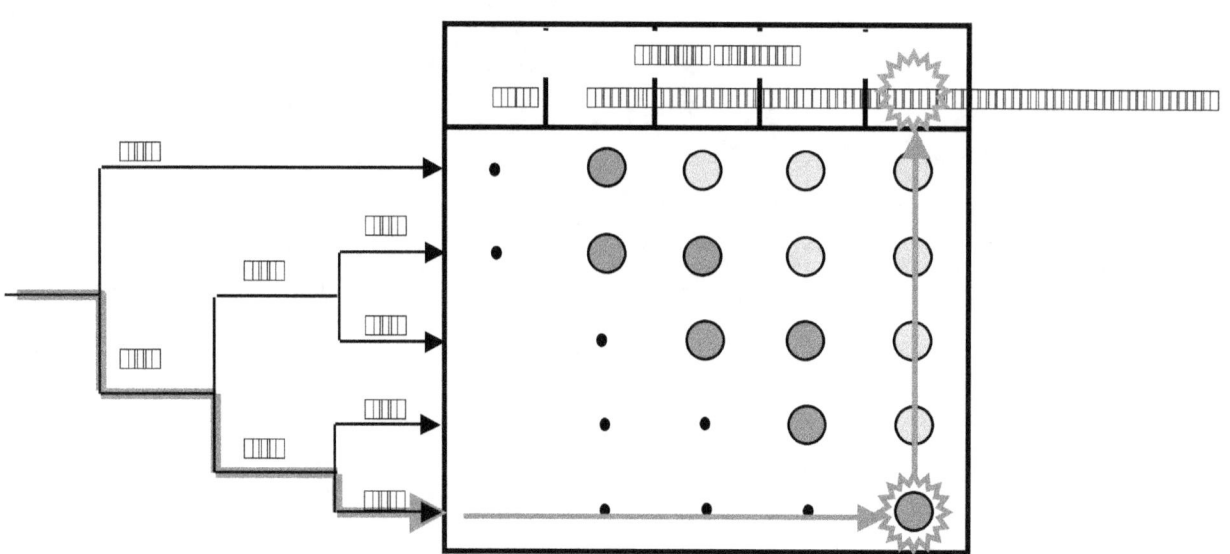

RESUMEN

En el desarrollo del presente capítulo se ha debido, por razones obvias de espacio, omitir el redactado de la totalidad de las leyes, disposiciones, normas, normativas, etc., que están disponibles, en diferentes formatos, en los organismos competentes, en librerías especializadas y en la red, a través de Internet, por lo que en caso necesario, su acceso es relativamente simple.

A lo largo de las exposiciones relacionadas con el tema propuesto, se ha intentado reseñar aquellas leyes o disposiciones que, por su naturaleza o importancia, entendemos que tienen mayor significado a la hora de considerarlas útiles y necesarias en nuestras aplicaciones.

Aparte de la normativa específica del sector, se han expuesto otros temas, más relacionados con el desarrollo puramente industrial, que consideramos tienen un interés creciente en la protección y la seguridad.

Por ello hemos intentado definir los distintos tipos de peligros y cómo evaluarlos, con el fin de poder poner los medios necesarios para suprimirlos o disminuirlos lo más posible.

MÓDULO CUATRO INSTALACIONES ELÉCTRICAS Y AUTOMATISMOS

APÉNDICE 1

M 4 / A 1

APÉNDICE I

Incluiremos en este apartado una serie de símbolos que consideramos de interés para el alumno.

Los símbolos gráficos y las referencias identificativas, cuyo uso se recomienda, están en conformidad con las publicaciones más recientes.

La norma IEC 1082-1 define y fomenta los símbolos gráficos y las reglas numéricas o alfanuméricas que deben utilizarse para identificar los aparatos, diseñar los esquemas y realizar los equipos eléctricos.

El uso de las normas internacionales elimina todo riesgo de confusión y facilita el estudio, la puesta en servicio y el mantenimiento de las instalaciones.

Entre las numerosas aportaciones de la norma IEC 1082-1 (diciembre de 1992), relativa a la documentación electrotécnica, mencionamos dos artículos que modifican los hábitos de representación en los esquemas eléctricos.

Artículo 4.1.5. Escritura y orientación de la escritura:

"... Toda escritura que figure en un documento debe poderse leer con dos orientaciones separadas por un ángulo de 90 desde los bordes inferior y derecho del documento."

Este cambio afecta principalmente a la orientación de las referencias de las bornas que, en colocación vertical, se leen de abajo a arriba (ver ejemplos siguientes).

Artículo 3.3. Estructura de la documentación:

"La presentación de la documentación conforme a una estructura normalizada permite subcontratar e informatizar fácilmente las operaciones de mantenimiento.

Se admite que los datos relativos a las instalaciones y a los sistemas pueden organizarse mediante estructuras arborescentes que sirven de base.

La estructura representa el modo en que el proceso o producto se subdivide en procesos o subproductos de menor tamaño.

Dependiendo de la finalidad, es posible distinguir estructuras diferentes, por ejemplo una estructura orientada a la función y otra al emplazamiento..."

Se debe adquirir el hábito de preceder las referencias de los aparatos eléctricos por un signo "–", ya que los signos "=" y "+" quedan reservados para otros niveles (por ejemplo, máquinas y talleres).

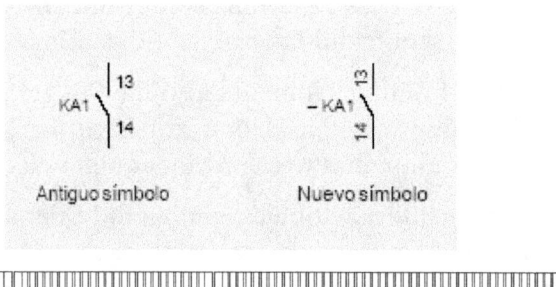

ESTANDARIZACIÓN DE ESQUEMAS

Corriente alterna	∿
Corriente continua	⸗
Corriente rectificada	∿⸗
Corriente alterna trifásica de 50 Hz	3 ∿ 50 Hz
Tierra	⏚
Masa	⏚
Tierra de protección	⏚
Tierra sin ruido	⏚

Conductor, circuito auxiliar	
Conductor, circuito principal	
Haz de 3 conductores	L1 L2 L3
Representación de un hilo	
Conductor neutro (N)	
Conductor de protección (PE)	
Conductor de protección y neutro unidos	
Conductores apantallados	
Conductores par trenzado	

Contacto "NA" (de cierre)	1 – principal 2 – auxiliar	
Contacto "NC" (de apertura)	1 – principal 2 – auxiliar	
Interruptor		
Seccionador		
Contactor		

Ruptor	
Disyuntor	
Interruptor-seccionador	
Interruptor-seccionador de apertura automática	
Fusible-seccionador	
Contactos de dos direcciones no solapado (apertura antes de cierre)	
Contactos de dos direcciones solapado	
Contacto de dos direcciones con posición mediana de apertura	
Contactos presentados en posición accionada	NO NC
Contactos de apertura o cierre anticipado. Funcionan antes que los contactos restantes de un mismo conjunto	NO NC
Contactos de apertura o cierre retardado. Funcionan más tarde que los contactos restantes de un mismo conjunto	NO NC
Contacto de paso con cierre momentáneo al accionamiento de su mando	
Contacto de paso con cierre momentáneo al desaccionamiento de su mando	
Contactos de cierre de posición mantenida	
Interruptor de posición	NO NC

Contactos de cierre o apertura temporizados al accionamiento	NO NC
Contactos de cierre o apertura temporizados al desaccionamiento	NO NC
Interruptor de posición de apertura, de maniobra de apertura positiva	-S1

Mando electromagnético Símbolo general	
Mando electromagnético Contactor auxiliar	– KA1
Mando electromagnético Contactor	– KM1
Mando electromagnético de 2 devanados	– KA1
Mando electromagnético de puesta en trabajo retardada	– KA1
Mando electromagnético de puesta en reposo retardada	– KA1
Mando electromagnético de un relé de remanencia	– KA1
Mando electromagnético de enclavamiento mecánico	– KA1
Mando electromagnético de un relé polarizado	– KA1
Mando electromagnético de un relé intermitente	– KA1
Mando electromagnético de un relé por impulsos	– KA1
reposo	– KA1
Bobina de relé RH de impulso en desactivación	– KA1
Bobina de electroválvula	– KA1

Relé de medida o dispositivo emparentado Símbolo general	
Relé de sobreintensidad de efecto magnético	
Relé de sobreintensidad de efecto térmico	
Relé de máxima corriente	
Relé de mínima tensión	
Relé de falta de tensión	
Dispositivo accionado por frecuencia	
Dispositivo accionado por el nivel de un fluido	
Dispositivo accionado por un número de sucesos	
Dispositivo accionado por un caudal	
Dispositivo accionado por la presión	

1 Enlace mecánico (forma 1) 2 Enlace mecánico (forma 2)	1 ——— 2 ═══
Dispositivo de retención	
Dispositivo de retención en toma	
Dispositivo de retención liberado	
Retorno automático	
Retorno no automático	
Retorno no automático en toma	
Enclavamiento mecánico	
Dispositivo de bloqueo	
Dispositivo de bloqueo activado, movimiento hacia la izquierda bloqueado	
Mando mecánico manual de pulsador (retorno automático)	-s1
Mando mecánico manual de tirador (retorno automático)	-s1
Mando mecánico manual rotativo (de desenganche)	-s1

Mando mecánico manual "de seta"	– S1 ⊄—
Mando mecánico manual de volante	– S1 ⊕– –
Mando mecánico manual de pedal	– S1 ⌐
Mando mecánico manual de acceso restringido	– S1 ⊏
Mando mecánico manual de palanca	– S1 ⟍
Mando mecánico manual de palanca con maneta	– S1 ⟍
Mando mecánico manual de llave	– S1 ⟊– –
Mando mecánico manual de manivela	– S1 ⌐‾
Enganche de pulsador de desenganche automático	– S1 ⊓—
Mando de roldana	– S1 ○—
Mando de leva y roldana	– S1 ⊂—
Control mediante motor eléctrico	Ⓜ— –
Control por acumulación de energía mecánica	– S1 ☐—
Control por reloj eléctrico	– S1 ⊕— –
Acoplamiento mecánico sin embrague	⊓
Acoplamiento mecánico con embrague	⊓

Traslación:	1 derecha, 2 izquierda, 3 en ambos sentidos	1 → 2 ← 3 ↔
Rotación:	1-2 unidireccional, en el sentido de la flecha 3 en ambos sentidos	1 ⌒→ 2 ⌒→ 3 ⌒↔
Rotación limitada en ambos sentidos		↶⌒↷
Mecanismo de desactivación libre		⊞

Mando por efecto de proximidad	– S1 ◇
Mando por roce	– S1 ◆
Dispositivo sensible a la proximidad, controlado por la aproximación de un imán	⊏◇
Dispositivo sensible a la proximidad, controlado por la aproximación del hierro	Fe ◇

Mando neumático o hidráulico de efecto simple	– Y1 ▭---
Mando neumático o hidráulico de efecto doble	– Y1 ▭—

Cortocircuito fusible	
Cortocircuito fusible con percutor	
Diodo	
Rectificador en acoplamiento de doble vía (Puente rectificador) Símbolo desarrollado – Símbolo simplificado	
Tiristor	
Transistor NPN	
Condensador	
Elemento de pila o de acumulador	
Resistencia	
Shunt	
Inductancia	
Potenciómetro	
Resistencia dependiente de la tensión: varistancia	
Resistencia dependiente de la temperatura: termistancia	
Fotorresistencia	

Fotodiodo	
Fototransistor (tipo PNP)	
Transformador de tensión	
Autotransformador	
Transformador de corriente	
Chispómetro	
Pararrayos	
Arrancador de motor Símbolo general	
Arrancador estrella-triángulo	
Aparato indicador Símbolo general	
Amperímetro	
Aparato grabador Símbolo general	
Amperímetro grabador	
Contador Símbolo general	
Contador de amperios-hora	
Freno Símbolo general	

Freno apretado	
Freno aflojado	
Reloj	
Válvula	
Electroválvula	
Contador de impulsos	
Contador sensible al roce	
Contador sensible a la proximidad	
Detector de proximidad inductivo	
Detector de proximidad capacitivo	
Detector fotoeléctrico	
Convertidor (símbolo general)	

Lampara de señalización o de alumbrado (1)	–H1 ⊗ X1 X2
Dispositivo luminoso intermitente (1)	–H1 ⊗ X1 X2 ⊓
Avisador acústico	–H1
Timbre	–H1
Sirena	–H1
Zumbador	–H1

Derivación	
Derivación doble	
Cruce sin conexión	
Borna	
Puente de bornas, ejemplo con referencias de bornas	11 12 13 14
Puente de bornas, ejemplo con referencias de bornas	11 12 13 14
Conexión por contacto deslizante	
Clavija 1 – Mando 2 – Potencia	
Toma 1 – Mando 2 – Potencia	
Clavija y toma 1 – Mando 2 – Potencia	
Conjunto de conectores Partes fija y variable acopladas	

Motor asíncrono trifásico, de rotor en cortocircuito	M1 3 ∼
Motor asíncrono monofásico	M1 1 ∼

Motor asíncrono de dos devanados estátor separados (motor de dos velocidades)	
Motor asíncrono con seis bornas de salida (acoplamiento estrella-triángulo)	
Motor asíncrono de acoplamiento de polos (motor de dos velocidades)	
Motor asíncrono trifásico, rotor de anillos	
Motor de imán permanente	
Motor asíncrono equipado con sondas de termistancia	
Generador de corriente alterna	
Generador de corriente continua	

Conmutador (trifásico / continuo) de excitación en derivación	
Motor de corriente continua de excitación separada	
Motor de corriente continua de excitación en serie	
Motor de corriente continua de excitación compuesta	

Naturaleza de los símbolos gráficos	Normas europeas	Normas EE.UU.
Contacto de cierre "NA" Potencia-Control		
Contacto de apertura "NC" Potencia-Control		
Contacto temporizado al accionamiento	NO / NC	NC / NO
Contacto temporizado al desaccionamiento	NO / NC	NC / NO
Cortocircuito fusible		
Relé de protección	Térmico Magnético	
Bobinas	A1 / A2	A / B
Seccionadores		
Disyuntores		Magnético Magneto-térmico
Motores	M1 3~	

MÓDULO CUATRO INSTALACIONES ELÉCTRICAS
Y AUTOMATISMOS

APÉNDICE 2

M 4 / A 2

APÉNDICE 2

Incluiremos en este apartado una serie de magnitudes y sus unidades de medida que consideramos de interés para el alumno, así como las fórmulas eléctricas más importantes y utilizadas en la industria actual.

MAGNITUDES USUALES Y MEDIA

Designación magnitud	Símbolo literal	Designación unidad de medida	Símbolo
aceleración angular	α	radián por segundo cuadrado	rad/s^2
aceleración en caída libre	g	metro por segundo cuadrado	m/s^2
aceleración lineal	a	metro por segundo cuadrado	m/s^2
ángulo plano	α, β, γ	radián	rad
		grado (de ángulo)	...°
		minuto (de ángulo)	...'
		segundo (de ángulo)	..."
capacidad	C	faradio	F
campo magnético	H	amperio por metro	A/m
constante de tiempo	–	segundo	s
diámetro	d	metro	m
diferencia de potencial	U	voltio	V
duración de un período	T	segundo	s
recalentamiento	$\Delta\theta$	kelvin o grado Celsius	K o °C
energía	W	julio	J
espesor	d	metro	m
flujo magnético	ϕ	weber	Wb
fuerza	F	newton	N
fuerza electromotriz	E	voltio	V
frecuencia	f	hercio	Hz
velocidad de rotación	n	vueltas por segundo	vueltas/s
deslizamiento	g	%	⋆
altura	h	metro	m
impedancia	Z	ohmio	Ω
inductancia propia	L	henry	H
inductancia mutua	M	henry	H
inducción magnética	B	tesla	T
intensidad de corriente eléctrica	I	amperio	A
anchura	b	metro	m
longitud	l	metro	m

Designación magnitud	Símbolo literal	Designación unidad de medida	Símbolo
masa	m	kilogramo	kg
momento de un par	T o C	newton metro	N.m
momento de una fuerza	M	newton metro	N.m
momento de inercia	J o I	kilogramo metro cuadrado	$kg.m^2$
peso	P	newton	N
presión	p	pascal	Pa
profundidad	h	metro	m
potencia activa	P	vatio	W
potencia aparente	S	voltamperio	VA
potencia reactiva	Q	voltamperio reactivo	VAR
cantidad de calor	Q	julio	J
cantidad de electricidad eléctrica)	Q	culombio o amperio hora	C o (carga A·h
radio	r	metro	m
reactancia	X	ohmio	Ω
reluctancia	R	amperio por Weber	A/W
rendimiento	η	%	★
resistencia	R	ohmio	Ω
resistividad	ρ	ohmio metro/metro cuadrado	$Ω.m/m^2$
superficie (aire)	A o S	metro cuadrado	m^2
temperatura Celsius	θ	grado Celsius	°C
temperatura termodinámica	T	kelvin	K
tiempo	t	segundo (de tiempo)	s
		minuto (de tiempo)	min
		hora	h
		día	d
tensión	U	voltio	V
trabajo	W	julio	J
velocidad angular	ω	radián por segundo	rad/s
velocidad lineal	v	metro por segundo	m/s
volumen	V	metro cúbico	m^3

★ *Sin dimensión*

S▯▯▯▯

Prefijo	Símbolo anterior a la unidad	Factor de multiplicación
deci	d	10^{-1}
centi	c	10^{-2}
mili	m	10^{-3}
micro	μ	10^{-6}
nano	n	10^{-9}
pico	p	10^{-12}

Ejemplos: Cinco nanofaradios = 5 nF = $5 \cdot 10^{-9}$ F
Dos miliamperios = 2 mA = $2 \cdot 10^{-3}$ A
Ocho micrometros = 8 μm = $8 \cdot 10^{-5}$ m

▯ ▯▯▯▯▯

Prefijo	Símbolo anterior a la unidad	Factor de multiplicación
deca	da	10^{1}
hecto	h	10^{2}
kilo	k	10^{3}
mega	M	10^{6}
giga	G	10^{9}
tera	T	10^{12}

Ejemplos: Dos megajulios = 2 MJ = $2 \cdot 10^{6}$ J
Un gigavatio = 1 GW = 10^{9} W
Tres kilohercios = 3 kHz = $3 \cdot 10^{3}$ Hz

▯RULAS ELĊTRICAS

Potencia activa

en continua $P = UI$
en monofásica $P = UI\cos\varphi$
en trifásica $P = UI\sqrt{3}\cos\varphi$

con P : potencia activa en vatios
U : tensión en voltios (en trifásica, tensión entre fases)
I : corriente en amperios
cos φ: factor de potencia del circuito

Potencia reactiva

en monofásica $\qquad Q = UI\sin\varphi = UI\sqrt{1 - \cos^2\varphi}$

en trifásica $\qquad Q = UI\sqrt{3}\sin\varphi = UI\sqrt{3}\sqrt{1 - \cos^2\varphi}$

con Q : potencia reactiva en voltamperios reactivos
     U : tensión en voltios (trifásica: tensión entre fases)
     I : corriente en amperios
     cos φ : factor de potencia del circuito

Potencia aparente

en monofásica $\qquad S = UI$

en trifásica $\qquad S = UI\sqrt{3}$

con S : potencia aparente en voltamperios
     U : tensión en voltios (trifásica: tensión entre fases)
     I : corriente en amperios

Factor de potencia

$$\cos\varphi = \frac{\text{potencia activa}}{\text{potencia aparente}}$$

Rendimiento

$$\eta = \frac{\text{potencia útil}}{\text{potencia activa absorbida}}$$

Corriente absorbida por un motor

en monofásica $\qquad I = \dfrac{P}{U\eta\cos\varphi}$

en trifásica $\qquad I = \dfrac{P}{U\sqrt{3}\eta\cos\varphi}$

en continua $\qquad I = \dfrac{P}{U\eta}$

con P : potencia activa en vatios
     I : corriente absorbida por el motor en amperios
     U : tensión en voltios (trifásica: tensión entre fases)
     η : rendimiento del motor
     cos φ : factor de potencia del circuito

Resistencia de un conductor

$$R = \rho \, \frac{l}{S}$$

con R : resistencia del conductor en ohmios
    ρ : resistividad del conductor en ohmios-metros
    l : longitud del conductor en metros
    S : sección del conductor en metros cuadrados

Resistividad

$$\rho\theta = \rho(1 + \alpha\Delta\theta)$$

con ρθ : resistividad a la temperatura θ en ohmios-metros
    ρ : resistividad a la temperatura θ_0 en ohmios-metros
    Δθ : θ - θ_0 en grados Celsius
    α : coeficiente de temperatura en grados Celsius a la potencia menos uno

Ley de Joule

$$W = RI^2 t \text{ en monofásica}$$

con W : energía disipada en julios
    R : resistencia del circuito en ohmios
    I : corriente en amperios
    t : tiempo en segundos

Reactancia inductiva de una inductancia sola

$$X_L = L\omega$$

con X_L : reactancia inductiva en ohmios
    L : inductancia en henrys
    ω : pulsación = $2\pi f$
    f : frecuencia en hercios

Reactancia capacitiva de una capacidad sola

$$X_C = \frac{1}{C\omega}$$

con X_C : reactancia capacitiva en ohmios
    C : capacidad en faradios
    ω : pulsación = $2\pi f$
    f : frecuencia en hercios

Ley de Ohm

Circuito de resistencia sola	$U = RI$
Circuito de reactancia sola	$U = XI$
Circuito de resistencia y reactancia	$U = ZI$

con U : tensión en las bornas del circuito en voltios
    I : corriente en amperios
    R : resistencia del circuito en ohmios
    X : X_L o X_C reactancia del circuito en ohmios
    Z : impedancia del circuito en ohmios

Para la determinación de Z, véase a continuación.

Circuitos de resistencias

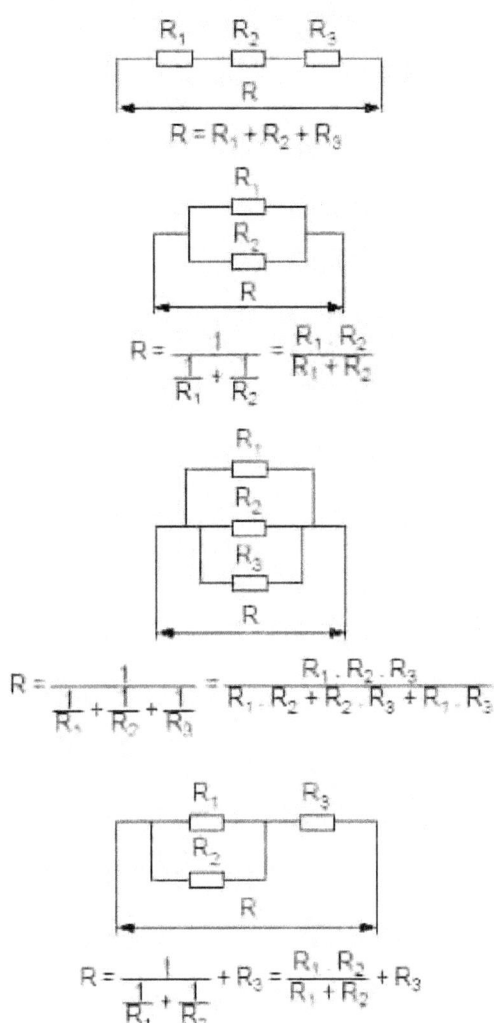

$$R = R_1 + R_2 + R_3$$

$$R = \dfrac{1}{\dfrac{1}{R_1} + \dfrac{1}{R_2}} = \dfrac{R_1 \cdot R_2}{R_1 + R_2}$$

$$R = \dfrac{1}{\dfrac{1}{R_1} + \dfrac{1}{R_2} + \dfrac{1}{R_3}} = \dfrac{R_1 \cdot R_2 \cdot R_3}{R_1 \cdot R_2 + R_2 \cdot R_3 + R_1 \cdot R_3}$$

$$R = \dfrac{1}{\dfrac{1}{R_1} + \dfrac{1}{R_2}} + R_3 = \dfrac{R_1 \cdot R_2}{R_1 + R_2} + R_3$$

Circuitos de resistencias y reactancias

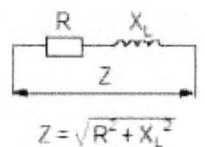

$$Z = \sqrt{R^2 + X_L^2}$$

$$Z = \sqrt{R^2 + X_C^2}$$

$$Z = \sqrt{R^2 + (X_L - X_C)^2}$$

$$Z = \frac{1}{\sqrt{\left(\frac{1}{R}\right)^2 + \left(\frac{1}{X_L}\right)^2}} = \frac{R \cdot X_L}{\sqrt{R^2 + X_L^2}}$$

$$Z = \frac{1}{\sqrt{\left(\frac{1}{R}\right)^2 + \left(\frac{1}{X_C}\right)^2}} = \frac{R \cdot X_C}{\sqrt{R^2 + X_C^2}}$$

$$Z = \frac{1}{\sqrt{\left(\frac{1}{R}\right)^2 + \left(\frac{1}{X_L} - \frac{1}{X_C}\right)^2}} = \frac{R \cdot X_L \cdot X_C}{\sqrt{X_L^2 \cdot X_C^2 + R^2 (X_L - X_C)^2}}$$

Ley de Ohm

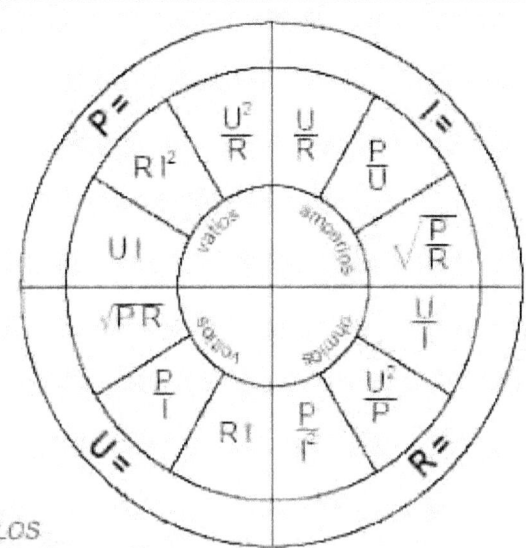

SIMBOLOS

U = Tensión en voltios
I = Corriente en amperios
R = Resistencia en ohmios
P = Potencia en vatios

CÁLCULE LAS RESISENCIAS E ARRANUE

Para motores de jaula

Resistencia estatórica

En trifásica

$$R = 0,055 \frac{U}{In}$$

con R: valor óhmico de la resistencia por fase en ohmios
    U: tensión de la red en voltios
    In: corriente nominal del motor en amperios

I media = 4,05 In

Al encargar una resistencia, indíquese: la duración de la puesta bajo tensión de la resistencia y el número de arranques por hora. Generalmente solemos considerar 12 arranques por hora de 10 segundos cada uno, siendo 2 de ellos consecutivos a partir del estado frío.

Resistencia para arranque estrella-triángulo de 3 tiempos

$$R = \frac{0,28 \, U}{In}$$

con R: valor óhmico de la resistencia por fase en ohmios
    U: tensión de la red en voltios
    In: corriente nominal del motor en amperios

I media = 1,5 In

Al encargar una resistencia, indíquese: el tiempo de acoplamiento de la resistencia y el número de arranques por hora. Generalmente solemos prever 2 arranques consecutivos de 3 segundos espaciados de 20 segundos.

Autotransformador

Durante el arranque

U motor = k U línea
C motor = k^2 C
I línea = k^2 I
I motor = k I

con k : relación del autotransformador U salida / U línea
    C : par en arranque directo
    I : corriente en arranque directo

Al encargar un autotransformador, indíquese:
– que se trata de un autotransformador de entrehierro (a ser posible);
– la punta de corriente del motor en arranque directo (indicada por el fabricante del motor);
– el valor de la tensión a la salida con respecto a la tensión de la red, en porcentaje;
– la duración de la puesta bajo tensión del autotransformador y el número de arranques por hora

Generalmente solemos prever tomas de 0,55 Un y 0,65 Un y 5 arranques de 8 segundos por hora. Sin características específicas del motor, tomamos

$$\frac{Id}{In} = 6.$$

Para motores de anillos

Resistencia unidad (1)

En trifásica

$$Ru = \frac{333\,P}{Ir^2}$$

con P: potencia nominal en kilovatios
Ir: corriente rotórica nominal en amperios
Ru: en ohmios

o

$$Ru = \frac{245\,P}{Ir^2}$$

con P: potencia nominal en caballos
Ir: corriente rotórica nominal en amperios

Valor de la resistencia al primer tiempo

$$R(1) = \frac{Ru + r}{1.^a\,punta} - r$$

con R(1): valor de la resistencia por fase
Ru: resistencia unidad
r: resistencia interna del motor
1.ª punta: punta de corriente deseada durante el arranque

Valores intermedios de la resistencia

$$R(n) = \frac{R(n-1) + r}{punta} - r$$

con R(n): valor de la resistencia por fase para ese tiempo
R(n-1): resistencia al tiempo anterior
r: resistencia interna del motor
Punta: punta de corriente deseada al tiempo correspondiente

Punta al último tiempo

$$Punta = \frac{R(n-1) + r}{r}$$

con Punta: punta de corriente obtenida
R(n-1): resistencia al tiempo anterior
r: resistencia interna del motor

Otra característica

$$I\,media = Ir + \frac{Ip - Ir}{3}$$

con I media: corriente térmicamente equivalente
Ir: corriente rotórica nominal
Ip: punta de corriente

Al encargar una resistencia, indíquese: la duración de la puesta bajo tensión de la resistencia, el número de arranques por hora y, en su caso, la posibilidad de frenado a contracorriente.

(1) La resistencia unidad es el valor teórico de la resistencia por fase que se incorpora al circuito rotórico para obtener, estando calado el rotor, el par nominal. Es imprescindible para determinar la resistencia de arranque.

F"RMULAS MECNICAS

Velocidad angular

$$\omega = \frac{2\pi n}{60}$$

con ω: velocidad angular en radianes por segundo
n: velocidad de rotación en vueltas por minuto

Frecuencia de rotación en vacío

Velocidad de sincronismo de un motor asíncrono

$$\omega = \frac{2pf}{p} \qquad o \qquad n = \frac{60f}{p}$$

con ω: velocidad angular en radianes por segundo
n: velocidad de rotación en vueltas por minuto
f: frecuencia de la red en hercios
p: número de pares de polos del motor

Radio de giro

cilindro compacto   cilindro hueco

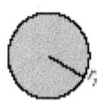 $r^2 = \frac{r_1^2}{2}$  $r^2 = \frac{r_1^2 + r_2^2}{2}$

con r: radio de giro
r_1: radio exterior
r_2: radio interior

Momento de inercia de un cuerpo de masa m

$$J = mr^2$$

con J: momento de inercia en kilogramos-metros cuadrados
m: masa en kilogramos
r: radio de giro en metros

A veces se expresa con las siguientes fórmulas:

$$J = \frac{MD^2}{4} \quad o \quad \frac{GD^2}{4} \quad o \quad \frac{PD^2}{4}$$

Momento de inercia con relación a la velocidad ω

$$J\omega = J'\omega' \, \frac{\omega^2}{\omega'^2}$$

con $J\omega$: momento de inercia en kilogramos-metros cuadrados
con relación a la velocidad angular ω
$J'\omega'$: momento de inercia en kilogramos-metros cuadrados
con relación a la velocidad angular ω'

Par nominal

$$T_n = \frac{P_n}{\omega_n}$$

con T_n: par nominal del motor en newtons-metros
P_n: potencia nominal del motor en vatios
ω_n: velocidad angular nominal del motor en
radianes por segundo

Par acelerador

$$T_a = T_m - T_r$$

con T_a: par acelerador en newtons-metros
T_m: par motor en newtons-metros
T_r: par resistente en newtons-metros

Duración de arranque

Duración de arranque de la velocidad 0 a la velocidad ω_n con un
par acelerador constante T_a

$$t = \frac{J\omega_n}{T_a} \qquad o \qquad t = \frac{J\omega_n^2}{P_n} \frac{1}{(T_a/T_n)}$$

con t: tiempo de arranque en segundos
J: momento de inercia total de las masas en movimiento
(motor + carga) en kilogramos-metros cuadrados
ω_n: velocidad angular nominal en radianes por segundo
T_a: par acelerador en newtons-metros
P_n: potencia nominal del motor en vatios
T_a/T_n: relación del par acelerador con el par nominal del motor

En el caso de pares aceleradores que varían con la velocidad,
suelen utilizarse fórmulas prácticas propias de las distintas
aplicaciones con el fin de identificarse con casos de pares
aceleradores constantes, para permitir cálculos rápidos aproximados.
Por ejemplo, en el caso de un arranque rotórico, el par acelerador
puede asimilarse, para un cálculo aproximado, a un par constante
equivalente:

$$T_a = T_m \min. + \frac{T_m \max. - T_m \min.}{3} - T_r$$

con

T_m mín.: par motor inmediatamente antes del cortocircuitado de
una sección de resistencia
T_m máx.: par motor inmediatamente después del cortocircuitado
de dicha sección
T_r: par resistente supuestamente constante

CUESTIONARIO DE AUTOEVALUACIÓN

UNIDADES DIDÁCTICAS 1 y 2

1. Los bornes de potencia de un contactor se referencian:

   a) 1,3,5 y 2, 4, 6
   b) 01, 02, 03 y 04, 05, 06
   c) A1 y A2
   d) Los bornes de potencia no se referencian

2. Un contacto NA, cuando el contactor está caído:

   a) Conduce
   b) No conduce

3. Un contacto NA de un temporizado al trabajo:

   a) Conduce después que los no temporizados
   b) No conduce nunca con el contactor en trabajo
   c) Sólo conduce al cambiar
   d) Conduce siempre con el contactor caído

4. Un contacto 9_ es de un:

   a) Temporizado
   b) Térmico
   c) Contactor
   d) Contactor auxiliar

5. El REBT se aplica hasta:

   a) 1000 Vca y cc
   b) 1500 Vca y cc
   c) 1000 Vcc y 1500 Vca
   d) 1000 Vca y 1500 Vcc

6. Un "PIA" es

   a) Un diferencial
   b) Un magnetotérmico
   c) Un interruptor bipolar
   d) Un ICP-M

7. Si se produce un cortocircuito actuará preferentemente

   a) El diferencial
   b) El fusible
   c) El contactor
   d) El interruptor

8. En diferencial de alta sensibilidad, es al menos de:

   a) 10 mA
   b) 30 mA
   c) 300 mA
   d) 500 mA

9. La protección contra sobrecargas se hace preferentemente con:

   a) Térmico
   b) Magnético
   c) Contactor
   d) Diferencial

10. El neutro es:

    a) Un conductor no activo
    b) Un conductor de protección
    c) Un conductor de tensión cero voltios
    d) Un conductor activo

11. Normalmente, llevan o usan un taroide:

    a) Los térmicos
    b) Los magnéticos
    c) Los contactores
    d) Los diferenciales

12. La curva térmica tiene forma de:

    a) "L"
    b) Recta
    c) Media luna
    d) Ninguna de las anteriores

13. Una bobina MX:

    a) Dispara al ser alimentada
    b) Dispara si baja la tensión
    c) Dispara si hay cortocircuito
    d) Dispara si hay sobrecarga

14. Un cable H07 VV-K 5G4:

    a) Tiene 5 conductores más uno de CP
    b) No tiene cubierta
    c) Es para tensiones hasta 7 kV
    d) Ninguna de las anteriores

15. La segunda letra del código IP se refiere a:

    a) Cuerpos extraños
    b) Impactos
    c) Aislamiento
    d) Agua

16. El medidor de aislamiento puede ser peligroso porque:

    a) Utiliza alta tensión
    b) Su alarma hace mucho ruido
    c) Prueba los aparatos hasta que se cruzan
    d) Es muy sensible

INSTALACIONES ELECTRICAS Y AUTOMATISMOS

Miguel D´Addario

CE

2015

Segunda edición

www.ingramcontent.com/pod-product-compliance
Lightning Source LLC
Chambersburg PA
CBHW080633180526
45168CB00008B/3148